中　外　物　理　学　精　品　书　系

本书出版得到“国家出版基金”资助

中外物理学精品书系

前沿系列 · 57

量子力学原理

（第三版）

王正行　编著

图书在版编目(CIP)数据

量子力学原理 / 王正行编著. －3 版. －北京 :北京大学出版社，2020.6

(中外物理学精品书系)

ISBN 978-7-301-29319-5

Ⅰ. ①量… Ⅱ. ①王… Ⅲ. ①量子力学－高等学校－教材 Ⅳ. ①O413.1

中国版本图书馆 CIP 数据核字(2020)第 081430 号

书　　名　量子力学原理(第三版)
LIANGZI LIXUE YUANLI (DI-SAN BAN)

著作责任者　王正行 编著

责 任 编 辑　顾卫宇

标 准 书 号　ISBN 978-7-301-29319-5

出 版 发 行　北京大学出版社

地　　址　北京市海淀区成府路 205 号 100871

网　　址　http://www.pup.cn 新浪微博: @北京大学出版社

电 子 信 箱　zpup@pup.cn

电　　话　邮购部 010-62752015 发行部 010-62750672
编辑部 010-62752021

印 刷 者　北京中科印刷有限公司

经 销 者　新华书店
787 毫米×960 毫米 16 开本 20.75 印张 392 千字
2003 年 5 月第 1 版 2008 年 7 月第 2 版
2020 年 6 月第 3 版 2024 年 5 月第 2 次印刷

定　　价　56.00 元

序　言

物理学是研究物质、能量以及它们之间相互作用的科学。她不仅是化学、生命、材料、信息、能源和环境等相关学科的基础，同时还与许多新兴学科和交叉学科的前沿紧密相关。在科技发展日新月异和国际竞争日趋激烈的今天，物理学不再囿于基础科学和技术应用研究的范畴，而是在国家发展与人类进步的历史进程中发挥着越来越关键的作用.

我们欣喜地看到，改革开放四十年来，随着中国政治、经济、科技、教育等各项事业的蓬勃发展，我国物理学取得了跨越式的进步，成长出一批具有国际影响力的学者，做出了很多为世界所瞩目的研究成果。今日的中国物理，正在经历一个历史上少有的黄金时代.

在我国物理学科快速发展的背景下，近年来物理学相关书籍也呈现百花齐放的良好态势，在知识传承、学术交流、人才培养等方面发挥着无可替代的作用。然而从另一方面看，尽管国内各出版社相继推出了一些质量很高的物理教材和图书，但系统总结物理学各门类知识和发展，深入浅出地介绍其与现代科学技术之间的渊源，并针对不同层次的读者提供有价值的学习和研究参考，仍是我国科学传播与出版领域面临的一个富有挑战性的课题.

为积极推动我国物理学研究、加快相关学科的建设与发展，特别是集中展现近年来中国物理学者的研究水平和成果，北京大学出版社在国家出版基金的支持下于 2009 年推出了“中外物理学精品书系”，并于 2018 年启动了书系的二期项目，试图对以上难题进行大胆的探索。书系编委会集结了数十位来自内地和香港顶尖高校及科研院所的知名学者。他们都是目前各领域十分活跃的知名专家，从而确保了整套丛书的权威性和前瞻性.

这套书系内容丰富、涵盖面广、可读性强，其中既有对我国物理学发展的梳理和总结，也有对国际物理学前沿的全面展示。可以说，“中外物理学精品书系”力图完整呈现近现代世界和中国物理科学发展的全貌，是一套目前国内为数不多的兼具学术价值和阅读乐趣的经典物理丛书.

“中外物理学精品书系”的另一个突出特点是，在把西方物理的精华要义“请进来”的同时，也将我国近现代物理的优秀成果“送出去”。物理学在世界范围内的重要性不言而喻。引进和翻译世界物理的经典著作和前沿动态，可以满足当前国内物理教学和科研工作的迫切需求。与此同时，我国的物理学研究数十年来取得了长足发展，一大批具有较高学术价值的著作相继问世。这套丛书首次成规模地将中国物理学者的优秀论著以英文版的形式直接推向国际相关研究的主流领域，使世界对中国物理学的过去和现状有更多、更深入的了解，不仅充分展示出中国物理学研究和积累的“硬实力”，也向世界主动传播我国科技文化领域不断创新发展的“软实力”，对全面提升中国科学教育领域的国际形象起到一定的促进作用。

习近平总书记在 2018 年两院院士大会开幕会上的讲话强调，“中国要强盛、要复兴，就一定要大力发展科学技术，努力成为世界主要科学中心和创新高地”。中国未来的发展在于创新，而基础研究正是一切创新的根本和源泉。我相信，在第一期的基础上，第二期“中外物理学精品书系”会努力做得更好，不仅可以使所有热爱和研究物理学的人们从中获取思想的启迪、智力的挑战和阅读的乐趣，也将进一步推动其他相关基础科学更好更快地发展，为我国的科技创新和社会进步做出应有的贡献。

“中外物理学精品书系”编委会主任
中国科学院院士，北京大学教授
王恩哥
2018 年 7 月于燕园

内 容 简 介

本书着重阐述量子力学的基本原理. 第一章从物理上阐述量子力学的基本原理, 着重讲清数学结构与物理原理的联系, 以及物理原理与经验事实的联系, 把测不准原理作为一条最基本的物理原理, 强调了观测量的测量和测不准的概念在量子力学中的重要性. 第二章表象理论, 给出了广义坐标表象和 Pauli-Podolsky 量子化规则. 第三章讨论基本观测量和对称性, 给出了不能把时间作为算符来处理的Pauli 定理的证明. 第四章讨论各种常用的动力学模型, 其中宏观模型和非厄米的 Hamilton 算符是一般量子力学书籍中不易找到的. 第五章Dirac方程作为第四章的继续, 讨论一种相对论性的动力学模型, 从无质量的 Weyl 方程开始, 以一种更物理的方式来引入 Dirac 方程. 鉴于在粒子理论中的重要性, 这里对 Weyl 方程的物理作了较详细的讨论. 第六章形式散射理论没有做非相对论近似, 结果对于相对论性高能散射过程也适用. 第七章二次量子化理论, 着重讨论了二次量子化与场的量子化的关系. 第八章讨论场的量子化, 强调了量子场论是量子力学推广运用于具有无限自由度系统的结果, 并根据微观因果性原理讨论了自旋与统计的关系和场的定域性问题. 附录一介绍了量子力学创立的历史概要, 附录二 von Neumann 定理给出了统计诠释数学基础的讨论, 附录三介绍了量子力学的诠释问题.

本书可供对于量子力学的物理原理和理论结构有兴趣的读者参考, 可以用作研究生高等量子力学课程的教材或者本科生量子力学课程的参考书.

内容简介

燕山苍苍，海水泱泱，
先生之风，山高水长.

——谨以本书纪念王竹溪先生

第三版自序

这一版，对引言和第一章中的测量问题作了部分改写，在第五章 Dirac 方程中新增了 Majorana 表象，在第七章全同粒子体系中新增了 Hartree-Fock 方程，对第八章场的量子化和最后的结语作了一些修改，特别是讨论了量子力学作为量子场论的单粒子情形及其近似，以及论证了没有单个光子的 Schrödinger 表象波函数. 全书在文字叙述上也作了改进. 在附录部分，把原来介绍历史发展的附录一“ Heisenberg 提出测不准原理的经过”换成了内容更全面完整的“量子力学创立的历史概要”，对关于量子力学数学基础的附录二作了一些修改，新增了关于物理诠释的附录三“量子力学的诠释问题”.

我希望保持本书简洁和只包含与物理原理有关的最基本内容这一特点与风格，不想写入过多具体和应用的问题. 对于给定的 Hamilton 算符，无论是本征方程还是 Schrödinger 方程，严格求解往往都很困难甚至不可能，而必须作近似，所以近似方法是量子力学的主要内容之一. 这种近似偏重于数学和技巧，涉及的物理不多，本书没有专门和系统的介绍，只是在有关章节零散地举例，例如 §4.6 中光学模型的程函近似， §5.4 中 Dirac 方程的低能近似，以及 §7.3 中的两个例子 —— 变分法近似的 Hartree-Fock 方程和 Josephson 电流的微扰展开等. 物理原理与数学技巧，这往往是鱼与熊掌不能皆得之两难的抉择.

在第一版重印时，编辑部建议我写一个后记，解释我为什么使用“测不准”这个词. 其实我在第一版的自序里已经解释过，不过我还是写了个更详细的“重印后记”. 接着，我就写信给物理学名词委员会，建议“测不准”与“不确定”二词并用，当时这个建议被公布在《物理》杂志的“物理学名词”栏目里[①]. 随即这个建议就被采纳，不需要再作解释，所以本书第二版就把这个后记删去了，有兴趣的读者可以参阅本书第一版 2004 年 2 月第 2 次印刷的 288 页，或上述《物理》杂志.

本书不是原创性的学术专著，没有给出系统的参考文献，只是在一些比较专门或读者有可能想深入了解的地方给出文献和注解，为这类读者提供进一步查阅的方便. 为此，我没有采用通常的章后注或书后注，而是采用了比较灵活的

---

① 王正行，建议“测不准”与“不确定”二词并用，《物理》 **34** (2005) 230.

页下注，文献写法则参照国际上物理学界熟悉和惯用的格式，加上了字体的变化，英文和中文分别为：

Author(s), *Title*, *Journal* **vol.** (year) page. /*Book*, Publishing, year, page.

作者，译者，文题，《刊名》 **卷** (年) 页. /《书名》，编译校者，出版社，年，页或节.

本书面对的读者具有大学物理的基础，对于外文的人名一般没有识读的障碍，所以外国人名均用原文，只是个别的加注译名，以免由于译名用字不同而可能引起的误读. 但是在关于历史发展的附录一中，为了故事叙述的流畅和行文的方便，对于外国人名和地名都采用了译名，只是在必要时加注原文. 这属于作者行文的风格，就各有所好因人而异了.

最后，感谢审阅者提出的具体而宝贵的建议. 希望读过本书的朋友能把意见和发现的问题告诉我，以便将来有机会时进行修改. 错误或不妥之处，望识者不吝指正.

2020 年初夏作者自序于京北寓所

第二版自序

除了表述的改进和个别订正外，这一版在引言、第二、三、七章增加了一些内容，第八章作了部分的改写，并新增了结语、附录二和索引，以及一些练习题.

在引言一开始加了一小节，根据杨振宁先生对物理学层次的划分，指出量子力学是物理学的基本理论 (杨先生的用词是“理论架构”), 而不是一般唯象理论. 在心中记住这种分别很重要，它会影响我们对思考方式和判断标准的选择. 唯象理论直接依赖于实验和经验规律，同时也依赖于基本理论. 而基本理论则与数学的关系更密切，逻辑与数学的美成为重要的标准. 本书在内容的选择和理论的阐述上，都越过了历史线索和唯象理论的铺垫，是直接进入和完全定位于基本理论的.

第三章新增的一节 §3.8 波函数的测量，涉及对本征态的理解. 按照 Dirac 的《量子力学原理》，任何物理的波函数或量子态都是某个观测量 (厄米算符) 的本征态，所以都可以在相差一个相位因子的情况下用实验完全确定. 在 §3.8 中对此作了一般性讨论，并给出一个二维态矢量的例子.

第七章 §7.3 的 **3** 对 Josephson 结的讨论，原来只给出电流算符的式子，现在又进一步算出正常电流的结果，这个例子就具体和完整了. 超导电流和 Josephson 效应的计算过于专门，不属于本书的范围，这里只给出描述超导体元激发的准粒子变换，介绍了准粒子这一重要概念.

第八章改写了 §8.2 电磁场这一节，把量子化从辐射规范换到 Lorentz 规范，并讨论了描述激光的相干态. 前者涉及 Hilbert 空间的不定度规，后者涉及非厄米算符的本征态，这都是量子力学的基本概念问题. 与此相关地，在第二章 §2.4 居位数表象中增加了有关内容. 此外还改写了 §8.3 旋量场的叙述.

对于量子力学的统计诠释， J. von Neumann 在 Hilbert 空间的数学框架内给出了一个理论和逻辑的论证，这就是著名的 von Neumann 定理. 这个定理中关于量子力学不存在隐变量的证明，后来受到 D. Bohm 和 J. Bell 等人的质疑，这重又引起了大家对这个定理的关注和兴趣. 附录二是对这个定理的介绍.

(下略)

2008 年初夏作者自序于北京大学物理学院

第一版自序

记得在给 82 级本科讲量子力学时，有位学生问我："老师, 你为什么不照着书讲？" 这真是个很好的问题，因为它反映了对于量子力学的讲授和理解的现状. 大学物理系的学生恐怕都知道这样一句话：学会了用量子力学解题，不一定就学懂了量子力学. 而在老师当中则流传着另一句话：你教你的量子力学，我教我的量子力学，每个人都可以有他自己的量子力学. 当然这句话说得有点过头，不过在实际上关于量子力学讲法的版本也确实太多，而许多对量子力学原理理解上的争论在最后也都是不了了之. 到图书馆里去看看理论物理的教材和参考书，无论是国外还是国内的，都数量子力学的种类多. 比较一下，对于具体问题的讲法，比如角动量、谐振子、氢原子、分波法、 Born 近似、微扰论，等等，都各有特色. 而对于基本原理的讲法，也是见仁见智各有千秋.

对基本原理讲法上的差别，在一定程度上体现了作者对基本原理理解的差别. 这种理解上的差别，则在很大程度上取决于作者理性思维的不同模式、风格与偏爱. 从形式上说，量子力学就是提出了一些基本假设，然后进行逻辑推理和数学演绎，最后得到了与实验观测一致的结果. 对许多人来说，推理和演绎的结果与实验观测一致，这就足够了. 对具体问题的解法和其中的技巧更能吸引他们的关注. 可是这并不能使我满足. 这些基本假设的物理基础和提出这些基本假设的想法和方式更能引起我的兴趣. 为什么能够用线性空间的矢量来表示量子态？为什么不用测量值而要用一个算符来表示观测量？为什么观测量的测得值等于算符的本征值？观测量平均值的公式是怎么想出来的？为什么动量算符可以表示成对坐标的偏微商？等等，等等. 可以告诉我这是需要先验地接受的基本假设，可以告诉我所有的实验测量都证实了这些基本假设，可以告诉我这个理论的逻辑体系是多么严密和完美，等等，等等，可是我仍然有这些问题.

感谢王竹溪先生，我和徐至展跟他做研究生时，他让我们花了一年的时间研读 Dirac 的《量子力学原理》. 在这一年里，他每个星期花一个下午解答和讨论我们的问题. 一个星期里，我把一个一个的问题写成小纸条夹在 Dirac 的书里. 在那一个下午，我又把那些纸条一个一个地从书里抽去. 特别是，" Dirac 的书完全是讲物理，不是讲数学"，先生一语点破我的谜团，给了我读懂 Dirac 的书的钥匙. 我终于从 Dirac 的书里，从先生那里，找到了问题的答案，获得了满足.

我在本科三年级已经学过一遍量子力学, 在这以后的课程几乎都在用量子力学, 到五、六年级又学了高等量子力学、量子场论和量子场论中的泛函分析这三门课. 研究生的入学考试科目就有高等量子力学和量子场论. 到了研究生一年级又要我念量子力学, 刚开始我真不理解. 一年下来, 我才懂得了它对我的意义, 感觉到对量子力学的理解爬上了一个新的台阶. 只有像先生这样伴随着量子力学的诞生和发展学习量子力学、与 Dirac 为好朋友而把握了量子力学精髓的大物理学家, 才能高屋建瓴地给我们做出这个使我终生受益的安排.

在那一年的时间里, 我们在先生指导下几乎是逐句逐段地读 Dirac 的书. 一次在讨论量子化条件时, 先生指出 Dirac 的书只给出了 Descartes 平直坐标中的结果, 而先生早年在西南联大讲授量子力学时, 曾着力讨论过曲线坐标中的量子化问题. 严格地说, 只在平直坐标中表述的理论, 还不是完整的普遍理论. 所以这实在是量子力学中一个极重要的基本问题 (见本书第二章 §2.5, 第四章 §4.5). 在 1978 年庐山全国物理学年会上, 杨振宁先生在演讲中也提到听先生讲过这个问题, 并且说, 他当年听课的笔记本是自己用茅草纸订成的, 一直保存着, 经常翻阅, 获益匪浅. 前些年国内对这个问题热了一阵, 我写了篇文章寄给 *American Journal of Physics* 发表, 引起国外一些同行的兴趣, 因此还结识了苏格兰圣安德鲁斯大学研究量子力学基础的温奇亢先生, 而我的兴趣就是来源于 40 多年前先生的这一席议论.

我跟先生做研究生的前一年, 在美国通用电气公司获得工程师职位不久的北欧青年 Giaever 业余时间听量子力学课, 到公司实验室做实验验证量子力学的隧道效应, 发现了超导体的隧道效应. Bardeen 提出了一个解释这种效应的物理模型, 芝加哥的 Cohen, Falicov 和 Phillips 把它写成了二次量子化表象的模型 Hamilton 量 (见本书第七章 §7.3). 当时正在剑桥做研究生的 Josephson, 则用这个模型 Hamilton 量计算二级微扰, 写了一篇关于超导体隧道结 (现称 Josephson 结) 的短文, 预言了一个后来以他的名字命名的重要效应, 因此与超导体隧道效应的发现者 Giaever 和半导体隧道效应的发现者江崎玲于奈同获 1973 年诺贝尔物理奖. Caltech 的 Feynman 也紧跟着在他著名的物理学演讲中写出了关于 Josephson 结的 Feynman 方程 (本书引进 Dirac 方程的方法, 就是模仿 Feynman 的这个做法, 见本书第五章 §5.2). 这些开拓固体微结构领域的先驱性工作, 是发生在短短两三年中的事. Falicov 后来做 U.C. Berkeley 的系主任, 曾开玩笑说: “我们本来可以算到二级微扰, 诺贝尔奖就是我们的了.” Cohen 等人的模型 Hamilton 量确实是理解超导体隧道效应的一个恰当的基础. 当时我想研究一下 Cohen 等人的模型 Hamilton 量的理论基础，以此来写我的研究生毕业论文.

我在研究的期间，看到美国某名校的一位作者发表在 *Physical Review* 上的一篇论文，与我思路相同，声称给出了 Cohen 等人的模型 Hamilton 量的理论基础. 我想，完了，这下要另换题目了. 先生听我说完未置可否，只是让我把那篇文章留下，等他看完再说. 这期间我相当沮丧. 再去见先生时，出乎我的预料，先生并没有让我换题目，而是叫我安心继续研究. 先生告诉我，那篇文章是错的，并且证明给我看. 原来，那篇文章所用的左边态和右边态分别构成完备组，同时用它们做表象的基矢就带来任意性，从而使得整个理论都站不住脚 (参考本书第二章 §2.2). 我这才知道，原来发表在权威刊物上的文章也不一定靠得住，而且甚至还会在量子力学基本理论的把握和运用这样最基础的问题上出错. 我后来在变分法的框架内解决这个问题，用了 Löwdin 和 Bogoliubov 先后运用于分子结构和金属理论的正交化变换 (见本书第二章 §2.2), 发现在展开的级数中取到第二项就是 Cohen 等人的模型 Hamilton 量，三次以上的项太小，实验观测不到.

Josephson 的那篇文章我当时看过. 他预言的可观测效应与隧道结两边电子波函数的相位差有关，我觉得很玄，但没有深入想下去. “文化大革命”后期我从汉中来北京出差，顺便去看王竹溪先生. 先生问我：“你做研究生时看 Josephson 的文章，有没有发现什么问题？” 听了我的回忆，先生告诉我，杨振宁先生回来看先生时，曾告诉先生，为了弄清这个问题，杨先生曾专门把 Josephson 请到石溪讲了两天. 这时我才恍然领悟，我轻易地放过了一个很深层次的问题 (后来在 80 年代中期，杨先生在中国科技大学研究生院作题为“相位与近代物理”的系列演讲，曾专门谈到这个问题，参考本书第五章 §5.4 中的定域规范变换). 尚可自慰的是，我一直还记得这是一个问题，而这则是得益于王竹溪先生对我的教诲：在学问的研习中会遇到各种问题，我们不可能立即解答其中的每一个，但要弄清哪些是问题，记下存疑，不能稀里糊涂.

量子理论中最玄奥的莫过于测量理论了 (见本书第一章 §1.5). 王竹溪先生曾经对于测量理论作过深入的思考和探索. “文化大革命”后期，先生告诉我，他准备写一本关于量子力学的专著. 我听了十分兴奋，以为又可以从先生的这本书里继续跟先生学习量子力学，跟随着先生的引导来深入探讨这类重大的基本理论问题了. 没有想到，“文革”的折腾不仅消磨了我的青春，更夺去了先生的生命. “文革”期间先生被驱使到江西鲤鱼洲牧牛时不幸染上肝病，在当时那种气氛下没有给以确诊和及时治疗，以致“文革”结束不久就与世长辞了. (有兴趣的读者请参阅拙文《怀念王竹溪先生》，载于 1993 年第一期的《物理》杂志，或者《我在北大跟王竹溪先生做学生》，载于萧超然主编的《巍巍上庠 百年星辰 —— 名人与北大》，北京大学出版社 1998 年出版.)

在量子力学的发现和创建时期以后，很快就进入了它的应用和扩展时期. 量子力学从它的诞生地原子物理扩展到分子物理、固体物理、原子核物理、粒子物理以至于天体和宇宙，并且成为整个化学和一系列高新技术的理论基础. 在这种情况下，物理学家的精力和兴趣自然地集中到数学的技巧、群论的分析以及把量子力学运用于更多更复杂的问题的各种近似方法上. 当然，量子力学的基本物理原理并没有被遗忘，只不过不再是受关注的主体，而是退居到基础的地位. 不过，在高能物理中的经验使我们越来越多地感觉到，也许我们对于支配粒子结构的基本原理还没有完全的了解，或许我们正面临着一个基本观念上的新的飞跃. 跟随着这种感觉，我们回过头来花一些时间和精力温习和总结一下量子力学的基本物理原理，也许是值得的.

1985 至 1989 年期间，我教了几遍本科生的量子力学和研究生的高等量子力学，使我有机会把量子力学的基本原理整理成文. 有几个具体问题，已经写成文章发表在 *American Journal of Physics* 和《大学物理》杂志上，或者写入了我的《近代物理学》教科书中. 本书也是在那时的一部分讲稿的基础上加工发展而成的.

量子力学的经典有四本：关于量子力学的数学结构有 J. von Neumann 的 *Mathematische Grundlagen der Quantenmechanik*，关于量子力学的物理原理有 W. Heisenberg 的 *The Physical Principles of the Quantum Theory* 和 P. A. M. Dirac 的 *The Principles of Quantum Mechanics*，此外还有 W. Pauli 的 *Die allgemeinen Prinzipien der Wellenmechanik*. 这四本书都是把主要的注意放在量子力学的物理原理上. Heisenberg 的整本书就是专门讨论测不准原理. Pauli 的书一上来就讲测不准原理和并协性，并且用了很大篇幅讨论测量问题. 很多人看重 Dirac 的符号体系与数学规则，而其实 Dirac 的书主要也是讲量子力学的物理原理，他设计的符号体系与数学规则正是为了更清楚地表述物理的原理. 就连 von Neumann 的书，虽然主题是讨论量子力学的数学基础，也用了大量篇幅讨论测量问题特别是测不准原理.

但是，一般的量子力学教科书主要着眼于尽快教会学生运用量子力学去解决实际问题，大都是采取公理化的讲法，把几条得自物理原理的计算规则作为基本假设告诉学生叫他们记住，这样学生容易上手，很快就能算题. 然后再回过头来讲表象理论. 但是，这种讲法不可避免地给学生造成一个先入为主的印象，认为量子力学的几条基本假设是某种先验的思辨的结果，而不是微观物理学经验的结晶，以至于有些学生虽然学会了用量子力学的数学规则解题，却没有把握量子力学的物理原理，产生了量子力学是玄学不好懂的看法. 所以，要讲量子力学的物理原理，我认为最好还是要从物理上把基本原理讲清楚，不要采取公理化的讲法.

本书的基本内容都可以在 Dirac 的书中找到，或者是按照 Dirac 的方法和方式所作的推演. 同时，本书把 Heisenberg 测不准原理真正放到了最基本的 *第一原理* 的位置. 测量是量子力学的一个核心概念，测不准是量子力学的精髓，我不赞成回避测量问题，把 **测不准** 改成含糊其辞的 **不确定**. 正像被誉为物理学之良心的 Pauli 所说，量子力学的建立，是以放弃对于物理现象的客观处理，亦即放弃我们唯一地区分观测者与被观测者的能力作为代价的. 要想讲清量子力学的物理原理，测量问题是不能含糊和回避的. 对于量子力学的理解，我想 Planck 的被戏称为 Planck *原理* 的下面这一段话是恰当的："一项重要的科学发明创造，很少是通过逐渐争取和转变它的对手而获得成功的， Saul 变成 Paul 是罕见的事. 一般的情况是，对手们逐渐故去，成长中的一代人从一开始就熟悉这种观念. 这是未来属于青年的又一实例."(转引自关洪，《物理学史选讲》，高等教育出版社， 1994 年， 19 页. Saul 变成 Paul 是圣经典故，见《新约 · 使徒行传》第九章.)

我希望本书有助于读者从物理的角度来思考量子力学，能对那些像我一样对量子力学基本原理感兴趣的读者有所助益. 当然，不仅是有许多问题的讲法不同于一般的量子力学教科书，本书有一些内容也是在一般的量子力学教科书中不易找到的，例如广义 Schrödinger 表象，非厄米的 $\hat{H}$, 宏观量子力学等. 这些内容都与量子力学的基本原理有直接的关系，而且在扩展量子力学的应用领域中起着不可或缺的作用. 特别是广义 Schrödinger 表象和宏观量子力学，对于工作在介观物理和固体微结构领域而不熟悉标准的正则量子化程序的读者，我相信是值得参考的.

在本书题材的选择、内容的安排和问题的讲法上，我都是着眼于量子力学的基本原理. 我不想涉及过多冗长的数学推演而冲淡对基本物理原理的阐述，希望即使是初学量子力学的读者也能从本书获益，所以略去了许多数学和技巧方面的重要论题或细节. 例如对于量子力学的实际运用十分重要的角动量理论和各种近似方法都没有讨论，对于量子力学的 Feynman 路径积分形式只讨论了它的物理原理方面，而略去了在数学上泛函积分的具体技巧和问题. 基于同样的考虑，也没有收入训练解题方法和技巧的例题和习题. 另一方面，本书选入了一些在一般的量子力学课程中不讲或没有时间讲的问题，例如前面提到的广义坐标表象和 Pauli-Podolsky 量子化规则，宏观量子力学模型，非厄米的 Hamilton 算符模型，以及 Schrödinger 波函数的单值性和关于不能把时间作为算符来处理的 Pauli 定理的证明等. 在量子力学基本概念和原理的引入和阐述方面，本书完全采取逻辑和系统的方式，而略去了对于帮助初学者的理解和掌握来说是十分重要和有益的历史发展和背景知识，只是对于测不准原理，在一个附录中介绍了 Heisenberg 提出它的经过. 此外，本书不是一部研究性质的专著，所以没有开列详细的参考文献，只是按照同类书籍的惯例，在少数地方注明了出处.

受过理论物理科班训练的人，我相信大多数都和我一样，已经养成了一种习惯，在认真看一本书时，总要拿一支笔和一些草稿纸，跟着书上的公式推演一步一步算下去. 要是能够不看书独立地把结果推出来，或者把书上省略了的步骤补上，那心中就油然生出一种成就感来，有说不出的喜悦. 这样看书，我觉得有时也可以算是一种享受. 再详细的书也会有许多省略，不可能把推演的每一步都写出来，否则这本书的厚度就要成倍地增加了. 我在本科六年级时听胡宁先生的广义相对论，胡先生为我们选的课本是 Landau 的《经典场论》，苏肇冰先生给我们辅导. Landau 是思维敏捷的大物理学家，在他的书上省略就更多. 我至今还记得，对于静止球对称场的 Christoffel 记号，他只是说了一句很容易从某某公式算出，就把结果写出来了. 而他的这个"很容易"，让我花了半天多的时间. 用这种方式读完一本理论物理的书，无形中已经做了许多道练习题. 我和徐至展跟王竹溪先生念量子力学时，曾经问先生要不要做一些习题，先生说用不着，把书看懂了就行. 而这个"看懂"，已经意味着要做许多道无形的练习题了. 所以，我在写本书时，原来是想仿照 Dirac 的书，不准备出练习题的. 还是本书的编辑提醒了我，也许会有老师选本书做教材，最好还是出一些练习题，以适合大多数读者和用者的需要. 这使我改变了初衷. 现在在书末给出的练习题，大都是本书正文中省略的部分，难易不齐，仅供各位读者和用者参考.

广义地说，本书的成书过程可以追溯到我的学生时代，得到过许多老师、朋友和学生的帮助. 除了王竹溪先生外，我还要感谢我的量子力学启蒙老师孙洪洲先生和指导我做大学本科毕业论文的胡慧玲先生，以及在做这篇论文时指点过我的胡宁先生与杨立铭先生. 我大学本科毕业论文的题目是关于矩阵力学的建立，我就是从这篇论文开始进入量子力学领域的. 我曾经跟曾谨言先生做过一段时间的助教，得到不少指点和帮助. 我与杨泽森先生和关洪先生有过许多关于量子力学的富有启发性的讨论. 从与胡济民先生关于量子力学的合作和许多讨论中，我得到过很多启发和帮助. 高崇寿先生、杨泽森先生、曾谨言先生、关洪先生和喀兴林先生先后送给我的他们的著作，在我写这本书的过程中都是反复翻阅和参考的. 我要特别感谢技术物理系听过我的量子力学课的学生, 和技术物理系与物理系听过我的高等量子力学课的研究生, 他们的提问和各种反馈给我的信息, 对我的帮助是具体而实际的. 最后, 我要感谢高崇寿先生与林纯镇先生对本书书稿的审阅和推荐. 还有许多老师和朋友的帮助, 请原谅我不可能在这里一一提到.

人生有限, 学海无边. 错误或不妥之处, 望识者不吝指正.

2003 年春作者自序于北京大学燕北园

目　录

天生灵境待吾辈，要凭高处抒吟胸.
会须与君上绝顶，置身一片光明中.
为访洪荒太古迹，上方仙子应能逢.
俯视尘寰小若芥，一声长啸天地空.
—— 王惕山
《望点苍山》

引　言

量子力学是物理学的基本理论 近代科学与古代学说在观念上的主要分野，在于如何判断一个理论的是非正误. 近代科学是把经验，具体地说是把观测和实验的事实，作为判断是非正误的最终标准，而不是把某个权威先贤的话语或某种先验的观念作为判断是非正误的最终标准. 这是从 Francis Bacon 与 Galileo Galilei 开始的近代科学的传统观念，也是物理学的基本观念.

物理学是我们对物理世界的一种理性的了解和认识. 我们要通过观测和实验，才能了解物理世界；我们也要通过观测和实验，才能检验和修正我们对物理世界的认识. 所以说，物理学是以实验为基础的实验科学.

我们通过观测和实验，获得了对物理现象的了解，就产生了物理的*现象学*. 通过对物理现象的综合、分析、比较和联想，我们可以建立一定的模型，解释定量的关系，这就是物理的*唯象理论*. 在唯象理论的基础上，我们可以进一步建立以一些基本原理为基础的理论的逻辑体系，或者称为理论的形式体系. 这就是通常说的*基本理论*. 物理理论的形式体系都采用一定的数学语言来表述，具有一定的数学结构. 所以，我们可以画出如下的关系①：

$$\text{实验} \Longleftrightarrow \text{唯象理论} \Longleftrightarrow \text{基本理论} \Longleftrightarrow \text{数学}$$

在上述关系中，大体上说，前两部分是*实验物理*, 中间两部分是*理论物理*, 后两部分则是*数学物理*. 唯象理论是理论物理与实验的相交部分，它反映了我们对物理世界初步的理解和认识；而基本理论则是理论物理与数学的相交部分，它反映了我们对物理世界深入的理解和认识. *量子力学属于物理学的基本理论，而且是物理学基本理论最基础的部分，它与相对论一起，构成了整个近代物理学的基础.*

① 杨振宁，《杨振宁文集》下册，张奠宙编选，华东师范大学出版社，1998 年，841 页.

量子力学的概念和图像源自微观物理经验 作为近代物理学理论基础之一的量子力学，是我们对微观物理世界的一种理性的了解和认识. 它的基本概念和物理原理，都来源于我们关于微观物理的观测和实验. *量子力学在本质上是以观测和实验为基础的实验科学，量子力学的概念和图像，都是在微观物理经验的基础上建立起来的.*

经典物理的经验局限于宏观领域，与我们日常生活经验的领域一致，所以经典物理的概念和图像往往与我们日常生活经验的概念和图像一致，容易理解和接受. 量子力学不同，它的经验属于微观领域，与我们日常生活经验的领域不一样. 微观物理的经验往往与我们日常生活的经验不一致，从微观物理经验得出的概念和图像往往与从我们日常生活经验得出的概念和图像完全不同. 在这种情况下，随时准备用观测和实验的事实来修正我们的观念，而不是先验和不加批判地坚持我们从经典物理或日常生活经验得来的观念，就成为理解量子力学概念和图像的关键. 这意味着我们在基本物理观念上的一场根本性的改变.

在 20 世纪初发生的三次基本物理观念上的革命，其结果是狭义相对论、广义相对论和量子力学的建立，它们深刻地改变了我们对物理世界的理解[①]. 而在这三者之中改变最大、理解最难的，当首推量子力学. 量子力学是物理学研究的经验扩充到微观领域的结果，它修改了物理学中关于物理世界的描述以及物理规律的陈述的基本观念，影响尤其深远.

微观现象的基本特征是波粒二象性 19 世纪末，相继发现天然放射性、 X 射线和阴极射线，物理学研究深入到原子结构的微观物理世界. 探索微观世界所积累的物理经验逐渐表明，微观现象的基本特征是 *波粒二象性*. 光的干涉、衍射和偏振，表明光是一种波动，用波长、频率和偏振方向来描述，满足电磁场的波动方程. 而黑体辐射、光电效应、 Compton 散射以及正负电子偶的产生和湮灭，又表明光是一种粒子，用能量和动量来描述，满足能量动量守恒. 阴极射线中的电子在磁场中偏转，在荧光屏上产生光点，表明电子是一种粒子，具有电荷和质量，用能量和动量来描述，满足能量动量守恒. 而另一方面，电子在晶体上的衍射和通过狭缝的干涉，又表明电子是一种波动，可以用波长来描述，满足 Schrödinger 波动方程. *微观现象一方面表现出波动性，另一方面表现出粒子性，同时具有波动和粒子的特征，而描述这种波动性的波函数满足波的叠加原理.*

波函数的统计诠释改变了物理学的基本观念 对于波粒二象性所包含的物理， Max Born 于 1926 年提出了 *波函数的统计诠释*，*认为描述微观现象波动性*

① 宁平治等主编，《杨振宁演讲集》，南开大学出版社， 1989 年， 366 页.

的波函数只是用来计算对微观粒子测量结果出现概率的数学工具，不具有实在的物理含义. 实在的是粒子，波只是一种表象. 这就在两个方面改变了物理学的基本观念：一是关于物理世界的描述方式，即物理图像问题；另一个是关于物理规律的表达形式，即因果关系问题.

宏观物理现象，例如海鸥在天空的飞翔，可以用时空中的轨迹来描述，有一幅直观而且实在的物理图像. 微观物理现象不同，虽然可以形象地描述两束电子波的干涉，或者氢原子中的电子云分布，但这是概率幅的波而不是物理实在的干涉或分布. 在照相底片的乳胶或云室中探测到的电子是实在的，但却不能在时空中精确地追踪它的运动. *量子力学不再能在时空中精确描绘一幅既直观形象而又具有物理实在的图像.*

在宏观物理中，原因与结果之间一定可以找到明确肯定的联系. 天王星轨道意外的摄动一定对应某种原因. 这种观念直接导致了海王星的发现，而这种关于在原因与结果之间有决定性联系的因果观念则被称为 Laplace *决定论* 的因果关系. 微观物理则不同. 在电子束的双缝衍射中，不可能预言电子将肯定落到屏幕上哪一点. 它落到屏幕上任何一点都是可能的，只能预言它落到屏幕上每一点的概率有多大. 在钴 60 的 β 衰变中，不可能预言钴核将肯定在什么时刻放出电子. 它在任何时刻都可能衰变，只能预言它在某一时刻衰变的概率有多大. *量子力学表达的物理规律是统计性的，在原因与结果之间不再能给出明确肯定的联系，对一定的物理条件，它只能预言可以测到哪些结果，以及测到每一种可能结果的概率是多少.*

微观现象的波粒二象性根源于微观现象的测不准 相对论基本概念的经验基础，是我们传递信息的速度存在一个上限. 这就要求我们准确定义“同时”的概念，从而导致时间与长度都是相对的，依赖于观测者的参考系，而只有由它们联合构成的四维时空的不变长度才具有绝对的含义. 类似地，量子力学基本概念的经验基础，则是微观现象的测不准. 一般说来，任何一个测定某些物理量的实验，同时也就会改变以前所获得的另一些物理量的知识. 即使定量地追溯这种影响，我们仍会发现，在很多情况下，同时测量两个不同物理量总是存在一个不能再提高的精度下限. 我们可以把同时测量两个不同物理量有一个精度下限，假设为一条自然定律，并以此作为建立量子力学理论的一个基本出发点. 具体地说， *在原则上，微观系统的正则坐标与其正则共轭动量是不能同时测准的，存在一个精度的下限，这就是 Werner Heisenberg 的测不准原理*, 它是微观量子性的根源，是波函数的统计诠释的物理基础.

作为理论的一个基本出发点，这种测量精度的下限不是来自实验和技术方面的限制，而是由理论本身在原则上决定的．这种测不准的大小由 *约化* Planck 常数 $\hbar$ 来表征．只有当物理过程的作用量 S 比约化 Planck 常数 $\hbar$ 大得多时，这种测不准才能近似忽略，由这种测不准所引起的量子效应才不明显，而能使用轨道的描述和 Laplace 决定论的因果关系．当所涉及的物理过程其作用量可与约化 Planck 常数相比时，微观现象的波粒二象性就很明显，而要代之以波函数的描述和统计性的因果关系．*量子力学在关于微观世界的物理图像和微观规律的因果关系方面给物理学基本观念带来的巨大改变，究其物理基础，根源于微观现象的测不准*．经典物理只是量子力学在测不准可以忽略时的近似．

量子力学的基本特点　以这种基本观念为基础的量子力学，是围绕观测量及其测量的概率这一核心问题而展开的．既然微观系统的正则坐标与其正则共轭动量不能同时测准，观测结果表现为统计的分布，量子力学就必然要采取统计性的描述．量子力学的基本原理和定律，既包含关于如何确定观测量的测得值的原理，也包含关于如何确定测得某一结果的概率的原理，即波函数的统计诠释，以及确定这种概率的波函数随时间变化的动力学规律，即确定波函数的 Schrödinger 方程．*量子力学的基本方程不再是联系观测量的关系，而只是关于计算系统测量概率的波函数的规律*．由于这种特点，使得量子力学在以下三个方面不同于所有其他物理学理论．

首先，*测量的概念在量子力学的整个理论体系中具有核心的地位*，而不像在其他物理学理论中测量的概念只是隐含在具体物理量的定义之中．态的叠加原理、波函数的统计诠释和 Heisenberg 测不准原理这三条量子力学的基本原理，都是直接与测量有关的．Schrödinger 方程作为量子力学的动力学方程，在量子力学中处于中心地位，而这个方程所给出的，恰恰是关于确定测量结果的概率的波函数随时间变化的规律．

其次，*量子力学给出的只是一套计算观测量的测量概率的规则*，而不像其他物理学理论那样给出观测量测量值之间的定量关系．量子力学与其他物理学理论的这种差别，正是统计性因果关系不同于 Laplace 决定论因果关系的反映．在量子力学中，什么量是物理观测量，一个物理观测量具有哪些可能的测得值，都需要专门进行讨论，而不像其他物理学理论那样是自明的．

最后，*量子力学明显地包含了主观的因素*，而不像其他物理学理论那样看起来是完全客观的．量子力学的主观因素，表现在进行测量时观测者的介入．何时进行测量以及测量什么观测量，这都是由观测者主观决定的．而由于有测不准，测量的操作会使系统的运动状态发生不可控制的改变，使得测量后系统的运动状态依赖于测量过程．所以，量子力学系统的运动状态并不完全独立于观测者，我们对一个量子力学系统的描述并不是完全客观的. 而在其他物理学理论中，总是隐含地假设在原则上可以同时测准所有的物理观测量而不干扰和破坏系统的运动状态，我们可以对这个系统作出完全客观的描述.

这里区分了两种不同的过程：一种是作为研究对象的客体在不受研究者干扰时的运动，这时波函数的变化遵从 Schrödinger 方程；另一种是作为研究主体的观测者对于观测对象的测量过程，这时波函数的变化过程被称为"波包的缩编"，根据波函数统计诠释的规则来计算. 波函数在哪一段过程中由 Schrödinger 方程来确定，从什么时侯开始发生波包的缩编，以及缩编到什么本征态，这都取决于实验者的安排和选择. 这就造成了量子力学中区分主观与客观的困难或任意性. 量子力学的这种困难或任意性，同样也是测不准原理这一物理原理的反映，*只要有波函数的统计诠释，波包的缩编就不可避免*.

其实，把其他物理学理论看成是完全客观的，这本身就是一种误解. *一个理论，作为一种观念形态，不可避免地含有主观的成分*. 在 1926 年的一次讨论中，当 Heisenberg 向 Einstein 表示"一个完善的理论必须以直接可观测量作依据"时，Einstein 向他指出，"在原则上，试图单靠可观测量去建立理论那是完全错误的. 实际上正好相反，是理论决定我们能够观测到什么东西"①. Einstein 的这段话，从一方面说明了物理学理论与物理学实验观测之间的关系，同时也隐约地说出了理论家在根据观测和实验事实来建立理论时所能起的作用. 物理学家的理性思维模式、风格与偏爱，会影响到所建立的理论的表述. 同样是对于测不准，W. Heisenberg 说 uncertainty, D. Bohm 说 indeterminacy, 这种个体的差别，倒是真正客观和无法避免的.

概括地说，量子力学突显了我们作为观测者的地位和作用，充分呈现了物理学人性化的一面. *量子力学明白无误地提醒我们，物理学，或者更一般地说自然科学，是我们对自然界的一种理性的了解和认识，是我们与自然的关系的反映，而不具有独立于我们之外的完全客观的性质*.

量子力学是无限维 Hilbert 空间的物理　量子力学之所以具有上述特点，从其数学基础和结构上看，是由于*量子力学与经典物理不同，不是四维时空中的物理，而是无限维 Hilbert 空间中的物理*. 在量子力学中，物理的状态不是用四维时空中的点，而是用 Hilbert 空间矢量的方向来描述；观测量之间的关系，不是测量所得的数值之间的关系，而是表示观测量的算符之间的关系. 量子力学的一切特点，都源于此. 特别是，经典物理的四维时空与我们生活的时空一致，

① W. 海森堡，《原子物理学的发展和社会》，马名驹等译，中国社会科学出版社，1985 年，第 73, 87 页.

我们习惯于在这种时空中思维和形成物理图像，这是一种直观和形象的思维. 而与经典物理不同，量子力学的无限维 Hilbert 空间与我们生活的时空完全不同，我们要在没有直观感觉和形象的 Hilbert 空间进行思维和形成物理图像，这实质上是一种抽象和数学的思维.

量子力学的进一步发展依赖于全新的物理经验 近百年来量子力学所取得的成就毋庸多说. 但是，我们能不能把量子力学看成一门已经完成了的物理学？从宏观物理到微观物理世界，在空间和时间的尺度上都减小了 5 ~ 6 个数量级以上. 这反映在物理学理论上，则是发生了从经典物理学到量子力学的巨大改变. 当代物理学研究的领域，在小的方面进一步深入到从亚原子到亚核的*超微观世界*，把量子力学与狭义相对论相结合，建立了量子场论和粒子物理的标准模型；而在大的方面则进入到了研究从天体到宇宙的*宇观世界*，尝试把量子力学与广义相对论结合起来，建立量子引力理论乃至统一各种相互作用的万有理论. 在这两个方面，尺度的变化都相当于甚至超过了从宏观世界到微观世界的数量级，这已经并将继续带给我们全新的物理经验.

迄今为止，这些新的物理经验仍然可以纳入量子力学的框架之中. 特别是，*量子力学仍然是我们用来分析和综合这些物理经验的最基本的物理理论*. 这种情况使我们十分庆幸，不过也感到有些惊讶. 当然，我们还没有关于物理学发展的系统和成熟的理论，我们还不能对量子力学的前景进行具有足够可信度的预言. 我们实在是不知道量子力学的这种情形能够继续多久，量子力学的适用范围还能再走多远. 不过可以肯定的是，*修改量子力学的某些观念和图像的任何要求，都必须来自全新的物理经验，而不是某种先验的思辨*. 按照李政道先生的物理学家第一定律，“没有实验物理学家，理论物理学家就要漂浮不定.”① 在这些年来量子力学的基础重又成为物理学研究的前沿和热点时，采取立足于实验的态度就尤其显得至关重要. 作为一门实验科学，实验既是量子力学的创立也是它进一步发展的基础和出发点.

① 李政道，《对称，不对称和粒子世界》，朱允伦译，北京大学出版社，1992 年，45 页.

相对论对经典概念进行批判的出发点，是假设不存在大于光速的信号速度. 类似地，我们可以把同时测量两个不同的物理量有一个精度下限，即所谓测不准关系，假设为一条自然定律，并以此作为量子论对经典概念进行批判的出发点.

—— W. Heisenberg

《量子论的物理原理》， 1930

第一章 基 本 原 理

§1.1 态的叠加原理

1. 量子态的描述

我们可以从一些具体的实验现象综合概括出量子态的概念. 请看下面的例子：

• 阴极射线管中的电子，有一定的动量 $\boldsymbol{p}$, 其态可记为 $|\boldsymbol{p}\rangle$.

• 加速器中的质子，有一定的动量 $\boldsymbol{p}$, 其态可记为 $|\boldsymbol{p}\rangle$.

• 打到荧光屏上 $\boldsymbol{r}$ 处的电子，有一定的坐标 $\boldsymbol{r}$, 其态可记为 $|\boldsymbol{r}\rangle$.

• Stern-Gerlach 实验中分裂的银原子束，有一定的动量 $\boldsymbol{p}$ 和自旋角动量投影 S_z, 其态可记为 $|\boldsymbol{p}, S_z\rangle$.

• 氢原子中处于定态的电子，有一定的能量 E, 角动量 l, 角动量投影 l_z 和自旋角动量投影 s_z, 其态可记为 $|E, l, l_z, s_z\rangle$.

一个量子态，是可以由某种实验测量完全确定的系统的运动状态, 它可以用一些 *观测量* 的 *测得值* 来确定和标志.

Dirac 符号规则 1 *用右半尖括号* $|\ \rangle$ *表示一个量子态，其中用一些字母或数值指明其特征.* 如 $|q\rangle$, $|\boldsymbol{p}\rangle$, $|\boldsymbol{r}\rangle$, $|\psi\rangle$, $\cdots$.

2. 态的叠加

态的叠加的概念，也是从具体实验现象中综合概括出来的. 我们来看下面的几个例子.

电子双缝实验 在双缝后的干涉区域，既可测到来自缝 1 的态 $|\psi_1\rangle$, 也可测到来自缝 2 的态 $|\psi_2\rangle$, 而电子在此区域的态 $|\psi\rangle$ 是这两个态的叠加，可以写成

$$|\psi\rangle = |\psi_1\rangle + |\psi_2\rangle.$$

Rutherford 散射实验 可以测到在各个方向散射的 α 粒子，出射态是各个方向的散射态 $|\boldsymbol{p}\rangle$ 的叠加，可以写成

$$|\psi_{\text{out}}\rangle = \int |\boldsymbol{p}\rangle \mathrm{d}\boldsymbol{p}.$$

偏振光实验 对于偏振方向在 xy 平面某一方向的偏振光态 $|P\rangle$，用一偏振片来测量，一般来说，既可测得在 x 轴方向偏振的态 $|P_x\rangle$，也可测得在 y 轴方向偏振的态 $|P_y\rangle$，偏振态 $|P\rangle$ 是这两个态的叠加，可以写成

$$|P\rangle = |P_x\rangle + |P_y\rangle.$$

极化原子束的 Stern-Gerlach 实验 用自旋投影取某一方向的银原子束射入不均匀磁场，设入射前的自旋态为 $|S\rangle$，其自旋与磁场梯度方向成一角度．出射束一般会分成自旋向上和自旋向下的两束，所以自旋态是这两个态的叠加，可以写成

$$|S\rangle = |\uparrow\rangle + |\downarrow\rangle.$$

态的叠加 我们可以把态的叠加定义为：*已知物理系统的两个态 $|A\rangle$ 和 $|B\rangle$，如果存在系统的这样一个态 $|R\rangle$，使得在它上面的测量，有一定概率测得 $|A\rangle$ 的结果，有一定概率测得 $|B\rangle$ 的结果，除此之外没有其他别的结果，则称 $|R\rangle$ 为 $|A\rangle$ 与 $|B\rangle$ 的叠加，记为*

$$|R\rangle = |A\rangle + |B\rangle.$$

在上面的例子中我们已经用到这个定义．由这个定义可得两个推论：

推论 1 *一个态与它自己叠加的结果，仍是原来的态.*

推论 2 *若在态 $|R\rangle$ 上还有在态 $|A\rangle$ 与 $|B\rangle$ 上测量不到的结果，则态 $|R\rangle$ 不能只由态 $|A\rangle$ 与 $|B\rangle$ 叠加而成，一定还有其他别的成分 $|C\rangle$，*

$$|R\rangle = |A\rangle + |B\rangle + |C\rangle.$$

根据以上定义和推论，我们可以进一步定义 0 态，以及态的 *数乘* 和 *加法*:

0 态是不含任何物理信息的态，系统的任一态与 0 态叠加的结果，还是它自己. $|A\rangle + 0 = |A\rangle$.

复数 c 与量子态 $|A\rangle$ 的数乘 $c|A\rangle$ 仍为一个量子态，满足以下运算规则：

①结合律 $c_1(c_2|A\rangle) = (c_1c_2)|A\rangle = c_1c_2|A\rangle$.

②分配律 $(c_1 + c_2)|A\rangle = c_1|A\rangle + c_2|A\rangle$.

量子态 $|A\rangle$ 与 $|B\rangle$ 的相加 $|A\rangle + |B\rangle$，仍为一个量子态，满足以下运算规则：

①交换律 $|A\rangle + |B\rangle = |B\rangle + |A\rangle$.

②结合律 $|A\rangle + (|B\rangle + |C\rangle) = (|A\rangle + |B\rangle) + |C\rangle$.

③分配律 $c(|A\rangle + |B\rangle) = c|A\rangle + c|B\rangle$.

可以把态的数乘看成是态的叠加的一种推广，而 $c \neq 0$ 时 $c|A\rangle$ 与 $|A\rangle$ 表示物理系统的同一量子态. 不难看出，前面定义的态的叠加满足上述加法规则.

3. 态的叠加原理

原理的表述 若态 $|A\rangle$ 与态 $|B\rangle$ 是系统的可能态，则它们的叠加态

$$|R\rangle = c_1|A\rangle + c_2|B\rangle$$

也是系统的可能态，而且，在不受外界干扰的情况下，它们的这种叠加关系保持不变.

这是一个普遍的 **物理原理**. 它说，如果系统有两个态 $|A\rangle$ 和 $|B\rangle$, 则 **在物理上一定还存在** 这样的态 $|R\rangle$, 在它上面的测量，以一定概率得 $|A\rangle$ 的结果，一定概率得 $|B\rangle$ 的结果，此外没有别的结果，并且这种关系 (测得的结果和相应的概率) 不随时间而改变. 由此可得两个推论:

①若 $|A\rangle$ 与 $|B\rangle$ 是系统的同一个态，则它们是 *相关的*, 即有

$$c_1|A\rangle + c_2|B\rangle = 0,$$

其中 c_1 和 c_2 都不为 0; 反之，若 $|A\rangle$ 与 $|B\rangle$ 是系统不同的两个态，则它们是 *不相关的*, 即不可能有上述关系，除非 $c_1 = c_2 = 0$.

②若 $\{l_n\} = (l_1, l_2, \cdots)$ 是观测量 L 的所有可能测得值的集合， $|l_n\rangle$ 是测得值为 l_n 的态，则系统的任一可观测 L 的态 $|\psi\rangle$ 都可写成

$$|\psi\rangle = \sum_n \psi_n |l_n\rangle.$$

可以看出，态的叠加原理的数学含义是：系统所有可能态的集合，对于上面定义的数乘和加法运算，构成一个 *线性空间*, **确定量子态的方程是线性方程**. 在这个意义上，量子态 $|\ \rangle$ 作为这个空间的矢量，又称为 *态矢量*. 必须指出，态的叠加原理是对大量实验现象的综合与归纳，它的正确性，亦即它的这种数学含义的适用性，要由实验来判定. 关于叠加原理的数学基础和深刻含义，可以进一步参阅附录二.

§1.2 波函数的统计诠释

1. 左矢量与右矢量，内积空间

Dirac 符号规则 2 可以等价地用左半尖括号 $\langle\ |$ 来表示一个量子态，并与 $|\ \rangle$ 一一对应，如

$$\langle A| \longleftrightarrow |A\rangle, \qquad \langle B| \longleftrightarrow |B\rangle, \qquad \cdots.$$

共轭对偶空间 设集合 $\{\langle A|\}$ 与 $\{|A\rangle\}$ 中的元素一一对应，有

① $\langle A| \leftrightarrow |A\rangle$,

② $\langle A| + \langle B| \leftrightarrow |A\rangle + |B\rangle$,

③ $c^*\langle A| \leftrightarrow c\,|A\rangle$,

则，如果 $\{|A\rangle\}$ 构成线性空间，那么 $\{\langle A|\}$ 也构成线性空间. 称 $\{\langle A|\}$ 与 $\{|A\rangle\}$ 互为 *共轭对偶空间*，*共轭空间*, 或 *对偶空间*. 称 $\langle\ |$ 为 *左矢量* (bra vectors), $|\ \rangle$ 为 *右矢量* (ket vectors). ③中的 c^* 是 c 的复数共轭.

对于任意二矢量 $|A\rangle$ 与 $|B\rangle$, 若能定义一个 **复数** $\langle B|A\rangle$, 使它对于 $|A\rangle$ 是线性的，对于 $|B\rangle$ 是反线性的，亦即

① $\langle B|(|A\rangle + |A'\rangle) = \langle B|A\rangle + \langle B|A'\rangle$,

② $\langle B|(c|A\rangle) = c\langle B|A\rangle$,

③ $(\langle B| + \langle B'|)|A\rangle = \langle B|A\rangle + \langle B'|A\rangle$,

④ $(c^*\langle B|)|A\rangle = c^*\langle B|A\rangle$,

则称 $\langle B|A\rangle$ 为它们的 *内积* 或 *标量积*. ①和②表明 $\langle B|A\rangle$ 对 $|A\rangle$ 是线性的；③和④表明 $\langle B|A\rangle$ 对 $|B\rangle$ 是反线性的， $|B\rangle$ 增大 c 倍成为 $c|B\rangle$ 时， $\langle B|A\rangle$ 增大 c^* 倍成为 $c^*\langle B|A\rangle$, c^* 是 c 的复数共轭.

这种定义了复内积的空间称为 *内积空间*，*酉空间* 或 *复欧氏空间*. 通常定义的内积，除上述性质外，还满足

⑤ $\langle B|A\rangle = \overline{\langle A|B\rangle} \equiv \langle A|B\rangle^*$， $\bar{c} \equiv c^*$,

⑥ $\langle A|A\rangle \geqslant 0$，等号仅当 $|A\rangle = 0$ 时成立.

Dirac 符号规则 3 *不完整的尖括号 $|\ \rangle$ 与 $\langle\ |$ 表示态矢量，完整的尖括号 $\langle\ |\ \rangle$ 表示复数.*

若 $\langle B|A\rangle = 0$, 则称 $|A\rangle$ 与 $|B\rangle$ *互相正交*, 记为 $|B\rangle \perp |A\rangle$.

矢量与它自己内积的平方根，称为矢量的 *长度* 或 *模*, 记为

$$\||A\rangle\| = \sqrt{\langle A|A\rangle}.$$

由于 $c|A\rangle$ 与 $|A\rangle$ 表示同一量子态，所以，只是态矢量的方向有物理意义，而态矢量的长度没有物理意义. 通常总是选择适当的常数因子，使态矢量 *归一化*,

$$\langle A|A\rangle = 1.$$

归一化还不能完全确定一个态矢量，仍有一个模为 1 的因子 $\mathrm{e}^{\mathrm{i}\gamma}$ 的任意性，称为 *相因子*, γ 为实数.

若 $|q\rangle$ 是归一化矢量，则 $\langle q|\psi\rangle$ 称为矢量 $|\psi\rangle$ 在 $|q\rangle$ 方向的 *投影*.

2. 波函数及其统计诠释

波函数 态矢量 $|\psi\rangle$ 在某一方向 $|q\rangle$ 的投影 $\langle q|\psi\rangle$, 称为态在该方向的 *波函数*, 记为 $\psi(q)$,

$$\psi(q) = \langle q|\psi\rangle.$$

例如

$$\psi(\boldsymbol{r}) = \langle \boldsymbol{r}|\psi\rangle, \qquad a\psi(\boldsymbol{p}) = \langle \boldsymbol{p}|\psi\rangle.$$

统计诠释 按照 Born 的假设[①], *在量子态 $|\psi\rangle$ 上测得 $|q\rangle$ 的概率 $W(q)$ 正比于波函数 $\psi(q)$ 的模的平方*,

$$W(q) \propto |\psi(q)|^2 = |\langle q|\psi\rangle|^2.$$

所以, 波函数 $\psi(q)$ 又称为 *概率振幅* 或 *概率幅*. 注意这里是说在量子态 $|\psi\rangle$ 上**测得** $|q\rangle$ 的概率, 而不是说在量子态 $|\psi\rangle$ 上**具有** $|q\rangle$ 的概率. 也就是说, 这个诠释所说的, 是测量的结果, 而不是测量前态 $|\psi\rangle$ 有何性质. 对量子态 $|\psi\rangle$, 我们有时说有多大概率 **处于** $|q\rangle$, 其准确的意思是说有多大概率 **测得** $|q\rangle$. 按照统计诠释, **波函数不是描述体系本身具有的性质, 不是物理量, 而是描述对它测量有何结果的信息, 是数学量**.

统计诠释是量子力学的数学形式与物理实际发生联系的重要渠道, 是从物理上理解量子力学的主要依据. 根据这个诠释, 当我们说一个物理体系具有什么性质时, 准确的意思是说我们对它可以测到什么性质. 测量的概念是量子力学在物理上的核心与精髓, 是正确理解和把握量子力学的关键, 整个量子力学的理论, 都是围绕测量问题而展开的. 对量子力学的有些误解, 根源就在于没有认识到这一点, 没有正确理解和把握统计诠释. 关于量子力学的一些争论, 也正是针对这个诠释. 为了强调和突显测量的作用, 我们将跟随 Dirac, 使用"观测量" (observable) 这个词, 而不用"物理量" (physical quantity) 这个词[②].

例 Malus 定律 设线性偏振光的偏振方向 $\boldsymbol{P}$ 在 xy 平面内, 与 x 轴的夹角为 θ, 则可以把偏振态 $|\boldsymbol{P}\rangle$ 写成在 x 与 y 轴方向的偏振态 $|\boldsymbol{i}\rangle$ 与 $|\boldsymbol{j}\rangle$ 的叠加,

$$|\boldsymbol{P}\rangle = \cos\theta|\boldsymbol{i}\rangle + \sin\theta|\boldsymbol{j}\rangle,$$

而测得在 x 轴方向偏振的光强正比于 $\cos^2\theta$, $\cos\theta$ 是 $\boldsymbol{P}$ 在 x 轴方向的投影.

在数学上, 波函数的统计诠释为态矢量的内积提供了一种物理的定义. 与态的叠加原理一样, 波函数的统计诠释也是对实验现象的综合与归纳, 其正确性, 亦即它的这种数学含义的适用性, 同样要由实验来判定. 关于统计诠释的深

---

① M. Born, *Z. f. Physik.* **37** (1926) 863.

② P.A.M. 狄拉克,《量子力学原理》, 陈咸亨译, 喀兴林校, 科学出版社, 1965 年, §10.

入讨论，可以进一步参阅附录二.

定义了复内积的线性空间，若满足一定的要求，就称为 Hilbert 空间①. 实际上，*量子力学的态矢量空间是一种 Hilbert 空间，量子力学是 Hilbert 空间中的物理*. 这是量子力学最基本的特点，是理解量子力学的关键，参阅附录二.

§1.3 Heisenberg 测不准原理

1. 观测量的本征态

我们先看几个例子.

- 银原子自旋角动量投影 S_z 的测得值: $\frac{1}{2}\hbar, -\frac{1}{2}\hbar$.
- H_2 分子振动能级的测得值: $(n+\frac{1}{2})\hbar\omega, \quad n=0,1,2,\cdots$.
- Compton 散射 γ 光子动量 $\boldsymbol{p}$ 的测得值: 在某一范围连续分布.
- 双缝干涉实验中电子在屏上坐标 $\boldsymbol{r}$ 的观测值: 在屏上连续分布.

本征值和本征值谱 一个物理观测量的测得值称为它的 *本征值*, 全体本征值的集合称为它的 *本征值谱*. 由这个定义可知, 观测量的本征值都是实数, 因为任何观测值都是实数.

不同的物理观测量, 其本征值谱不同, 可以分为 *离散谱*, *连续谱* 和 *混合谱*.

- 离散谱: 观测量 L, 本征值谱 $\{l_n\}, \quad n=1,2,3,\cdots$.
- 连续谱: 观测量 Q, 本征值谱 $\{q\}, \quad q\in\mathbf{R}$.
- 混合谱: 观测量 G, 本征值谱 $\{g_s, g\}, \quad s=1,2,3,\cdots, \quad g\in\mathbf{R}$.

某一观测量 Q 具有确定本征值 q 的量子态 $|q\rangle$, 称为它的 *本征态*. 某两个观测量 Q 与 P 同时都具有确定本征值 q 与 p 的量子态 $|qp\rangle$, 称为它们的 *共同本征态*. 据此定义, 在本征态 $|q\rangle$ 上测量 Q, 测得值必是 q. 在共同本征态 $|qp\rangle$ 上测量 Q 与 P, 能同时测准, 分别测得 q 与 p.

观测量 Q 具有确定值 q 的量子态 $|qp\rangle$ 可以有许多个, 对应于不同的本征值 p. 一般地说, 若与某一本征值相应的本征态不止一个, 我们就说这个本征值的态是 *简并的*, 而与此本征值相应的本征态的个数, 则称为它的 *简并度*.

以上基本实验事实, 是我们讨论的出发点. 为了简明起见, 我们只讨论离散谱的情形, 但不难推广到连续谱和混合谱. 我们还假设本征态不简并. 对于有简并的情形, 可以找到另外的独立观测量来把简并消除, 这只增加麻烦, 而不构成原则上的问题.

---

① John von Neumann, *Mathematical Foundations of Quantum Mechanics*, translated by Robert T. Beyer, Princeton University Press, 1955, p.34.

一个观测量的全体本征态的集合称为它的 *本征态组*. 本征态组具有以下两个重要的性质.

正交归一性 设观测量 L 的本征值谱为 $\{l_n\}=(l_1,l_2,\cdots)$, 相应的本征态组为 $\{|l_n\rangle\}=(|l_1\rangle,|l_2\rangle,\cdots)$. 根据本征态的上述定义, 如果 $n\neq m$, 则在态 $|l_m\rangle$ 上测不到态 $|l_n\rangle$. 于是, 由波函数的统计诠释, 有 $\langle l_n|l_m\rangle=0$, 选择归一化的本征态, 就有正交归一化关系

$$\langle l_n|l_m\rangle=\delta_{nm}, \tag{1}$$

其中 δ_{nm} 是 Kronecker 符号,

$$\delta_{nm}=\begin{cases}1, & n=m,\\ 0, & n\neq m.\end{cases}$$

(1) 式就是观测量本征态的 *正交归一性*, 它是从本征态的物理定义和波函数的统计诠释推出的一个对于本征态矢量的普遍要求和结论.

完备性 上节已经指出, 任意可观测 L 的物理态 $|\psi\rangle$, 根据态的叠加原理, 可以写成本征态组 $\{|l_n\rangle\}$ 的展开式

$$|\psi\rangle=\sum_n\psi_n|l_n\rangle, \tag{2}$$

这称为本征态组 $\{|l_n\rangle\}$ 的 *完备性*. 其中的展开系数 ψ_n 相当于态矢量 $|\psi\rangle$ 在坐标轴 $|l_n\rangle$ 上的坐标, $|l_n\rangle$ 是这个坐标轴的基矢.

算 $|\psi\rangle$ 与 $|l_n\rangle$ 的内积, 利用 $|l_n\rangle$ 的正交归一性 (1) 式, 就得到展开系数 ψ_n 的公式

$$\langle l_n|\psi\rangle=\sum_m\psi_m\langle l_n|l_m\rangle=\sum_m\psi_m\delta_{nm}=\psi_n,$$

这给出了波函数的几何意义. 把上式代回 (2) 式, 有

$$|\psi\rangle=\sum_n|l_n\rangle\psi_n=\sum_n|l_n\rangle\langle l_n|\psi\rangle.$$

由于 $|\psi\rangle$ 是任意态矢量, 所以上式表示

$$\sum_n|l_n\rangle\langle l_n|=1, \tag{3}$$

这就是本征态矢量组 $\{|l_n\rangle\}$ 的 *完备性公式*, 它在由 $\{|l_n\rangle\}$ 张成的线性空间成立. 其中的 $|l_n\rangle\langle l_n|$ 是把态矢量 $|\psi\rangle$ 投影到 $|l_n\rangle$ 方向的 *投影算符*. (3) 式的几何含义是, 任一态矢量在空间所有方向的分量的和应等于它自己. 对于归一化的态矢量 $|\psi\rangle$, 由它可以算出

$$\sum_n|\langle l_n|\psi\rangle|^2=\sum_n\langle\psi|l_n\rangle\langle l_n|\psi\rangle=\langle\psi|\psi\rangle=1,$$

即全部测量概率之和等于 1. 这就是波函数的统计诠释的数学基础，或者说统计诠释在数学上是自洽的.

一般地，$|A\rangle\langle B|$ 是一个算符，它按下述方式从左边作用于右矢量，从右边作用于左矢量：

$$\big(|A\rangle\langle B|\big)|P\rangle \equiv |A\rangle\langle B|P\rangle, \qquad \langle P|\big(|A\rangle\langle B|\big) \equiv \langle P|A\rangle\langle B|.$$

Dirac 符号规则 4 *左矢量和右矢量能按各种方式相乘，所得结果可能是复数，矢量或算符，乘法有分配律和结合律，但一般没有交换律.*

2. 观测量的算符和本征值方程

根据本征态组 $\{|l_n\rangle\}$ 的定义和波函数的统计诠释，在态 $|\psi\rangle$ 上测量 L 多次所得平均值 $\langle L\rangle$ 的计算公式为

$$\langle L\rangle = \sum_n l_n|\langle l_n|\psi\rangle|^2 = \sum_n \langle\psi|l_n\rangle l_n\langle l_n|\psi\rangle = \langle\psi|\hat{L}|\psi\rangle, \tag{4}$$

其中 $|\psi\rangle$ 是归一化态矢量，$\hat{L}$ 是下述线性算符

$$\hat{L} \equiv \sum_n |l_n\rangle l_n\langle l_n|. \tag{5}$$

算符 $\hat{L}$ 可以从左边作用于右矢量 $|\psi\rangle$, 得到一个新的右矢量 $|\varphi\rangle$, 或从右边作用于左矢量 $\langle\psi|$, 得到一个新的左矢量 $\langle\chi|$,

$$\hat{L}|\psi\rangle = \Big(\sum_n |l_n\rangle l_n\langle l_n|\Big)|\psi\rangle = \sum_m |l_n\rangle l_n\langle l_n|\psi\rangle = |\varphi\rangle,$$

$$\langle\psi|\hat{L} = \langle\psi|\Big(\sum_n |l_n\rangle l_n\langle l_n|\Big) = \sum_n \langle\psi|l_n\rangle l_n\langle l_n| = \langle\chi|.$$

这里的一个算符, 既作用于右矢量空间, 也作用于共轭的左矢量空间. 在这个意义上，它能把这互为共轭对偶的两个空间联系起来.

Dirac 符号规则 5 *算符总是从左边作用于右矢量，得到一个新的右矢量，或从右边作用于左矢量，得到一个新的左矢量.*

可以证明，上述定义 (5) 式引入的算符 $\hat{L}$ 是线性厄米算符. 下面先分别给出线性算符和厄米算符的定义和重要性质.

满足以下性质的算符 $\hat{L}$, 称为线性算符:

① $\hat{L}(|A\rangle + |B\rangle) = \hat{L}|A\rangle + \hat{L}|B\rangle$.

② $\hat{L}(c|A\rangle) = c\hat{L}|A\rangle$.

③*乘法有分配律* $(\hat{F}+\hat{G})|A\rangle = \hat{F}|A\rangle + \hat{G}|A\rangle$.

④*乘法有结合律* $\hat{F}(\hat{G}|A\rangle) = (\hat{F}\hat{G})|A\rangle$.

⑤乘法一般无交换律，对易子 $[\hat{F},\hat{G}]\equiv\hat{F}\hat{G}-\hat{G}\hat{F}$ 一般不为 0.

我们现在来定义一个算符的 **共轭算符**. 若对任意态矢量 $|P\rangle$, 都有共轭关系

$$\langle P|\hat{L}\leftrightarrow\overline{\hat{L}}|P\rangle,$$

则称算符 $\overline{\hat{L}}$ 是 $\hat{L}$ 的共轭算符，同样，称算符 $\hat{L}$ 是 $\overline{\hat{L}}$ 的共轭算符，或称 $\hat{L}$ 与 $\overline{\hat{L}}$ 互为共轭算符，其中 $|P\rangle$ 与 $\langle P|$ 分别属于互相对偶的矢量空间.

$\overline{\hat{L}}$ 又记为 $\hat{L}^\dagger$,

$$\hat{L}^\dagger\equiv\overline{\hat{L}}.$$

一个算符的共轭算符又称为它的 伴算符, 求一个算符的共轭算符, 又称为求它的共轭.

根据共轭算符的定义，可以证明以下重要性质：

① $(\hat{L}^\dagger)^\dagger=\hat{L}$, 或 $\overline{\overline{\hat{L}}}=\hat{L}$.

②对于任意的 $|B\rangle$ 与 $|P\rangle$, 有 $\langle B|\hat{L}^\dagger|P\rangle=\overline{\langle P|\hat{L}|B\rangle}$.

③ $\overline{|A\rangle\langle B|}=|B\rangle\langle A|$.

④ $\overline{\hat{F}\hat{G}}=\overline{\hat{G}}\,\overline{\hat{F}}$.

例如，令 $|A\rangle=\hat{L}^\dagger|P\rangle$, 则由 $\langle B|A\rangle=\overline{\langle A|B\rangle}$, 即有②.

令 $\hat{L}=|A\rangle\langle B|$, 则由

$$\langle\phi|\hat{L}^\dagger|\psi\rangle=\overline{\langle\psi|\hat{L}|\phi\rangle},$$

有

$$\langle\phi|\hat{L}^\dagger|\psi\rangle=\overline{\langle\psi|A\rangle\langle B|\phi\rangle}=\langle\phi|B\rangle\langle A|\psi\rangle,$$

而 $|\phi\rangle,|\psi\rangle$ 为任意矢量，故上式给出

$$\hat{L}^\dagger=|B\rangle\langle A|.$$

这就证明了③.

Dirac 符号规则 6 左矢量、右矢量与线性算符的任意乘积的共轭，等于每一因子的共轭按相反的次序相乘,

$\overline{c}\equiv c^*$,	$\overline{\hat{L}}\equiv\hat{L}^\dagger$,	$\overline{\|A\rangle}\equiv\langle A\|$,	$\overline{\langle A\|}\equiv\|A\rangle$;
$\overline{c\,\|A\rangle}=\overline{c}\,\langle A\|$,	$\overline{c\,\langle A\|}=\overline{c}\,\|A\rangle$,	$\overline{\hat{L}\|A\rangle}=\langle A\|\overline{\hat{L}}$,	$\overline{\langle A\|\hat{L}}=\overline{\hat{L}}\|A\rangle$;
$\overline{\langle A\|B\rangle}=\langle B\|A\rangle$,	$\overline{\|A\rangle\langle B\|}=\|B\rangle\langle A\|$,	$\overline{\langle A\|\hat{L}\|B\rangle}=\langle B\|\overline{\hat{L}}\|A\rangle$,	$\overline{\hat{F}\hat{G}}=\overline{\hat{G}}\,\overline{\hat{F}}$.

一个算符如果与它的共轭算符相等，我们就说这个算符是 自共轭 的，简称 自轭 的，或 厄米 的. 现在我们来证明上述定义 (5) 引入的算符 $\hat{L}$ 是厄米算符. 由于本征值 l_m 是观测量的测得值，应该是实数,

$$l_m^*=l_m,$$

所以从 (5) 式可得

$$\hat{L}^\dagger = \overline{\sum_m |l_m\rangle l_m \langle l_m|} = \sum_m |l_m\rangle l_m^* \langle l_m| = \sum_m |l_m\rangle l_m \langle l_m| = \hat{L},$$

亦即 $\hat{L}$ 是厄米算符.

用 (5) 式定义的算符 $\hat{L}$ 作用于它的本征态 $|l_n\rangle$, 代入 (1) 式，可以得到

$$\hat{L}|l_n\rangle = l_n|l_n\rangle, \tag{6}$$

这就是从算符 $\hat{L}$ 求它的本征态和本征值的 本征值方程.

到此，我们从态的叠加原理、波函数的统计诠释和观测量的一般性质推出了观测量可以用线性厄米算符来表示，并且给出了观测量的算符、本征态和本征值应满足的本征值方程. 归纳起来，能够表示一个物理观测量的算符，在数学上必须满足的条件是：线性，厄米性，在态矢量空间内作用，本征态组有完备性. 后两点既是对算符的要求，也是对本征态矢量组的要求，它们往往被疏忽，这会在一些具体问题中造成问题，我们将在第三章 §3.3 和第四章 §4.1 及 §4.3 给出具体的讨论.

反之，若算符是厄米的， $\hat{L}^\dagger = \hat{L}$, 则可证明，对于从它的本征值方程 (6) 解出的本征值谱 $\{l_m\}$ 和本征态组 $\{|l_m\rangle\}$, 有以下性质：

①本征值都是实数， $l_m^* = l_m$.

②属于不同本征值的两个本征态是正交的，本征态组 $\{|l_m\rangle\}$ 有 (1) 式的正交归一性.

③相应于本征右矢的本征值，都同时是相应于本征左矢的本征值.

④与本征右矢相对应的左矢，是属于同一本征值的本征左矢，反之亦然.

于是，在一方面，我们证明了，在计算平均值时所引入的算符是线性厄米算符. 在另一方面，我们又表明了，线性厄米算符有可能用来表示物理观测量. 当然，这还需要证明它的本征态组具有完备性.

3. 相容性与测不准定理

上面讨论了任意一个物理观测量的算符应满足的条件. 现在来讨论两个观测量的算符之间应满足的条件.

在量子力学中，一般地讲，两个观测量可以分别单独地测准，却不一定能同时测准，即不一定存在能够同时对它们进行测量的仪器装置. 在一个测准了 A 的态 $|a_r\rangle$ 上，再去测 B, 就有可能会干扰这个态，测得 $|b_s\rangle$ 时， A 的态 $|a_r\rangle$ 就被破坏了. 在这种情况下，两个观测互相干扰，或者说 不相容 . 我们将要证明，若两个观测量的算符不对易，这两个观测量就不相容.

但也有一些观测量可以同时测准，具有共同本征态．在这种情况下，两个观测互不干扰，或者说是*相容*的，即存在能够同时对它们进行测量的仪器装置．两个观测相容的必要充分条件，是这两个观测量的算符可以对易．

定理 如果两个观测量有共同本征态组，并且这个共同本征态组形成一个完备组，则它们的算符是对易的．

证明 由题设，有

$$\hat{A}|a_r b_s\rangle = a_r|a_r b_s\rangle, \qquad \hat{B}|a_r b_s\rangle = b_s|a_r b_s\rangle, \qquad |\psi\rangle = \sum_{r,s} c_{rs}|a_r b_s\rangle,$$

其中 $|\psi\rangle$ 是任意态矢量．于是有

$$(\hat{A}\hat{B} - \hat{B}\hat{A})|\psi\rangle = \sum_{r,s} c_{rs}(\hat{A}\hat{B} - \hat{B}\hat{A})|a_r b_s\rangle = \sum_{r,s} c_{rs}(b_s a_r - a_r b_s)|a_r b_s\rangle = 0.$$

由于 $|\psi\rangle$ 是任意态矢量，所以有

$$[\hat{A}, \hat{B}] = \hat{A}\hat{B} - \hat{B}\hat{A} = 0.$$

逆定理 如果两个观测量的算符是对易的，它们就有共同本征态组，并且这个共同本征态组形成一个完备组．

证明 设观测量 A 的本征态组为 $\{|a_r t\rangle\}$，

$$\hat{A}|a_r t\rangle = a_r|a_r t\rangle,$$

其中参数 t 用来区分属于同一本征值 a_r 的不同本征态．由于 $\{|a_r t\rangle\}$ 是完备组，可以把观测量 B 的本征态 $|b_s\rangle$ 用它来展开，

$$|b_s\rangle = \sum_{r,t} c_{srt}|a_r t\rangle = \sum_r c_{sr}|a_r b_s\rangle,$$

其中

$$c_{sr}|a_r b_s\rangle \equiv \sum_t c_{srt}|a_r t\rangle.$$

由于 $|b_s\rangle$ 是观测量 B 的本征态，用 $(\hat{B} - b_s)$ 作用的结果应等于 0，

$$0 = (\hat{B} - b_s)|b_s\rangle = \sum_r c_{sr}(\hat{B} - b_s)|a_r b_s\rangle.$$

其中 c_{sr} 不会全为 0，而且由于 $\hat{B}$ 与 $\hat{A}$ 对易，有 $(\hat{B} - b_s)|a_r b_s\rangle \sim |a_r\rangle$，上述求和中各项线性无关，所以必定有

$$(\hat{B} - b_s)|a_r b_s\rangle = 0,$$

亦即 $\{|a_r b_s\rangle\}$ 是 $\hat{A}$ 与 $\hat{B}$ 的共同本征态组．由于 $|a_r b_s\rangle$ 线性地依赖于 $\{|a_r t\rangle\}$，而 $\{|a_r t\rangle\}$ 是完备组，所以 $\{|a_r b_s\rangle\}$ 也是完备组．

对于两个以上的观测量，上述讨论也成立. 如果任意一组观测量中每一个与其他所有的都对易，则它们有共同本征态，组成一个完备组，反之亦然. 从原则上看，多个相容的观测，可以看成单个的观测；多个互相对易的观测量，可以当成单个观测量，对它的观测结果，包括多个本征值，而得到它们的一个共同本征态.

多个观测量的共同本征态形成完备组的条件是：它们的算符互相对易，互相独立，属于任意一组本征值的本征态都只有一个. 这样的一组观测量，称为一个 观测量的完全集.

从物理上看，更有兴趣的是系统的不相容观测量. 两个不相容观测量的算符是不对易的，它们满足一定的对易规则. 确定了算符之间的对易规则，也就确定了整个算符的代数. 那么，如何从物理上确定观测量算符的对易规则呢？这需要有新的物理原理. 这个新原理的基础，是 Robertson 证明的测不准定理①.

从上述二定理可以推知，两个观测量不相容的必要充分条件，是这两个观测量的算符不对易. Robertson 证明了，两个观测量不相容的程度，即它们测不准的程度，可以用这两个算符的对易式来表示.

测不准定理 对于任意两个物理观测量 A 与 B, 在任一态 $|\psi\rangle$ 上测量它们，所得结果的均方差满足不等式

$$\langle(\Delta\hat{A})^2\rangle\,\langle(\Delta\hat{B})^2\rangle \geqslant \frac{1}{4}\,\langle \mathrm{i}[\hat{A},\hat{B}]\rangle^2, \tag{7}$$

其中 $\hat{A}$ 与 $\hat{B}$ 分别表示这两个观测量的算符，

$$\Delta\hat{A}=\hat{A}-\langle\hat{A}\rangle, \qquad \Delta\hat{B}=\hat{B}-\langle\hat{B}\rangle,$$

用尖括号括起来的量表示该量在态 $|\psi\rangle$ 上的平均，

$$\langle\hat{A}\rangle=\langle\psi|\hat{A}|\psi\rangle, \qquad \langle\hat{B}\rangle=\langle\psi|\hat{B}|\psi\rangle.$$

证明 对于任意一个归一化态矢量 $|\psi\rangle$, 令

$$|\phi\rangle=\mathrm{i}\triangle\hat{A}|\psi\rangle, \qquad |\varphi\rangle=\triangle\hat{B}|\psi\rangle.$$

由于观测量的算符是厄米的，$\hat{A}^\dagger=\hat{A}$, $\hat{B}^\dagger=\hat{A}$, 有

$$\langle\phi|\phi\rangle=\langle\psi|\overline{\mathrm{i}\triangle\hat{A}}\,\mathrm{i}\triangle\hat{A}|\psi\rangle=\langle\psi|(\triangle\hat{A})^2|\psi\rangle=\langle(\triangle\hat{A})^2\rangle,$$

$$\langle\varphi|\varphi\rangle=\langle\psi|\overline{\triangle\hat{B}}\triangle\hat{B}|\psi\rangle=\langle\psi|(\triangle\hat{B})^2|\psi\rangle=\langle(\triangle\hat{B})^2\rangle,$$

$$\langle\phi|\varphi\rangle+\langle\varphi|\phi\rangle=\langle\psi|-\mathrm{i}\triangle\hat{A}\triangle\hat{B}+\mathrm{i}\triangle\hat{B}\triangle\hat{A}|\psi\rangle=-\mathrm{i}\langle\psi|\hat{A}\hat{B}-\hat{B}\hat{A}|\psi\rangle=\langle-\mathrm{i}[\hat{A},\hat{B}]\rangle.$$

另一方面，令 $|\chi\rangle=\gamma|\phi\rangle+|\varphi\rangle$, γ 为任意实数，则

$$\langle\chi|\chi\rangle=\gamma^2\langle\phi|\phi\rangle+\gamma(\langle\phi|\varphi\rangle+\langle\varphi|\phi\rangle)+\langle\varphi|\varphi\rangle.$$

① H.P. Robertson, *Phys. Rev.* **34** (1929) 163.

$\langle\chi|\chi\rangle \geqslant 0$ 的条件为

$$\langle\phi|\phi\rangle \cdot \langle\varphi|\varphi\rangle \geqslant \frac{1}{4}[\langle\phi|\varphi\rangle + \langle\varphi|\phi\rangle]^2, \tag{8}$$

此即 Schwarz 不等式. 在其中代入前面的 $\langle\phi|\phi\rangle = \langle(\triangle\hat{A})^2\rangle$, $\langle\varphi|\varphi\rangle = \langle(\triangle\hat{B})^2\rangle$, 和 $\langle\phi|\varphi\rangle + \langle\varphi|\phi\rangle = \langle -\mathrm{i}[\hat{A},\hat{B}]\rangle$, 即得定理的结果 (7).

注意有时说在任一态上“同时测量” A 与 B, 这并不一定是在一次操作中既测量 A 也测量 B, 而是指在“同一个态”上既测量 A 也测量 B. 当 A 与 B 相容时, 测量可以在一次操作中完成, 而当它们不相容时, 测量只能分两次进行. “同时测量”是 Heisenberg 最初的含混说法, 后来虽然把概念澄清了, 这个说法却仍然沿用下来.

4. Heisenberg 测不准原理

测不准定理只告诉我们, 如果两个观测量的算符不对易, 则它们不能同时测准, 没有共同本征态. 但并没有告诉我们, 系统的哪些物理观测量是没有共同本征态, 不能同时测准的. 回答这个问题的物理原理, 是 W. Heisenberg 的测不准原理.

Heisenberg 测不准原理 对于一个力学系统, 其正则坐标 $q_1, q_2, ..., q_N$ 的测量是相容的, 其正则共轭动量 $p_1, p_2, ..., p_N$ 的测量也是相容的, 而对任何一对正则坐标 q_r 与正则动量 p_s 来说, 当 $r \neq s$ 时是相容的, 当 $r = s$ 时不相容.

Heisenberg 测不准原理的实验基础是粒子的波动性和对这个波的统计诠释. 粒子的波动性表明, 动量一定的平面波, 坐标完全测不准. 坐标一定的 δ 函数型波包, 是各种动量值的平面波的叠加, 动量完全测不准. 在一定空间范围的波包, 是由一定范围动量值的平面波叠加而成, 坐标与动量都在一定范围内测不准. 波函数的统计诠释表明, 这种测不准的含义, 是指在多次重复测量中, 测得值在一个范围内分布, 其均方差在原则上有一个下限.

根据 Heisenberg 测不准原理, 我们可以写出下述 *正则对易关系*:

$$[\hat{q}_r, \hat{q}_s] = 0, \qquad [\hat{p}_r, \hat{p}_s] = 0, \qquad [\hat{q}_r, \hat{p}_s] = \mathrm{i}\hbar\delta_{rs}. \tag{9}$$

在这里, 应当把上述正则对易关系看作是根据 Heisenberg 测不准原理而作出的一个 **基本假设**. 由于 $\hat{q}_r$ 与 $\hat{p}_s$ 是厄米的, 它们的对易子是 *反厄米* 的,

$$\overline{[\hat{q}_r, \hat{p}_s]} = -[\hat{q}_r, \hat{p}_s].$$

在 (9) 的第三式右边引入虚单位 i, 是为了使得 $\hbar$ 是实数. 这里引入的常数 $\hbar$ 称为 *约化 Planck 常数*, 是量子力学的基本常数. (9) 的第三式, 就是约化 Planck 常数的定义式. 这个对易关系反映了系统的基本量子特征, 如果 $\hbar \to 0$, 不存在

测不准，整个理论就过渡到经典力学 (见 §1.4 和 §2.6 关于经典极限的讨论). 所以又把上述正则对易关系称为 *量子化条件*.

把正则对易关系 (9) 代入测不准定理 (7), 就得到下述 Heisenberg *测不准关系*

$$\Delta q \ \Delta p \geqslant \frac{\hbar}{2}, \tag{10}$$

其中 $\Delta l \equiv \langle(\Delta\hat{l})^2\rangle^{1/2}$ 是观测量 l 的标准误差. (10) 式表示，在同一态上测量系统的正则坐标与其正则共轭动量，所得的标准误差 Δq 与 Δp 之积不小于 $\hbar/2$. 也就是说，它表示，系统的正则坐标与其正则共轭动量不可能同时测准，在原则上存在一个测量精度的下限. 实际上，这就是 Heisenberg 测不准原理的具体表达式，它可以说是整个量子力学的物理基础.

由于有测不准，在一个观测量的本征态上测量系统的另一不相容观测量，能够按一定的概率测到其所有的本征值，我们只能采用概率的描述. 所以，波函数的统计诠释也是根源于测不准的.

在历史上最早给出正则对易关系的，是 Born 和 Jordan, 他们实际上是从 Heisenberg 用数组形式重新写出的 Bohr-Sommerfeld 量子化条件猜出了这个对易关系. 比 Born 和 Jordan 稍晚一点， Dirac 根据量子 Poisson 括号与经典 Poisson 括号的对应，也独立地给出了正则对易关系. Schrödinger 则是在坐标表象中给出动量算符的表达式，从而隐含地给出了这个对易关系. 今天来看，Born 和 Jordan 所依据的量子化条件，Dirac 所依据的对应关系，和 Schrödinger 的量子化规则，这三者都只是工作假设，而不是物理原理; 引出这一对易关系最恰当的物理原理，还是 Heisenberg 测不准原理. Heisenberg 提出测不准原理的经过，可以参阅附录一.

正则量子化 对于力学现象，最基本的观测量是坐标 q 与动量 p. 从坐标算符 $\hat{q}$ 与动量算符 $\hat{p}$ 满足的对易关系 (9), 可以在具体表象中确定算符 $\hat{q}$ 与 $\hat{p}$ 的表达式，从而在很大程度上确定用坐标和动量来表示的大多数算符. 所以，在数学上，对于有经典对应的系统来说，有了这套对易关系，算符的运算规则就完全了.

由测不准原理所给出的量子化 (9) 称为 *正则量子化*. 正则量子化只给出了正则变量的算符之间的对易关系. 有些观测量不属于正则变量，在确定这些观测量的算符时，要借助于 *对称性分析*. 此外，对有约束的系统运用正则量子化会遇到麻烦与困难 (参见 §8.2 电磁场), 采用 Feynman 的 *路径积分量子化* 更方便. 我们将在第二章 §2.7 简单介绍量子力学的路径积分形式，在第三章讨论对称性分析，在第四章和第八章分别讨论一些动力学模型和场的量子化问题. 旋量场的量子化也不是正则量子化而是 Jordan-Wigner 量子化, 它是要求理论满足相对论 *微观因果性原理* 的结果. 所以, 无论是从物理还是数学上看, 只有测不准原理和正则量子化是不充分的. *测不准原理和正则量子化只为有经典对应的系统提供了理论框架, 而且就其实质来说还是唯象的*. 不过从实用的目的来说, 对于绝大多数非相对论性的实际物理问题, 这就足够了.

"量子化" 这个词给人一种误解, 以为经典物理量才是基本的, 先有经典物理量, 然后再人为地把它们换成算符, 使之过渡成为量子的观测量. 而在实际上, 量子的观测量和算符才是真正基本和第一性的, 经典物理量只是量子观测量在略去测不准之后的近似, 经典物理只是量子力学在 $\hbar \to 0$ 时的极限 (参阅 §1.4 和 §2.6). 所以, 量子化只是构造物理模型的一个步骤和程序, 并不是一种真实存在的物理过程. 它只是一种方法和技巧, 而不是一种原则和物理. "量子化" 是历史遗留下来的名词, 带有明显的经典痕印, 我们这里只把它理解为给出算符的乘法规则. 准确地说只有经典化而没有量子化.

§1.4 运动方程

1. 幺正变换

线性变换 线性算符作用于一个态矢量的结果, 得到一个新的态矢量. 这相当于从一个态矢量到另一个态矢量的 **变换**. 线性算符在态矢量空间中引起的这种变换, 称为 *线性变换*. 用加一撇的量表示变换后的量, 就有

$$|a\rangle \longrightarrow |a'\rangle = \hat{U}|a\rangle, \qquad \langle a| \longrightarrow \langle a'| = \langle a|\overline{\hat{U}}. \tag{11}$$

对方程

$$|c\rangle = \hat{A}|b\rangle \tag{12}$$

两边用线性算符 $\hat{U}$ 作用, 有

$$|c'\rangle = \hat{U}\hat{A}|b\rangle = \hat{A}'|b'\rangle, \tag{13}$$

其中

$$\hat{A} \longrightarrow \hat{A}' = \hat{U}\hat{A}\hat{U}^{-1}. \tag{14}$$

(13) 式表明, 如果在变换 $\hat{U}$ 的作用下, 态矢量按照 (11) 式变换, 算符按照 (14) 式变换, 则方程 (12) 的形式在线性变换 $\hat{U}$ 的作用下不变. 类似地还可以证明, 算符的代数关系在线性变换下也保持不变:

$$\hat{A} + \hat{B} \longrightarrow \hat{A}' + \hat{B}',$$

$$\hat{A}\hat{B} \longrightarrow \hat{A}'\hat{B}'.$$

所以，线性变换保持矢量方程和算符的代数关系不变.

幺正变换 在物理上最重要的算符是厄米算符. 一个自然的问题是：什么样的线性变换能保持算符的厄米性？求 (14) 式的共轭，并要求它不变，就有

$$\overline{\hat{A}'} = \overline{\hat{U}\hat{A}\hat{U}^{-1}} = \overline{\hat{U}}^{-1}\overline{\hat{A}}\,\overline{\hat{U}} = \overline{\hat{U}}^{-1}\hat{U}^{-1}\hat{A}'\hat{U}\overline{\hat{U}} = (\hat{U}\overline{\hat{U}})^{-1}\hat{A}'(\hat{U}\overline{\hat{U}}) = \hat{A}',$$

$$(\hat{U}\overline{\hat{U}})\hat{A}' = \hat{A}'(\hat{U}\overline{\hat{U}}).$$

由于 $\hat{A}$ 是任一厄米算符，要求上式成立的条件是 $\hat{U}\overline{\hat{U}} = c$, 可以证明等价地有

$$\overline{\hat{U}}\hat{U} = c,$$

其中 c 是一实常数. 这就是线性变换 $\hat{U}$ 能够保持算符厄米性的 *厄米条件*.

此外，若还要求保持左矢量与右矢量之间的任意代数关系也不变，则还要求有

$$\langle b'|a'\rangle = \langle b|\overline{\hat{U}}\hat{U}|a\rangle = \langle b|a\rangle. \tag{15}$$

要求上式对任意态矢量 $|a\rangle$, $|b\rangle$ 都成立，就必须有

$$\overline{\hat{U}}\hat{U} = 1. \tag{16}$$

(15) 式的一个特例是

$$\langle a'|a'\rangle = \langle a|a\rangle,$$

它表示在上述线性变换下任一态矢量的长度保持不变.

通常，我们把保持态矢量长度不变的线性变换称为 *幺正变换*, 而把 (16) 式称为变换的 *幺正条件*. 归纳起来，*幺正变换保持算符的厄米性，保持线性算符、左矢量、右矢量之间的任意代数关系不变*. 所以，*幺正变换把物理观测量变成物理观测量，并保持它们之间的关系不变*.

无限小幺正变换的厄米算符 与单位变换只差一无限小量的幺正变换称为 *无限小幺正变换*. 考虑下述无限小幺正变换

$$\hat{U} = 1 + \mathrm{i}\epsilon\hat{F}, \tag{17}$$

其中 ϵ 为一无限小的实数. 把上式代入幺正条件 (16), 有

$$\overline{\hat{U}}\hat{U} = (1 - \mathrm{i}\epsilon\overline{\hat{F}})(1 + \mathrm{i}\epsilon\hat{F}) = 1 - \mathrm{i}\epsilon(\overline{\hat{F}} - \hat{F}) = 1,$$

其中略去了二级小量. 最后一个等式成立的条件是

$$\overline{\hat{F}} = \hat{F},$$

亦即要求 $\hat{F}$ 是 **厄米算符**.

任一算符 $\hat{A}$ 在无限小幺正变换下的改变是

$$\hat{A}' - \hat{A} = \hat{U}\hat{A}\hat{U}^{-1} - \hat{A} = (1 + \mathrm{i}\epsilon\hat{F})\hat{A}(1 - \mathrm{i}\epsilon\hat{F}) - \hat{A} = \mathrm{i}\epsilon(\hat{F}\hat{A} - \hat{A}\hat{F}) = \mathrm{i}\epsilon[\hat{F}, \hat{A}]. \tag{18}$$

2. 运动方程的 Schrödinger 形式

在量子力学里，时间只能作为一个参数，而不是一个表示成算符的物理观测量 (见第三章 §3.1). 我们把时间 t 当作描述系统运动状态的一个参数，就可以问：在两次测量之间，不受外界干扰的情况下，系统的态如何随时间变化？

时间发展算符 设系统在不受外界干扰的情况下，从初始时刻 t_0 到某一时刻 t, 态矢量从 $|\psi(t_0)\rangle$ 变化为 $|\psi(t)\rangle$. 这种变化可以看成是发生于态矢量空间中的一个变换，

$$|\psi(t_0)\rangle \longrightarrow |\psi(t)\rangle = \hat{T}(t,t_0)|\psi(t_0)\rangle, \tag{19}$$

其中 $\hat{T}(t,t_0)$ 称为 *时间发展算符* 或 *时间演化算符*, 满足下列初条件：

$$\hat{T}(t_0,t_0) = 1. \tag{20}$$

于是，系统物理态随时间的变化，可以由系统的时间发展算符来确定. 而系统的时间发展算符，则要由系统所应满足的一般物理原理和系统的动力学性质来确定. 根据系统所应满足的一般物理原理，我们可以推得时间发展算符 $\hat{T}$ 应具有下列性质.

① *有逆算符*. 由定义 (19) 式，可以写出

$$\hat{T}(t,t')\hat{T}(t',t_0) = \hat{T}(t,t_0),$$

于是

$$\hat{T}(t_0,t)\hat{T}(t,t_0) = 1,$$

所以有

$$\hat{T}^{-1}(t,t_0) = \hat{T}(t_0,t).$$

② *线性*. 根据态的叠加原理，态的叠加关系不随时间改变，若在 t_0 时刻有叠加关系

$$|R(t_0)\rangle = c_1|A(t_0)\rangle + c_2|B(t_0)\rangle,$$

则在 t 时刻有

$$|R(t)\rangle = c_1|A(t)\rangle + c_2|B(t)\rangle.$$

另一方面， t 时刻的态是由 t_0 时刻的态经过时间发展而达到的，所以有

$$|R(t)\rangle = \hat{T}|R(t_0)\rangle = \hat{T}\big[c_1|A(t_0)\rangle + c_2|B(t_0)\rangle\big] = c_1\hat{T}|A(t_0)\rangle + c_2\hat{T}|B(t_0)\rangle.$$

这就表明 $\hat{T}$ 是线性算符. 从物理上看，时间发展算符的线性性质，是 *态的叠加关系满足时间平移不变性* 的结果.

③ *幺正性*. 在时间发展过程中，如果系统中没有粒子的 **产生** 或 **湮灭**, 则态矢量在时间发展变换下只可能改变方向，而不改变长度，只有相因子的差别. 这

称为 态矢量长度的时间平移不变性. 根据这种不变性, 可以写出

$$\langle\psi(t_0)|\psi(t_0)\rangle = \langle\psi(t)|\psi(t)\rangle = \langle\psi(t_0)|\overline{\hat{T}}\hat{T}|\psi(t_0)\rangle,$$

这就要求

$$\overline{\hat{T}}\hat{T} = 1,$$

这就是 $\hat{T}$ 的幺正性. 此外, 由性质①, 我们还有

$$\overline{\hat{T}} = \hat{T}^{-1}.$$

Schrödinger 方程 当 $t \to t_0$ 时, 无限小时间发展算符 $\hat{T}$ 依赖于 $t - t_0$, 保留到一次项, 可以写成

$$\hat{T} = 1 + \frac{1}{\mathrm{i}\hbar}\hat{H}(t_0)(t - t_0), \qquad t \to t_0. \tag{21}$$

其中引入虚单位 i 的目的, 是使得 $\hat{H}$ 是厄米算符. 由于约化 Planck 常数 $\hbar$ 的量纲是时间乘能量, 所以 H 具有能量的量纲. 在下面关于经典对应和经典极限的讨论中可以看出, 这样引入约化 Planck 常数以后, 观测量 H 对应于经典力学中系统的 Hamilton 量. 所以相应地, 我们把 $\hat{H}$ 称为系统的 Hamilton 算符.

把上式代入 (19) 式, 取极限 $t \to t_0$, 就有

$$\mathrm{i}\hbar\frac{\mathrm{d}}{\mathrm{d}t}|\psi(t)\rangle = \hat{H}(t)|\psi(t)\rangle. \tag{22}$$

这个方程称为 Schrödinger 方程, 是量子力学中确定系统的物理态随时间变化的基本动力学方程. 系统的动力学特征, 完全体现在系统的 Hamilton 算符中. 可以说, 对一个物理系统进行量子力学描述的核心, 就是写出系统的 Hamilton 算符. 如何根据系统的物理特征写出它的 Hamilton 算符, 虽然也有一些原则可循, 比如我们下面将要讨论的经典对应, 但这主要还是靠我们的物理经验和直觉, 只能在一些具体例子中去细细体味 (见第四章).

$\hat{T}$ 的方程 把时间发展算符的 (19) 式代入 Schrödinger 方程 (22), 由于 $|\psi(t_0)\rangle$ 是系统的任一初始态矢量, 所以就有 $\hat{T}$ 的方程

$$\mathrm{i}\hbar\frac{\mathrm{d}\hat{T}}{\mathrm{d}t} = \hat{H}(t)\hat{T}. \tag{23}$$

这个方程的解, 还要满足初条件 (20). 当系统的 Hamilton 算符 $\hat{H}$ 不显含时间 t 时, H 相应于系统的能量, 可以解出

$$\hat{T}(t, t_0) = \mathrm{e}^{-\mathrm{i}\hat{H}(t-t_0)/\hbar}, \tag{24}$$

其中只有一个任意相因子的不确定. 于是, 系统态矢量随时间的变化可以写成

$$|\psi(t)\rangle = \mathrm{e}^{-\mathrm{i}\hat{H}(t-t_0)/\hbar}|\psi(t_0)\rangle. \tag{25}$$

特别是，如果 $|\psi(t_0)\rangle$ 是系统的能量本征值为 E 的本征态，满足能量本征值方程

$$\hat{H}|\psi(t_0)\rangle = E|\psi(t_0)\rangle,$$

则有

$$|\psi(t)\rangle = \mathrm{e}^{-\mathrm{i}E(t-t_0)/\hbar}|\psi(t_0)\rangle.$$

这种态称为系统的 *定态*，它所满足的上述能量本征值方程则称为 *定态 Schrödinger 方程*. 可以看出，*系统的定态保持态矢量的方向不变，从而保持系统的测量概率不变*.

平均值的方程 在系统的态随时间变化的情况下，系统任一观测量 A 的平均值也随时间变化. 求系统观测量平均值随时间的变化率，有

$$\frac{\mathrm{d}}{\mathrm{d}t}\langle\hat{A}\rangle = \langle\psi|\frac{\partial\hat{A}}{\partial t}|\psi\rangle + \left(\frac{\mathrm{d}}{\mathrm{d}t}\langle\psi|\right)\hat{A}|\psi\rangle + \langle\psi|\hat{A}\frac{\mathrm{d}}{\mathrm{d}t}|\psi\rangle,$$

代入态矢量 $\langle\psi|$ 和 $|\psi\rangle$ 随时间变化的 Schrödinger 方程，就有下述公式

$$\frac{\mathrm{d}}{\mathrm{d}t}\langle\hat{A}\rangle = \langle\frac{\partial\hat{A}}{\partial t}\rangle + \frac{1}{\mathrm{i}\hbar}\langle\psi|\hat{A}\hat{H} - \hat{H}\hat{A}|\psi\rangle = \left\langle\frac{\partial\hat{A}}{\partial t} + \frac{1}{\mathrm{i}\hbar}[\hat{A},\hat{H}]\right\rangle. \tag{26}$$

守恒定理 *一个不显含时间的无限小幺正变换若保持系统的 Hamilton 量不变，则生成此无限小变换的厄米算符代表一个守恒量.*

证明 考虑观测量算符 $\hat{H}$ 在无限小幺正变换 (17) 下的改变，代入前面的公式 (18), 就有

$$\hat{H}' - \hat{H} = \mathrm{i}\epsilon[\hat{F},\hat{H}].$$

题设 $\hat{H}' = \hat{H}$, 所以有

$$[\hat{F},\hat{H}] = 0.$$

代入上述平均值公式 (26) 就有守恒式

$$\frac{\mathrm{d}}{\mathrm{d}t}\langle\hat{F}\rangle = \left\langle\frac{1}{\mathrm{i}\hbar}[\hat{F},\hat{H}]\right\rangle = 0.$$

显然，若系统的 Hamilton 量不显含时间，则它自己也是守恒量. 这也是假设 $\hat{H}$ 为系统能量算符的一个依据.

3. 运动方程的 Heisenberg 形式

量子力学中的绘景或图像 在上一小节中，我们用态矢量随时间的变化来描述两次测量之间系统随时间变化的物理过程. 态矢量随时间的变化，就是态矢量的方向随时间的变化. 在这个图像中，系统随时间变化的物理过程，表现为态矢量方向的变化过程. 这种 *运动态* 的图像，称为 Schrödinger *绘景* 或 Schrödinger 图像. 在 Schrödinger 绘景中，系统的态随时间变化，而观测量的算符一般不随时

间变化.

在实验上，态矢量方向的变化或观测量算符的变化都不能直接测量. 能够直接测量的，是观测量的本征值和平均值，以及测得某一本征值的概率. 所以，这种态矢量随时间变化的 Schrödinger 绘景，给出的只是我们用来描述系统物理过程的一个几何图像，而不代表实际发生的物理过程. 完全等效地，我们也可以采取别的几何图像来描述系统的物理过程. 除了 Schrödinger 绘景外，常用的还有 Heisenberg *绘景* 和 *相互作用绘景*.

量子力学之所以可以选择不同的绘景或图像，其原因在于态矢量和算符都只有通过测量才能与物理实际联系，是用来计算测量结果的数学工具，在给出相同结果的前提下，可以有不同方案的选择. 这是量子力学所特有的性质.

Heisenberg 绘景 从 Schrödinger 绘景出发，作时间发展的幺正变换 $\hat{U}=\hat{T}^{-1}(t,t_0)$, 就可以得到 Heisenberg 绘景. 在这个变换下，系统的态矢量从 t 时刻的运动态 $|\psi(t)\rangle$ 变回到初始时刻 t_0 的静止态 $|\psi(t_0)\rangle$,

$$|\psi_{\rm S}(t)\rangle \longrightarrow |\psi_{\rm H}\rangle=\hat{T}^{-1}(t,t_0)|\psi_{\rm S}(t)\rangle=|\psi_{\rm S}(t_0)\rangle,$$

其中分别用下标 H 和 S 来表示 Heisenberg 绘景和 Schrödinger 绘景中的量. 同时，在这一幺正变换下， Schrödinger 绘景中一般不随时间变化的线性算符 $\hat{A}_{\rm S}$ 变成了随时间变化的线性算符 $\hat{A}_{\rm H}$,

$$\hat{A}_{\rm S}\longrightarrow \hat{A}_{\rm H}=\hat{T}^{-1}\hat{A}_{\rm S}\hat{T}. \tag{27}$$

所以在 Heisenberg 绘景中，系统的观测量算符随时间变化，而态矢量不随时间变化. 由于幺正变换不改变态矢量的内积和各种代数关系，所以上述变换不改变问题的物理条件，只改变了问题的描述方式，而变换前后的这两种描述方式在物理上是完全等效的.

Heisenberg 运动方程 求 (27) 式给出的 Heisenberg 算符随时间的变化，并利用时间发展算符的方程 (23), 就有

$$\frac{\mathrm{d}}{\mathrm{d}t}\hat{A}_{\rm H}=\frac{\partial\hat{A}_{\rm H}}{\partial t}-\frac{\mathrm{d}\hat{T}}{\mathrm{d}t}\hat{T}^{-2}\hat{A}_{\rm S}\hat{T}+\hat{T}^{-1}\hat{A}_{\rm S}\frac{\mathrm{d}\hat{T}}{\mathrm{d}t}=\frac{\partial\hat{A}_{\rm H}}{\partial t}+\frac{1}{\mathrm{i}\hbar}[\hat{A}_{\rm H},\hat{H}_{\rm H}].$$

这就是观测量算符 $\hat{A}_{\rm H}$ 的 Heisenberg *运动方程*, 其中

$$\hat{H}_{\rm H}=\hat{T}^{-1}\hat{H}_{\rm S}\hat{T},\qquad \hat{A}_{\rm H}=\hat{T}^{-1}\hat{A}_{\rm S}\hat{T}.$$

当 $\hat{H}_{\rm S}$ 不显含 t 时，有 (24) 式,

$$\hat{T}(t,t_0)=\mathrm{e}^{-\mathrm{i}\hat{H}_{\rm S}(t-t_0)/\hbar},$$

从而

$$\hat{H}_{\rm H}=\mathrm{e}^{\mathrm{i}\hat{H}_{\rm S}(t-t_0)/\hbar}\hat{H}_{\rm S}\mathrm{e}^{-\mathrm{i}\hat{H}_{\rm S}(t-t_0)/\hbar}=\hat{H}_{\rm S},$$

$$\hat{A}_{\mathrm{H}} = \mathrm{e}^{\mathrm{i}\hat{H}_{\mathrm{S}}(t-t_0)/\hbar}\hat{A}_{\mathrm{S}}\mathrm{e}^{-\mathrm{i}\hat{H}_{\mathrm{S}}(t-t_0)/\hbar}.$$

4. 经典对应

这一小节的讨论采用 Heisenberg 绘景. 为了简洁起见，我们省去 Heisenberg 算符的下标 H. 我们来讨论用正则变量描述的系统.

基本方程 归纳起来，在 Heisenberg 绘景中，观测量算符的基本方程有两组. 第一组是观测量算符之间的对易关系,

$$[\hat{A},\hat{B}] \equiv \hat{A}\hat{B} - \hat{B}\hat{A},$$

$$[\hat{q}_r,\hat{q}_s] = 0, \qquad [\hat{p}_r,\hat{p}_s] = 0, \qquad \frac{1}{\mathrm{i}\hbar}[\hat{q}_r,\hat{p}_s] = \delta_{rs}, \tag{28}$$

其中 $\hat{A},\hat{B}$ 一般是正则坐标算符 $\hat{q}_r$ 和正则动量算符 $\hat{p}_s$ 的函数，所以只要有了正则对易关系 (28), 就可以算出它们的对易关系. 特别是，当观测量算符 $\hat{F}$ 可以写成 $\hat{q}_r$ 和 $\hat{p}_s$ 的幂级数时，可以证明

$$\frac{1}{\mathrm{i}\hbar}[\hat{q}_r,\hat{F}] = \frac{\partial\hat{F}}{\partial\hat{p}_r}, \qquad \frac{1}{\mathrm{i}\hbar}[\hat{p}_s,\hat{F}] = -\frac{\partial\hat{F}}{\partial\hat{q}_s}. \tag{29}$$

第二组是观测量算符随时间变化的运动方程,

$$\frac{\mathrm{d}}{\mathrm{d}t}\hat{A}_{\mathrm{H}} = \frac{\partial\hat{A}_{\mathrm{H}}}{\partial t} + \frac{1}{\mathrm{i}\hbar}[\hat{A}_{\mathrm{H}},\hat{H}_{\mathrm{H}}], \tag{30}$$

特别是

$$\frac{\mathrm{d}\hat{q}_r}{\mathrm{d}t} = \frac{1}{\mathrm{i}\hbar}[\hat{q}_r,\hat{H}], \qquad \frac{\mathrm{d}\hat{p}_s}{\mathrm{d}t} = \frac{1}{\mathrm{i}\hbar}[\hat{p}_s,\hat{H}]. \tag{31}$$

经典对应 在上述运动方程 (31) 中代入关系 (29), 就有

$$\frac{\mathrm{d}\hat{q}_r}{\mathrm{d}t} = \frac{\partial\hat{H}}{\partial\hat{p}_r}, \qquad \frac{\mathrm{d}\hat{p}_s}{\mathrm{d}t} = -\frac{\partial\hat{H}}{\partial\hat{q}_s}. \tag{32}$$

可以看出, 如果算符 $\hat{H}$ 对应于经典力学中系统的 Hamilton 量, 则上述方程在形式上与经典力学中系统的 Hamilton 正则方程完全相同. 这就是我们把 $\hat{H}$ 称为系统的 Hamilton 算符的原因.

把经典力学的 Hamilton 正则方程写成 Poisson 括号的形式，这种对应可以看得更清楚. 在经典力学中，两个力学量 A, B 的 Poisson 括号 定义为

$$[A,B]_{\mathrm{C}} \equiv \sum_r \left(\frac{\partial A}{\partial q_r}\frac{\partial B}{\partial p_r} - \frac{\partial B}{\partial q_r}\frac{\partial A}{\partial p_r}\right).$$

其中下标 C 表示这个括号是经典 Poisson 括号. 很容易证明，经典 Poisson 括号具有下列性质:

$$[A,B]_{\mathrm{C}} = -[B,A]_{\mathrm{C}},$$

$$[A+B,C]_{\mathrm{C}} = [A,C]_{\mathrm{C}} + [B,C]_{\mathrm{C}},$$

$$[AB, C]_{\mathrm{C}} = [A, C]_{\mathrm{C}}B + A[B, C]_{\mathrm{C}},$$
$$[A, [B, C]_{\mathrm{C}}]_{\mathrm{C}} + [B, [C, A]_{\mathrm{C}}]_{\mathrm{C}} + [C, [A, B]_{\mathrm{C}}]_{\mathrm{C}} = 0,$$

以及

$$[A, c]_{\mathrm{C}} = 0,$$

其中 c 为常数.

写成 Poisson 括号的形式，我们有

$$[q_r, q_s]_{\mathrm{C}} = 0, \qquad [p_r, p_s]_{\mathrm{C}} = 0, \qquad [q_r, p_s]_{\mathrm{C}} = \delta_{rs},$$
$$\frac{\mathrm{d}q_r}{\mathrm{d}t} = [q_r, H]_{\mathrm{C}}, \qquad \frac{\mathrm{d}p_s}{\mathrm{d}t} = -[p_s, H]_{\mathrm{C}}, \qquad \frac{\mathrm{d}A}{\mathrm{d}t} = \frac{\partial A}{\partial t} + [A, H]_{\mathrm{C}}.$$

可以看出，如果采取下列对应关系

$$\frac{1}{\mathrm{i}\hbar}[\ ] \sim [\ ]_{\mathrm{C}}, \qquad \hat{H} \sim H,$$

则力学量算符的正则对易关系 (28) 和运动方程 (31), (30) 与上述经典力学方程在形式上完全一一对应.

在这种对应关系的意义上，两个观测量算符的对易子 $[\hat{A}, \hat{B}]$ 又称为它们的*量子 Poisson 括号*. 很容易证明，量子 Poisson 括号具有与经典 Poisson 括号对应的性质:

$$[\hat{A}, \hat{B}] = -[\hat{B}, \hat{A}],$$
$$[\hat{A} + \hat{B}, \hat{C}] = [\hat{A}, \hat{C}] + [\hat{B}, \hat{C}],$$
$$[\hat{A}\hat{B}, \hat{C}] = [\hat{A}, \hat{C}]\hat{B} + \hat{A}[\hat{B}, \hat{C}],$$
$$[\hat{A}, [\hat{B}, \hat{C}]] + [\hat{B}, [\hat{C}, \hat{A}]] + [\hat{C}, [\hat{A}, \hat{B}]] = 0,$$

以及

$$[\hat{A}, c] = 0,$$

其中 c 是常数.

经典极限 $\hbar \to 0$ 的极限称为*经典极限*. 我们来证明，*在经典极限下，对于用正则变量描述的系统来说，量子力学将过渡到经典力学*. 首先，在上一节已经指出，如果 $\hbar \to 0$, 就不存在测不准，系统的正则坐标与正则共轭动量能够同时测准，有共同本征态. 在这种情况下，系统的任一态 $|\psi\rangle$ 都是它的全体正则变量的共同本征态,

$$\hat{q}_r|\psi\rangle = q_r|\psi\rangle, \qquad \hat{p}_s|\psi\rangle = p_s|\psi\rangle.$$

由于系统的其他任何力学量 F 都是 q_r 与 p_s 的函数，我们有

$$\hat{F}(\hat{q}_r, \hat{p}_s)|\psi\rangle = F(q_r, p_s)|\psi\rangle,$$

所以，$|\psi\rangle$ 是系统所有力学量的共同本征态．把算符的正则方程 (32) 作用到这个态上，就得到本征值的方程

$$\frac{\mathrm{d}q_r}{\mathrm{d}t}=\frac{\partial H}{\partial p_r},\qquad \frac{\mathrm{d}p_s}{\mathrm{d}t}=-\frac{\partial H}{\partial q_s},$$

这正是经典力学的 Hamilton 正则方程．

从这个证明可以看出，对于用正则变量描述的系统来说，测不准是微观现象区别于宏观现象的根本特征，也就是量子力学区别于经典力学的根本特征，测不准原理是量子力学的一条具有根本重要性的原理．如果在所讨论的问题中测不准可以忽略，量子力学就过渡到经典力学．在这个意义上，经典力学是量子力学在 $\hbar\to 0$ 极限下的近似．

5. 相互作用绘景

相互作用绘景又称 Dirac 绘景，它是在系统的 Hamilton 量可以分解为无相互作用时的 H_0 与描述相互作用的 H' 之和时用来处理相互作用的一个方便和有用的绘景．这时

$$\hat{H}=\hat{H}_0+\hat{H}',$$

设 $\hat{H}_0$ 不含时间 t. 从 Schrödinger 绘景出发，用 $\hat{U}=\mathrm{e}^{\mathrm{i}\hat{H}_0t/\hbar}$ 做幺正变换，

$$\begin{aligned}|\psi_{\mathrm{S}}(t)\rangle &\longrightarrow |\psi_{\mathrm{I}}(t)\rangle=\mathrm{e}^{\mathrm{i}\hat{H}_0t/\hbar}|\psi_{\mathrm{S}}(t)\rangle,\\ \hat{A}_{\mathrm{S}} &\longrightarrow \hat{A}_{\mathrm{I}}(t)\ =\mathrm{e}^{\mathrm{i}\hat{H}_0t/\hbar}\hat{A}_{\mathrm{S}}\mathrm{e}^{-\mathrm{i}\hat{H}_0t/\hbar},\end{aligned}$$

可以得到态矢量和观测量算符随时间变化的运动方程

$$\begin{aligned}&\mathrm{i}\hbar\frac{\mathrm{d}}{\mathrm{d}t}|\psi_{\mathrm{I}}(t)\rangle=\hat{H}'_{\mathrm{I}}|\psi_{\mathrm{I}}(t)\rangle,\\ &\frac{\mathrm{d}}{\mathrm{d}t}\hat{A}_{\mathrm{I}}(t)=\frac{\partial\hat{A}_{\mathrm{I}}}{\partial t}+\frac{1}{\mathrm{i}\hbar}[\hat{A}_{\mathrm{I}},\hat{H}_0],\end{aligned}$$

其中下标 I 表示相互作用绘景，

$$\hat{H}'_{\mathrm{I}}=\mathrm{e}^{\mathrm{i}\hat{H}_0t/\hbar}\hat{H}'\mathrm{e}^{-\mathrm{i}\hat{H}_0t/\hbar}.$$

可以看出，在相互作用绘景中，态矢量的变化受 $\hat{H}'_{\mathrm{I}}$ 的支配，观测量算符的变化受 $\hat{H}_0$ 的支配．在没有相互作用时，态矢量不随时间变化，观测量算符随时间变化的方程就是 Heisenberg 运动方程，相互作用绘景还原为 Heisenberg 绘景．于是，在没有相互作用的问题已经解出的情况下，就可以用相互作用绘景来求解由于相互作用引起的态随时间的变化．

§1.5 测量问题

1. 完全测量与不完全测量

观测量的完全集 系统的一个量子态，总是由某种测量所确定的. 所以，在原则上总可以把系统的一个量子态看作是某一组观测量的共同本征态. 这组确定系统量子态的观测量，就是系统的一个观测量的完全集. 例如一个无自旋粒子的坐标 (x, y, z) 或动量 (p_x, p_y, p_z)，一个质子的动量和自旋投影 $(\boldsymbol{p}, s_z)$，氢原子中电子的能量、轨道角动量大小、轨道角动量投影和自旋投影 (E, l, l_z, s_z)，等等.

完全测量与不完全测量 考虑加速器中的质子束，已经测定了它的动量 $\boldsymbol{p}$，但是没有测定它的自旋投影 s_z. 为了完全确定这个质子的态，还必须测定它的自旋投影. 把一组观测量完全集的所有观测量都测出的测量，称为*完全测量*. 而只把观测量完全集的部分观测量测出的测量，称为*不完全测量*. 对加速器中质子束的上述测量，就是不完全测量.

一个不完全测量，不能提供有关系统所处状态的完全的信息. 这时被测量系统所处的状态，有两种可能的情形. 第一种情形是，系统处于一个确定的量子态，但是我们只知道观测量完全集的一部分本征值. 例如只测量了氢原子中电子的能量、轨道角动量大小和轨道角动量投影. 氢原子中电子的自旋投影肯定在某个方向，我们只是没有测量. 这种情形，仍然属于量子力学的动力学问题.

第二种情形是，系统没有处于一个确定的量子态，而是以一定的概率处于各种可能的量子态. 例如加速器中的质子束，其中不同质子的自旋投影方向不同，我们不能用一个具有确定的自旋投影方向的态矢量来统一地描述这个质子束. 这种情形的问题已经不是量子力学的动力学问题，而是一个量子系综的统计力学问题.

2. 量子系综与统计算符

量子系综 考虑大量相同但互相独立的系统所构成的*系综*，每个系统以概率 P_n 处于本征态 $|n\rangle$. 测量这种系统的观测量 $\hat{A}$ 所得的统计平均值可以写成

$$\langle\langle\hat{A}\rangle\rangle = \sum_n P_n \langle n|\hat{A}|n\rangle,$$

它是先算观测量 $\hat{A}$ 在系统量子态 $|n\rangle$ 上的量子力学平均 $\langle n|\hat{A}|n\rangle$，然后再算它按概率 P_n 在所有系统上的统计力学系综平均. 在上述公式中，已经假设态矢量 $|n\rangle$ 和概率 P_n 是归一化的， $\sum_n P_n = 1$. 利用本征态组 $\{|n\rangle\}$ 的完备性，可以把上

式改写成

$$\langle\langle\hat{A}\rangle\rangle = \sum_{n,m} P_m \langle n|m\rangle\langle m|\hat{A}|n\rangle = \sum_n \langle n|\hat{\rho}\hat{A}|n\rangle \equiv \mathrm{tr}\,(\hat{\rho}\hat{A}),$$

其中引入的

$$\hat{\rho} = \sum_m |m\rangle P_m \langle m|$$

称为 *密度算符* 或 *统计算符*, 是描述系综性质和计算系综平均的基本量.

可以看出,

$$\mathrm{tr}\,(\hat{\rho}) \equiv \sum_m \langle\varphi_m|\hat{\rho}|\varphi_m\rangle = 1,$$

其中 $\{|\varphi_m\rangle\}$ 是系统的任一归一化完备组. 此外还容易证明：密度算符的本征值是非负的实数，在系综上测量到态 $|\psi\rangle$ 的概率为 $\langle\psi|\hat{\rho}|\psi\rangle$, 以及密度算符的变化满足下述量子 Liouville 方程

$$\frac{\mathrm{d}\hat{\rho}}{\mathrm{d}t} = -\frac{1}{\mathrm{i}\hbar}[\hat{\rho}, \hat{H}],$$

注意与算符的 Heisenberg 运动方程相比这里多一个负号.

纯粹情形与混合情形 若系综中所有系统都处于某一本征态 $|m\rangle$, 亦即

$$P_n = \begin{cases} 1, & n = m, \\ 0, & n \neq m, \end{cases}$$

则它所描述的系统只涉及一个态，用一个态矢量 $|m\rangle$ 就可以完全进行描述，属于纯量子力学的情形. von Neumann 把这种情形称为 *纯系综* (见附录二), Pauli 则称之为 *纯粹情形* (pure case) ①. 对于这种情形，容易看出

$$\hat{\rho}^2 = \hat{\rho},$$

即密度算符的本征值为 1 与 0. 由于 $\mathrm{tr}\,(\hat{\rho}) = 1$, 只有一个本征值为 1, 其余全是 0.

而一般地说，系综中的各个系统按一定概率分处于不同的态，涉及所有可能的本征态. 这可以称为 *混合情形* 或 *混合系综*. 注意这不是一个系统，而是一个系综，不能只用一个态矢量，必须用密度算符来描述. 换句话说，纯粹情形属于量子系统的动力学，混合情形属于量子系统的统计力学.

前面说的完全测量和不完全测量的第一种情形属于纯粹情形，而不完全测量的第二种情形则属于混合情形. 由此可见，量子系综和统计算符，是一般地讨论量子力学基本原理的更恰当的基础和出发点 (见附录二). 注意有时把纯粹情形称为 *纯态* (pure state), 把混合情形称为 *混合态* (mixed states, or mixture of

① W. Pauli, *General Principles of Quantum Mechanics*, translated by P. Achuthan and K. Venkatesan, Springer-Verlag, 1980, p.73.

states). 前者英文是单数的 state, 后者是复数的 states. 中文不分单数和复数, 在使用时要注意这种区别.

以上的讨论, 主要涉及系统在测量前的状态, 亦即实验测量所要作用的状态. 接下来自然要问, 系统在测量之后处于什么状态, 亦即测量的作用会如何改变系统的状态. 这是统计诠释必然会带来的问题.

3. 投影假设和波包的缩编

测量的作用 在测量时, 测量仪器与被测量的系统之间会发生某种相互作用. 一般地说, 这种相互作用会使系统的态发生改变, 使得测量以后的态与测量以前的态不同. 设系统在测量之前处于态 $|\psi\rangle$, 测量之后处于态 $|\psi_M\rangle$, 则可以把测量的作用表示为

$$|\psi\rangle \longrightarrow |\psi_M\rangle.$$

根据波函数的统计诠释, 在系统的一个态上可以测量到系统的任何一个可能的态, 所以系统测量以后的态 $|\psi_M\rangle$ 主要是由测量仪器和测量的作用来确定, 与系统初始的态 $|\psi\rangle$ 不会有太强的关联. 而根据物理的直觉和系统动力学演变的一般情形, 在对系统测量之后紧跟着马上再重复进行同样的测量, 系统仍应处于同样的态 $|\psi_M\rangle$. 所以最简单的假设就是, *如果是测量系统的某个观测量 $\hat{L}$, 则在测量以后系统处于它的某一本征态 $|l_n\rangle$*, 也就是说, 系统态矢量在测量时的变化完全由测量仪器和测量作用来确定. 这个假设是 von Neumann 首先提出的, 见他的名著《量子力学的数学基础》① 第 III 章第 3 节, 英文版第 216 页.

波包的缩编 根据上述假设, 测量的作用使系统从一个叠加态

$$|\psi\rangle = \sum_m C_m |l_m\rangle$$

跃迁到其中的某一本征态 $|l_n\rangle$,

$$|\psi\rangle \longrightarrow |\psi_M\rangle = |l_n\rangle.$$

这相当于从态矢量 $|\psi\rangle$ 到 $|l_n\rangle$ 的投影, 所以这个假设被称为 *投影假设*. 而在物理图像上, 这个过程是从一个叠加的波包 $\sum_m C_m |l_m\rangle$ 收缩到其中的一个态 $|l_n\rangle$, 所以被形象地称为波包的 *收缩* 或 *约化* (reduction), 或者 *塌缩* 或 *缩编* (colapse).

根据统计诠释和投影假设, *测量系统的某个观测量 $\hat{L}$, 如在测量之前系统处*

---

① Johann v. Neumann, *Mathematische Grundlagen der Quantenmechanik*, Verlag von Julius Springer, Berlin, 1932; John von Neumann, *Mathematical Foundations of Quantum Mechanics*, translated from the German edition by Robert T. Beyer, Princeton University Press, 1955.

于它的某一本征态 $|l_n\rangle$, 则在测量以后系统仍旧处于这一本征态, 而若测量之前系统处于任一叠加态 $|\psi\rangle = \sum_m C_m|l_m\rangle$, 则在测量之后系统处于由统计算符 $\hat{\rho}$ 描述的混合态,

$$\hat{\rho} = \sum_m |C_m|^2 |l_m\rangle\langle l_m|,$$

其中 $C_m = \langle l_m|\psi\rangle$ 为在 $|\psi\rangle$ 态测到 $|l_m\rangle$ 态的概率幅. 当然, 这是从整个测量的总体上说的, 是指多次测量的结果. 单独看每一次测量的具体结果, 系统则是以一定的概率 $|C_m|^2$ 投影到 (亦即处于) 某一本征态 $|l_m\rangle$.

所以, 按照投影假设, 一般来说, 测量的作用是把一个纯态变成系综. 系统能在测量前后都保持处于纯态的情形, 只是统计算符为投影算符 $\hat{\rho} = |l_n\rangle\langle l_n|$ 的特殊情形. 也就是说, 测量一般不是一个幺正过程, 测量的作用不能用幺正算符来描述, 测量时系统波函数的变化不适用 Schrödinger 方程. 在投影假设的意义上, 由统计诠释所引起的波包缩编问题是独立于 Schrödinger 方程的, 不可能把它纳入 Schrödinger 方程之中.

4. 几个问题

测量理论 当然, 撇开投影假设来看测量过程, 波包的缩编也可以看作是态矢量随时间的变化, 所以自然会想到能否用 Schrödinger 方程来处理, 自洽地从量子力学推出波包的缩编和投影假设. 由 von Neumann 开始的这种探索, 就是量子力学的 *测量理论*.

考虑由被测系统与测量仪器组成的大系统. 设被测系统的待测本征态完备组为 $\{|l_n\rangle\}$, 测量仪器的相应本征态完备组为 $\{|\phi_N\rangle\}$, 测量前整个大系统的初态为 $|\Psi(0)\rangle = |\phi\rangle|\psi\rangle$. 若测量过程从 t_0 时刻开始, 到 t 时刻完成, 则在测量过程中大系统态矢量的变化可以由其时间发展算符确定, 一般来说, 末态 $|\Psi(t)\rangle$ 是被测系统和测量仪器的各种本征态的叠加, $|\Psi(t)\rangle = \hat{T}(t,t_0)|\phi\rangle|\psi\rangle = \sum_{N,n} C_{Nn}|\phi_N\rangle|l_n\rangle$. 这是一个被测系统和测量仪器都不处于确定本征态的 *交缠态*, 叠加系数 C_{Nn} 反映了被测系统和测量仪器不同态之间的干涉, 对应于被测系统的每一个态 n, 测量仪器的态是所有态 N 的叠加. 而实际测量的结果, 与被测系统的每一个态 n 相对应地, 测量仪器应该处于一个确定的态 N, 上式求和的两个指标 N 与 n 之间应该存在一个对应关系, $N = N(n)$, 而不是互相完全独立的, 不存在不同态之间的干涉. 也就是说, 测量是一个 *消干* (decoherence, 亦译"退相干") 过程, 使得大系统的态从初态 $|\Psi(0)\rangle = |\phi\rangle|\psi\rangle$ 变成消干态, $|\Psi(t)\rangle = \sum_n C_n|\phi_{N(n)}\rangle|l_n\rangle$, 其中测量仪器除了 $|\phi_{N(n)}\rangle$ 以外的态已经由于互相干涉全部抵消了. 测量理论的一个

主要目标，就是根据测量仪器和过程的模型，从其时间发展算符的 Schrödinger 方程给出这种消干的结果，并且表明 $C_n \propto \langle l_n|\psi\rangle$.

不过，在统计诠释的基础上，即使能够算出上述消干的结果，波包的缩编仍然存在，只不过是推迟到对这个大系统进行测量的时候. 这时的波包缩编，可以表示为

$$|\Psi(t)\rangle \to |\Psi_n\rangle = |\phi_{N(n)}\rangle|l_n\rangle.$$

一个完整的实验测量，包括制备初态、准备测量和最后读数三个步骤. 在制备初态 $|\Psi(0)\rangle$ 之后，从初态 $|\Psi(0)\rangle$ 经过幺正的时间演化而到消干态 $|\Psi(t)\rangle$ 的过程，还只是测量的准备. 上述从消干态 $|\Psi(t)\rangle$ 到本征态 $|\Psi_n\rangle$ 的缩编或投影，才是给出结果的测量，即最后的读数. 而这个读数仍然不是一个能够由 Schrödinger 方程描述的幺正过程，需要对它作某种假设.

主观与客观的划分 按照投影假设，在量子力学中有两种量子态的变化：在两次测量之间，系统的量子态服从 Schrödinger 方程，按照由系统的动力学性质所确定的方式变化；在测量时，系统的量子态发生波包的缩编，什么时候缩编以及缩编到什么态由测量仪器和测量作用来确定. 前一种变化过程是客观的，没有观测者的介入. 后一种变化有观测者介入，包含了主观的因素. 要在什么时候进行测量，测量什么观测量，在一定程度上由观测者的安排和选择来确定. 所以，波包什么时候进行缩编，缩编到什么态，在一定程度上是由观测者的安排和选择来确定的. 在这个意义上，*量子力学包含了主观的因素，不是完全客观的*. 量子力学的这种状况，是统计诠释的必然结果，是测不准原理的反映.

而按照测量理论，测量仪器也应当看作是一个量子力学体系，对它的行为只能作出统计性的预测，只有对它进行了测量，我们才能知道它的读数和结果. 而对于对测量仪器进行测量的仪器，也存在一个测量的问题. 这样一层一层推演，到什么地方才塌缩终止呢？换句话说，主观与客观的界线划在什么地方呢？这就是说，在我们作为认识的主体和自然界作为被我们认识的客体之间，不再存在一条客观和清晰的界线，主观与客观的界线在量子力学中变得模糊不清和不能确定. 所以 Pauli 才说，“……问题的解决……. 这个解决是以放弃对物理现象进行客观处理的可能性，亦即放弃对自然进行经典的时空和因果描述的可能性为代价的，而这种可能性实质上根基于我们唯一地区分观测者与被观测者的能力”①. von Neumann 说得就更直白和透彻：“我们总得把世界划分成两部分，一部分是被观测体系，另一部分是观测者. 对前者，我们可以任意精确地

① W. Pauli, *General Principles of Quantum Mechanics*, translated by P. Achuthan and K. Venkatesan, Springer-Verlag, 1980, p.1.

(至少在原则上) 追随全部物理过程. 而对后者, 这毫无意义. 它们之间的分界在很大程度上是任意的. ”①

概率的瞬间变化 除了波包的缩编和主客观的划分以外, 统计诠释还带来另外一个问题. 按照统计诠释, 对粒子在一处进行了测量, 粒子在空间其他各处的概率就会同时在瞬间变为零. 这种超光速的传递, 使得量子力学具有非相对论的特征. 这是由于在量子力学里, 空间坐标是用厄米算符来表示的物理观测量, 而时间是描述系统动力学变化的参量. 时间不能用算符来表示, 不是一个与能量互为正则共轭的物理观测量, 这是 Pauli 证明的一个定理, 见第三章 §3.1 的 **2**. 所以量子力学的时间与空间坐标并不处于对等的位置, 量子力学的这种表述是非相对论的.

概率的瞬间变化和波包的缩编一样还都是属于物理, 而主客观的划分则已经超出了物理之外. 为了规避统计诠释带来的问题, 或者在更一般意义上说绕开量子力学的测量问题, 主要有三类尝试: 一类是放弃 Schrödinger 方程的线性性质, 建立非线性的动力学; 另一类是把量子力学体系当作开放系统, 考虑环境的影响, 处理量子系综的动力学; 再就是放弃对波函数的统计诠释, 重新诠释量子力学. 第一类相当于修改量子力学, 这还没有充分的实验根据. 第二类相当于建立包含量子力学在内的更高一级理论, 这个目标太巨大, 即便在经典极限的情形也还没有实现. 相比之下, 也许第三类尝试更现实. 1962 年 N. Bohr 去世之后, 思想的拘束一下子放开, 出现了各种各样的诠释. 但是现在看来, 另辟蹊径的种种尝试, 还没有得到比统计诠释更简洁的结果. 而由于能够尝试把量子力学用于广义相对论, 从而被 Stephen Hawking 等人捧回来的 *相对态诠释* (又称 *多世界诠释*), 正如其创始人 Everett 所说②, 追求的是在标准理论之上的 *至上之理* 或 *上位理论* (metatheory③), 其主要目的正是论证量子力学的统计诠释 (见附录三). 对于大多数人来说, **从物理和现实的角度看, Born 的统计诠释至今仍然还是最简单最方便的诠释**, 保持现状是最好的选择. 正如 Planck 所说: “我以前同现在一样, 相信物理定律越带普遍性, 就越是简单. ” 大道至简, 大智若愚. 毕竟, 理论的完美与简洁始终是物理学家的一种永恒的追求. 看来只有新的实验结果和物理经验 (例如宇宙论和超弦的研究), 才是改变现状的恰当理由.

---

① J. von Neumann, *Mathematical Foundations of Quantum Mechanics*, translated by Robert T. Beyer, Princeton University Press, 1955, p.420.

② H. Everett, III, *Rev. Mod. Phys.* **29** (1957) 454.

③ 古希腊学者 Aristotle 留下的众多著作中, 有一本名为 Physics, 意思是关于具体事物的学问, 中文译作 “物理学”, 这也就是 “物理学” 一词的起源; 另一本名为 Metaphysics, 意思是在具体事物之上的学问, 即抽象的学问或思辨的学问, 中文译作 “形而上学”.

与粒子相联系的波的强度，即其振幅的平方，被假设为观测到粒子位置的概率之度量．这看来是表明，必须赋予波以一种主观的特性．按我的意见，概率的表示就意味着部分的无知，所以在本性上必然是主观的．

—— Louis de Broglie

《波动力学流行的诠释》， 1964

第二章 表象理论

§2.1 基矢和 δ 函数

1. δ 函数

$\delta(x)$ 是用下列条件定义的非正规函数：

$$\int \delta(x)\mathrm{d}x = 1,$$

$$\delta(x) = 0, \quad x \neq 0.$$

它的图像是，这个函数处处为零，只在原点附近一个无限小范围成为无限大，使得它在这个范围内的积分等于 1．我们可以把它看成下列阶跃函数 $\epsilon(x)$ 的微商 $\epsilon'(x)$:

$$\epsilon(x) = \begin{cases} 0, & x < 0, \\ 1, & x > 0. \end{cases}$$

根据这个定义，可以证明 $\delta(x)$ 具有下列性质：

$$\int f(x)\delta(x-a)\mathrm{d}x = f(a),$$

$$\delta(-x) = \delta(x),$$

$$x\delta(x) = 0,$$

$$x\delta'(x) = -\delta(x),$$

$$\delta(ax) = \frac{1}{a}\delta(x),$$

$$\delta(x^2 - a^2) = \frac{1}{2a}[\delta(x+a) + \delta(x-a)], \quad a > 0.$$

上述关系的意义是，当方程两边作为被积函数的因子时，所给出的结果相等．作

为 δ 函数的一个应用，我们可以写出 ①

$$\frac{\mathrm{d}}{\mathrm{d}x}\ln x = \frac{1}{x} - \mathrm{i}\pi\delta(x). \tag{1}$$

2. 基矢与表象

定义 根据态的叠加原理，态矢量的任何一个完全集，都可以作为*基矢*，而把任一态矢量表示成它们的线性叠加，把任一算符表示成在它们之间的投影算符的线性叠加. 表示态矢量和算符的这种方式，叫做一个*表象*. 我们将看到，一组基矢足以完全确定任一态矢量和算符，从而完全确定一个表象.

用几何的语言，基矢就是构成态矢量空间坐标架的单位矢量，表象则是由这组单位矢量所构成的坐标系. 选择一个表象，就是选择用来描述态矢量空间的一个坐标系，而波函数则是态矢量在此坐标系的坐标.

一般地说，一个表象的基矢不必全部互不相关. 但在实用上，绝大多数表象的基矢都是互不相关的，亦即它们之中任何两个都是互相正交的. 这种表象叫做*正交表象*. 设 $\{|l\rangle\}$ 是用一组实参数 $l=(l_1,l_2,\cdots,l_N)$ 标记的正交基矢，则它具有以下列出的性质. 这里假设 l 的取值是离散的分立谱. 对于连续谱的情形，我们将在下一小节讨论.

正交基矢的性质 1 正交归一化

$$\langle l|l'\rangle = \delta_{ll'}.$$

为了简洁起见，在不需要强调时，我们总是使用简写

$$\delta_{ll'} = \delta_{l_1l_1{}'}\delta_{l_2l_2{}'}\cdots\delta_{l_Nl_N{}'}.$$

正交基矢的性质 2 $|l\rangle$ 必定是一组观测量的共同本征态，本征值 l. 实际上，由于 $\{|l\rangle\}$ 是正交归一化的完备组，在上一章 §1.3 已经证明了算符

$$\hat{L}_r \equiv \sum_l |l\rangle l_r\langle l| \tag{2}$$

是作用于态矢量空间的线性厄米算符，有本征值方程

$$\hat{L}_r|l\rangle = l_r|l\rangle, \qquad r=1,2,\cdots,N,$$

其中 l_r 是 $l=(l_1,l_2,\cdots,l_N)$ 中第 r 个.

正交基矢的性质 3 完备性

$$\sum_l |l\rangle\langle l| = 1.$$

① P.A.M. 狄拉克，《量子力学原理》，陈咸亨译，喀兴林校，科学出版社，1965 年，§15 的末尾.

这是在上一章 §1.3 已经指出的本征态矢量组的性质，它在由 $\{|l\rangle\}$ 张成的线性空间成立．在它两边乘以任一态矢量 $|\psi\rangle$, 就得到态矢量 $|\psi\rangle$ 按基矢 $\{|l\rangle\}$ 的展开式：

$$|\psi\rangle = \sum_l |l\rangle\langle l| \cdot |\psi\rangle = \sum_l \psi_l |l\rangle,$$

其中

$$\psi_l = \langle l|\psi\rangle.$$

反之，如果我们有一组观测量的共同本征态，则可以用它们来做表象的基矢．这可以分两种情形．

情形 1 设 $\{\hat{L}_r, r = 1, 2, \cdots, N\}$ 是一组互相对易的观测量完全集, 则它们的共同本征态 $\{|l\rangle\}$ 是一个完备组，可用作一组正交基矢，其中 $l = (l_1, l_2, \cdots, l_N)$. 在这种情形，由于 $\hat{L}_r$ 是厄米的，所以 $|l\rangle$ 是正交的．另外，由于 $\{\hat{L}_r\}$ 是完全集，所以 $|l\rangle$ 不简并，是完备组．否则，如果对应于每一组 l 值还有 s 个态 $|l1\rangle$, $|l2\rangle, \cdots, |ls\rangle$, 则可用线性代数的 Gram-Schmidt 程序把它们正交化①, 从而按上述正交基矢的性质 2 再引入一个与 $\{\hat{L}_r\}$ 对易的观测量 $\hat{M}$, 这违反了 $\{\hat{L}_r\}$ 是完全集的前提．所以 $\{|l\rangle\}$ 是一个正交的完备组，可以用作基矢来表示任一观测到的态矢量．

情形 2 设 $\{\hat{L}_r, r = 1, 2, \cdots, u\}$ 是一组互相对易的观测量, 但不是完全集．这时 $\{\hat{L}_r\}$ 的共同本征态有简并，可以用另一组参数来标记，写成 $|lm\rangle$, 其中 $l = (l_1, l_2, \cdots, l_u)$ 是观测量 $\{\hat{L}_r, r = 1, 2, \cdots, u\}$ 的本征值，$m = (m_1, m_2, \cdots, m_v)$ 是简并的标记．于是，可以用 Gram-Schmidt 程序把这些简并态正交化，并按上述正交基矢的性质 2 再引入一组与 $\hat{L}_r$ 对易的观测量 $\{\hat{M}_s, s = 1, 2, \cdots, v\}$. 观测量组 $\{\hat{L}_r\}$ 与 $\{\hat{M}_s\}$ 合起来就构成完全集，$\{|lm\rangle\}$ 是相应的完备组，可以用作基矢来表示任一态矢量．由于 Gram-Schmidt 正交化有无限多种方法，这样引入的观测量 $\{\hat{M}_s\}$ 也有无限多种可能．

投影算符的性质 很容易证明，投影算符 $\hat{P}_l \equiv |l\rangle\langle l|$ 是厄米的，具有本征值 0 和 1. 我们来证明后一点．由于

$$\hat{P}_l^2 = |l\rangle\langle l| \cdot |l\rangle\langle l| = |l\rangle\langle l| = \hat{P}_l,$$

有

$$\hat{P}_l^2 - \hat{P}_l = \hat{P}_l(\hat{P}_l - 1) = 0.$$

把它作用在 $\hat{P}_l$ 的本征态上，就得到本征值的关系 $P_l(P_l - 1) = 0$, 给出 $P_l = 0$ 或

① 见 R. Courant and D. Hilbert, *Methods of Mathematical Physics*, Vol. I, Interscience Publishers, 1953, p.4, p.50.

1. 显然，$|l'\rangle$ 是 $\hat{P}_l$ 的本征态，$l=l'$ 时本征值为 1, $l\neq l'$ 时本征值为 0,

$$\hat{P}_l|l\rangle=|l\rangle,\ \ \hat{P}_l|l'\rangle=0,\qquad l\neq l'.$$

此外,

$$\hat{P}_{ll'}\equiv\hat{P}_l+\hat{P}_{l'},\qquad l\neq l',$$

也是投影算符，具有本征值 0 或 1, 它把任一态投影到 ll' 平面.

3. 连续谱的情形

如果基矢 $\{|q\rangle\}$ 的参数 $q=(q_1,q_2,\cdots,q_N)$ 取值是连续的，对它的求和就要换成积分，对基矢内积 $\langle q|q'\rangle$ 的归一化也就需要重新考虑. 内积 $\langle q|q'\rangle$ 一般都出现在积分里，如果把求和换成积分

$$\sum_q\rightarrow\int\mathrm{d}qw(q)=\int\mathrm{d}q_1\int\mathrm{d}q_2\cdots\int\mathrm{d}q_Nw(q_1,q_2,\cdots,q_N),\tag{3}$$

其中 $w(q)=w(q_1,q_2,\cdots,q_N)$ 是某种 *权函数*, 则把内积 $\langle q|q'\rangle$ 用 δ 函数归一成

$$\langle q|q'\rangle=w^{-1}(q)\delta(q-q'),\tag{4}$$

就有对应关系

$$\sum_l\langle l|l'\rangle=1\longrightarrow\int\mathrm{d}qw(q)\langle q|q'\rangle=1.$$

为了简洁起见，在上面我们采用了简写

$$\langle q|q'\rangle=\langle q_N,\cdots,q_2,q_1|q_1,q_2,\cdots,q_N\rangle$$

和

$$\delta(q-q')=\delta(q_1-q_1')\delta(q_2-q_2')\cdots\delta(q_N-q_N').$$

采用这种归一化，$\{|q\rangle\}$ 的完备性公式为

$$\int\mathrm{d}q|q\rangle w(q)\langle q|=1,\tag{5}$$

态矢量 $|\psi\rangle$ 的展开式为

$$|\psi\rangle=\int\mathrm{d}qw(q)\psi(q)|q\rangle,\tag{6}$$

其中

$$\psi(q)=\langle q|\psi\rangle.$$

对于混合谱的情形，既有对离散本征值的求和，也有对连续本征值的积分，基矢内积对离散本征值归一为 Kronecker 符号，对连续本征值归一为 δ 函数，可以仿照上述讨论，我们就不在此具体写出.

§2.2 表象和表象变换

1. 分立谱基矢 $\{|l\rangle\}$ 的表象

态矢量和内积的表示 在态矢量 $|\psi\rangle$ 的展开式

$$|\psi\rangle = \sum_l \psi_l |l\rangle$$

中，我们把它在基矢上的投影 $\psi_l = \langle l|\psi\rangle$ 称为它的 *表示* 或 *坐标*，有时也简单地把上式称为它的 *表示*. 类似地，左矢量 $\langle\varphi|$ 的表示为

$$\langle\varphi| = \sum_l \varphi_l^* \langle l|,$$

其中 $\varphi_l = \langle l|\varphi\rangle$. 利用基矢的完备性，可以推出内积的表示

$$\langle\varphi|\psi\rangle = \langle\varphi|1|\psi\rangle = \sum_l \langle\varphi|l\rangle\langle l|\psi\rangle = \sum_l \varphi_l^* \psi_l. \tag{7}$$

不难看出，这一结果也可以利用基矢的正交归一性由上述 $\langle\varphi|$ 与 $|\psi\rangle$ 的表示相乘而得.

用矩阵的形式，我们可以把右矢量 $|\psi\rangle$ 的表示写成 *列矢量*

$$\psi = (\psi_r) \equiv \begin{pmatrix} \psi_1 \\ \psi_2 \\ \vdots \\ \psi_n \end{pmatrix},$$

其中我们改用数字 $1, 2, \cdots, n$ 来标记基矢 $|l\rangle$, n 是基矢的总数. 类似地，我们可以把左矢量的表示写成 *行矢量*

$$\overline{\varphi} = \varphi^\dagger = (\varphi_r)^\dagger \equiv (\varphi_1^* \varphi_2^* \cdots \varphi_n^*),$$

而把内积 $\langle\varphi|\psi\rangle$ 的表示写成行矢量与列矢量之积

$$\overline{\varphi}\psi = \begin{pmatrix} \varphi_1^* & \varphi_2^* & \cdots & \varphi_n^* \end{pmatrix} \begin{pmatrix} \psi_1 \\ \psi_2 \\ \vdots \\ \psi_n \end{pmatrix} = \sum_r \varphi_r^* \psi_r.$$

线性算符的表示 利用基矢的完备性，可以推出线性算符 $\hat{A}$ 的表示

$$\hat{A} = 1 \cdot \hat{A} \cdot 1 = \sum_{rs} |r\rangle\langle r|\hat{A}|s\rangle\langle s| = \sum_{rs} |r\rangle A_{rs} \langle s|, \tag{8}$$

其中

$$A_{rs} = \langle r|\hat{A}|s\rangle$$

是它把 $|s\rangle$ 投影到 $|r\rangle$ 的系数，称为 $\hat{A}$ 在 r 与 s 态之间的 *矩阵元*, $\{A_{rs}\}$ 则是 $\hat{A}$ 在此表象中的表示．写成矩阵的形式，有

$$A=(A_{rs})=\begin{pmatrix} A_{11} & A_{12} & \cdots & A_{1n} \\ A_{21} & A_{22} & \cdots & A_{2n} \\ \vdots & \vdots & & \vdots \\ A_{n1} & A_{n2} & \cdots & A_{nn} \end{pmatrix}.$$

可以看出，厄米算符的矩阵元与其交换下标后的复数共轭相等，

$$A_{rs}=A_{sr}^*.$$

交换一个矩阵的下标后再取其复数共轭，所得的矩阵称为这个矩阵的 *厄米共轭*, 简称为其 *共轭*. 我们把矩阵 A 的共轭记为 $A^\dagger$, 把等于它自己的厄米共轭的矩阵称为 *厄米矩阵* 或 *自共轭矩阵*, 简称 *自轭矩阵*. 显然，厄米矩阵以从其左上角到右下角的对角线为轴转 180° 后再取复数共轭是不变的，它的 *对角矩阵元* 是实数．上式表明厄米算符的表示矩阵为厄米矩阵．

不难证明，与表象基矢相应的观测量完全集对易的算符 $\hat{F}$ 的矩阵是 *对角矩阵*, 其对角矩阵元是 $\hat{F}$ 的本征值 F_r, 非对角矩阵元全为 0,

$$F=(F_{rs})=\begin{pmatrix} F_1 & 0 & \cdots & 0 \\ 0 & F_2 & \cdots & 0 \\ \vdots & \vdots & & \vdots \\ 0 & 0 & \cdots & F_n \end{pmatrix}.$$

单位算符 1 的矩阵称为 *单位矩阵*, 它的对角元都是 1, 非对角元全为 0,

$$1=(\delta_{rs})=\begin{pmatrix} 1 & 0 & \cdots & 0 \\ 0 & 1 & \cdots & 0 \\ \vdots & \vdots & & \vdots \\ 0 & 0 & \cdots & 1 \end{pmatrix}.$$

最后，利用基矢的完备性，可以推出线性算符乘积 $\hat{A}\hat{B}$ 的表示

$$\hat{A}\hat{B}=1\cdot\hat{A}\cdot 1\cdot\hat{B}\cdot 1=\sum_{rst}|r\rangle\langle r|\hat{A}|t\rangle\langle t|\hat{B}|s\rangle\langle s|=\sum_{rs}|r\rangle(\hat{A}\hat{B})_{rs}\langle s|,$$

其中

$$(\hat{A}\hat{B})_{rs}=\sum_t A_{rt}B_{ts}.$$

可以看出，这个结果等于矩阵 A 与 B 的乘积：*两个算符之积的表示矩阵，等于每个算符的表示矩阵之积*.

算符与态矢量的积 对于线性算符 $\hat{A}$ 与态矢量 $|\psi\rangle$ 的积 $|\varphi\rangle = \hat{A}|\psi\rangle$, 类似地有

$$\sum_r \varphi_r |r\rangle = 1\cdot\hat{A}\cdot 1\cdot|\psi\rangle = \sum_{rs}|r\rangle\langle r|\hat{A}|s\rangle\langle s|\psi\rangle = \sum_{rs} A_{rs}\psi_s|r\rangle,$$

所以

$$\varphi_r = \sum_s A_{rs}\psi_s.$$

写成矩阵关系就是 $\varphi = A\psi$, 亦即

$$\begin{pmatrix} \varphi_1 \\ \varphi_2 \\ \vdots \\ \varphi_n \end{pmatrix} = \begin{pmatrix} A_{11} & A_{12} & \cdots & A_{1n} \\ A_{21} & A_{22} & \cdots & A_{2n} \\ \vdots & \vdots & & \vdots \\ A_{n1} & A_{n2} & \cdots & A_{nn} \end{pmatrix} \begin{pmatrix} \psi_1 \\ \psi_2 \\ \vdots \\ \psi_n \end{pmatrix}.$$

类似地, $\langle\varphi| = \langle\psi|\hat{A}$ 的表示 $\varphi^\dagger = \psi^\dagger A$ 可以写成

$$(\varphi_1^*\varphi_2^*\cdots\varphi_n^*) = (\psi_1^* \quad \psi_2^* \quad \cdots \quad \psi_n^*) \begin{pmatrix} A_{11} & A_{12} & \cdots & A_{1n} \\ A_{21} & A_{22} & \cdots & A_{2n} \\ \vdots & \vdots & & \vdots \\ A_{n1} & A_{n2} & \cdots & A_{nn} \end{pmatrix},$$

$\langle\varphi|\hat{A}|\psi\rangle$ 的表示可以写成

$$\varphi^\dagger A\psi = (\varphi_1^* \quad \varphi_2^* \quad \cdots \quad \varphi_n^*) \begin{pmatrix} A_{11} & A_{12} & \cdots & A_{1n} \\ A_{21} & A_{22} & \cdots & A_{2n} \\ \vdots & \vdots & & \vdots \\ A_{n1} & A_{n2} & \cdots & A_{nn} \end{pmatrix} \begin{pmatrix} \psi_1 \\ \psi_2 \\ \vdots \\ \psi_n \end{pmatrix}.$$

2. 连续谱基矢 $\{|q\rangle\}$ 的表象

态矢量的表示 把求和换成积分, 把 Kronecker 符号换成 δ 函数, 加入适当的权函数 $w(q)$, 就有

$$|\psi\rangle = \int \mathrm{d}q w(q)\psi(q)|q\rangle,$$

$$\langle\varphi| = \int \mathrm{d}q w(q)\varphi^*(q)\langle q|,$$

$$\langle\varphi|\psi\rangle = \int \mathrm{d}q w(q)\varphi^*(q)\psi(q), \tag{9}$$

其中

$$\psi(q) = \langle q|\psi\rangle, \qquad \varphi(q) = \langle q|\varphi\rangle.$$

与矩阵的情形相应地，我们把 $\psi(q)$ 称为列矢量，把 $\varphi^*(q)$ 称为行矢量．$\psi(q)$ 也就是态 $|\psi\rangle$ 在此表象中的波函数．

线性算符的表示 同样地，我们有

$$\hat{A}=\iint \mathrm{d}q\mathrm{d}q'|q\rangle w(q)A(q,q')w(q')\langle q'|,$$

其中

$$A(q,q')=\langle q|\hat{A}|q'\rangle$$

是算符 A 在此表象中的矩阵元．特别是，与表象基矢相应的观测量完全集对易的算符 $\hat{F}$ 的对角矩阵是

$$F(q,q')=F(q)w^{-1}(q)\delta(q-q'),$$

而单位矩阵是

$$\langle q|q'\rangle=w^{-1}(q)\delta(q-q').$$

其中 $F(q)$ 是 $\hat{F}$ 在 $|q\rangle$ 态的本征值．此外也容易证明，$\hat{A}\hat{B}$ 的 (q,q') 矩阵元是

$$(\hat{A}\hat{B})(q,q')=\int \mathrm{d}q''A(q,q'')w(q'')B(q'',q').$$

算符与态矢量的积 类似地我们可以得到 $|\varphi\rangle=\hat{A}|\psi\rangle$, $\langle\varphi|=\langle\psi|\hat{A}$ 和 $\langle\varphi|\hat{A}|\psi\rangle$ 的表示分别为

$$\varphi(q)=\int \mathrm{d}q'A(q,q')w(q')\psi(q'),$$

$$\varphi^*(q)=\int \mathrm{d}q'\psi^*(q')w(q')A(q',q),$$

$$\langle\varphi|\hat{A}|\psi\rangle=\iint \mathrm{d}q\mathrm{d}q'\varphi^*(q)w(q)A(q,q')w(q')\psi(q'). \tag{10}$$

3. 表象变换

不同表象的选择 对于一个具体物理问题，可以选择不同的表象．不同的表象给出的物理结果一样，但算法不同．所以，常常要做从一个表象到另一表象的变换．考虑分别用完备组 $\{|ql\rangle\}$ 与 $\{|pm\rangle\}$ 做基矢的两个表象，其中 q 与 p 有连续谱，l 与 m 是分立谱．它们的正交归一化和完备性公式分别为

$$\langle lq|q'l'\rangle=w_l^{-1}(q)\delta(q-q')\delta_{ll'},\qquad \sum_l\int \mathrm{d}q|ql\rangle w_l(q)\langle lq|=1,$$

$$\langle mp|p'm'\rangle=w_m^{-1}(p)\delta(p-p')\delta_{mm'},\qquad \sum_m\int \mathrm{d}p|pm\rangle w_m(p)\langle mp|=1.$$

下面我们来考虑从 $\{|ql\rangle\}$ 表象到 $\{|pm\rangle\}$ 表象的变换．

态矢量和算符的表象变换 利用 $\{|ql\rangle\}$ 的完备性公式，可以写出态矢量 $|\psi\rangle$ 在 $\{|pm\rangle\}$ 表象的波函数

$$\psi_m(p) = \langle mp|\psi\rangle = \sum_l \int \mathrm{d}q \langle mp|ql\rangle w_l(q)\langle lq|\psi\rangle = \sum_l \int \mathrm{d}q S_{ml}(p,q) w_l(q)\psi_l(q),$$

其中 $\psi_l(q) = \langle lq|\psi\rangle$ 是态矢量 $|\psi\rangle$ 在 $\{|ql\rangle\}$ 表象的波函数，而

$$S_{ml}(p,q) = \langle mp|ql\rangle$$

称为从 $\{|ql\rangle\}$ 表象到 $\{|pm\rangle\}$ 表象变换的 *变换矩阵*. 类似地，可以求出算符的表象变换

$$A_{mm'}(p,p') = \sum_{ll'} \iint \mathrm{d}q\mathrm{d}q' S_{ml}(p,q) w_l(q) A_{ll'}(q,q') w_{l'}(q') S^*_{m'l'}(p',q'),$$

其中 $A_{ll'}(q,q') = \langle lq|\hat{A}|q'l'\rangle$ 是算符 $\hat{A}$ 在 $\{|ql\rangle\}$ 表象的表示， $A_{mm'}(p,p') = \langle mp|\hat{A}|p'm'\rangle$ 是算符 $\hat{A}$ 在 $\{|pm\rangle\}$ 表象的表示.

变换矩阵的幺正性 利用 $\{|ql\rangle\}$ 的完备性公式，我们有

$$\begin{aligned}\sum_l \int \mathrm{d}q S_{ml}(p,q) w_l(q) S^*_{m'l}(p',q) &= \sum_l \int \mathrm{d}q \langle mp|ql\rangle w_l(q) \langle lq|p'm'\rangle \\ &= \langle mp|p'm'\rangle = w_m^{-1}(p)\delta(p-p')\delta_{mm'}.\end{aligned}$$

上式左边是变换矩阵及其厄米共轭之积 $SS^\dagger$, 右边是单位矩阵，这就表示变换矩阵是幺正的，

$$\hat{S}\hat{S}^\dagger = 1.$$

同样有 $\hat{S}^\dagger\hat{S} = 1$. 这是 *在表象变换中态矢量的长度和内积保持不变* 的结果. 实际上，基矢的变换 $|lq\rangle \to |mp\rangle$ 是一个幺正变换.

4. Löwdin-Bogoliubov 变换

不正交的基矢 在有些物理问题中，特别是在一些以 **变分法近似** 为基础的物理模型中，所采用的基矢往往是不正交的. 假设 $\{|\phi_n\rangle\} = (|\phi_1\rangle, |\phi_2\rangle, \cdots, |\phi_N\rangle)$ 是一个完备组，能够用来表示任一态矢量 $|\psi\rangle$,

$$|\psi\rangle = \sum_n f_n |\phi_n\rangle, \tag{11}$$

但是它们互相不正交，

$$s_{nm} = \langle\phi_n|\phi_m\rangle = \delta_{nm} + \Lambda_{nm} \begin{cases} = 1, & n = m, \\ \neq 0, & n \neq m, \end{cases}$$

其中 Λ_{nm} 当 $n = m$ 时为 0, 当 $n \neq m$ 时通常为一小量，s_{nm} 称为态 $|\phi_n\rangle$ 与 $|\phi_m\rangle$ 的 *重叠积分*. 在这种情况下，展开式 (11) 中的系数 $f_n \neq \langle\phi_n|\psi\rangle$, 基矢 $\{|\phi_n\rangle\}$ 也

没有完备性公式,

$$\sum_n |\phi_n\rangle\langle\phi_n| \neq 1,$$

从而,表象理论的许多公式都不适用.

Löwdin-Bogoliubov 正交化 可以用 Gram-Schmidt 程序把基矢 $\{|\phi_n\rangle\}$ 正交化,但是这样得到的新的基矢 $|\varphi_n\rangle$ 一般来说与 $|\phi_n\rangle$ 相差很远,没有一个简单清楚的物理图像. 所以,我们希望找到一个 **非幺正的** 和 **可逆的** 线性变换 (L_{nm}),

$$|\varphi_n\rangle = \sum_m |\phi_m\rangle L_{mn}, \qquad |\phi_n\rangle = \sum_m |\varphi_m\rangle L^{-1}_{mn},$$

使得 $\{|\varphi_n\rangle\}$ 是正交归一化的,

$$\langle\varphi_n|\varphi_m\rangle = \delta_{nm},$$

并且 $|\varphi_n\rangle$ 与 $|\phi_n\rangle$ 的差是一小量.

写成矩阵形式,我们有

$$s = \phi^\dagger\phi = 1 + \varLambda,$$

$$\varphi = \phi L, \qquad \phi = \varphi L^{-1},$$

$$\varphi^\dagger\varphi = 1.$$

若令 L 是厄米的,则不难证明其逆变换 L^{-1} 也是厄米的,

$$L^\dagger = L, \qquad (L^{-1})^\dagger = L^{-1}.$$

于是我们有

$$s = (\varphi L^{-1})^\dagger(\varphi L^{-1}) = (L^{-1})^\dagger\varphi^\dagger\varphi L^{-1} = (L^{-1})^\dagger L^{-1} = L^{-2},$$

从而可以解出

$$L = s^{-1/2}, \qquad L^{-1} = s^{1/2}.$$

代入 $s = 1 + \varLambda$, 展开成 $\varLambda$ 的幂级数,就有

$$L = 1 - \frac{1}{2}\varLambda + \frac{3}{8}\varLambda^2 - \frac{5}{16}\varLambda^3 + \frac{35}{128}\varLambda^4 - \cdots,$$

$$L^{-1} = 1 + \frac{1}{2}\varLambda - \frac{1}{8}\varLambda^2 + \frac{1}{16}\varLambda^3 - \frac{5}{128}\varLambda^4 + \cdots.$$

这样得到的正交化,称为 Löwdin-Bogoliubov 正交化,与之相应的基矢变换 L 则称为 Löwdin-Bogoliubov 变换①. 当重叠积分 $\varLambda$ 很小时,只保留它的一次项,我们有

$$|\varphi_n\rangle = |\phi_n\rangle - \frac{1}{2}\sum_m |\phi_m\rangle\varLambda_{mn},$$

---

① P.O. Löwdin, *J. Chem. Phys.* **18** (1950) 365; H.H. 博戈留玻夫,《量子统计学》,杨棨译,科学出版社, 1959 年.

$$|\phi_n\rangle = |\varphi_n\rangle + \frac{1}{2}\sum_m |\varphi_m\rangle \Lambda_{mn},$$

可以看出，态 $|\varphi_n\rangle$ 的主要成分是 $|\phi_n\rangle$, 但还以重叠积分的数量级混入了一些其他态 $|\phi_m\rangle, m \neq n$.

§2.3 Schrödinger 表象和动量表象

1. Schrödinger 表象

基矢 *以体系的 Descartes 直角坐标本征态为基矢的表象称为 Schrödinger 表象或坐标表象.* 选取体系的全体 Descartes 直角坐标 $\{\hat{q}\} = (\hat{q}_1, \hat{q}_2, \cdots, \hat{q}_N)$ 为观测量完全集, 可以证明, 其本征值有连续谱 (参阅第三章 §3.1 中的 Pauli 定理). 于是，正交归一化关系和完备性公式分别为

$$\langle q|q'\rangle = \delta(q-q'), \qquad \int \mathrm{d}q|q\rangle\langle q| = 1, \tag{12}$$

这里我们选择权函数为 $w(q) = 1$.

态矢量和只依赖于坐标的算符的表示 态矢量 $|\psi\rangle$ 和只依赖于坐标的算符 $\hat{Q}(\hat{q})$ 的表示分别是

$$\langle q|\psi\rangle = \psi(q) = \psi(q_1, q_2, \cdots, q_N),$$
$$\langle q|\hat{Q}(\hat{q})|q'\rangle = Q(q)\delta(q-q'),$$

其中 $Q(q) = Q(q_1, q_2, \cdots, q_N)$ 是 $\hat{Q}(\hat{q})$ 在 $|q\rangle$ 上的本征值. 由此，可得以下更常用的公式

$$\langle q|\hat{Q}(\hat{q})|\psi\rangle = Q(q)\psi(q).$$

坐标算符的函数对态矢量的作用在坐标表象中的表示，等于其本征值乘以波函数.

动量算符的表示 现在我们利用正则对易关系

$$[\hat{q}_r, \hat{p}_s] = \mathrm{i}\hbar\delta_{rs}$$

来求动量算符的表示. $r \neq s$ 时上式为 0. 求它当 $r = s$ 时的表示，有

$$\langle q|\hat{q}_r\hat{p}_r - \hat{p}_r\hat{q}_r|q'\rangle = \mathrm{i}\hbar\delta(q-q').$$

由于 $|q\rangle$ 和 $|q'\rangle$ 是 $\hat{q}_r$ 的本征态，分别具有本征值 q 和 q', 于是上式成为

$$(q_r - q'_r)\langle q|\hat{p}_r|q'\rangle = \mathrm{i}\hbar\delta(q-q').$$

与 δ 函数的性质 $x\delta'(x) = -\delta(x)$ 对照，并注意到 $x\delta(x) = 0$, 就有

$$\langle q|\hat{p}_r|q'\rangle = -\mathrm{i}\hbar\frac{\partial}{\partial q_r}\delta(q-q') + f_r(q)\delta(q-q'),$$

其中 $f_r(q)$ 是 q 的任意实函数. $f_r(q)$ 之所以是实的，是由于 $\hat{p}_r$ 是厄米的. 于是，我们有

$$\langle q|\hat{p}_r|q'\rangle = \left[-\mathrm{i}\hbar\frac{\partial}{\partial q_r} + f_r(q)\right]\langle q|q'\rangle,$$

$$\langle q|\hat{p}_r|\psi\rangle = \left[-\mathrm{i}\hbar\frac{\partial}{\partial q_r} + f_r(q)\right]\langle q|\psi\rangle.$$

$f_r(q)$ **的选择** 考虑幺正变换

$$|q\rangle \to \mathrm{e}^{\mathrm{i}\gamma(\hat{q})}|q\rangle = \mathrm{e}^{\mathrm{i}\gamma(q)}|q\rangle, \tag{13}$$

其中 $\gamma(q)$ 为任意实函数. 这相当于一个表象变换，但是变换前后的基矢描述同一物理态. 用 $\mathrm{e}^{\mathrm{i}\gamma(q)}|q\rangle$ 代替前面的 $|q\rangle$, 就有

$$\begin{aligned}\langle q|\hat{p}_r|\psi\rangle &= \mathrm{e}^{\mathrm{i}\gamma(q)}\left[-\mathrm{i}\hbar\frac{\partial}{\partial q_r} + f_r(q)\right]\mathrm{e}^{-\mathrm{i}\gamma(q)}\langle q|\psi\rangle \\ &= \left[-\mathrm{i}\hbar\frac{\partial}{\partial q_r} - \hbar\frac{\partial\gamma(q)}{\partial q_r} + f_r(q)\right]\langle q|\psi\rangle.\end{aligned}$$

所以，只要选择 $\gamma(q)$ 使得

$$f_r(q) = \hbar\frac{\partial\gamma(q)}{\partial q_r},$$

就有

$$\langle q|\hat{p}_r|\psi\rangle = -\mathrm{i}\hbar\frac{\partial}{\partial q_r}\psi(q).$$

动量算符 $\hat{p}_r$ 对态矢量的作用在坐标表象中的表示，在适当选择基矢的相因子时，等于微分算符 $-\mathrm{i}\hbar\partial/\partial q_r$ 作用于波函数. 类似地还有

$$\langle q|\hat{p}_r|q'\rangle = -\mathrm{i}\hbar\frac{\partial}{\partial q_r}\delta(q-q').$$

于是，对于任一依赖于坐标和动量的算符 $\hat{F}(\hat{q}_r,\hat{p}_s)$, 有

$$\langle q|\hat{F}(\hat{q}_r,\hat{p}_s)|q'\rangle = F\Big(q_r, -\mathrm{i}\hbar\frac{\partial}{\partial q_s}\Big)\delta(q-q'),$$

$$\langle q|\hat{F}(\hat{q}_r,\hat{p}_s)|\psi\rangle = F\Big(q_r, -\mathrm{i}\hbar\frac{\partial}{\partial q_s}\Big)\psi(q).$$

由于坐标和动量算符存在对易关系，在 $\hat{F}(\hat{q}_r,\hat{p}_s)$ 当中如果有坐标和动量算符相乘的交叉项，需要特别讨论.

小结 *在坐标表象中，坐标算符和动量算符对态矢量的作用，对应于以下算符对波函数的作用:*

$$\hat{q}_r \longrightarrow q_r, \qquad \hat{p}_s \longrightarrow -\mathrm{i}\hbar\frac{\partial}{\partial q_s}. \tag{14}$$

例 动量本征态 动量本征值方程 $\hat{p}_r|p\rangle = p_r|p\rangle$ 在坐标表象中的表示是

$$-\mathrm{i}\hbar\frac{\partial}{\partial q_r}\varphi_p(q) = p_r\varphi_p(q),$$

其中 $\varphi_p(q) = \langle q|p\rangle$ 是动量本征态的坐标表象波函数. 上述方程的解为

$$\varphi_p(q) = \frac{1}{(2\pi\hbar)^{N/2}}\mathrm{e}^{\mathrm{i}pq/\hbar}, \qquad pq = \sum_r p_r q_r, \tag{15}$$

其中 N 是体系的自由度, 因子 $1/(2\pi\hbar)^{N/2}$ 是归一化常数, 使得

$$\langle p|p'\rangle = \int \mathrm{d}q\varphi_p^*(q)\varphi_{p'}(q) = \delta(p-p').$$

2. 动量表象

基矢 *以体系的动量本征态为基矢的表象称为动量表象.* 选取体系的全体动量 $\{\hat{p}\} = (\hat{p}_1, \hat{p}_2, \cdots, \hat{p}_N)$ 为观测量完全集, 可以证明, 其本征值有连续谱 (参阅第三章 §3.1 中的 Pauli 定理). 于是, 正交归一化关系和完备性公式分别为

$$\langle p|p'\rangle = \delta(p-p'), \qquad \int \mathrm{d}p|p\rangle\langle p| = 1,$$

这里选择权函数 $w(p) = 1$.

态矢量和算符的表示 对于态矢量 $|\psi\rangle$ 和只依赖于动量的算符 $\hat{P}(\hat{p})$, 我们有

$$\langle p|\psi\rangle = \psi(p) = \psi(p_1, p_2, \cdots, p_N),$$
$$\langle p|\hat{P}(\hat{p})|p'\rangle = P(p)\delta(p-p'),$$
$$\langle p|\hat{P}(\hat{p})|\psi\rangle = P(p)\psi(p),$$

其中 $P(p) = P(p_1, p_2, \cdots, p_N)$ 是 $\hat{P}(\hat{p})$ 在 $|p\rangle$ 上的本征值. 与上一小节类似地, 利用正则对易关系, 可以得到坐标算符 $\hat{q}_r$ 和只依赖于坐标的算符 $\hat{Q}(\hat{q})$ 的表示

$$\langle p|\hat{q}_r|p'\rangle = \mathrm{i}\hbar\frac{\partial}{\partial p_r}\delta(p-p'),$$
$$\langle p|\hat{Q}(\hat{q})|\psi\rangle = Q\left(\mathrm{i}\hbar\frac{\partial}{\partial p_r}\right)\psi(p).$$

一般地, 对于任一依赖于坐标和动量的算符 $\hat{F}(\hat{q}_r, \hat{p}_s)$, 有

$$\langle p|\hat{F}(\hat{q}_r, \hat{p}_s)|\psi\rangle = F\left(\mathrm{i}\hbar\frac{\partial}{\partial p_r}, p_s\right)\psi(p).$$

在动量表象中, 坐标算符和动量算符对态矢量的作用, 对应于以下算符对波函数的作用:

$$\hat{q}_r \to \mathrm{i}\hbar\frac{\partial}{\partial p_r}, \qquad \hat{p}_s \to p_s. \tag{16}$$

同样, 在 $\hat{F}(\hat{q}_r, \hat{p}_s)$ 中如果有坐标和动量算符相乘的交叉项, 需要特别讨论.

显然，动量表象中的*坐标本征态*波函数，是坐标表象中动量本征态波函数的复数共轭，

$$\varphi_q(p) = \langle p|q\rangle = \overline{\langle q|p\rangle} = \varphi_p^*(q) = \frac{1}{(2\pi\hbar)^{N/2}}\mathrm{e}^{-\mathrm{i}qp/\hbar}.$$

3. 动量表象波函数与坐标表象波函数之间的变换

利用上述波函数 $\langle q|p\rangle = \varphi_p(q)$ 和 $\langle p|q\rangle = \varphi_q(p)$，我们可以写出动量表象波函数 $\psi(p)$ 与坐标表象波函数 $\psi(q)$ 之间的变换：

$$\psi(p) = \langle p|\psi\rangle = \int \mathrm{d}q\langle p|q\rangle\langle q|\psi\rangle = \frac{1}{(2\pi\hbar)^{N/2}}\int \mathrm{d}q\mathrm{e}^{-\mathrm{i}qp/\hbar}\psi(q), \tag{17}$$

$$\psi(q) = \langle q|\psi\rangle = \int \mathrm{d}p\langle q|p\rangle\langle p|\psi\rangle = \frac{1}{(2\pi\hbar)^{N/2}}\int \mathrm{d}p\mathrm{e}^{\mathrm{i}pq/\hbar}\psi(p). \tag{18}$$

可以看出，波函数 $\langle q|p\rangle = \varphi_p(q)$ 和 $\langle p|q\rangle = \varphi_q(p)$ 是这里的变换矩阵，上述变换则是数学上的 Fourier 变换.

§2.4 居位数表象

1. 居位数的定义和对易关系

居位数的定义 考虑坐标算符 $\hat{q}_r$ 与动量算符 $\hat{p}_r$ 的线性组合

$$\hat{a}_r = \frac{1}{\sqrt{2}}\Big(\alpha_r\hat{q}_r + \frac{\mathrm{i}}{\hbar\alpha_r}\hat{p}_r\Big), \tag{19}$$

$$\hat{a}_r^\dagger = \frac{1}{\sqrt{2}}\Big(\alpha_r\hat{q}_r - \frac{\mathrm{i}}{\hbar\alpha_r}\hat{p}_r\Big), \tag{20}$$

其中 α_r 为正实数，量纲为长度的倒数，使得 $\hat{a}_r$ 与 $\hat{a}_r^\dagger$ 无量纲. 我们引入

$$\hat{n}_r = \hat{a}_r^\dagger\hat{a}_r, \qquad r = 1, 2, \cdots, N.$$

不难看出，这是一组厄米算符，称为*居位数算符*. 可以证明它们互相对易，互相独立. 于是，可以用它们作为观测量的完全集，用它们的共同本征态作为表象的基矢. 利用以下关系

$$\hat{q}_r = \frac{1}{\sqrt{2}\alpha_r}(\hat{a}_r + \hat{a}_r^\dagger),$$

$$\hat{p}_r = -\frac{\mathrm{i}\hbar\alpha_r}{\sqrt{2}}(\hat{a}_r - \hat{a}_r^\dagger),$$

就可以把坐标算符与动量算符的函数表示成 $\{\hat{a}_r\}$ 与 $\{\hat{a}_r^\dagger\}$ 的函数.

对易关系 利用坐标与动量的对易关系，可以得到下列对易关系：

$$[\hat{a}_r, \hat{a}_s] = 0, \qquad [\hat{a}_r^\dagger, \hat{a}_s^\dagger] = 0, \qquad [\hat{a}_r, \hat{a}_s^\dagger] = \delta_{rs},$$

$$[\hat{n}_r, \hat{a}_s^\dagger] = \hat{a}_r^\dagger \delta_{rs}, \qquad [\hat{n}_r, \hat{a}_s] = -\hat{a}_r \delta_{rs},$$

$$[\hat{n}_r, (\hat{a}_s^\dagger)^m] = m(\hat{a}_r^\dagger)^m \delta_{rs}, \qquad [\hat{n}_r, (\hat{a}_s)^m] = -m(\hat{a}_r)^m \delta_{rs},$$

$$[\hat{n}_r, (\hat{a}_s^\dagger)^l (\hat{a}_s)^m] = (l-m)(\hat{a}_r^\dagger)^l (\hat{a}_r)^m \delta_{rs}.$$

当 $l = m = 1$ 时，上述最后一式成为 $\hat{n}_r \hat{n}_s - \hat{n}_s \hat{n}_r = 0$, 表明 $\hat{n}_r$ 与 $\hat{n}_s$ 对易.

本征值方程 设居位数 $\{\hat{n}_r\}$ 的共同本征态为 $|n\rangle$, 具有本征值 n,

$$\hat{n}_r |n\rangle = n_r |n\rangle,$$

并选取归一化

$$\langle n|n'\rangle = \delta_{nn'}.$$

这里我们采用了简写 $n = (n_1, n_2, \cdots, n_N)$, $|n\rangle = |n_1, n_2, \cdots, n_N\rangle$ 和

$$\delta_{nn'} = \delta_{n_1 n_1'} \delta_{n_2 n_2'} \cdots \delta_{n_N n_N'}.$$

由于不同下标的算符互相对易, 可以分别独立地讨论. 以下我们只讨论某一个下标的情形, 为了简洁起见, 略去下标不写. 这也相当于只讨论 $N = 1$ 的情形.

2. 居位数的本征值和本征态

移位算符 由对易关系 $\hat{n}\hat{a}^\dagger - \hat{a}^\dagger\hat{n} = \hat{a}^\dagger$, 有

$$\hat{n}\hat{a}^\dagger|n\rangle = \hat{a}^\dagger(\hat{n}+1)|n\rangle = \hat{a}^\dagger(n+1)|n\rangle = (n+1)\hat{a}^\dagger|n\rangle.$$

这表明，$\hat{a}^\dagger|n\rangle$ 也是居位数 $\hat{n}$ 的本征态，本征值为 $n+1$,

$$\hat{a}^\dagger|n\rangle = C_n^+|n+1\rangle.$$

类似地，由对易关系 $\hat{n}\hat{a} - \hat{a}\hat{n} = -\hat{a}$, 有

$$\hat{n}\hat{a}|n\rangle = \hat{a}(\hat{n}-1)|n\rangle = (n-1)\hat{a}|n\rangle.$$

这表明，$\hat{a}|n\rangle$ 也是居位数 $\hat{n}$ 的本征态，本征值为 $n-1$,

$$\hat{a}|n\rangle = C_n^-|n-1\rangle.$$

$\hat{a}^\dagger$ 作用到居位数 $\hat{n}$ 的本征态上，得到本征值增加 1 的态；$\hat{a}$ 作用到居位数 $\hat{n}$ 的本征态上，得到本征值减少 1 的态. 所以，$\hat{a}^\dagger$ 称为居位数 n 的 *升位算符*, $\hat{a}$ 称为居位数 n 的 *降位算符*, 合称居位数的 *移位算符*.

C_n^+ 与 C_n^- 的值 由于 $|n\rangle$ 是归一的，我们有

$$\langle n|\hat{n}|n\rangle = n\langle n|n\rangle = n.$$

另一方面，上式左边可以写成

$$\langle n|\hat{a}^\dagger\hat{a}|n\rangle = C_n^{-*}C_n^-,$$

所以有 $C_n^{-*}C_n^-=n$, 于是可以取

$$C_n^-=\sqrt{n},$$

这里可以有一个任意相因子的不确定. 此外, 由于

$$C_n^{+*}=\overline{\langle n+1|\hat{a}^\dagger|n\rangle}=\langle n|\hat{a}|n+1\rangle=\langle n|C_{n+1}^-|n\rangle=C_{n+1}^-.$$

于是可以取

$$C_n^+=\sqrt{n+1}.$$

最后我们得到下列公式:

$$\hat{a}^\dagger|n\rangle=\sqrt{n+1}|n+1\rangle, \tag{21}$$

$$\hat{a}|n\rangle=\sqrt{n}|n-1\rangle. \tag{22}$$

居位数的本征值和本征态 由

$$n=C_n^{-*}C_n^-\geqslant 0,$$

我们知道 n 有下限,

$$n\geqslant \underline{n}.$$

由于 $\underline{n}$ 是本征值的下限, 用降位算符作用于 $|\underline{n}\rangle$ 必须等于 0,

$$\hat{a}|\underline{n}\rangle=\sqrt{\underline{n}}|\underline{n}-1\rangle=0.$$

从而

$$\underline{n}=0.$$

于是我们求得居位数本征值谱

$$n=0,1,2,\cdots.$$

居位数 $n=0$ 的态 $|0\rangle$ 可以称为*基态*. 不难证明本征态 $|n\rangle$ 可以写成

$$|n\rangle=\frac{1}{\sqrt{n!}}(\hat{a}^\dagger)^n|0\rangle. \tag{23}$$

3. 一些有用的矩阵元

用对易关系和上一小节给出的公式, 可以算出下列矩阵元:

$$\begin{aligned}
\langle n|\hat{n}|n'\rangle &= n\delta_{nn'},\\
\langle n|\hat{a}^\dagger|n'\rangle &= \sqrt{n}\delta_{nn'+1},\\
\langle n|\hat{a}|n'\rangle &= \sqrt{n+1}\delta_{nn'-1},\\
\langle n|\hat{q}|n'\rangle &= \frac{1}{\sqrt{2}\alpha}(\sqrt{n+1}\delta_{nn'-1}+\sqrt{n}\delta_{nn'+1}),\\
\langle n|\hat{p}|n'\rangle &= -\frac{\mathrm{i}\hbar\alpha}{\sqrt{2}}(\sqrt{n+1}\delta_{nn'-1}-\sqrt{n}\delta_{nn'+1}).
\end{aligned}$$

这里我们采用了简写

$$\delta_{nn'\pm 1}=\delta_{n,n'\pm 1}.$$

写成矩阵，有

$$(\hat{n})=\begin{pmatrix}0&0&0&\cdots\\0&1&0&\cdots\\0&0&2&\cdots\\\cdots&\cdots&\cdots&\cdots\end{pmatrix},$$

$$(\hat{a}^\dagger)=\begin{pmatrix}0&0&0&\cdots\\\sqrt{1}&0&0&\cdots\\0&\sqrt{2}&0&\cdots\\\cdots&\cdots&\cdots&\cdots\end{pmatrix},\qquad(\hat{a})=\begin{pmatrix}0&\sqrt{1}&0&\cdots\\0&0&\sqrt{2}&\cdots\\0&0&0&\cdots\\\cdots&\cdots&\cdots&\cdots\end{pmatrix},$$

$$(\hat{q})=\frac{1}{\sqrt{2}\alpha}\begin{pmatrix}0&\sqrt{1}&0&\cdots\\\sqrt{1}&0&\sqrt{2}&\cdots\\0&\sqrt{2}&0&\cdots\\\cdots&\cdots&\cdots&\cdots\end{pmatrix},\qquad(\hat{p})=-\frac{\mathrm{i}\hbar\alpha}{\sqrt{2}}\begin{pmatrix}0&\sqrt{1}&0&\cdots\\-\sqrt{1}&0&\sqrt{2}&\cdots\\0&-\sqrt{2}&0&\cdots\\\cdots&\cdots&\cdots&\cdots\end{pmatrix}.$$

4. 波函数 $\varphi_n(q)$ 和 $\varphi_n(p)$

基态波函数 $\varphi_0(q)$ 基态满足的方程 $\hat{a}|0\rangle=0$ 可以写成

$$\frac{1}{\sqrt{2}}\Big(\alpha\hat{q}+\frac{\mathrm{i}}{\hbar\alpha}\hat{p}\Big)|0\rangle=0.$$

它在坐标表象的表示为

$$\frac{1}{\sqrt{2}}\Big(\alpha q+\frac{1}{\alpha}\frac{\partial}{\partial q}\Big)\varphi_0(q)=0,$$

其中 $\varphi_0(q)=\langle q|0\rangle$. 令 $\xi=\alpha q$, 上式可以约化为

$$\Big(\xi+\frac{\partial}{\partial\xi}\Big)\varphi_0=0.$$

很容易求出它的归一化解为

$$\varphi_0(q)=\Big(\frac{\alpha}{\sqrt{\pi}}\Big)^{1/2}\mathrm{e}^{-\xi^2/2}=\Big(\frac{\alpha}{\sqrt{\pi}}\Big)^{1/2}\mathrm{e}^{-\alpha^2q^2/2},$$

它满足归一化条件

$$\langle 0|0\rangle=\int\mathrm{d}q\varphi_0^*(q)\varphi_0(q)=1.$$

激发态波函数 $\varphi_n(q)$ 由上一小节的公式 (23), 可以把激发态的归一化矢量

$|n\rangle$ 写成

$$|n\rangle = \frac{1}{\sqrt{n!}}(\hat{a}^\dagger)^n|0\rangle = \frac{1}{\sqrt{n!}}\Big[\frac{1}{\sqrt{2}}\Big(\alpha\hat{q} - \frac{\mathrm{i}}{\hbar\alpha}\hat{p}\Big)\Big]^n|0\rangle.$$

它在坐标表象的表示为

$$\varphi_n(q) = \langle q|n\rangle = \frac{1}{\sqrt{n!}}\Big[\frac{1}{\sqrt{2}}\Big(\alpha q - \frac{1}{\alpha}\frac{\partial}{\partial q}\Big)\Big]^n\varphi_0(q) = \Big(\frac{\alpha}{\sqrt{\pi}2^n n!}\Big)^{1/2}\Big(\xi - \frac{\partial}{\partial\xi}\Big)^n \mathrm{e}^{-\xi^2/2}.$$

用恒等式

$$\Big(\xi - \frac{\mathrm{d}}{\mathrm{d}\xi}\Big)f(\xi) = \mathrm{e}^{\xi^2/2}\Big(-\frac{\mathrm{d}}{\mathrm{d}\xi}\Big)\mathrm{e}^{-\xi^2/2}f(\xi), \tag{24}$$

有

$$\Big(\xi - \frac{\mathrm{d}}{\mathrm{d}\xi}\Big)^n\mathrm{e}^{-\xi^2/2} = \mathrm{e}^{-\xi^2/2}\mathrm{H}_n(\xi),$$

其中

$$\mathrm{H}_n(\xi) = \mathrm{e}^{\xi^2}\Big(-\frac{\mathrm{d}}{\mathrm{d}\xi}\Big)^n\mathrm{e}^{-\xi^2} \tag{25}$$

为 ξ 的 n 阶 Hermite 多项式. 于是我们最后有

$$\varphi_n(q) = \Big(\frac{\alpha}{\sqrt{\pi}2^n n!}\Big)^{1/2}\mathrm{e}^{-\alpha^2q^2/2}\mathrm{H}_n(\alpha q). \tag{26}$$

可以直接验证它确实是是归一化的：

$$\langle n|n\rangle = \int \mathrm{d}q\varphi_n^*(q)\varphi_n(q) = 1.$$

波函数 $\varphi_n(p)$　与上面类似地，在动量表象中，确定基态的方程成为

$$\frac{1}{\sqrt{2}}\Big(\mathrm{i}\hbar\alpha\frac{\partial}{\partial p} + \frac{\mathrm{i}}{\hbar\alpha}p\Big)\varphi_0(p) = 0,$$

其中 $\varphi_0(p) = \langle p|0\rangle$. 引入无量纲变量 $\xi = p/\hbar\alpha$, 上述方程化为

$$\Big(\xi + \frac{\partial}{\partial\xi}\Big)\varphi_0(p) = 0,$$

可以解出

$$\varphi_0(p) = \Big(\frac{1}{\hbar\alpha\sqrt{\pi}}\Big)^{1/2}\mathrm{e}^{-p^2/2\hbar^2\alpha^2}.$$

同样地，有

$$\varphi_n(p) = \langle p|n\rangle = (-\mathrm{i})^n\Big(\frac{1}{\hbar\alpha\sqrt{\pi}2^n n!}\Big)^{1/2}\mathrm{e}^{-p^2/2\hbar^2\alpha^2}\mathrm{H}_n(p/\hbar\alpha), \tag{27}$$

其中引入相因子 $(-\mathrm{i})^n$, 是为了使上式与表象变换

$$\varphi_n(p) = \frac{1}{\sqrt{2\pi\hbar}}\int \mathrm{d}q\mathrm{e}^{-\mathrm{i}pq/\hbar}\varphi_n(q)$$

算得的一致.

5. 算符 $\hat{a}$ 的本征值与本征态

$\hat{a}$ 的本征值 考虑本征值方程

$$\hat{a}|z\rangle = z|z\rangle, \qquad \langle z|\hat{a}^\dagger = z^*\langle z|.$$

$\hat{a}$ **不是厄米算符**, 所以本征值 z 是 **复数**, 可以写成 $z = x + \mathrm{i}y$, 其中 x 与 y 是实数. 这就表示, $\hat{a}$ 不是一个单纯的观测量, 而是联系于两个独立的观测量.

求坐标 $\hat{q}$ 和动量 $\hat{p}$ 在这个态的平均值, 有

$$\langle\hat{q}\rangle = \langle z|\hat{q}|z\rangle = \frac{1}{\sqrt{2}\alpha}(\langle z|\hat{a}|z\rangle + \langle z|\hat{a}^\dagger|z\rangle) = \frac{1}{\sqrt{2}\alpha}(z+z^*) = \frac{\sqrt{2}}{\alpha}x,$$

$$\langle\hat{p}\rangle = \langle z|\hat{p}|z\rangle = -\frac{\mathrm{i}\hbar\alpha}{\sqrt{2}}(\langle z|\hat{a}|z\rangle - \langle z|\hat{a}^\dagger|z\rangle) = -\frac{\mathrm{i}\hbar\alpha}{\sqrt{2}}(z-z^*) = \sqrt{2}\hbar\alpha y.$$

所以,

$$x = \frac{\alpha}{\sqrt{2}}\langle\hat{q}\rangle, \qquad y = \frac{1}{\sqrt{2}\hbar\alpha}\langle\hat{p}\rangle,$$

x 正比于坐标在本征态 $|z\rangle$ 的平均值, y 正比于动量在本征态 $|z\rangle$ 的平均值.

$\hat{a}$ 本征态在居位数表象中的波函数 把本征态 $|z\rangle$ 在居位数表象中的波函数写成

$$Z_n(z) = \langle n|z\rangle,$$

并注意 $\langle n|\hat{a} = \sqrt{n+1}\langle n+1|$, 本征值方程 $\hat{a}|z\rangle = z|z\rangle$ 在居位数表象中的表示就可以写成

$$\sqrt{n+1}Z_{n+1} = zZ_n,$$

这里 $Z_n = Z_n(z)$. 于是有 Z_n 的递推关系

$$Z_n = \frac{z}{\sqrt{n}}Z_{n-1} = \frac{z^2}{\sqrt{n(n-1)}}Z_{n-2} = \cdots = \frac{z^n}{\sqrt{n!}}Z_0.$$

由于 $\hat{a}$ 不是厄米算符, 具有不同本征值的本征态 $|z\rangle$ 与 $|z'\rangle$ 互相并不正交. 所以, 虽然本征值 z 具有复平面上的连续谱, 仍然可以把态矢量简单地归一到 1. 由 $|z\rangle$ 的归一化条件

$$\langle z|z\rangle = \sum_n |Z_n|^2 = |Z_0|^2\sum_n \frac{|z|^{2n}}{n!} = |Z_0|^2\mathrm{e}^{|z|^2} = 1,$$

可以求出

$$Z_0 = \mathrm{e}^{-|z|^2/2},$$

这里可以有一个任意相因子的不确定性. 把它代回前面的公式, 就有

$$|z\rangle = \sum_n Z_n(z)|n\rangle = \sum_n \frac{\mathrm{e}^{-|z|^2/2}z^n}{\sqrt{n!}}|n\rangle,$$

$$Z_n(z)=\frac{\mathrm{e}^{-|z|^2/2}z^n}{\sqrt{n!}}.$$

$\hat{a}$ 本征态在坐标表象中的波函数 本征态 $|z\rangle$ 在坐标表象的归一化波函数为

$$\begin{aligned}Z(z,q)=\langle q|z\rangle&=\sum_n\langle q|n\rangle\langle n|z\rangle=\sum_n\varphi_n(q)Z_n\\&=\sqrt{\frac{\alpha}{\sqrt{\pi}}}\mathrm{e}^{-(|z|^2+\alpha^2q^2)/2}\sum_n\frac{(z/\sqrt{2})^n}{n!}\mathrm{H}_n(\alpha q)\\&=\sqrt{\frac{\alpha}{\sqrt{\pi}}}\mathrm{e}^{-(\alpha q-\sqrt{2}z)^2/2},\end{aligned}\tag{28}$$

其中最后一个等式用到了 Hermite 多项式 $\mathrm{H}_n(\xi)$ 的生成函数表达式①. 可以看出, $\hat{a}$ 的本征态的坐标表象波函数是以 $\sqrt{2}z/\alpha$ 为中心的 Gauss 分布, 其中 z 是坐标与动量在这个本征态的平均值的线性组合.

最后需要指出, 从本征值方程 $\hat{a}|z\rangle=z|z\rangle$ 在坐标表象的表示

$$\frac{1}{\sqrt{2}}\Big(\xi+\frac{\partial}{\partial\xi}\Big)Z(z,q)=zZ(z,q),$$

可以直接解出上述波函数 $Z(z,q)$, 其中 $\xi=\alpha q$.

$\hat{a}$ 本征态的非正交性和超完备性 运用 $|z\rangle$ 在居位数表象的波函数 $Z_n(z)$, 可以算出

$$\begin{aligned}\langle z|z'\rangle&=\sum_{n,m}\langle n|Z_n^*(z)Z_m(z')|m\rangle\\&=\sum_n\frac{\mathrm{e}^{-(|z|^2+|z'|^2)/2}(z^*z')^n}{n!}\\&=\mathrm{e}^{-\frac{1}{2}(|z|^2+|z'|^2)+z^*z'},\\|\langle z|z'\rangle|&=\mathrm{e}^{-\frac{1}{2}|z-z'|^2}.\end{aligned}$$

上式表明 $z\neq z'$ 时本征态 $|z\rangle$ 与 $|z'\rangle$ 并不正交, 但重叠积分随 $z-z'$ 的增加而很快衰减为 0. 这就是 $\hat{a}$ 本征态的 非正交性.

我们还可以算出

$$\begin{aligned}\int\mathrm{d}^2z|z\rangle\langle z|&=\int\mathrm{d}^2z\sum_{n,m}Z_n(z)|n\rangle\langle m|Z_m^*(z)=\sum_{n,m}\frac{|n\rangle\langle m|}{\sqrt{n!\,m!}}\int\mathrm{d}^2z\mathrm{e}^{-|z|^2}z^n(z^*)^m\\&=\sum_{n,m}\frac{|n\rangle\langle m|}{\sqrt{n!\,m!}}\int r\mathrm{d}r\mathrm{d}\theta\mathrm{e}^{-r^2}r^{n+m}\mathrm{e}^{\mathrm{i}(n-m)\theta}\end{aligned}$$

① 见王竹溪, 郭敦仁, 《特殊函数概论》, 北京大学出版社, 2012 年, 6.13 节 (5) 式.

$$= 2\pi \sum_n \frac{|n\rangle\langle n|}{n!} \int_0^\infty \mathrm{d}r r^{2n+1} \mathrm{e}^{-r^2}$$

$$= \pi \sum_n |n\rangle\langle n| = \pi,$$

其中积分是在复平面进行的，$z = r\mathrm{e}^{\mathrm{i}\theta}$. 上述结果即

$$\frac{1}{\pi} \int \mathrm{d}^2 z |z\rangle\langle z| = 1.$$

这个公式可以称为基矢 $\{|z\rangle\}$ 的"类完备性公式"，可以用它把任一态矢量 $|\psi\rangle$ 表示成 $\{|z\rangle\}$ 的线性组合，

$$|\psi\rangle = \frac{1}{\pi} \int \mathrm{d}^2 z |z\rangle\langle z|\psi\rangle.$$

但必须注意，由于 $\{|z\rangle\}$ 的非正交性，$\{|z\rangle\}$ 实际上是*超完备*的. $\{|z\rangle\}$ 超完备的意思，是指它所包含的基矢个数超过了它所表示的空间维数，从而并非完全线性无关. 例如，可以用 $\{|z\rangle\}$ 的这个公式把任一基矢 $|z\rangle$ 表示成 $\{|z\rangle\}$ 的线性组合，

$$|z\rangle = \frac{1}{\pi} \int \mathrm{d}^2 z' |z'\rangle\langle z'|z\rangle.$$

由于这种超完备性，求迹的公式也多出一个因子 $1/\pi$,

$$\mathrm{tr}(\hat{A}) = \frac{1}{\pi} \int \mathrm{d}^2 z \langle z|\hat{A}|z\rangle.$$

§2.5 广义 Schrödinger 表象

基矢 *以系统的广义坐标本征态为基矢的表象称为广义 Schrödinger 表象，或广义坐标表象*. 选取系统的全体广义坐标 $\{\hat{q}\} = (\hat{q}_1, \hat{q}_2, \cdots, \hat{q}_N)$ 为观测量完全集，其本征值有连续谱，正交归一化关系和完备性公式分别为

$$\langle q|q'\rangle = w^{-1}(q)\delta(q-q'), \qquad \int \mathrm{d}q w(q)|q\rangle\langle q| = 1,$$

其中权函数 $w(q)$ 的形式依赖于广义坐标的选择.

态矢量和只依赖于坐标的算符的表示 与态矢量 $|\psi\rangle$ 和只依赖于坐标的算符 $\hat{Q}(\hat{q})$ 有关的公式是

$$\langle q|\psi\rangle = \psi(q) = \psi(q_1, q_2, \cdots, q_N),$$

$$\langle q|\hat{Q}(\hat{q})|q'\rangle = Q(q)w^{-1}\delta(q-q'),$$

$$\langle q|\hat{Q}(\hat{q})|\psi\rangle = Q(q)\psi(q).$$

广义动量算符的表示 把与上述广义坐标共轭的广义动量记为 $\{\hat{p}\} = (\hat{p}_1,$

$\hat{p}_2, \cdots, \hat{p}_N)$, 假设有正则对易关系

$$[\hat{q}_r, \hat{p}_s] = \mathrm{i}\hbar\delta_{rs}.$$

求它在 $r = s$ 时的表示，有

$$(q_r - q'_r)\langle q|\hat{p}_r|q'\rangle = \mathrm{i}\hbar w^{-1}(q)\delta(q - q').$$

从而可以写出

$$w(q)\langle q|\hat{p}_r|q'\rangle = \Big[-\mathrm{i}\hbar\frac{\partial}{\partial q_r} + F_r(q)\Big]\delta(q - q'),$$

于是我们有

$$\langle q|\hat{p}_r|q'\rangle = \Big[-\mathrm{i}\hbar w^{-1}\frac{\partial}{\partial q_r}w + F_r(q)\Big]\langle q|q'\rangle.$$

由动量算符的厄米性 $\hat{p}_r^\dagger = \hat{p}_r$, 可以推出

$$F_r(q) - F_r^*(q) = \mathrm{i}\hbar w^{-1}\frac{\partial w}{\partial q_r},$$

于是我们有

$$\langle q|\hat{p}_r|q'\rangle = \Big[-\mathrm{i}\hbar w^{-1/2}\frac{\partial}{\partial q_r}w^{1/2} + f_r(q)\Big]\langle q|q'\rangle,$$

其中

$$f_r(q) = \mathrm{Re}F_r(q)$$

为 q 的任意实函数. 由对易关系 $[\hat{p}_r, \hat{p}_s] = 0$, 可以得到 $f_r(q)$ 应满足的可积条件

$$\frac{\partial f_r}{\partial q_s} - \frac{\partial f_s}{\partial q_r} = 0.$$

与前面 Schrödinger 表象的做法类似地，作表象变换

$$|q\rangle \longrightarrow \mathrm{e}^{\mathrm{i}\gamma(\hat{q})}|q\rangle = \mathrm{e}^{\mathrm{i}\gamma(q)}|q\rangle,$$

并选择 $\gamma(q)$ 使得

$$f_r(q) = \hbar\frac{\partial\gamma}{\partial q_r},$$

就有

$$\langle q|\hat{p}_r|\psi\rangle = -\mathrm{i}\hbar w^{-1/2}\frac{\partial}{\partial q_r}w^{1/2}\psi(q).$$

动量算符 $\hat{p}_r$ 对态矢量的作用在广义坐标表象中的表示，在适当选择基矢的相因子时，等于微分算符 $-\mathrm{i}\hbar w^{-1/2}(\partial/\partial q_r)w^{1/2}$ 作用于波函数.

小结 在广义坐标表象中，坐标算符和动量算符对态矢量的作用，对应于以下算符对波函数的作用:

$$\hat{q}_r \longrightarrow q_r, \qquad \hat{p}_s \longrightarrow -\mathrm{i}\hbar w^{-1/2}\frac{\partial}{\partial q_s}w^{1/2}. \tag{29}$$

上述公式又称为 Pauli-Podolsky量子化规则 [1], 它并不包含新的物理，只是正则量子化规则在广义坐标中的表示.

权函数 $w(q)$ 的选择 波函数的归一化条件是

$$\langle\psi|\psi\rangle = \int \mathrm{d}q w(q)\langle\psi|q\rangle\langle q|\psi\rangle = \int \mathrm{d}q w(q)|\psi(q)|^2 = 1.$$

要求上式在广义坐标变换下不变, $w(q)dq$ 就应是广义坐标空间中的不变体积元,

$$w(q)\mathrm{d}q = \sqrt{g}\mathrm{d}q,$$

其中 g 是下述不变线元平方表达式中度规矩阵 g_{rs} 的行列式 [2]：

$$\mathrm{d}s^2 = \sum_{rs} g_{rs}\mathrm{d}q_r\mathrm{d}q_s,$$

$$g = ||g_{rs}||.$$

显然，当 $\{\hat{q}\}$ 为 Descartes 直角坐标时， $g_{rs} = \delta_{rs}$, $w = \sqrt{g} = 1$, 上述结果简化为普通的 Schrödinger 表象.

例 质点的球极坐标 球极坐标 (r, θ, ϕ) 中的度规矩阵为

$$(g_{rs}) = \begin{pmatrix} 1 & 0 & 0 \\ 0 & r^2 & 0 \\ 0 & 0 & r^2\sin^2\theta \end{pmatrix},$$

于是有

$$w(r, \theta, \phi) = \sqrt{g} = r^2\sin\theta.$$

§2.6 量子力学的经典极限

理想波包 在第一章 §1.3 的测不准定理证明中， Schwarz 不等式中等号成立的条件是态矢量 $|\phi\rangle$ 与 $|\varphi\rangle$ 平行，亦即

$$|\phi\rangle = \gamma|\varphi\rangle,$$

其中 γ 是任一大于 0 的常数. 若取坐标与动量的平均值为 0, 则有 $|\phi\rangle = \mathrm{i}\hat{q}|\psi\rangle$ 与 $|\varphi\rangle = \hat{p}|\psi\rangle$, 上式就成为

$$(\hat{q} + \mathrm{i}\gamma\hat{p})|\psi\rangle = 0.$$

---

① W. Pauli, *Die allgemeinen Prinzipien der Wellenmechanik*, *Handb. Phys.* **24**, I (1933); B. Podolsky, *Phys. Rev.* **32** (1928) 812.

② 参考 P.A.M. 狄拉克，《广义相对论》，朱培豫译，科学出版社，1979 年，38 页.

不难看出，这正是 §2.4 中基态满足的方程，它在坐标表象中的归一化解为

$$\psi(q)=\Big(\frac{\alpha}{\sqrt{\pi}}\Big)^{1/2}\mathrm{e}^{-\alpha^2q^2/2},$$

其中 $\alpha=1/\sqrt{\hbar\gamma}$. 这是以原点为中心的 Gauss 分布，不难算出在这个态上测量坐标和动量的方差分别是

$$\overline{(\Delta q)^2}=\frac{\hbar\gamma}{2},\qquad \overline{(\Delta p)^2}=\frac{\hbar}{2\gamma},$$

它对应于测不准关系中等号成立的情形

$$\Delta q\Delta p=\frac{\hbar}{2}.$$

所以，*坐标和动量的测不准量最小的态具有 Gauss 型波函数*. 这是最接近经典描述的态，所以又把这个波函数称为 *理想波包*. 当 $\hbar\to 0$ 时，坐标和动量的测不准量趋于 0, 波函数的描述应过渡到经典的轨道描述. 相应地，决定波包运动的 Schrödinger 方程在 $\hbar\to 0$ 时应过渡到决定轨道的经典力学方程. 下面我们就来讨论这种极限过渡.

取 Schrödinger 表象，把波函数写成

$$\psi(q,t)=\langle q|\psi(t)\rangle=A\mathrm{e}^{\mathrm{i}S/\hbar},$$

其中振幅 A 和相位 S 一般都是坐标 q 和时间 t 的函数.

S 的方程 上述波函数在坐标表象的 Schrödinger 方程为

$$\mathrm{i}\hbar\frac{\partial}{\partial t}A\mathrm{e}^{\mathrm{i}S/\hbar}=H(q_r,-\mathrm{i}\hbar\partial/\partial q_s)A\mathrm{e}^{\mathrm{i}S/\hbar}.\tag{30}$$

考虑到

$$\mathrm{e}^{-\mathrm{i}S/\hbar}\Big(-\mathrm{i}\hbar\frac{\partial}{\partial q_s}\Big)\mathrm{e}^{\mathrm{i}S/\hbar}=-\mathrm{i}\hbar\frac{\partial}{\partial q_s}+\frac{\partial S}{\partial q_s},$$

(30) 式可以化成

$$\mathrm{i}\hbar\frac{\partial A}{\partial t}-A\frac{\partial S}{\partial t}=H(q_r,-\mathrm{i}\hbar\partial/\partial q_s+\partial S/\partial q_s)A.\tag{31}$$

当 $\hbar\to 0$ 时，略去含 $\hbar$ 的项，上式就成为

$$-\frac{\partial S}{\partial t}=H(q_r,\partial S/\partial q_s),\tag{32}$$

这正是经典力学的 Hamilton-Jacobi 方程，$H(q_r,p_s)$ 相应于经典力学的 Hamilton 量， $S(q,t)$ 相应于经典力学的 *作用量函数*, 而

$$p_s=\frac{\partial S}{\partial q_s}.\tag{33}$$

A 的方程 在 (31) 式中，把 $H(q_r,-\mathrm{i}\hbar\partial/\partial q_s+\partial S/\partial q_s)$ 展开成 $\hbar$ 的幂级数，只保留到 $\hbar$ 的一次项，并代入 Hamilton-Jacobi 方程，有 (更严谨的做法请

看 Dirac 的《量子力学原理》§31)

$$\frac{\partial A}{\partial t}=-\frac{1}{2}\sum_s\left[\frac{\partial H}{\partial p_s}\frac{\partial}{\partial q_s}+\frac{\partial}{\partial q_s}\frac{\partial H}{\partial p_s}\right]A,$$

其中 $H=H(q_r,p_s)$, $p_s=\partial S/\partial q_s$. 经过化简可以得到

$$\frac{\partial A^2}{\partial t}=-\sum_s\frac{\partial}{\partial q_s}\Big(A^2\frac{\partial H}{\partial p_s}\Big).$$

可以看出，这个方程相应于一个流场的 *连续性方程*, 波函数的模方 $A^2(q,t)$ 描述一个 *守恒流密度*, 其速度场为

$$\frac{\mathrm{d}q_s}{\mathrm{d}t}=\frac{\partial H}{\partial p_s}. \tag{34}$$

经典近似成立的条件 在得到 Hamilton-Jacobi 方程 (32) 时所作的略去 $\hbar$ 的近似，相当于 $\hbar\partial A/\partial q_s\ll A\partial S/\partial q_s$, 也就是

$$\frac{1}{A}\frac{\partial A}{\partial q_s}\ll\frac{1}{\hbar}\frac{\partial S}{\partial q_s}.$$

这就要求， *在空间的某一区域内，经过了很多个波长时，振幅没有明显的变化*. 换言之，波长应比有关区域的尺度小得多. 在此近似成立时，若系统在初始时刻为一波包，限制在一小区域内，则守恒流方程保证了它能在一段时间内保持为一波包，而其运动方程为经典力学的 Hamilton-Jacobi 方程. 波包受测不准关系限制，并且逐渐扩散开来.

正则方程 由 (33), (32) 和 (34) 式，可以算出

$$\begin{aligned}\frac{\mathrm{d}p_s}{\mathrm{d}t}&=\frac{\partial^2 S}{\partial t\partial q_s}+\sum_r\frac{\partial^2 S}{\partial q_r\partial q_s}\frac{\mathrm{d}q_r}{\mathrm{d}t}\\&=-\frac{\partial H}{\partial q_s}-\sum_r\frac{\partial H}{\partial p_r}\frac{\partial^2 S}{\partial q_s\partial q_r}+\sum_r\frac{\partial^2 S}{\partial q_r\partial q_s}\frac{\partial H}{\partial p_r}=-\frac{\partial H}{\partial q_s}.\end{aligned} \tag{35}$$

(34) 与 (35) 式正是经典力学的 Hamilton 正则方程. 于是，我们在坐标表象中，再一次得到了与上一章 §1.4 的经典极限一致的结果.

§2.7 量子力学的路径积分形式

1. 跃迁振幅的 Feynman 公式

跃迁振幅的定义 运用时间发展算符 $\hat{T}$, 我们可以把系统在坐标表象的波函数写成

$$\psi(q,t)=\langle q|\psi(t)\rangle=\langle q|\hat{T}|\psi(t_0)\rangle=\int\mathrm{d}q_0K(q,t;q_0,t_0)\psi(q_0,t_0), \tag{36}$$

其中 $\psi(q_0,t_0)=\langle q_0|\psi(t_0)\rangle$.

$$K(q,t;q_0,t_0)=\langle q|\hat{T}|q_0\rangle \tag{37}$$

是时间发展算符在坐标表象的表示，称为系统的 *跃迁振幅* 或 *变换函数*，它是 t_0 时处于 q_0 的系统 t 时跃迁到 q 的概率幅. 我们来推导它的计算公式. 为了简明起见，假设系统只有 1 个自由度. 最后的结果可以直接推广到多个自由度.

路径积分表示 把时间间隔 $t-t_0$ 划分成 n 等份,

$$\Delta t=\frac{t-t_0}{n},\qquad \epsilon=\frac{\Delta t}{\hbar},$$

当 $n\to\infty$ 时, $\epsilon\to 0$, 我们就可以把时间发展算符写成 n 个因子的积,

$$\hat{T}=\mathrm{e}^{-\mathrm{i}\hat{H}(t-t_0)/\hbar}=(1-\mathrm{i}\epsilon\hat{H})^n.$$

把它代入跃迁振幅的定义式 (37), 并运用基矢 $\{|q\rangle\}$ 的完备性公式，就有

$$K(q,t;q_0,t_0)=\int\mathrm{d}q_1\cdots\int\mathrm{d}q_{n-1}\langle q|(1-\mathrm{i}\epsilon\hat{H})|q_{n-1}\rangle\cdots\langle q_1|(1-\mathrm{i}\epsilon\hat{H})|q_0\rangle, \tag{38}$$

其中的因子可以写成

$$\begin{aligned}\langle q_{m+1}|(1-\mathrm{i}\epsilon\hat{H})|q_m\rangle&=\int\mathrm{d}p_m\langle q_{m+1}|p_m\rangle\langle p_m|(1-\mathrm{i}\epsilon\hat{H})|q_m\rangle\\&=\int\frac{\mathrm{d}p_m}{2\pi\hbar}\mathrm{e}^{\mathrm{i}p_m(q_{m+1}-q_m)/\hbar}[1-\mathrm{i}\epsilon H(p_m,q_m)],\end{aligned} \tag{39}$$

这里我们代入了动量本征态的波函数 $\langle q|p\rangle=\exp(\mathrm{i}p\,q/\hbar)/(2\pi\hbar)^{1/2}$, $H(p,q)$ 定义为

$$\langle p\,|\hat{H}|q\rangle=H(p,q)\langle p\,|q\rangle.$$

在这个定义里，假设 $H(p,q)$ 中不含 q 与 p 的交叉项，否则，应取 *正规乘序*, 即把算符 $\hat{H}$ 中所有的 $\hat{p}$ 都用对易关系移到 $\hat{q}$ 的左边.

把 (39) 式代入 (38) 式，注意到 $n\to\infty$ 时 $\epsilon\to 0$, $(q_{m+1}-q_m)/\Delta t\to\dot{q}$, 就有

$$K(q,t;q_0,t_0)=\int[Dq][Dp]\mathrm{e}^{\frac{\mathrm{i}}{\hbar}\int\mathrm{d}t[p\dot{q}-H(p,q)]}, \tag{40}$$

其中指数上的积分限为 $[t_0,t]$, 积分中的 q 与 p 都依赖于时间，而

$$\int[Dq]=\lim_{\substack{n\to\infty\\ \epsilon\to 0}}\prod_{m=1}^{n-1}\int\mathrm{d}q(t_m),\qquad \int[Dp]=\lim_{\substack{n\to\infty\\ \epsilon\to 0}}\prod_{m=0}^{n-1}\int\frac{\mathrm{d}p\,(t_m)}{2\pi\hbar}.$$

(40) 式表示在时间 t_0 与 t 之间 $q(t)$ 和 $p(t)$ 分别在坐标和动量空间跑遍固定端点 $[q(t_0),q(t)]$ 之间所有路径的一个无限维积分，简称 *路径积分*. 这实际上是一种 *泛函积分*. 注意它是对 $q(t)$ 与 $p\,(t)$ 的双重泛函积分，而只固定了 $q(t)$ 的端点. 下面来根据 $H(p,q)$ 的具体形式完成对 $p\,(t)$ 的积分.

Feynman 公式 对于下列形式的经典 Hamilton 量,

$$H(p,q)=\frac{p^2}{2m}+V(q), \tag{41}$$

我们可以完成 (40) 式中对动量的积分, 最后得到 Feynman 公式

$$K(q,t;q_0,t_0)=\mathcal{N}\int[Dq]\mathrm{e}^{\frac{\mathrm{i}}{\hbar}\int\mathrm{d}tL(q,\dot{q})}, \tag{42}$$

其中

$$L(q,\dot{q})=\frac{1}{2}m\dot{q}^2-V(q) \tag{43}$$

是系统的经典 Lagrange 量. $\mathcal{N}$ 是归一化常数, 它通常在 $n\to\infty$ 时趋于无限, 但这并不影响物理结果, 因为在实际计算中它总可以消去. 所以, $[Dq]$ 可以有一个常数因子 (可以是无限大) 的不确定.

如果在积分体积元 $[Dq]$ 中包含所有自由度的贡献, Feynman 公式就推广到多自由度的情形, 我们这里就不给出证明. 实际上, Feynman 公式不限于 (43) 式类型的系统, 它对于下列更一般的经典 Lagrange 量也适用:

$$L(q,\dot{q})=\frac{1}{2}\sum_{i,j}\dot{q}_i m_{ij}\dot{q}_j+\sum_i A_i(q)\dot{q}_i-V(q),$$

其中 m 是与 q 无关的实的非奇异矩阵.

2. 路径积分量子化

从 Feynman 公式推导 Schrödinger 方程 对于由 (43) 式描述的系统, 考虑一个很小的时间间隔 $[t,t+\varepsilon]$, 由 Feynman 公式我们有

$$K(q,t;q_0,t_0)=C\exp\left[\frac{\mathrm{i}\varepsilon}{\hbar}L\Big(\frac{q+q_0}{2},\frac{q-q_0}{\varepsilon},t\Big)\right]=C\exp\left\{\frac{\mathrm{i}\varepsilon}{\hbar}\left[\frac{m\eta^2}{2\varepsilon^2}-V(q+\eta/2,t)\right]\right\},$$

其中 $\eta=q_0-q$. 把上式代入波函数的公式 (36), 就有

$$\psi(q,t+\varepsilon)=C\int\mathrm{d}\eta\exp\left\{\frac{\mathrm{i}\varepsilon}{\hbar}\left[\frac{m\eta^2}{2\varepsilon^2}-V(q+\eta/2,t)\right]\right\}\psi(q+\eta,t).$$

当 $\varepsilon\to0^+$ 时, 对积分的贡献主要来自 $\eta\sim0$ 的区域, 我们有

$$\psi(q,t)+\varepsilon\frac{\partial\psi}{\partial t}=C\int\mathrm{d}\eta\exp\Big(\frac{\mathrm{i}m\eta^2}{2\hbar\varepsilon}\Big)\Big[1-\frac{\mathrm{i}\varepsilon}{\hbar}V(q,t)\Big]\Big[\psi(q,t)+\eta\frac{\partial\psi}{\partial q}+\frac{\eta^2}{2}\frac{\partial^2\psi}{\partial q^2}+\cdots\Big].$$

完成积分以后, 上式中 ε 的 0 次和 1 次项分别给出

$$C\int\mathrm{d}\eta\exp\Big(\frac{\mathrm{i}m\eta^2}{2\hbar\varepsilon}\Big)=1$$

和

$$\mathrm{i}\hbar\frac{\partial}{\partial t}\psi(q,t)=\left[-\frac{\hbar^2}{2m}\frac{\partial^2}{\partial q^2}+V(q)\right]\psi(q,t).$$

上面第一个方程给出常数 C 的表达式, 第二个方程则正是系统在坐标表象的

Schrödinger 方程.

路径积分量子化 上面在推导跃迁振幅的 Feynman 路径积分公式时，用到了时间发展算符和动量本征态坐标表象波函数的表达式，所以在这个公式中已经包含了 Schrödinger 方程和正则量子化的内容，从它出发能够推出坐标表象的 Schrödinger 方程，动能算符

$$\frac{\hat{p}^2}{2m}=-\frac{\hbar^2}{2m}\frac{\partial^2}{\partial q^2}.$$

这种方式的量子化，称为 *路径积分量子化*. 在场的量子理论中，采用路径积分量子化更方便，这就是量子力学的路径积分形式受到广泛重视的原因.

量子力学的路径积分形式 正则量子化是 Heisenberg 测不准原理的结果，Schrödinger 方程则是量子力学的运动方程，这二者构成了量子力学计算的核心. 这种形式的量子力学，称为 *正则形式的量子力学*. 既然 Feynman 的路径积分公式包括了这两方面的内容，自然就会想到，我们可以把 Feynman 的路径积分公式作为量子力学的一条基本原理，用来取代关于量子化规则的 Heisenberg 测不准原理和关于态矢量随时间变化的 Schrödinger 方程. 量子力学的这种形式，称为 *量子力学的路径积分形式*.

Feynman 公式中的

$$S=\int_{t_0}^{t}\mathrm{d}tL(q,\dot{q})$$

是系统的作用量，所以 Feynman 公式的物理含义是： *t_0 时处于 q_0 的系统 t 时跃迁到 q 的概率幅，对于固定在这两个端点之间的所有路径都是等权的，总的概率幅等于各个路径的贡献按相位 $S/\hbar$ 叠加的结果，S 是系统的作用量*. 这就是在量子力学的路径积分形式中用来取代 Heisenberg 测不准原理和 Schrödinger 方程的一条 **物理原理**, 我们可以把它称为 *量子作用量原理*. 在量子力学的路径积分形式中，基本原理包括： **态的叠加原理，波函数的统计诠释，观测量的本征值和本征态**, 以及 **量子作用量原理**.

在正则形式的量子力学中，问题的核心是写出系统的 Hamilton 算符 $\hat{H}$, 这就需要知道算符的对易规则，进行算符运算. 而在路径积分形式的量子力学中，问题的核心是写出系统的 Lagrange 函数 L 或作用量 S, 求泛函积分. L 或 S 不是算符，有关的代数运算简单得多，数学上的难点从算符运算变成泛函积分. 不过从上述推导可以看出，这里的 L 或 S 仍然是量子力学的量，而不是经典的量. 针对具体物理问题写出的 Lagrange 函数 L, 是一种量子力学的模型，而不是经典的模型. 不能根据是不是算符来判断是不是量子力学. 本书采用正则形式的表述，对路径积分形式只作如上简单介绍.

柳庭风静人眠昼，昼眠人静风庭柳.
香汗薄衫凉，凉衫薄汗香.
手红冰碗藕，藕碗冰红手.
郎笑藕丝长，长丝藕笑郎.
—— 苏东坡
《菩萨蛮 · 回文夏闺怨》

第三章　基本观测量

由于有测不准，量子态的概率幅分布在位形空间，是一个数学上的 **场**. 对于一个场来说，它在整体上的一些对称性，无疑是描述这个场的最重要的特征，能够联系于这个场的重要物理观测量. 我们在本章着重讨论与量子态的时空对称性相联系的物理观测量，然后讨论与全同粒子交换对称性相联系的物理观测量. 时空对称性是一种几何对称性或运动学对称性，全同粒子交换对称性则是一种物理对称性或动力学对称性. 除了本章的讨论外，我们还将在第五章讨论与交换正反粒子的对称性相联系的物理观测量，而在第八章讨论与场的整体规范不变性相联系的物理观测量.

§3.1　动量和能量

1.　空间平移和动量

空间平移　选择 Schrödinger 表象，系统的波函数 $\psi(\boldsymbol{r})=\langle\boldsymbol{r}|\psi\rangle$ 就是在空间中分布的一个 **波场**, 这里 $\boldsymbol{r}=(x,y,z)$ 是用 Descartes 直角坐标表示的系统的空间位置矢量. 我们来讨论这个波场在空间平移时的性质. 考虑态矢量的幺正变换

$$|\psi\rangle\longrightarrow\hat{U}|\psi\rangle,$$

它把系统做了一个空间平移 $\boldsymbol{d}$. 平移后系统波函数在 $\boldsymbol{r}$ 点的值应该等于平移前系统波函数在 $\boldsymbol{r}-\boldsymbol{d}$ 点的值，我们可以写出

$$\psi(\boldsymbol{r})\longrightarrow\psi(\boldsymbol{r}-\boldsymbol{d})=\langle\boldsymbol{r}-\boldsymbol{d}|\psi\rangle=\langle\boldsymbol{r}|\hat{U}|\psi\rangle.$$

这个式子也可看成是基矢的变换

$$|\boldsymbol{r}\rangle\longrightarrow|\boldsymbol{r}-\boldsymbol{d}\rangle=\hat{U}^{-1}|\boldsymbol{r}\rangle,$$

它把坐标本征态从本征值为 $\boldsymbol{r}$ 的 $|\boldsymbol{r}\rangle$ 变到本征值为 $\boldsymbol{r}-\boldsymbol{d}$ 的 $|\boldsymbol{r}-\boldsymbol{d}\rangle$. 这相当于把空间坐标架做了一个平移 $-\boldsymbol{d}$. 显然，这两种观点是等效的.

$\hat{U}$ 是幺正的，所以当 $\boldsymbol{d}\to 0$ 时可以写成

$$\hat{U}=1-\frac{\mathrm{i}}{\hbar}\boldsymbol{d}\cdot\hat{\boldsymbol{p}},$$

其中 $\hat{\boldsymbol{p}}$ 是生成空间无限小平移 $\boldsymbol{d}$ 的厄米算符，可以作为一个表征系统空间平移特征的观测量. 如果空间平移 $\boldsymbol{d}$ 不是无限小，我们可以把它分成 n 等份，并令 $n\to\infty$. 于是，空间平移 $\boldsymbol{d}$ 可以看成相继 n 次小平移的结果，我们有

$$\hat{U}=\lim_{n\longrightarrow\infty}\Big(1-\frac{\mathrm{i}}{\hbar}\frac{\boldsymbol{d}\cdot\hat{\boldsymbol{p}}}{n}\Big)^n=\mathrm{e}^{-\mathrm{i}\boldsymbol{d}\cdot\hat{\boldsymbol{p}}/\hbar}.$$

动量 与态矢量的幺正变换 $|\psi\rangle\to\hat{U}|\psi\rangle$ 相应地，观测量算符的变换是

$$\hat{A}\longrightarrow\hat{U}\hat{A}\hat{U}^{-1}.$$

于是，坐标算符的空间平移可以写成

$$\hat{\boldsymbol{r}}-\boldsymbol{d}=\hat{U}\hat{\boldsymbol{r}}\hat{U}^{-1}.$$

当 $\boldsymbol{d}$ 为一沿 x 轴的无限小位移时，它给出

$$\hat{x}-d=\Big(1-\frac{\mathrm{i}}{\hbar}d\hat{p}_x\Big)\hat{x}\Big(1+\frac{\mathrm{i}}{\hbar}d\hat{p}_x\Big)=\hat{x}-\frac{\mathrm{i}}{\hbar}d\hat{p}_x\hat{x}+\frac{\mathrm{i}}{\hbar}\hat{x}d\hat{p}_x,$$

其中已经略去 d 的二次项. 上式化简后成为

$$[\hat{x},\hat{p}_x]=\hat{x}\hat{p}_x-\hat{p}_x\hat{x}=\mathrm{i}\hbar,$$

这正是坐标与其正则共轭动量的正则对易关系. 所以，*在 x 轴上生成无限小平移变换的厄米算符 p_x 联系于系统在 x 轴的正则共轭动量算符*. 类似地，p_y 和 p_z 分别是系统在 y 和 z 轴的正则共轭动量算符.

由以上讨论可以看出，*量子力学里的动量，是表征系统在空间平移变换下的特征的物理观测量*. 在原则上，我们可以把这个生成系统无限小平移变换的厄米算符作为系统动量算符的定义. 这是系统动量的非经典定义. 与此相联系地，我们可以把这个定义作为一条基本假设，用来代替 Heisenberg 测不准原理和正则量子化假设. 这样做，在大多数情形是可行的，只是在一些特殊情形，就需要引入新的量子化假设. 比如我们在第四章将要讨论的宏观量子力学，和在第八章将要讨论的场的量子化，都要用到正则量子化. 正是因为这个原因，我们还是把 Heisenberg 测不准原理作为量子力学的基本原理，而把空间平移变换与动量算符的联系，作为对量子力学动量的物理含义的一种深入的理解.

空间平移不变性 如果系统在空间平移以后的态 $\hat{U}|\psi\rangle$ 与原来的态 $|\psi\rangle$ 都满足 Schrödinger 方程，是同一量子态，则这个系统就具有 *空间平移不变性*. 用空

间平移的幺正算符 $\hat{U}$ 作用到 Schrödinger 方程上,

$$\mathrm{i}\hbar\frac{\mathrm{d}}{\mathrm{d}t}\hat{U}|\psi\rangle=\hat{U}\hat{H}\hat{U}^{-1}\hat{U}|\psi\rangle,$$

要求上式是关于态 $\hat{U}|\psi\rangle$ 的 Schrödinger 方程，这就要求系统的 Hamilton 算符在空间平移变换下不变， $\hat{U}\hat{H}\hat{U}^{-1}=\hat{H}$, 亦即

$$[\hat{\boldsymbol{p}},\hat{H}]=0.$$

所以，*对于具有空间平移不变性的系统，动量算符 $\hat{\boldsymbol{p}}$ 与系统的 Hamilton 算符对易，动量是系统的守恒量，可以有能量与动量的共同本征态 $|E\boldsymbol{p}\rangle$.*

从动量本征态的波函数

$$\varphi_{\boldsymbol{p}}(\boldsymbol{r})=\frac{1}{(2\pi\hbar)^{3/2}}\mathrm{e}^{\mathrm{i}\boldsymbol{p}\cdot\boldsymbol{r}/\hbar}$$

可以看出，空间平移后的态与原来的态只差一个常数相位 $-\boldsymbol{p}\cdot\boldsymbol{d}/\hbar$, 描述同一个量子态，确实具有空间平移不变性.

2. 时间平移和能量

Pauli 定理 我们先来证明，*在量子力学里时间只能作为一个参数，而不是一个表示成算符的物理观测量.* 换句话说，时间 t 与所有的观测量算符都是对易的，不能像上一小节那样来处理时间 t 与系统 Hamilton 算符 $\hat{H}$ 的关系. 特别是，不存在与正则坐标和正则共轭动量的对易关系对应的下列对易关系[①]:

$$[\hat{t},\hat{H}]=\mathrm{i}\hbar. \tag{1}$$

这个结论称为 Pauli *定理*, 它的证明如下:

如果有上述对易关系，则与正则坐标和正则共轭动量类似地，也有下列对易关系:

$$[\hat{H},\hat{F}]=-\mathrm{i}\hbar\frac{\partial\hat{F}}{\partial\hat{t}},$$

其中 $\hat{F}$ 是 $\hat{t}$ 的函数，可以展开成 $\hat{t}$ 的幂级数. 于是，假设 $|E\rangle$ 是 $\hat{H}$ 的本征态,

$$\hat{H}|E\rangle=E|E\rangle,$$

则有

$$\hat{H}\mathrm{e}^{\mathrm{i}a\hat{t}}|E\rangle=\left[\mathrm{e}^{\mathrm{i}a\hat{t}}\hat{H}-\left(\mathrm{i}\hbar\frac{\partial}{\partial\hat{t}}\mathrm{e}^{\mathrm{i}a\hat{t}}\right)\right]|E\rangle=(E+\hbar a)\mathrm{e}^{\mathrm{i}a\hat{t}}|E\rangle,$$

其中 a 是任一实数. 上式表明, $\exp(\mathrm{i}a\hat{t})|E\rangle$ 也是 $\hat{H}$ 的本征态, 具有本征值 $(E+\hbar a)$,

$$\mathrm{e}^{\mathrm{i}a\hat{t}}|E\rangle=C|E+a\hbar\rangle,$$

① W. Pauli, *Die allgemeinen Prinzipien der Wellenmechanik*, Handb. Phys. **24**, I (1933); P. Carruthers and M.M. Nieto, *Rev. Mod. Phys.* **40** (1968) 411.

其中 C 是一个常数. 由于 a 是任意实数, 这就表明 $\hat{H}$ 的本征值具有从 $-\infty$ 到 $+\infty$ 的连续谱. 这与实验不符, 实验表明束缚态的能量本征值是离散谱. 所以, 时间不可能作为一个具有 (1) 式那样对易关系的观测量算符.

用同样的方法, 可以从正则坐标与其正则共轭动量的正则对易关系证明它们的本征值都具有从 $-\infty$ 到 $+\infty$ 的连续谱.

时间平移 我们选择 Schrödinger 绘景, 把时间 t 当作描述系统量子态的一个参数. 对系统作时间平移 $\varDelta$, 系统的态矢量就要作相应的幺正变换

$$|\psi(t)\rangle \to \hat{U}|\psi(t)\rangle.$$

系统时间平移 $\varDelta$ 以后的态, 等于系统原来在 $t-\varDelta$ 时的态,

$$\hat{U}|\psi(t)\rangle = |\psi(t-\varDelta)\rangle.$$

所以, 对系统作时间平移 $\varDelta$, 相当于把时间坐标的原点提前 $\varDelta$.

把上式右边在 t 点展开成 $\varDelta$ 的 Taylor 级数, 就得到 *时间平移算符* 的表达式

$$\hat{U} = \mathrm{e}^{-\varDelta \mathrm{d}/\mathrm{d}t}.$$

注意 *时间平移算符是一个作用于时间参数 t 的微分算符*.

通过 Schrödinger 方程

$$\mathrm{i}\hbar\frac{\mathrm{d}}{\mathrm{d}t}|\psi(t)\rangle = \hat{H}|\psi(t)\rangle,$$

可以把作用于时间参数 t 的微分算符 $\mathrm{d}/\mathrm{d}t$ 联系于系统的 Hamilton 算符 $\hat{H}$, 我们可以有

$$\frac{\mathrm{d}}{\mathrm{d}t} = -\frac{\mathrm{i}}{\hbar}\hat{H}.$$

但是, **上式不是恒等式, 仅当两边作用于系统的态矢量时成立**, 因为 Schrödinger 方程并不是对任何态矢量都成立的恒等式, 而是一个对系统态矢量的约束条件. 实际上, 微分算符 $\mathrm{d}/\mathrm{d}t$ 只从左边作用于时间的函数, 而算符 $\hat{H}$ 作用于任何左矢量和右矢量.

在作用于系统态矢量的意义上, 我们可以把时间平移算符写成

$$\hat{U} = \mathrm{e}^{\mathrm{i}\varDelta\cdot\hat{H}/\hbar}.$$

这就表明, *量子力学里的能量, 是表征系统在时间平移变换下的特征的物理观测量*.

时间平移不变性 如果系统在时间平移后的态 $\hat{U}|\psi(t)\rangle$ 与原来的态 $|\psi(t)\rangle$ 都满足 Schrödinger 方程, 是同一量子态, 则这个系统就具有 *时间平移不变性*. 用无限小时间平移算符 $\hat{U} = 1 - \varDelta\mathrm{d}/\mathrm{d}t$ 作用到 Schrödinger 方程上, 并作代换

$t \to t' = t - \Delta$, 就有

$$\mathrm{i}\hbar \frac{\mathrm{d}}{\mathrm{d}t'}\hat{U}|\psi\rangle = \hat{U}\hat{H}\hat{U}^{-1}\hat{U}|\psi\rangle = \Big(\hat{H} - \Delta\frac{\partial \hat{H}}{\partial t'}\Big)\hat{U}|\psi\rangle.$$

要求上式是关于时间平移态 $\hat{U}|\psi\rangle$ 的 Schrödinger 方程，就要求

$$\frac{\partial \hat{H}}{\partial t} = 0.$$

所以，具有时间平移不变性的系统，Hamilton 算符 $\hat{H}$ 不显含时间，系统处于能量具有确定值的定态，能量不会随时间改变，是一个守恒量.

从定态波函数

$$|\psi(t)\rangle = \mathrm{e}^{-\mathrm{i}E(t-t_0)/\hbar}|\psi(t_0)\rangle$$

可以看出，时间平移后的态与原来的态只差一个常数相位 $E\Delta/\hbar$, 描述同一个量子态，确实具有时间平移不变性.

§3.2 角 动 量

1. 空间转动和角动量

坐标空间中的转动矩阵 考虑系统绕 z 轴转过角度 ϕ 的变换. 系统中的一点 $\boldsymbol{r}$ 在这个转动下转到了 $\boldsymbol{r}'$, 我们有

$$\begin{pmatrix} x' \\ y' \\ z' \end{pmatrix} = \begin{pmatrix} \cos\phi & -\sin\phi & 0 \\ \sin\phi & \cos\phi & 0 \\ 0 & 0 & 1 \end{pmatrix}\begin{pmatrix} x \\ y \\ z \end{pmatrix}.$$

上式可以简写成 $\boldsymbol{r}' = g(\boldsymbol{k},\phi)\boldsymbol{r}$, 其中 $\boldsymbol{k}$ 是沿 z 轴的单位矢量， $g(\boldsymbol{k},\phi)$ 是上述转动矩阵. 类似地，系统绕 x 轴转 α 角和绕 y 轴转 β 角的转动矩阵分别为

$$g(\boldsymbol{i},\alpha) = \begin{pmatrix} 1 & 0 & 0 \\ 0 & \cos\alpha & -\sin\alpha \\ 0 & \sin\alpha & \cos\alpha \end{pmatrix}, \qquad g(\boldsymbol{j},\beta) = \begin{pmatrix} \cos\beta & 0 & \sin\beta \\ 0 & 1 & 0 \\ -\sin\beta & 0 & \cos\beta \end{pmatrix},$$

$\boldsymbol{i}$, $\boldsymbol{j}$ 是沿 x, y 轴的单位矢量. 一般的转动矩阵是上述三个矩阵之积. 采用符号 $(\theta_x,\theta_y,\theta_z) = (\alpha,\beta,\phi)$, 则当 $\theta_x,\theta_y,\theta_z$ 为无限小时，一般转动矩阵可以写成

$$g(\boldsymbol{n},\theta) = \begin{pmatrix} 1 & -\theta_z & \theta_y \\ \theta_z & 1 & -\theta_x \\ -\theta_y & \theta_x & 1 \end{pmatrix},$$

从而

$$\boldsymbol{r}' = g(\boldsymbol{n},\theta)\boldsymbol{r} = \boldsymbol{r} + \boldsymbol{\theta} \times \boldsymbol{r},$$

其中 $\boldsymbol{\theta}=(\theta_x,\theta_y,\theta_z)=(\boldsymbol{n},\theta)$, θ 是 $\boldsymbol{\theta}$ 的大小, $\boldsymbol{n}$ 是它的方向，上式表示系统绕 $\boldsymbol{n}$ 方向转过一个无限小角度 θ.

空间转动和角动量 我们来考虑把态矢量 $|\psi\rangle$ 转动到 $\hat{U}|\psi\rangle$ 的无限小幺正变换，

$$\hat{U}=1-\frac{\mathrm{i}}{\hbar}\boldsymbol{\theta}\cdot\hat{\boldsymbol{l}}, \tag{2}$$

其中 $\hat{\boldsymbol{l}}$ 是生成这个空间无限小转动变换的厄米算符. 转动后系统波函数在 $\boldsymbol{r}$ 点的值应该等于转动前系统波函数在 $g(\boldsymbol{n},-\theta)\boldsymbol{r}$ 点的值，我们可以写出

$$\psi(\boldsymbol{r})\longrightarrow\psi(g(\boldsymbol{n},-\theta)\boldsymbol{r})=\langle g(\boldsymbol{n},-\theta)\boldsymbol{r}|\psi\rangle=\langle\boldsymbol{r}|\hat{U}|\psi\rangle.$$

这个式子也可看成是基矢的变换

$$|\boldsymbol{r}\rangle\longrightarrow|g(\boldsymbol{n},-\theta)\boldsymbol{r}\rangle=\hat{U}^{-1}|\boldsymbol{r}\rangle,$$

它把坐标本征态从本征值为 $\boldsymbol{r}$ 的 $|\boldsymbol{r}\rangle$ 变到本征值为 $g(\boldsymbol{n},-\theta)\boldsymbol{r}$ 的 $|g(\boldsymbol{n},-\theta)\boldsymbol{r}\rangle$. 这相当于把空间坐标架做了一个转动 $g(\boldsymbol{n},-\theta)$. 同样，这两种观点是等效的.

与态矢量的空间转动 $|\psi\rangle\to\hat{U}|\psi\rangle$ 相应地,观测量算符的变换为 $\hat{A}\to\hat{U}\hat{A}\hat{U}^{-1}$. 于是，坐标算符 $\hat{\boldsymbol{r}}$ 的变换可以写成

$$\hat{\boldsymbol{r}}-\boldsymbol{\theta}\times\hat{\boldsymbol{r}}=\hat{U}\hat{\boldsymbol{r}}\hat{U}^{-1}.$$

代入 (2) 式，化简后可得

$$\begin{aligned}
&[\hat{x},\hat{l}_x]=0, && [\hat{y},\hat{l}_x]=-\mathrm{i}\hbar\hat{z}, && [\hat{z},\hat{l}_x]=\mathrm{i}\hbar\hat{y},\\
&[\hat{x},\hat{l}_y]=\mathrm{i}\hbar\hat{z}, && [\hat{y},\hat{l}_y]=0, && [\hat{z},\hat{l}_y]=-\mathrm{i}\hbar\hat{x},\\
&[\hat{x},\hat{l}_z]=-\mathrm{i}\hbar\hat{y}, && [\hat{y},\hat{l}_z]=\mathrm{i}\hbar\hat{x}, && [\hat{z},\hat{l}_z]=0.
\end{aligned}$$

由它们可以解出

$$\hat{l}_x=\hat{y}\hat{p}_z-\hat{z}\hat{p}_y,\qquad \hat{l}_y=\hat{z}\hat{p}_x-\hat{x}\hat{p}_z,\qquad \hat{l}_z=\hat{x}\hat{p}_y-\hat{y}\hat{p}_x,$$

或者简写成

$$\hat{\boldsymbol{l}}=\hat{\boldsymbol{r}}\times\hat{\boldsymbol{p}}.$$

这正是*轨道角动量算符*. 所以，*生成无限小空间转动变换的厄米算符联系于系统的角动量*. 换句话说，*量子力学里的角动量，是表征系统在空间转动变换下的特征的物理观测量*. 利用坐标算符 $\hat{x},\hat{y},\hat{z}$ 与动量算符 $\hat{p}_x,\hat{p}_y,\hat{p}_z$ 之间的正则对易关系，容易算出有下列对易关系：

$$[\hat{l}_x,\hat{l}_y]=\mathrm{i}\hbar\hat{l}_z,\qquad [\hat{l}_y,\hat{l}_z]=\mathrm{i}\hbar\hat{l}_x,\qquad [\hat{l}_z,\hat{l}_x]=\mathrm{i}\hbar\hat{l}_y.$$

与上一节同样地，对于有限角度 θ 的转动，我们有

$$\hat{U}=\mathrm{e}^{-\mathrm{i}\boldsymbol{\theta}\cdot\hat{\boldsymbol{l}}/\hbar}.$$

空间转动不变性 如果系统在空间转动以后的态 $\hat{U}|\psi\rangle$ 与原来的态 $|\psi\rangle$ 都满足 Schrödinger 方程, 是同一量子态, 则这个系统就具有 *空间转动不变性*. 与前面讨论空间平移不变性的做法一样, 用空间转动的幺正算符 $\hat{U}$ 作用到 Schrödinger 方程上, 要求得到的方程是关于空间转动态 $\hat{U}|\psi\rangle$ 的 Schrödinger 方程, 就要求系统的 Hamilton 算符在空间转动下不变, 亦即

$$[\hat{\boldsymbol{l}}, \hat{H}] = 0.$$

具有空间转动不变性的系统, 其角动量算符与 Hamilton 算符对易, 系统具有能量与角动量的共同本征态, 系统的角动量是守恒量.

下面我们就来讨论角动量的本征值和本征态.

2. 角动量本征值

角动量算符的定义和基本关系 一般地, 把满足以下对易关系的厄米算符 $\hat{\boldsymbol{J}} = (\hat{J}_x, \hat{J}_y, \hat{J}_z)$ 定义为角动量算符:

$$[\hat{J}_x, \hat{J}_y] = \mathrm{i}\hbar \hat{J}_z, \qquad [\hat{J}_y, \hat{J}_z] = \mathrm{i}\hbar \hat{J}_x, \qquad [\hat{J}_z, \hat{J}_x] = \mathrm{i}\hbar \hat{J}_y. \tag{3}$$

可以看出, 从其中的一个对易关系, 在 x, y, z 之间作循环置换, 就可以得到另外两个. 于是, 可以统一地写成

$$[\hat{J}_i, \hat{J}_j] = \mathrm{i}\hbar \epsilon_{ijk} \hat{J}_k, \qquad i, j, k = 1, 2, 3,$$

其中 $(\hat{J}_1, \hat{J}_2, \hat{J}_3) = (\hat{J}_x, \hat{J}_y, \hat{J}_z)$, 而 ϵ_{ijk} 是如下定义的 *完全反对称张量*:

$$\begin{cases} \epsilon_{123} = 1, \\ \epsilon_{ijk} = -\epsilon_{ikj} = -\epsilon_{jik}. \end{cases}$$

利用角动量算符的对易关系 (3), 可以得到以下对易关系:

$$[\hat{J}^2, \hat{J}_x] = [\hat{J}^2, \hat{J}_y] = [\hat{J}^2, \hat{J}_z] = 0,$$

其中

$$\hat{J}^2 = \hat{J}_x^2 + \hat{J}_y^2 + \hat{J}_z^2.$$

于是, 虽然 $\hat{J}_x, \hat{J}_y, \hat{J}_z$ 之间互相不对易, 它们没有共同本征态, 但是其中之一可以与 $\hat{J}^2$ 有共同本征态. 我们还可以定义下述 *角动量移位算符*:

$$\hat{J}_\pm = \hat{J}_x \pm \mathrm{i}\hat{J}_y.$$

容易证明,

$$\begin{aligned} &\hat{J}_\pm^\dagger = \hat{J}_\mp, \\ &[\hat{J}^2, \hat{J}_\pm] = 0, \\ &[\hat{J}_z, \hat{J}_\pm] = \pm\hbar \hat{J}_\pm, \end{aligned}$$

$$\hat{J}^2 = \hat{J}_-\hat{J}_+ + \hat{J}_z(\hat{J}_z + \hbar)$$
$$= \hat{J}_+\hat{J}_- + \hat{J}_z(\hat{J}_z - \hbar).$$

$\hat{J}^2$ 与 $\hat{J}_z$ 的本征值 设 $\hat{J}^2$ 与 $\hat{J}_z$ 的归一化共同本征态为 $|jm\rangle$, 可以写成

$$\hat{J}^2|jm\rangle = j(j+1)\hbar^2|jm\rangle,$$
$$\hat{J}_z|jm\rangle = m\hbar|jm\rangle,$$

其中 $j \geqslant 0$, $|jm\rangle$ 的正交归一化关系为

$$\langle mj|j'm'\rangle = \delta_{jj'}\delta_{mm'}.$$

由 $\hat{J}^2 = \hat{J}_x^2 + \hat{J}_y^2 + \hat{J}_z^2$, 我们有

$$j(j+1)\hbar^2 = \langle jm|\hat{J}_x^2|jm\rangle + \langle jm|\hat{J}_y^2|jm\rangle + \langle jm|\hat{J}_z^2|jm\rangle$$
$$\geqslant \langle jm|\hat{J}_z^2|jm\rangle = m^2\hbar^2,$$

所以 m 有上界 $\overline{m}$ 和下界 $\underline{m}$,

$$\overline{m}^2, \underline{m}^2 \leqslant j(j+1).$$

下面我们用移位算符 $\hat{J}_\pm$ 来定出 $\overline{m}$ 和 $\underline{m}$. 由于 $\hat{J}_\pm$ 与 $\hat{J}^2$ 对易, 所以 $\hat{J}_\pm|jm\rangle$ 也是 $\hat{J}^2$ 的本征态, 具有同样的本征值 $j(j+1)\hbar^2$. 此外, 由于

$$\hat{J}_z\hat{J}_\pm|jm\rangle = (\hat{J}_\pm\hat{J}_z \pm \hbar\hat{J}_\pm)|jm\rangle = (m\pm 1)\hbar\hat{J}_\pm|jm\rangle,$$

所以 $\hat{J}_\pm|jm\rangle$ 也是 $\hat{J}_z$ 的本征态, 本征值从 $m\hbar$ 移到 $(m\pm 1)\hbar$. 于是, 可以写出

$$\hat{J}_\pm|jm\rangle = C_{jm}^{\pm}\hbar|jm\pm 1\rangle, \tag{4}$$

其中 $C_{jm}^{\pm}$ 是待定常数.

用*升位算符* $\hat{J}_+$ 相继作用于态 $|j\underline{m}\rangle$, 或者用*降位算符* $\hat{J}_-$ 相继作用于态 $|j\overline{m}\rangle$, 我们就可以得到本征态组 $|j\underline{m}\rangle$, $|j\underline{m}+1\rangle$,$|j\underline{m}+2\rangle$,$\cdots$, $|j\overline{m}-1\rangle$, $|j\overline{m}\rangle$, 与它们相应的本征值谱为

$$m = \underline{m}, \underline{m}+1, \underline{m}+2, \cdots, \overline{m}-1, \overline{m}.$$

由于 $\hat{J}_+|j\overline{m}\rangle = 0$, 用 $\hat{J}^2 = \hat{J}_-\hat{J}_+ + \hat{J}_z(\hat{J}_z+\hbar)$ 作用在 $|j\overline{m}\rangle$ 态上, 可以得到

$$j(j+1) - \overline{m}(\overline{m}+1) = 0.$$

这个方程有两个解, $\overline{m} = j$ 和 $\overline{m} = -j-1$. 由于 $\overline{m}$ 是 m 的上界, 所以取

$$\overline{m} = j.$$

类似地, 由于 $\hat{J}_-|j\underline{m}\rangle = 0$, 用 $\hat{J}^2 = \hat{J}_+\hat{J}_- + \hat{J}_z(\hat{J}_z-\hbar)$ 作用在 $|j\underline{m}\rangle$ 态上, 可以得到

$$j(j+1) - \underline{m}(\underline{m}-1) = 0.$$

这个方程有两个解， $\underline{m}=-j$ 和 $\underline{m}=j+1$. 由于 $\underline{m}$ 是 m 的下界，所以取

$$\underline{m}=-j.$$

所以 m 的可能值为

$$m=-j,-j+1,-j+2,\cdots,j-1,j.$$

由于 $\underline{m}=-j$ 和 $\overline{m}=j$ 这两个解是唯一确定的，所以 m 除了上述值以外不可能再有别的值. 于是， $-j$ 与 j 间只差一个整数 (包括零),

$$j-(-j)=2j=0,1,2,3,\cdots,$$

最后得到

$$j=0,\frac{1}{2},1,\frac{3}{2},\cdots.$$

角动量平方的量子数 j 可以取整数 (包括零) 或半奇数，角动量投影的量子数 m 则取 $-j$ 到 j 之间的 $2j+1$ 个值, 这是从角动量算符的对易关系推出的普遍结论. 除了角动量算符的对易关系以外，具体的问题还有别的具体条件. 我们将在下一节证明，轨道角动量平方的量子数只能取整数 (包括零), 而不能取半奇数.

3. 角动量本征态

$C^{\pm}_{jm}$ 的确定 求 (4) 式的模方，由于 $|jm\rangle$ 是归一化的，我们可以得到

$$\begin{aligned}C^{\pm*}_{jm}C^{\pm}_{jm}\hbar^2&=\langle mj|\hat{J}^{\dagger}_{\pm}\hat{J}_{\pm}|jm\rangle=\langle mj|\hat{J}^2-\hat{J}_z(\hat{J}_z\pm\hbar)|jm\rangle\\&=[j(j+1)-m(m\pm1)]\hbar^2.\end{aligned}$$

从上式可以解出

$$C^{\pm}_{jm}=\sqrt{(j\mp m)(j\pm m+1)},$$

其中可以有一个相因子的不确定，不同作者往往有他自己习惯的选择，我们这里取 Condon-Shortley约定[①]. 于是， (4) 式成为

$$\hat{J}_{\pm}|jm\rangle=\sqrt{(j\mp m)(j\pm m+1)}\hbar|jm\pm1\rangle. \tag{5}$$

用 $|jj\rangle$ 或 $|j-j\rangle$ 表示的本征态 $|jm\rangle$ 用升位算符相继作用于 $|j-j\rangle$, 或用降位算符相继作用于 $|jj\rangle$, 并运用 (5) 式，可以得到

$$\begin{aligned}|jm\rangle&=\sqrt{\frac{(j-m)!}{(2j)!(j+m)!}}\Big(\frac{\hat{J}_+}{\hbar}\Big)^{j+m}|j-j\rangle\\&=\sqrt{\frac{(j+m)!}{(2j)!(j-m)!}}\Big(\frac{\hat{J}_-}{\hbar}\Big)^{j-m}|jj\rangle.\end{aligned}$$

---

① E.U. Condon and G.H. Shortley, *The Theory of Atomic Spectra*, Cambridge University Press, 1957; A.R. Edmonds, *Angular Momentum in Quantum Mechanics*, Princeton University Press, 1960.

定理 任何一个转动不变的算符 $\hat{K}$, 在 $\{|jm\rangle\}$ 表象中的非零矩阵元均与 m 无关.

证明 题设 $\hat{K}$ 转动不变，有 $[\hat{K},\hat{\boldsymbol{J}}]=0$, 于是

$$\begin{aligned}\langle m\pm 1j|\hat{K}|jm\pm 1\rangle &= \frac{\langle mj|\hat{J}_{\mp}\hat{K}|jm\pm 1\rangle}{\sqrt{(j\mp m)(j\pm m+1)}} = \frac{\langle mj|\hat{K}\hat{J}_{\mp}|jm\pm 1\rangle}{\sqrt{(j\mp m)(j\pm m+1)}} \\ &= \langle mj|\hat{K}|jm\rangle.\end{aligned}$$

4. 转动矩阵 $\mathcal{D}^j_{mm'}(g)$

定义 把在空间转动下态矢量的变换 $|\psi\rangle\to\hat{U}|\psi\rangle$ 写在角动量表象 $\{|jm\rangle\}$ 中，就有

$$\psi_{jm}=\langle mj|\psi\rangle\longrightarrow\langle mj|\hat{U}|\psi\rangle=\sum_{m'}\mathcal{D}^j_{mm'}\psi_{jm'},$$

其中

$$\mathcal{D}^j_{mm'}=\langle mj|\mathrm{e}^{-\mathrm{i}\boldsymbol{\theta}\cdot\hat{\boldsymbol{J}}/\hbar}|jm'\rangle \tag{6}$$

称为角动量空间的转动矩阵, 简称转动矩阵或 $\mathcal{D}^j$ 矩阵. 可以看出， $\mathcal{D}^j$ 矩阵是系统在坐标空间转动下引起态矢量变换的幺正算符在角动量表象中的表示矩阵. $\mathcal{D}^j$ 矩阵作用于 $|jm\rangle$ 所张的 $2j+1$ 维空间，只改变角动量的投影 J_z, 不改变角动量的大小 J^2.

定理 如果 $\{|kjm\rangle, m=-j,-j+1,\cdots,j\}$ 为 $2j+1$ 个正交归一化的态矢量，在坐标空间的转动下按 $\mathcal{D}^j$ 矩阵变换，

$$\mathrm{e}^{-\mathrm{i}\boldsymbol{\theta}\cdot\hat{\boldsymbol{J}}/\hbar}|kjm\rangle=\sum_{m'}|kjm'\rangle\mathcal{D}^j_{m'm},$$

则 $|kjm\rangle$ 必定是 $\hat{J}^2$ 和 $\hat{J}_z$ 的共同本征态，满足

$$\begin{aligned}&\hat{J}^2|kjm\rangle=j(j+1)\hbar^2|kjm\rangle,\\&\hat{J}_z|kjm\rangle=m\hbar|kjm\rangle,\\&\hat{J}_{\pm}|kjm\rangle=\sqrt{(j\mp 1)(j\pm m+1)}\hbar|kjm\pm 1\rangle.\end{aligned}$$

证明 首先，在方程

$$\mathrm{e}^{-\mathrm{i}\boldsymbol{\theta}\cdot\hat{\boldsymbol{J}}/\hbar}|kjm\rangle=\sum_{m'}|kjm'\rangle\langle m'j|\mathrm{e}^{-\mathrm{i}\boldsymbol{\theta}\cdot\hat{\boldsymbol{J}}/\hbar}|jm\rangle \tag{7}$$

的两边对 θ 微商两次，再令 $\theta\to 0$, 可得

$$\hat{J}^2_{\boldsymbol{n}}|kjm\rangle=\sum_{m'}|kjm'\rangle\langle m'j|\hat{J}^2_{\boldsymbol{n}}|jm\rangle,$$

其中 $\boldsymbol{n}$ 是在 $\boldsymbol{\theta}$ 方向的单位矢量，分别取 $\boldsymbol{i},\boldsymbol{j},\boldsymbol{k}$, 对它们求和，就有

$$\begin{aligned}\hat{J}^2|kjm\rangle &= \sum_{m'}|kjm'\rangle\langle m'j|\hat{J}^2|jm\rangle = \sum_{m'}|kjm'\rangle j(j+1)\hbar^2\delta_{m'm}\\ &= j(j+1)\hbar^2|kjm\rangle.\end{aligned}$$

其次，在 (7) 式两边对 θ 微商一次，再令 $\theta\to 0$, 并取 $\boldsymbol{n}$ 在 z 轴，就有

$$\hat{J}_z|kjm\rangle = \sum_{m'}|kjm'\rangle\langle m'j|\hat{J}_z|jm\rangle = \sum_{m'}|kjm'\rangle m\hbar\delta_{m'm} = m\hbar|kjm\rangle.$$

与上面类似地，取 $\boldsymbol{n}$ 在 x 和 y 轴，就有

$$\begin{aligned}\hat{J}_\pm|kjm\rangle &= \sum_{m'}|kjm'\rangle\langle m'j|\hat{J}_\pm|jm\rangle = \sum_{m'}|kjm'\rangle\sqrt{(j\mp m)(j\pm m+1)}\,\hbar\delta_{m'm\pm1}\\ &= \sqrt{(j\mp m)(j\pm m+1)}\,\hbar|kjm\pm1\rangle.\end{aligned}$$

§3.3 轨道角动量和自旋角动量

1. 轨道角动量和 Schrödinger 波函数的单值性

轨道角动量算符及本征值方程的球坐标表示 从 Descartes 直角坐标 (x,y,z) 变换到球极坐标 (r,θ,ϕ),

$$\begin{aligned}x &= r\sin\theta\cos\phi,\\ y &= r\sin\theta\sin\phi,\\ z &= r\cos\theta,\end{aligned}$$

在上一节轨道角动量的公式中代入动量算符在坐标表象中的表示，就可以得到轨道角动量平方 $\hat{l}^2$ 及其投影 $\hat{l}_z$ 在坐标表象中的表示

$$\begin{aligned}\hat{l}^2 &= -\hbar^2\Big(\frac{1}{\sin\theta}\frac{\partial}{\partial\theta}\sin\theta\frac{\partial}{\partial\theta}+\frac{1}{\sin^2\theta}\frac{\partial^2}{\partial\phi^2}\Big),\\ \hat{l}_z &= -\mathrm{i}\hbar\frac{\partial}{\partial\phi}.\end{aligned}$$

于是,轨道角动量平方 $\hat{l}^2$ 及其投影 $\hat{l}_z$ 的共同本征态的坐标表象波函数 $\mathrm{Y}_{lm}(\theta,\phi)=\langle\boldsymbol{r}|lm\rangle$ 由下述本征值方程确定：

$$-\Big(\frac{1}{\sin\theta}\frac{\partial}{\partial\theta}\sin\theta\frac{\partial}{\partial\theta}+\frac{1}{\sin^2\theta}\frac{\partial^2}{\partial\phi^2}\Big)\mathrm{Y}_{lm}(\theta,\phi) = l(l+1)\mathrm{Y}_{lm}(\theta,\phi),$$

$$-\mathrm{i}\frac{\partial}{\partial\phi}\mathrm{Y}_{lm}(\theta,\phi) = m\mathrm{Y}_{lm}(\theta,\phi).$$

后一方程只与幅角 ϕ 有关，可以分离变量，

$$\mathrm{Y}_{lm}(\theta,\phi) = \varTheta(\theta)\varPhi(\phi),$$

从而把上述方程分别化为 $\Theta(\theta)$ 与 $\Phi(\phi)$ 的方程，

$$\left[\frac{1}{\sin\theta}\frac{\mathrm{d}}{\mathrm{d}\theta}\sin\theta\frac{\mathrm{d}}{\mathrm{d}\theta}-\frac{m^2}{\sin^2\theta}+l(l+1)\right]\Theta(\theta)=0, \tag{8}$$

$$\frac{\mathrm{d}}{\mathrm{d}\phi}\Phi(\phi)=\mathrm{i}m\Phi(\phi). \tag{9}$$

l 和 m 的值 作代换

$$\zeta=\cos\theta, \qquad \Theta(\theta)=(1-\zeta^2)^{|m|/2}p(\zeta),$$

方程 (8) 成为

$$(1-\zeta^2)p''-2(|m|+1)\zeta p'+(l-|m|)(l+|m|+1)p=0.$$

求级数解

$$p=\sum_{k=0}^{\infty}a_k\zeta^k,$$

可得系数的递推关系

$$a_{k+2}=\frac{(k+|m|-l)(k+|m|+l+1)}{(k+2)(k+1)}a_k.$$

当 $k\to\infty$ 时 $a_{k+2}/a_k\to 1$, 级数发散，除非中断为多项式，即

$$l=|m|+n,$$

其中 n 为 0 或正整数. 对于给定的 l, 上式表明： m 的最大值 $\overline{m}$ 和最小值 $\underline{m}$ 满足

$$\overline{m}=-\underline{m}=l, \tag{10}$$

以及 m 的增量为 1, 从而 $\overline{m}$ 与 $\underline{m}$ 只能相差 0 或一正整数，

$$\overline{m}=\underline{m}+k, \quad k=0,1,2,\cdots. \tag{11}$$

代入 (10) 式，得 $l=-l+k$, 所以

$$l=\frac{k}{2}=0,\frac{1}{2},1,\frac{3}{2},\cdots,$$

而 (10) 和 (11) 式限定了

$$m=-l,-l+1,\cdots,l-1,l.$$

$\mathrm{Y}_{lm}(\theta,\phi)$ 的解 上述 $p(\zeta)$ 的方程是 Jacobi 方程①

$$(1-x^2)y''-[\alpha-\beta+(\alpha+\beta+2)x]y'+n(n+\alpha+\beta+1)y=0$$

---

① M. Abramowitz and I.A. Stegun, *Handbook of Mathematical Functions with Formulas, Graphs, and Mathematical Tables*, National Bureau of Standards, Washington, D.C., 1965.

取 $\alpha=\beta=|m|$ 和 $n=l-|m|$ 的情形，所以它的正常解可以用 Jacobi 多项式 $\mathrm{P}_n^{(\alpha,\beta)}(x)$ 来表示，

$$p(\zeta)=\mathrm{P}_{l-|m|}^{(|m|,|m|)}(\zeta).$$

Jacobi 多项式的 Rodrigues 公式为

$$\mathrm{P}_n^{(\alpha,\beta)}(x)=\frac{(-1)^n}{2^n n!}(1-x)^{-\alpha}(1+x)^{-\beta}\Big(\frac{\mathrm{d}}{\mathrm{d}x}\Big)^n[(1-x)^{n+\alpha}(1+x)^{n+\beta}],$$

所以可引入函数

$$\mathrm{P}_l^m(\zeta)=(-1)^{l-|m|}\frac{(l+|m|)!}{(l-|m|)!}\frac{1}{2^l\Gamma(l+1)(1-\zeta^2)^{|m|/2}}\Big(\frac{\mathrm{d}}{\mathrm{d}\zeta}\Big)^{l-|m|}(1-\zeta^2)^l, \quad (12)$$

而把本征值方程 (8) 和 (9) 的解写成

$$\mathrm{Y}_{lm}(\theta,\phi)=N_{lm}\mathrm{P}_l^m(\cos\theta)\mathrm{e}^{\mathrm{i}m\phi}, \quad (13)$$

其中归一化常数 N_{lm} 可由 Jacobi 多项式的正交关系

$$\int_{-1}^{1}\mathrm{d}x(1-x)^\alpha(1+x)^\beta\big[\mathrm{P}_n^{(\alpha,\beta)}(x)\big]^2=\frac{2^{\alpha+\beta+1}}{2n+\alpha+\beta+1}\frac{\Gamma(n+\alpha+1)\Gamma(n+\beta+1)}{n!\Gamma(n+\alpha+\beta+1)}$$

算得

$$N_{lm}=\pm\sqrt{\frac{2l+1}{4\pi}\frac{(l-|m|)!}{(l+|m|)!}},$$

其中正负号的选择，我们约定对 $m\leqslant 0$ 取正号，对 $m>0$ 取 $(-1)^m$. 当 l 取整数时，(12) 式给出连带 Legendre 函数，而 (13) 式给出通常的球谐函数，可以由它们算出 $\mathrm{Y}_{lm}(\theta,\phi)$ 的具体表达式. 一般地，我们有

$$\mathrm{Y}_{lm}^*(\theta,\phi)=(-1)^m\mathrm{Y}_{l,-m}(\theta,\phi),$$
$$\mathrm{Y}_{lm}(\pi-\theta,\phi+\pi)=(-1)^l\mathrm{Y}_{lm}(\theta,\phi).$$

Schrödinger 波函数的单值性 从上面的求解可以看出，轨道角动量的本征值方程 (8) 和 (9) 既有 l 为零或正整数的解，也有 l 为半奇数的解. 由方程 (9) 的解 $\Phi(\phi)=C\exp(\mathrm{i}m\phi)$ 可以看出，当 l 取零或正整数时，波函数是单值的，而当 l 取半奇数时，波函数是双值的.

那么，轨道角动量本征值方程的半奇数解有没有物理意义呢？例如，从 (12) 和 (13) 式可以算出 (归一化常数取正号)

$$\mathrm{Y}_{1/2\,\pm1/2}(\theta,\phi)=\frac{1}{\pi}\sin^{1/2}\theta\ \mathrm{e}^{\pm\mathrm{i}\phi/2},$$
$$\mathrm{Y}_{3/2\,\pm1/2}(\theta,\phi)=\frac{2}{\pi}\sin^{1/2}\theta\cos\theta\ \mathrm{e}^{\pm\mathrm{i}\phi/2},$$
$$\mathrm{Y}_{3/2\,\pm3/2}(\theta,\phi)=\frac{1}{\sqrt{3}}\frac{2}{\pi}\sin^{3/2}\theta\ \mathrm{e}^{\pm\mathrm{i}3\phi/2},$$

等等. 可以验证, 它们确实是本征值方程 (8) 和 (9) 的解, 并且满足正交归一化条件

$$\int_0^\pi\int_0^{2\pi}\sin\theta \mathrm{d}\theta \mathrm{d}\phi \mathrm{Y}^*_{lm}(\theta,\phi)\mathrm{Y}_{l'm'}(\theta,\phi)=\delta_{ll'}\delta_{mm'}.$$

但是, 这种半奇数解没有物理意义①, 因为用移位算符

$$\hat{l}_\pm=\hat{l}_x\pm \mathrm{i}\hat{l}_y=\hbar \mathrm{e}^{\pm \mathrm{i}\phi}\Big(\pm\frac{\partial}{\partial\theta}+\mathrm{i}\cot\theta\frac{\partial}{\partial\phi}\Big)$$

作用到这些解上, 得到的结果不能用它们的线性叠加来表示. 例如:

$$\begin{aligned}\hat{l}_+\mathrm{Y}_{1/2\,-1/2}(\theta,\phi)&=\ \ \frac{\hbar}{\pi}\sin^{1/2}\theta\cot\theta\ \mathrm{e}^{\mathrm{i}\phi/2},\\ \hat{l}_-\mathrm{Y}_{1/2\,1/2}(\theta,\phi)&=-\frac{\hbar}{\pi}\sin^{1/2}\theta\cot\theta\ \mathrm{e}^{-\mathrm{i}\phi/2},\end{aligned}$$

等号右边的函数不能表示成 $\mathrm{Y}_{1/2\,1/2}$ 与 $\mathrm{Y}_{1/2\,-1/2}$ 的线性叠加, 它们虽然也具有本征值 $l=1/2$, 但却与 $\mathrm{Y}_{1/2\,\pm1/2}$ 正交; 它们虽然与 $\mathrm{Y}_{3/2\,\pm1/2}$ 具有不同的本征值 l, 但却与后者不正交! 这就说明, l 取半奇数时, $\mathrm{Y}_{lm}(\theta,\phi)$ 并不构成角动量的表示空间, 因而不具有物理意义.

量子力学的基本原理, 要求*任一量子态都是态矢量空间的矢量, 在表示物理观测量的算符作用下, 得到的结果仍在这个空间, 还是一个可能的量子态*. 轨道角动量的半奇数解不满足这个要求, 因而并不代表量子态. 这就说明, *在 Schrödinger 表象中波函数只能是单值函数, 轨道角动量本征值只能取零或正整数*.

以上的结论只限于 Schrödinger 表象, 即以空间坐标 (x,y,z) 或 (r,θ,ϕ) 为观测量完全集的表象. 对于粒子自旋的表象, 没有这个限制, 自旋角动量的本征值可以取半奇数, 自旋波函数可以是双值的. 对于刚性对称陀螺的情形, 可以选刚体转动的 Euler 角 (α,β,γ) 为观测量完全集, 在这个表象中的波函数 $\psi(\alpha,\beta,\gamma)$ 也不受此限制. 我们在下一小节讨论粒子的自旋角动量, 在第四章 §4.5 的宏观模型中再来讨论刚性对称陀螺的问题.

2. 粒子的自旋角动量

基本假设 在上一节中我们已经指出, 量子力学里的角动量, 是表征系统在空间转动变换下的特征的物理观测量. 在上一小节我们又指出, 在 Schrödinger 表象中的波函数只能是单值函数, 轨道角动量本征值只能取零或正整数. 所以, 实验上观测到的粒子半奇数自旋角动量, 不可能是普通坐标空间中的物理现象, 只能是粒子的某种内部空间的物理现象. *粒子的自旋角动量是表征粒子在某种*

① W. Pauli, *Helv. Phys. Acta* **12** (1939) 147.

内部空间转动变换下的特征的物理观测量.

于是, 我们可以假设: *在普通空间的转动变换下, 粒子的内部空间也发生相应的转动, 表示这个内部空间转动的厄米算符* $\hat{\boldsymbol{s}}=(\hat{s}_x,\hat{s}_y,\hat{s}_z)$ *满足与角动量算符相同的对易关系:*

$$[\hat{s}_x,\hat{s}_y]=\mathrm{i}\hbar\hat{s}_z,\qquad [\hat{s}_y,\hat{s}_z]=\mathrm{i}\hbar\hat{s}_x,\qquad [\hat{s}_z,\hat{s}_x]=\mathrm{i}\hbar\hat{s}_y.$$

换句话说, 我们假设 *粒子的自旋角动量是表示在普通空间转动下粒子内部空间转动特征的物理观测量.*

粒子的自旋角动量是一个 *非经典观测量*, 它没有与之对应的经典物理量, 而是与粒子内部空间的转动特征相联系的. 与这个粒子内部空间相联系的物理观测量, 除了这里讨论的粒子自旋角动量以外, 还有下一节要讨论的粒子内禀宇称和第五章 §5.4 将要讨论的粒子内禀磁矩. 对于这些非经典观测量, 虽然我们可以做一些理论分析, 比如在第五章我们将要指出粒子自旋角动量和内禀磁矩与理论的相对论协变性存在联系, 但是它们有些什么物理性质, 还是要由实验来确定. 我们关于这个粒子内部空间的了解, 至今仍很有限, 关于系统在这个粒子内部空间的动力学, 则还一无所知.

自旋表象和 Pauli 矩阵 以自旋角动量平方 $\hat{\boldsymbol{s}}^2$ 及其投影 $\hat{s}_z$ 的共同本征态 $\{|sm_s\rangle\}$ 为基矢的表象, 称为 *自旋表象*, 它所表示的空间, 称为 *自旋空间*. 我们只考虑自旋量子数 $s=1/2$ 的情形. 这时基矢只有两个, $|1/2,1/2\rangle$ 和 $|1/2,-1/2\rangle$, 自旋空间是二维的. 运用移位算符的公式 (5), 可以算出它们在自旋空间的表示矩阵为:

$$s_+=\hbar\begin{pmatrix}0&1\\0&0\end{pmatrix},\qquad s_-=\hbar\begin{pmatrix}0&0\\1&0\end{pmatrix}.$$

由它们就可以算出 $\hat{s}_x$ 和 $\hat{s}_y$ 在自旋空间的表示矩阵. $\hat{s}_z$ 在自旋空间的表示矩阵是对角的. 于是我们可以写出

$$\boldsymbol{s}=\frac{\hbar}{2}\boldsymbol{\sigma},$$

其中

$$\sigma_x=\begin{pmatrix}0&1\\1&0\end{pmatrix},\qquad \sigma_y=\begin{pmatrix}0&-\mathrm{i}\\\mathrm{i}&0\end{pmatrix},\qquad \sigma_z=\begin{pmatrix}1&0\\0&-1\end{pmatrix},$$

称为 Pauli *矩阵*. 很容易证明, Pauli 矩阵具有下列性质:

$$\sigma_x^2=\sigma_y^2=\sigma_z^2=1,$$

$$\{\sigma_x,\sigma_y\}=\{\sigma_y,\sigma_z\}=\{\sigma_z,\sigma_x\}=0,$$

其中

$$\{A, B\} \equiv AB + BA.$$

自旋空间的转动 我们来求自旋空间的转动矩阵 $\mathcal{D}^{1/2}$. 由于

$$\mathrm{e}^{\hat{x}} = \sum_k \frac{\hat{x}^k}{k!},$$

可以看出，把 $\hat{x}$ 换成它在一个表象中的表示矩阵 x, 就得到 $\exp(\hat{x})$ 在这个表象中的表示矩阵 $\exp(x)$. 于是，在 (6) 式中代入粒子自旋角动量的表示矩阵 $\hbar\boldsymbol{\sigma}/2$, 就有

$$\mathcal{D}^{1/2} = \mathrm{e}^{-\mathrm{i}\boldsymbol{\theta}\cdot\boldsymbol{\sigma}/2} = \mathrm{e}^{-\mathrm{i}\theta\boldsymbol{n}\cdot\boldsymbol{\sigma}/2}.$$

把它展开成幂级数，并注意

$$(\boldsymbol{n}\cdot\boldsymbol{\sigma})^2 = (n_x\sigma_x + n_y\sigma_y + n_z\sigma_z)^2 = n_x^2 + n_y^2 + n_z^2 = 1,$$

就可得到

$$\mathcal{D}^{1/2}(\boldsymbol{n}, \theta) = \cos\frac{\theta}{2} - \mathrm{i}\,\sin\frac{\theta}{2}\,\sigma_n.$$

把它作用在一个自旋态上，可以看出，当系统绕 $\boldsymbol{n}$ 轴转一周， $\theta = 2\pi$, $\mathcal{D}^{1/2}(\boldsymbol{n}, 2\pi) = -1$, 态矢量变号；当系统绕 $\boldsymbol{n}$ 轴转两周， $\theta = 4\pi$, $\mathcal{D}^{1/2}(\boldsymbol{n}, 4\pi) = 1$, 态矢量才复原. 这个结论对于半奇数自旋角动量的情形都成立. 所以， *半奇数自旋角动量的波函数是双值函数*. 这是粒子自旋角动量不同于普通轨道角动量的一个重要特点，也可以理解为是粒子的内部空间转动不同于普通空间转动的一个重要特点.

对于有自旋的系统，上一节幺正变换中的轨道角动量 $\hat{\boldsymbol{l}}$ 应换成 *总角动量*,

$$\hat{U} = \mathrm{e}^{-\mathrm{i}\boldsymbol{\theta}\cdot\hat{\boldsymbol{J}}/\hbar},$$

其中 $\hat{\boldsymbol{J}}$ 是系统的总角动量,

$$\hat{\boldsymbol{J}} = \hat{\boldsymbol{l}} + \hat{\boldsymbol{s}}.$$

相应地，系统具有转动不变性的条件成为

$$[\hat{\boldsymbol{J}}, \hat{H}] = 0.$$

对于这种情况， *轨道角动量和自旋角动量一般都不是守恒量，只有总角动量才是守恒量*.

§3.4 两个角动量的耦合

算符和对易关系 假设系统具有两种互相独立的角动量 $\hat{\boldsymbol{J}}_1$ 与 $\hat{\boldsymbol{J}}_2$, 分别属于

不同的自由度，

$$[\hat{J}_{1i},\hat{J}_{1j}]=\mathrm{i}\hbar\epsilon_{ijk}\hat{J}_{1k},\qquad [\hat{J}_{2i},\hat{J}_{2j}]=\mathrm{i}\hbar\epsilon_{ijk}\hat{J}_{2k},\qquad [\hat{J}_{1i},\hat{J}_{2j}]=0.$$

于是，我们可以定义这两个角动量的和为

$$\hat{\boldsymbol{J}}=\hat{\boldsymbol{J}}_1+\hat{\boldsymbol{J}}_2.$$

很容易证明，这样定义的 $\hat{\boldsymbol{J}}$ 也是一个角动量，具有对易关系

$$[\hat{J}_i,\hat{J}_j]=\mathrm{i}\hbar\epsilon_{ijk}\hat{J}_k.$$

此外，我们还可以证明 $(\hat{J}_1^2,\hat{J}_2^2,\hat{J}^2,\hat{J}_z)$ 互相对易，构成一个相容观测量组，具有共同本征态.

表象变换 我们既可以取 $(\hat{J}_1^2,\hat{J}_{1z},\hat{J}_2^2,\hat{J}_{2z})$ 的共同本征态组 $\{|j_1m_1j_2m_2\rangle\}$ 作为表象的基矢，也可以取 $(\hat{J}_1^2,\hat{J}_2^2,\hat{J}^2,\hat{J}_z)$ 的共同本征态组 $\{|j_1j_2jm\rangle\}$ 作为表象的基矢. 在它们之间的表象变换为

$$|j_1j_2jm\rangle=\sum_{m_1,m_2}|j_1m_1j_2m_2\rangle\langle m_2j_2m_1j_1|j_1j_2jm\rangle,\tag{14}$$

概率幅

$$C(jm|j_1m_1j_2m_2)=\langle m_2j_2m_1j_1|j_1j_2jm\rangle$$

又称为*表象变换矩阵*，*矢量耦合系数*或 Clebsch-Gordan *系数*，简称 CG *系数*. 上式的逆变换为

$$|j_1m_1j_2m_2\rangle=\sum_{j,m}|j_1j_2jm\rangle\langle mjj_2j_1|j_1m_1j_2m_2\rangle.$$

下面我们分别讨论本征值 m 与 j 的取值，以及举例说明如何来确定 CG 系数.

m 的取值 根据 §3.2 的一般结论， m 可以取 $-j$ 到 j 的 $2j+1$ 个值，

$$m=-j,\ -j+1,\ \cdots,\ j-1,\ j.$$

把 $\hat{J}_z=\hat{J}_{1z}+\hat{J}_{2z}$ 作用到 (14) 式两边，可以得到

$$m|j_1j_2jm\rangle=\sum_{m_1m_2}(m_1+m_2)|j_1m_1j_2m_2\rangle\langle m_2j_2m_1j_1|j_1j_2jm\rangle.$$

再把 (14) 式代入上式的左边，就得到

$$m\langle m_2j_2m_1j_1|j_1j_2jm\rangle=(m_1+m_2)\langle m_2j_2m_1j_1|j_1j_2jm\rangle,$$

所以有

$$m=m_1+m_2,$$

否则

$$\langle m_2j_2m_1j_1|j_1j_2jm\rangle=0,\quad m\neq m_1+m_2.$$

j 的取值 对于给定的 j_1 和 j_2, 表象 $\{|j_1m_1j_2m_2\rangle\}$ 为 $(2j_1+1)(2j_2+1)$ 维空间，所以表象 $\{|j_1j_2jm\rangle\}$ 也应为 $(2j_1+1)(2j_2+1)$ 维空间：

$$\sum_{\underline{j}}^{\overline{j}}(2j+1)=(2j_1+1)(2j_2+1).$$

上述条件给出了本征值 j 的最大值 $\overline{j}$ 与最小值 $\underline{j}$ 的关系

$$(\overline{j}+1)^2-\underline{j}^2=(2j_1+1)(2j_2+1).$$

另一方面，

$$\overline{j}=\overline{m}=\overline{m}_1+\overline{m}_2=j_1+j_2,$$

从而可以算出

$$\begin{aligned}\underline{j}^2&=(\overline{j}+1)^2-(2j_1+1)(2j_2+1)\\&=(j_1+j_2+1)^2-(2j_1+1)(2j_2+1)\\&=(j_1-j_2)^2.\end{aligned}$$

于是有

$$\underline{j}=|j_1-j_2|,$$

$$j=j_1+j_2,\ j_1+j_2-1,\ \cdots,\ |j_1-j_2|+1,\ |j_1-j_2|.$$

自旋轨道耦合的 CG 系数 作为一个例子，我们来讨论自旋角动量 $\hat{s}$ 与轨道角动量 $\hat{l}$ 的耦合 $\hat{\boldsymbol{J}}=\hat{\boldsymbol{l}}+\hat{s}$. 自旋 $s=1/2$, 自旋投影只有 $m_s=\pm1/2$ 的两个本征态，自旋表象空间只有二维. 对于给定的轨道角动量量子数 l, 总角动量量子数只有两个值， $j=l+1/2,\ l-1/2$. 要求的 CG 系数为 $C(jm|lm_lsm_s)=\langle m_ssm_ll|lsjm\rangle$.

我们先来看 $j=l+1/2$ 的态 $|lsjm\rangle=|l,1/2,l+1/2,l+1/2\rangle$. 显然，只有在 $|lm_lsm_s\rangle=|l,l,1/2,1/2\rangle$ 的态上才能而且肯定测到它. 根据波函数的统计诠释，适当选择相因子，我们就有

$$\langle 1/2,1/2,l,l|l,1/2,l+1/2,l+1/2\rangle=1,$$

这里选取了 Condon-Shortley 的相位约定 (见 §3.2). 换句话说，我们可以取

$$|l,1/2,l+1/2,l+1/2\rangle=|l,l,1/2,1/2\rangle.$$

用降位算符 $\hat{J}_-=\hat{l}_-+\hat{s}_-$ 作用到上式两边，有

$$\sqrt{2l+1}\,|l,1/2,l+1/2,l-1/2\rangle=\sqrt{2l}\,|l,l-1,1/2,1/2\rangle+|l,l,1/2,-1/2\rangle,$$

亦即

$$|l,1/2,l+1/2,l-1/2\rangle=\sqrt{\frac{2l}{2l+1}}|l,l-1,1/2,1/2\rangle+\sqrt{\frac{1}{2l+1}}|l,l,1/2,-1/2\rangle.$$

再用降位算符 $\hat{J}_- = \hat{l}_- + \hat{s}_-$ 作用到上式两边，类似地可以得到

$$\begin{aligned}|l,1/2,l+1/2,l-3/2\rangle = & \sqrt{\frac{2l-1}{2l+1}}|l,l-2,1/2,1/2\rangle \\ & +\sqrt{\frac{2}{2l+1}}|l,l-1,1/2,-1/2\rangle.\end{aligned}$$

重复这一做法，我们可以一直求出 $|l,1/2,l+1/2,-l-1/2\rangle$ 的表达式. 一般地，用数学归纳法可以证明：

$$\begin{aligned}|l,1/2,l+1/2,m\rangle = & \sqrt{\frac{l+m+1/2}{2l+1}}|l,m-1/2,1/2,1/2\rangle \\ & +\sqrt{\frac{l-m+1/2}{2l+1}}|l,m+1/2,1/2,-1/2\rangle. \qquad (15)\end{aligned}$$

我们再来看 $j=l-1/2$ 的态 $|lsjm\rangle = |l,1/2,l-1/2,m\rangle$. 它也是 $|lm_l sm_s\rangle = |l,m-1/2,1/2,1/2\rangle$ 与 $|l,m+1/2,1/2,-1/2\rangle$ 的叠加，叠加系数可以利用它与 $j=l+1/2$ 的态的正交关系

$$\langle m,l+1/2,1/2,l|l,1/2,l-1/2,m\rangle = 0$$

求出，从而得到

$$\begin{aligned}|l,1/2,l-1/2,m\rangle = & -\sqrt{\frac{l-m+1/2}{2l+1}}|l,m-1/2,1/2,1/2\rangle \\ & +\sqrt{\frac{l+m+1/2}{2l+1}}|l,m+1/2,1/2,-1/2\rangle. \qquad (16)\end{aligned}$$

上述展开式 (15) 与 (16) 中的系数，就是所要求的 CG 系数.

显然，上述结果不限于 l 为零或正整数的轨道角动量，对于半奇数的一般情形也适用. $\hat{\boldsymbol{J}} = \hat{\boldsymbol{J}}_1 + \hat{\boldsymbol{J}}_2$ 的一般情形我们就不讨论. 表 3.1 和 3.2 分别给出了 $j_2 = 1/2$ 和 $j_2 = 1$ 的 CG 系数.

表 3.1 $j_2 = 1/2$ 的 CG 系数

	$m_2 = 1/2$	$m_2 = -1/2$
$j = j_1 + 1/2$	$\left[\frac{j_1+m+1/2}{2j_1+1}\right]^{1/2}$	$\left[\frac{j_1-m+1/2}{2j_1+1}\right]^{1/2}$
$j = j_1 - 1/2$	$-\left[\frac{j_1-m+1/2}{2j_1+1}\right]^{1/2}$	$\left[\frac{j_1+m+1/2}{2j_1+1}\right]^{1/2}$

表 3.2 $j_2=1$ 的 CG 系数

	$m_2=1$	$m_2=0$	$m_2=-1$
$j=j_1+1$	$\left[\frac{(j_1+m)(j_1+m+1)}{(2j_1+1)(2j_1+2)}\right]^{1/2}$	$\left[\frac{(j_1-m+1)(j_1+m+1)}{(2j_1+1)(j_1+1))}\right]^{1/2}$	$\left[\frac{(j_1-m)(j_1-m+1)}{(2j_1+1)(2j_1+2)}\right]^{1/2}$
$j=j_1$	$-\left[\frac{(j_1+m)(j_1-m+1)}{2j_1(j_1+1)}\right]^{1/2}$	$\frac{m}{[j_1(j_1+1)]^{1/2}}$	$\left[\frac{(j_1-m)(j_1+m+1)}{2j_1(j_1+1)}\right]^{1/2}$
$j=j_1-1$	$\left[\frac{(j_1-m)(j_1-m+1)}{2j_1(2j_1+1)}\right]^{1/2}$	$-\left[\frac{(j_1-m)(j_1+m)}{j_1(2j_1+1))}\right]^{1/2}$	$\left[\frac{(j_1+m)(j_1+m+1)}{2j_1(2j_1+1)}\right]^{1/2}$

§3.5 宇 称

1. 空间反射变换

量子态的空间反射 把系统从 $\boldsymbol{r}$ 点变到 $-\boldsymbol{r}$ 点的变换，称为系统的*空间反射*. 与系统的空间反射相应地，设系统态矢量的幺正变换为

$$|\psi\rangle \longrightarrow \hat{P}|\psi\rangle,$$

这样引进的算符 $\hat{P}$, 称为*宇称算符*. 系统空间反射后在 $\boldsymbol{r}$ 点的波函数，应该等于系统空间反射前在 $-\boldsymbol{r}$ 点的波函数，我们可以写出

$$\psi(\boldsymbol{r}) \longrightarrow \psi(-\boldsymbol{r}) = \langle -\boldsymbol{r}|\psi\rangle = \langle \boldsymbol{r}|\hat{P}|\psi\rangle.$$

同样地，上式也可以看成基矢的变换，把本征值为 $\boldsymbol{r}$ 的坐标本征态 $|\boldsymbol{r}\rangle$ 变到本征值为 $-\boldsymbol{r}$ 的坐标本征态 $|-\boldsymbol{r}\rangle$,

$$|\boldsymbol{r}\rangle \longrightarrow |-\boldsymbol{r}\rangle = \hat{P}^{-1}|\boldsymbol{r}\rangle.$$

这相当于坐标架的反射变换 $\boldsymbol{r}\to-\boldsymbol{r}$, 把右手坐标系变成左手坐标系,

$$\begin{pmatrix} x' \\ y' \\ z' \end{pmatrix} = \begin{pmatrix} -1 & 0 & 0 \\ 0 & -1 & 0 \\ 0 & 0 & -1 \end{pmatrix} \begin{pmatrix} x \\ y \\ z \end{pmatrix}.$$

与空间平移和转动不同，空间反射不是用一个参数来描述的可以通过一系列相继的无限小变换而完成的*连续变换*, 而是一个分立的*离散变换*. 属于离散变换的例子，还有与空间点阵的各种对称性相联系的变换，这是晶体理论的问题，我们就不在此讨论.

观测量算符的空间反射变换 与态矢量的空间反射 $|\psi\rangle\to\hat{P}|\psi\rangle$ 相应地，观测量算符的变换为 $\hat{A}\to\hat{P}\hat{A}\hat{P}^{-1}$. 于是，坐标算符的变换可以写成

$$-\hat{\boldsymbol{r}} = \hat{P}\hat{\boldsymbol{r}}\hat{P}^{-1}.$$

如果我们要求正则对易关系在空间反射下不变，则从上式可得

$$-\hat{\boldsymbol{p}} = \hat{P}\hat{\boldsymbol{p}}\hat{P}^{-1}.$$

以上二式表明，宇称算符 $\hat{P}$ 与坐标算符 $\hat{\boldsymbol{r}}$ 和动量算符 $\hat{\boldsymbol{p}}$ 都是反对易的，

$$\{\hat{P}, \hat{\boldsymbol{r}}\} = 0, \qquad \{\hat{P}, \hat{\boldsymbol{p}}\} = 0.$$

由于轨道角动量算符是坐标算符 $\hat{\boldsymbol{r}}$ 和动量算符 $\hat{\boldsymbol{p}}$ 的矢量积，$\hat{\boldsymbol{l}} = \hat{\boldsymbol{r}} \times \hat{\boldsymbol{p}}$, 所以宇称算符 $\hat{P}$ 与轨道角动量算符 $\hat{\boldsymbol{l}}$ 是对易的，

$$[\hat{P}, \hat{\boldsymbol{l}}\,] = 0.$$

对于粒子的自旋角动量算符 $\hat{\boldsymbol{s}}$, 我们假设它与轨道角动量算符一样，也与宇称算符 $\hat{P}$ 对易，

$$[\hat{P}, \hat{\boldsymbol{s}}\,] = 0.$$

这样，我们就确定了宇称算符 $\hat{P}$ 与所有观测量算符的对易关系，从而就完全确定了宇称算符 $\hat{P}$.

与宇称算符反对易的矢量算符，在空间反射下变号，这种矢量称为*极矢量*. 与宇称算符对易的矢量算符，在空间反射下不变，这种矢量称为*轴矢量*. 两个极矢量的标量积或两个轴矢量的标量积在空间反射下不变，是一个*标量*. 一个极矢量与一个轴矢量的标量积在空间反射下变号. 这种*在空间反射下变号的标量，称为赝标量*.

2. 宇称作为物理观测量

宇称本征值和本征态 由于

$$\langle \boldsymbol{r}|\hat{P}^2 = \langle -\boldsymbol{r}|\hat{P} = \langle \boldsymbol{r}|,$$

而且 $\{|\boldsymbol{r}\rangle\}$ 是态矢量空间的完备组，于是我们有

$$\hat{P}^2 = 1.$$

从而，幺正算符 $\hat{P}$ 是厄米的，并且它的逆算符等于它自己：

$$\hat{P}^\dagger = \hat{P}, \qquad \hat{P}^{-1} = \hat{P}.$$

由于 $\hat{P}$ 是厄米的，它可以是一个观测量. 设它的本征值为 P, 相应的本征态为 $|\varphi_P\rangle$, 则本征值方程为

$$\hat{P}|\varphi_P\rangle = P|\varphi_P\rangle.$$

由 $\hat{P}^2 = 1$, 从上式可得 $P^2 = 1$, 于是*宇称的本征值为 1 或 −1*,

$$P = 1, -1.$$

本征值为 1 的宇称本征态，在空间反射下不变；本征值为 −1 的宇称本征态，

在空间反射下变号. 宇称为 1 的态, 简称宇称为 *正* 或 *偶*. 宇称为 -1 的态, 简称宇称为 *负* 或 *奇*. 写在坐标表象里, 我们有

$$\varphi_+(-\boldsymbol{r}) = \varphi_+(\boldsymbol{r}), \qquad \varphi_-(-\boldsymbol{r}) = -\varphi_-(\boldsymbol{r}).$$

需要指出, 无论是偶宇称的态, 还是奇宇称的态, 在空间反射后的态矢量与空间反射前的态矢量至多相差一个正负号, 都描述同一个量子态. 所以可以说, 宇称本征态对于系统的空间反射是不变的.

归纳起来, 可以说: *量子力学里的宇称, 是表征系统在空间反射变换下的特征的物理观测量*. 这是一个非经典观测量, 它的性质和规律, 要由实验来确定.

粒子的内禀宇称 实验表明, 在普通空间的反射变换下, 粒子的内部空间也发生相应的变换, 而一定种类的粒子, 其内部空间要么具有偶宇称, 要么具有奇宇称. 粒子内部空间的这种反射对称性, 称为粒子的 *内禀宇称*. 由于粒子具有内禀宇称, 宇称算符 $\hat{P}$ 对于态矢量的作用, 既要考虑普通空间的反射变换, 也要考虑内部空间的反射变换. *系统的总宇称, 是系统的普通空间宇称与粒子内禀宇称之积*.

空间反射不变性 如果系统在空间反射以后的态 $\hat{P}|\psi\rangle$ 与原来的态 $|\psi\rangle$ 都满足 Schrödinger 方程, 是同一量子态, 则这个系统就具有 *空间反射不变性*. 用宇称算符 $\hat{P}$ 作用到 Schrödinger 方程上, 要求得到的方程是关于空间反射态 $\hat{P}|\psi\rangle$ 的 Schrödinger 方程, 就要求系统的 Hamilton 算符在空间反射下不变, 亦即

$$[\hat{P}, \hat{H}] = 0.$$

具有空间反射不变性的系统, 宇称算符与系统的 Hamilton 算符对易, 系统具有能量与宇称的共同本征态, 宇称是守恒的.

当然, 一个系统是否具有空间反射不变性, 换句话说, 系统的宇称是否守恒, 取决于系统的动力学性质, 这要由实验来判定, 不能先验地论断. 在历史上, 是从原子能级跃迁的 Laporte 选择定则①了解到原子系统的宇称是守恒量. 原子系统只涉及电子与原子核之间的电磁相互作用, 这只表明电磁相互作用过程中宇称守恒. 后来发现, 在强相互作用过程中宇称也守恒, 但在弱相互作用过程中宇称并不守恒②. 比如说, 中微子具有螺旋性, 就没有空间反射不变性. 我们将在第五章 §5.1 再回到这个问题上来.

---

① 见 G. Herzberg, *Atomic Spectra and Atomic Structure*, Dover Publications, 1944, p.154.

② T.D. Lee and C.N. Yang, *Phys. Rev.* **104** (1956) 254.

§3.6 时间反演

时间反演变换 我们在本章 §3.1 中已经证明，在量子力学里时间只能作为一个参数，而不是一个表示成算符的物理观测量. 系统发展变化的动力学过程，正是用时间 t 这个参数来描写的. 系统的时间反演，就是沿着这个时间参数减少的方向来考察系统的运动和变化. 这相应于对时空坐标作如下的变换:

$$\begin{pmatrix} t \\ x \\ y \\ z \end{pmatrix} \longrightarrow \begin{pmatrix} t' \\ x' \\ y' \\ z' \end{pmatrix} = \begin{pmatrix} -1 & 0 & 0 & 0 \\ 0 & 1 & 0 & 0 \\ 0 & 0 & 1 & 0 \\ 0 & 0 & 0 & 1 \end{pmatrix} \begin{pmatrix} t \\ x \\ y \\ z \end{pmatrix}.$$

与此相应地，我们可以引入一个算符 $\hat{T}$ 来描述系统的态矢量和观测量算符的变换，

$$\begin{aligned} |\psi\rangle &\longrightarrow \hat{T}|\psi\rangle, \\ \hat{A} &\longrightarrow \hat{T}\hat{A}\hat{T}^{-1}. \end{aligned}$$

$\hat{T}$ 的性质 系统随时间的发展和变化，是由 Schrödinger 方程来确定的. 对 Schrödinger 方程两边取复数共轭，并作代换 $t \to t' = -t$, 有

$$\mathrm{i}\hbar\frac{\mathrm{d}}{\mathrm{d}t'}|\psi(-t')\rangle^* = \hat{H}^*|\psi(-t')\rangle^*.$$

可以看出，如果 $\hat{H}^* = \hat{H}$, 上式就描写系统的时间反演过程，态 $|\psi(-t')\rangle^*$ 则是系统态 $|\psi(t)\rangle$ 的时间反演态. 这里对一个态矢量取复数共轭 $|\psi\rangle^*$ 的定义是，*如果一个态矢量是某些态矢量的线性叠加，则它的复数共轭，等于这些态矢量的复数共轭的线性叠加，而叠加系数是原来的系数的复数共轭*:

$$(c_1|1\rangle + c_2|2\rangle + \cdots)^* = c_1^*|1\rangle^* + c_2^*|2\rangle^* + \cdots.$$

此外，*两个态矢量的复数共轭的内积，等于它们的内积的复数共轭*:

$$\{\langle\varphi|\}^*\{|\psi\rangle\}^* = \langle\varphi|\psi\rangle^*.$$

于是，对于 $\hat{H}^* = \hat{H}$ 的系统，我们可以定义时间反演算符 $\hat{T}$ 为

$$\hat{T}|\psi\rangle = \eta_T|\psi\rangle^*, \tag{17}$$

其中 η_T 是一个常数. 这就意味着，*时间反演算符把一个数改成它的复数共轭*:

$$\hat{T}c\hat{T}^{-1} = c^*.$$

写成对易关系，为

$$\hat{T}c = c^*\hat{T},$$

当时间反演算符与一个数交换时，把这个数改成它的复数共轭. 由于这个性质，时间反演算符不是线性算符，我们把它称为 *反线性算符*.

此外，我们要求任意两个态矢量的内积的绝对值在时间反演下不变，

$$\{\langle\varphi|\hat{T}^\dagger\}\cdot\{\hat{T}|\psi\rangle\} = \langle\psi|\varphi\rangle,$$

这就要求 $\eta_T^*\eta_T = 1$. 满足上述条件的变换称为 *反幺正变换*, 所以时间反演是一个反幺正变换. 注意上式左边的写法. 由于时间反演算符不仅对于态矢量起作用，还对复数起作用，所以要区分它是从左边作用于右边，还是从右边作用于左边，这两者是不同的.

在时间反演变换下，系统的空间坐标不改变，所以

$$\hat{T}\hat{\boldsymbol{r}}\hat{T}^{-1} = \hat{\boldsymbol{r}}.$$

在正则对易关系右边有虚单位 i, 所以，为了保持正则对易关系在时间反演变换下不变，我们有

$$\hat{T}\hat{\boldsymbol{p}}\hat{T}^{-1} = -\hat{\boldsymbol{p}}.$$

上述二式表明，*时间反演算符与坐标算符对易，与动量算符反对易*. 类似地，为了保持角动量各个分量的算符之间的对易关系 (3) 在时间反演变换下不变，我们还要求 *时间反演算符与角动量算符反对易*. 于是可以写出

$$[\hat{T},\hat{\boldsymbol{r}}\,] = 0, \qquad \{\hat{T},\hat{\boldsymbol{p}}\} = 0, \qquad \{\hat{T},\hat{\boldsymbol{J}}\} = 0,$$

我们假设上述最后一式对于粒子的自旋角动量也成立. 这样，我们就确定了时间反演算符 $\hat{T}$ 与所有观测量算符的对易关系，从而就完全确定了时间反演算符 $\hat{T}$. 对于 $\hat{H}^* = \hat{H}$ 的系统，这样得到的 $\hat{T}$ 就是 (17) 式，而对于 $\hat{H}^* \neq \hat{H}$ 的系统，就没有这么简单 (参阅第五章 §5.3).

时间反演不变性 如果系统在时间反演后的态 $\hat{T}|\psi\rangle$ 也满足 Schrödinger 方程，则它就是原来态 $|\psi\rangle$ 的 *时间反演态*, 这个系统具有 *时间反演不变性*. 把时间反演算符 $\hat{T}$ 作用到 Schrödinger 方程，并且作代换 $t' = -t$, 就有

$$\mathrm{i}\hbar\frac{\partial}{\partial t'}\hat{T}|\psi\rangle = \hat{T}\hat{H}\hat{T}^{-1}\hat{T}|\psi\rangle.$$

要求上式是关于态矢量 $\hat{T}|\psi\rangle$ 依赖于时间 t' 的 Schrödinger 方程，就要求

$$[\hat{T},\hat{H}] = 0.$$

具有时间反演不变性的系统，其 Hamilton 算符在时间反演下不变，它的时间反演过程与其原过程是对称的. 当然，一个系统是否具有时间反演不变性，取决于系统的动力学性质，这要由实验来判定.

与本章讨论的其他观测量算符不同，时间反演算符不是幺正算符，不对应

于一个物理观测量. 实际上, 前面讨论的所有的观测量算符都联系于系统的静态性质, 而时间反演算符 $\hat{T}$ 联系于系统发展变化的动态过程. 所以, 与时间反演变换相联系的观测, 需要比较和测量两个时间历程相反的过程. 例如, 系统的时间反演不变性, 意味着下列正反两个方向的过程是对称的:

$$A + B \rightleftharpoons C + D.$$

通过测量上述正反两个过程的有关物理观测量, 我们就可以了解系统在时间反演变换下的性质. 在这里有一个重要的定理: **互逆定理**. 我们将在第六章 §6.3 来讨论这个问题.

§3.7 全同粒子交换

全同粒子的交换算符 考虑由 N 个全同粒子组成的体系, 其中每个粒子的运动可以由 *单粒子态*$\{|\varphi_i\rangle\}$ 来描述. 引入 *交换算符* $\hat{P}_{st}$, 表示交换它所作用的量中的粒子 s 与 t,

$$\hat{P}_{st}|\cdots\varphi_i(s)\cdots\varphi_j(t)\cdots\rangle = |\cdots\varphi_i(t)\cdots\varphi_j(s)\cdots\rangle,$$

$$\hat{P}_{st}\hat{A}(\cdots s\cdots t\cdots) = \hat{A}(\cdots t\cdots s\cdots)\hat{P}_{st},$$

则可以证明它具有以下性质:

① $\hat{P}_{st}$ 是线性厄米算符, $\hat{P}_{st}^\dagger = \hat{P}_{st}$.

② $\hat{P}_{st}$ 的本征值为 1 或 -1.

③对于一类全同粒子的态, $\hat{P}_{st}$ 的本征值不可能既有 1 又有 -1, 而是要么都是 1, 或者都是 -1.

我们来证明②. 设粒子 s 在 $|\varphi_i\rangle$ 态, 粒子 t 在 $|\varphi_j\rangle$ 态, 有本征值方程

$$\hat{P}_{st}|\cdots\varphi_i(s)\cdots\varphi_j(t)\cdots\rangle = \lambda_{st}|\cdots\varphi_i(s)\cdots\varphi_j(t)\cdots\rangle,$$

$$\hat{P}_{st}^2|\cdots\varphi_i(s)\cdots\varphi_j(t)\cdots\rangle = \lambda_{st}^2|\cdots\varphi_i(s)\cdots\varphi_j(t)\cdots\rangle, \tag{18}$$

其中 $|\cdots\varphi_i(s)\cdots\varphi_j(t)\cdots\rangle$ 是交换算符 $\hat{P}_{st}$ 的本征态, λ_{st} 为其本征值. 另一方面, 根据 $\hat{P}_{st}$ 的定义, 有

$$\begin{aligned}\hat{P}_{st}^2|\cdots\varphi_i(s)\cdots\varphi_j(t)\cdots\rangle &= \hat{P}_{st}|\cdots\varphi_i(t)\cdots\varphi_j(s)\cdots\rangle \\ &= |\cdots\varphi_i(s)\cdots\varphi_j(t)\cdots\rangle.\end{aligned}$$

比较上式与 (18) 式的右端, 就有

$$\lambda_{st}^2 = 1, \quad \lambda_{st} = 1, \ -1.$$

若 $\lambda_{st} = 1$, 则态矢量 $|\cdots\varphi_i(s)\cdots\varphi_j(t)\cdots\rangle$ 对于粒子 s 与 t 的交换不变号, 是 *对称* 的; 若 $\lambda_{st} = -1$, 则态矢量 $|\cdots\varphi_i(s)\cdots\varphi_j(t)\cdots\rangle$ 对于粒子 s 与 t 的交换

变号，是*反对称*的. 需要强调的是，无论是交换对称的态，还是交换反对称的态，交换后的态矢量与交换前的态矢量至多相差一个正负号，都描述同一个量子态. 所以可以说，这种态对于粒子的交换是不变的，或者说，在这种态上不能区分粒子 s 与 t.

再来证明③. 我们只需证明 $N=3$ 成立，就可证明任意 N 也成立. $N=3$ 时有三个粒子，我们来证明 $\lambda_{12}=\lambda_{23}$. 根据交换算符的定义，有

$$
\begin{aligned}
&\hat{P}_{23}\hat{P}_{31}\hat{P}_{12}\hat{P}_{31}|\varphi_1(1)\varphi_2(2)\varphi_3(3)\rangle=\hat{P}_{23}\hat{P}_{31}\hat{P}_{12}|\varphi_1(3)\varphi_2(2)\varphi_3(1)\rangle\\
&=\hat{P}_{23}\hat{P}_{31}|\varphi_1(3)\varphi_2(1)\varphi_3(2)\rangle=\hat{P}_{23}|\varphi_1(1)\varphi_2(3)\varphi_3(2)\rangle\\
&=|\varphi_1(1)\varphi_2(2)\varphi_3(3)\rangle.
\end{aligned}
\tag{19}
$$

另一方面，根据本征态的定义，上式左边等于

$$
\lambda_{23}\lambda_{31}\lambda_{12}\lambda_{31}|\varphi_1(1)\varphi_2(2)\varphi_3(3)\rangle=\lambda_{23}\lambda_{12}|\varphi_1(1)\varphi_2(2)\varphi_3(3)\rangle,
$$

令其与 (19) 式右边相等，即证.

全同粒子体系的交换不变性 显然，全同粒子体系的 Hamilton 算符在任意两个粒子的交换下是不变的，

$$
[\hat{P}_{st},\,\hat{H}\,]=0.
$$

全同粒子体系存在交换任意两个粒子的对称性，全同粒子体系的态是任意两个粒子的交换算符的共同本征态. 这种对称性，是在以单粒子态 $\{|\varphi_i\rangle\}$ 为坐标的抽象空间中的对称性. 全同粒子体系的这种交换对称性，称为*粒子全同性*.

粒子全同性表明，全同粒子是不能区分的，具有**不可分辨性**. 全同粒子的这种不可分辨性是微观粒子的量子效应，是测不准和波粒二象性的结果. 在宏观的经典力学中，可以根据两个全同粒子的坐标和轨道，亦即根据它们的运动状态和历史来区分它们. 在量子力学中，由于粒子的坐标和动量不能同时测准，没有轨道的概念，两个粒子的波函数在空间有重叠，对它们是无法分辨的，不能指认第几个粒子处于哪一个态，只能指出哪一个态有几个粒子.

根据这个性质，全同粒子体系的态，是所有粒子对的交换算符的共同本征态. 再根据上一小节的性质③，任意两个粒子的交换算符在这个态上的本征值都相同，要么都是 1，或者都是 -1. 交换算符的本征值都是 1 的态，称为*完全对称态*；交换算符的本征值都是 -1 的态，称为*完全反对称态*. 所以，*全同粒子体系的态，要么是完全对称态，要么是完全反对称态*.

例 考虑由两个全同粒子构成的体系，每一个粒子所可能处的单粒子态是 $|\varphi_1\rangle$ 和 $|\varphi_2\rangle$. 容易看出，这个体系的完全对称态 $|\psi_{\rm S}\rangle$ 和完全反对称态 $|\psi_{\rm A}\rangle$ 分别

为

$$|\psi_\mathrm{S}\rangle = N_\mathrm{S}[|\varphi_1(1)\varphi_2(2)\rangle + |\varphi_1(2)\varphi_2(1)\rangle],$$
$$|\psi_\mathrm{A}\rangle = N_\mathrm{A}[|\varphi_1(1)\varphi_2(2)\rangle - |\varphi_1(2)\varphi_2(1)\rangle],$$

其中假设单粒子态是归一化的，N_S 和 N_A 分别是整个态的归一化因子.

可以看出，对于完全对称态 $|\psi_\mathrm{S}\rangle$, 两个单粒子态 $|\varphi_1\rangle$ 与 $|\varphi_2\rangle$ 可以相同，即在同一个单粒子态上可以有任意数量的粒子. 完全反对称态 $|\psi_\mathrm{A}\rangle$ 则不同，两个单粒子态 $|\varphi_1\rangle$ 与 $|\varphi_2\rangle$ 不能相同，否则 $|\psi_\mathrm{A}\rangle = 0$, 即在同一个单粒子态上最多只能有一个粒子. 这就是 Pauli *不相容原理*. 显然，这个结论不限于两个全同粒子的体系，对于任意多个全同粒子的体系也成立.

两种统计法 由于全同粒子不可分辨，对于全同粒子体系的态 $|\psi\rangle$, 我们不能区分哪一个粒子处于某一个单粒子态 $|\varphi_i\rangle$, 只能说出某一个单粒子态 $|\varphi_i\rangle$ 上有几个粒子，全同粒子体系的统计力学不同于经典的统计力学，全同粒子的统计分布不同于经典的 Maxwell-Boltzmann 分布. 处于完全对称态上的全同粒子体系，一个单粒子态上可以有任意数量的粒子，这样的统计法称为 Bose-Einstein 统计，得到的统计分布称为 Bose-Einstein 分布. 处于完全反对称态上的全同粒子体系，一个单粒子态上最多只能有 1 个粒子，服从 Pauli 不相容原理，这样的统计法称为 Fermi-Dirac 统计，得到的统计分布称为 Fermi-Dirac 分布.

Bose 子和 Fermi 子 实验表明，*整数自旋的粒子是交换对称的，交换算符的本征值总是 1, 服从 Bose-Einstein 统计；半奇数自旋的粒子是交换反对称的，交换算符的本征值总是 −1, 服从 Pauli 不相容原理和 Fermi-Dirac 统计.* 我们把服从 Bose-Einstein 统计的粒子称为 Bose 子，把服从 Pauli 不相容原理和 Fermi-Dirac 统计的粒子称为 Fermi 子. 换句话说，实验表明，*整数自旋的粒子是 Bose 子，半奇数自旋的粒子是 Fermi 子.* 这个结论可以用相对论性量子场论来证明 (见第八章 §8.4).

粒子全同性原理 全同粒子体系的交换算符 $\hat{P}_{st}$ 也是一个非经典观测量，没有与之对应的经典物理量，它是与全同粒子体系的交换对称性相联系的. 我们可以根据理论的分析，提出各种可能的非经典观测量. 至于这些观测量具有什么物理性质，就不能完全依靠理论分析，而要由实验来确定. 在这个意义上，所谓的粒子全同性原理，不过是关于全同粒子交换算符 $\hat{P}_{st}$ 的一条具体的实验规律，并且能够用相对论性量子场论来证明. 所以，粒子全同性原理不能算作一条量子力学的基本原理. 只是由于它是量子统计力学的基础，它所包含的 Pauli 不相容原理在原子结构中具有基本的重要性，许多作者才把它当作一条基本原理来讲.

§3.8 波函数的测量

波函数的振幅与相位 系统的态矢量 $|\psi(t)\rangle$ 可以用它的任一观测量本征态完备组 $\{|q_n\rangle\}$ 来展开，

$$|\psi(t)\rangle=\sum_n \psi(q_n,t)|q_n\rangle,$$

这里假设 q_n 是离散谱. 若是连续谱，上述求和应换成积分. 与前面一样，为了简单起见，以下只讨论离散谱情形. 波函数

$$\psi(q_n,t)=\langle q_n|\psi(t)\rangle$$

通常是一个复数，可以把它写成

$$\psi(q_n,t)=|\psi(q_n,t)|\mathrm{e}^{\mathrm{i}\varphi(q_n,t)},$$

其中 $|\psi(q_n,t)|$ 是波函数的 *振幅*, $\varphi(q_n,t)$ 是波函数的 *相位*, $\mathrm{e}^{\mathrm{i}\varphi(q_n,t)}$ 则为波函数的相位因子. 一般地说，波函数的振幅和相位在相差一个任意相位因子的情况下都是可以测定和有意义的.

波函数振幅的测量 根据波函数的统计诠释，波函数的模方 $|\psi(q_n,t)|^2$, 也就是波函数振幅的平方，正比于在 t 时刻测得 q_n 的概率. 与正交归一化本征态组 $\{|q_n\rangle\}$ 相应的观测量算符可以写成

$$\hat{q}_n=\sum_n |q_n\rangle q_n\langle q_n|,$$

在系统的态 $|\psi(t)\rangle$ 上测量观测量 $\hat{q}$, 就可以确定波函数 $\psi(q_n,t)$ 的振幅 $|\psi(q_n,t)|$.

波函数相位的测量 为了测量波函数的相位 $\varphi(q_n,t)$ 或相位因子 $\mathrm{e}^{\mathrm{i}\varphi(q_n,t)}$, 还需要作进一步的测量，也就是还要再测量别的观测量. 为了具体起见，考虑如何测量 $\psi(q_2,t)$ 的相位 $\varphi(q_2,t)$. 可以选择如下的一个新的正交归一化完备组 $\{|u_n\rangle\}$,

$$|u_1\rangle=a_1|q_1\rangle+a_2|q_2\rangle,\qquad |u_2\rangle=b_1|q_1\rangle+b_2|q_2\rangle,$$
$$|u_3\rangle=|q_3\rangle,\qquad |u_4\rangle=|q_4\rangle,\cdots,$$

系数 a_1,a_2,b_1,b_2 满足下列使 $|u_1\rangle$ 和 $|u_2\rangle$ 正交归一化的条件：

$$a_1^*a_1+a_2^*a_2=1,\qquad b_1^*b_1+b_2^*b_2=1,\qquad a_1^*b_1+a_2^*b_2=0.$$

与完备组 $\{|u_n\rangle\}$ 相应的观测量算符是

$$\hat{u}=\sum_n |u_n\rangle u_n\langle u_n|,$$

其中 u_1 和 u_2 是两个用来标志态 $|u_1\rangle$ 和 $|u_2\rangle$ 的实数，而

$$u_n=q_n,\qquad n>2.$$

对观测量 $\hat{u}$ 的测量可以确定波函数 $\psi(u_n,t)$ 的振幅 $|\psi(u_n,t)|$, 而我们有

$$\begin{aligned}|\psi(u_1,t)| &= |\langle u_1|\psi(t)\rangle| = |a_1^*\langle q_1|\psi(t)\rangle + a_2^*\langle q_2|\psi(t)\rangle|\\ &= |a_1^*\psi(q_1,t) + a_2^*\psi(q_2,t)|,\\ |\psi(u_2,t)| &= |\langle u_2|\psi(t)\rangle| = |b_1^*\langle q_1|\psi(t)\rangle + b_2^*\langle q_2|\psi(t)\rangle|\\ &= |b_1^*\psi(q_1,t) + b_2^*\psi(q_2,t)|.\end{aligned}$$

代入

$$\psi(q_1,t) = |\psi(q_1,t)|\mathrm{e}^{\mathrm{i}\varphi(q_1,t)}, \qquad \psi(q_2,t) = |\psi(q_2,t)|\mathrm{e}^{\mathrm{i}\varphi(q_2,t)},$$

就可以推出相位差 $\varphi(q_2,t)-\varphi(q_1,t)$ 的下列公式:

$$\cos[\varphi(q_2,t)-\varphi(q_1,t)-\alpha_{21}] = \frac{|\psi(u_1,t)|^2 - |a_1\psi(q_1,t)|^2 - |a_2\psi(q_2,t)|^2}{2|a_1\psi(q_1,t)||a_2\psi(q_2,t)|},$$

$$\cos[\varphi(q_2,t)-\varphi(q_1,t)-\beta_{21}] = \frac{|\psi(u_2,t)|^2 - |b_1\psi(q_1,t)|^2 - |b_2\psi(q_2,t)|^2}{2|b_1\psi(q_1,t)||b_2\psi(q_2,t)|},$$

其中等号右边包含系数 (a_1,a_2) 和 (b_1,b_2), 等号左边的 α_{21} 和 β_{21} 则分别是系数 (a_1,a_2) 和 (b_1,b_2) 的如下定义的幅角差,

$$a_1^*a_2 = |a_1a_2|\mathrm{e}^{\mathrm{i}\alpha_{21}}, \qquad b_1^*b_2 = |b_1b_2|\mathrm{e}^{\mathrm{i}\beta_{21}},$$

注意态矢量或波函数的归一化条件要求

$$|\psi(u_1,t)|^2 + |\psi(u_2,t)|^2 = |\psi(q_1,t)|^2 + |\psi(q_2,t)|^2.$$

以上结果表明, 对系统的态 $|\psi(t)\rangle$ 测量观测量 $\hat{q}$, 可以确定波函数的振幅 $|\psi(q_1,t)|$, $|\psi(q_2,t)|$; 再测量观测量 $\hat{u}$, 则可以进一步确定它们的相位差 $[\varphi(q_2,t)-\varphi(q_1,t)]$. 用同样的方法, 可以测定相位差 $[\varphi(q_n,t)-\varphi(q_1,t)]$, $n=2,3,\cdots$. 于是, 可以在相差一个任意相位因子的情况下测定态矢量,

$$\begin{aligned}|\psi(t)\rangle &= \sum_n \psi(q_n,t)|q_n\rangle = \sum_n |\psi(q_n,t)|\mathrm{e}^{\mathrm{i}\varphi(q_n,t)}|q_n\rangle\\ &= \mathrm{e}^{\mathrm{i}\varphi(q_1,t)}\sum_n |\psi(q_n,t)|\mathrm{e}^{\mathrm{i}[\varphi(q_n,t)-\varphi(q_1,t)]}|q_n\rangle.\end{aligned}$$

换句话说, 可以在相差一个任意相位因子的情况下测定系统的波函数,

$$\psi(q_n,t) = |\psi(q_n,t)|\mathrm{e}^{\mathrm{i}\varphi(q_n,t)} = \mathrm{e}^{\mathrm{i}\varphi(q_1,t)}|\psi(q_n,t)|\mathrm{e}^{\mathrm{i}[\varphi(q_n,t)-\varphi(q_1,t)]},$$

其中除了相位因子 $\mathrm{e}^{\mathrm{i}\varphi(q_1,t)}$ 以外, 振幅 $|\psi(q_n,t)|$ 和相位差 $[\varphi(q_n,t)-\varphi(q_1,t)]$ 都可以用实验测量来测定. 由于相位 $\varphi(q_1,t)$ 是任意的, 这个结果表明, *波函数的相位只能在相差一个任意常数的情况下确定, 而相位的相对值是可以测量和完全确定的*. 这里的本征态 $|q_1\rangle$ 也是任意选定的.

以上讨论没有涉及具体实验细节, 而是一般原理性的. 作为一般原理性的讨

论，我们在上面认为，任何一个在系统态矢量空间作用的厄米算符，都表示系统的一个观测量. 这相当于假定，在实验上，总可以有办法得到和实现任何一个厄米算符的所有本征态. 于是，只要得到了作用于态矢量空间的一个厄米算符，就得到了系统的一个观测量，并且能够对它进行实验测量. 这个假设与量子力学的基本原理是一致的，而正如 Einstein 所说，是理论决定我们能够观测到什么东西. 不过在实际上，要想实现作用于态矢量空间的一个厄米算符的所有本征态，亦即实现对一个厄米算符的测量，往往还有许多具体困难和约束，并不是总能做到的. 这需要针对每个具体厄米算符进行讨论. 下面来给出一个实际例子.

例　自旋波函数的测量　这里只讨论自旋 $s=1/2$ 的情形，它在 z 轴的投影 $\hat{s}_z$ 有两个本征态 $|\uparrow\rangle$ 和 $|\downarrow\rangle$, 本征值分别是 $\hbar/2$ 和 $-\hbar/2$. 在这两个本征态所张成的二维自旋空间 $\{|\uparrow\rangle, |\downarrow\rangle\}$, 任一自旋态可以写成

$$|\psi(t)\rangle = \psi(\uparrow, t)|\uparrow\rangle + \psi(\downarrow, t)|\downarrow\rangle,$$

其中 $\psi(\uparrow, t)$ 和 $\psi(\downarrow, t)$ 就是要由实验测量来确定的自旋波函数. 在这个态上测量自旋在 z 轴的投影 $\hat{s}_z$, 就可以由测得的概率确定波函数的振幅 $|\psi(\uparrow, t)|$ 和 $|\psi(\downarrow, t)|$. 为了测量波函数的相位差，可以选择如下的新的正交归一化完备组

$$|u_1\rangle = \frac{1}{\sqrt{2}}(|\uparrow\rangle + |\downarrow\rangle), \qquad |u_2\rangle = \frac{1}{\sqrt{2}}(|\uparrow\rangle - |\downarrow\rangle).$$

可以证明，它们是自旋在 x 轴的投影 $\hat{s}_x$ 的本征态，本征值分别是 $\hbar/2$ 和 $-\hbar/2$. 于是，只要在自旋态 $|\psi(t)\rangle$ 上再测量自旋在 x 轴的投影 $\hat{s}_x$, 就可以由测得的概率来确定波函数的相位差，

$$\cos[\varphi(\downarrow, t) - \varphi(\uparrow, t)] = \frac{2|\psi(u_1, t)|^2 - |\psi(\uparrow, t)|^2 - |\psi(\downarrow, t)|^2}{2|\psi(\uparrow, t)||\psi(\downarrow, t)|},$$

$$\cos[\varphi(\downarrow, t) - \varphi(\uparrow, t) - \pi] = \frac{2|\psi(u_2, t)|^2 - |\psi(\uparrow, t)|^2 - |\psi(\downarrow, t)|^2}{2|\psi(\uparrow, t)||\psi(\downarrow, t)|},$$

其中 $|\psi(u_1, t)|^2$ 和 $|\psi(u_2, t)|^2$ 是测得自旋在 x 轴投影 $\hat{s}_x$ 的本征值分别是 $\hbar/2$ 和 $-\hbar/2$ 的概率.

类似地，也可以选择如下的新的正交归一化完备组

$$|u_1\rangle = \frac{1}{\sqrt{2}}(|\uparrow\rangle + \mathrm{i}|\downarrow\rangle), \qquad |u_2\rangle = \frac{1}{\sqrt{2}}(|\uparrow\rangle - \mathrm{i}|\downarrow\rangle),$$

它们是自旋在 y 轴的投影 $\hat{s}_y$ 的本征态，本征值分别是 $\hbar/2$ 和 $-\hbar/2$. 只要在自旋态 $|\psi(t)\rangle$ 上再测量自旋在 y 轴的投影 $\hat{s}_y$, 同样可以由测得的概率来确定波函数的相位差. 在实际上，我们可以调整上式中的叠加系数，使得对应的观测量 $\hat{u}$ 是自旋在空间任一方向的投影.

可以看出，待测的态矢量 $|\psi(t)\rangle$ 是自旋在空间某一方向的态. 为了测定这个

态，我们要测量自旋在空间两个方向的投影．由于自旋的自由度是 2, 测量了自旋在空间两个方向的投影，就可以把它在相差一个任意相位因子的情况下确定下来．

这个例子的讨论不仅适用于自旋，原则上，它适用于任何两态系统或两能级系统，例如光子的偏振态．当然，对不同的物理系统，观测量 $\hat{u}$ 具有不同的物理含义，实现对它进行测量的物理原理也就不同．此外，这个例子说明，**任一态矢量 $|\psi(t)\rangle$ 都属于系统某个观测量的本征态**. 因为在数学上，我们总可以选择一组表示态矢量 Hilbert 空间的基矢，使得 $|\psi(t)\rangle$ 是其中的一个基矢．而在物理上，这组基矢则属于某个观测量厄米算符的本征态．这就是第二章 §2.1 中给出的正交基矢的性质 2.

波函数的相位是描述波动性的主要参量，是导致一系列奇特量子现象的关键因素．相位在动力学过程中的变化，包含了基本的物理 ①, 这可以说是量子力学还在探索的一个重要领域．

① M.V. Berry, *Proc. Roy. Soc.* **A392** (1984) 45.

对任何一个特定的具体情形，我们根本不能
说实际*是*什么或实际*发生了*什么，而只能说将
*观测到*什么．对此我们能够永远满意吗？

—— E. Schrödinger

《波动力学的基本思想》， 1933

第四章　动力学模型

一个物理系统的动力学过程，是由它的运动方程来决定的．而系统的运动方程，完全由它的 Hamilton 算符来确定．所以，系统的动力学模型，就是关于系统的 Hamilton 算符的模型．可以说，如何写出一个系统的 Hamilton 算符，这是量子力学应用的核心问题．我们在本章将首先讨论在写出系统 Hamilton 算符时的一般性考虑，然后在此基础上讨论在量子力学的实际应用中最常遇到的一些模型．关于电子 (一般地说是自旋 1/2 的 Fermi 子) 的满足相对论协变性要求的 Hamilton 算符将放在第五章来讨论，关于粒子物理系统的场论模型则放在第八章讨论．

§4.1　一般性考虑

1. Hamilton 算符与正则量子化

Hamilton 算符　我们知道，在有经典对应的情形，系统的 Hamilton 算符对应于它的经典 Hamilton 函数．所以，我们在构造系统 Hamilton 算符时，往往是先写出它的经典 Hamilton 函数，然后再把其中的正则变量换成对应的算符．

一个经典系统的 Lagrange 函数可以写成

$$L = L(q, \dot{q}),$$

它是系统的广义坐标 $q = (q_1, q_2, \cdots, q_N)$ 及其时间微商 $\dot{q} = (\dot{q}_1, \dot{q}_2, \cdots, \dot{q}_N)$ 的**标量实函数**．经典作用量原理要求 Lagrange 函数在两个固定端点之间的时间积分对于广义坐标的任意变动取极值:

$$\delta \int_{t_1}^{t_2} \mathrm{d}t L(q, \dot{q}) = 0.$$

由这个变分给出的 Lagrange 方程为

$$\frac{\mathrm{d}}{\mathrm{d}t}\frac{\partial L}{\partial \dot{q}_i} - \frac{\partial L}{\partial q_i} = 0.$$

用 Lagrange 方程作为基本动力学方程的理论形式，称为理论的 Lagrange *形式*.

定义广义动量

$$p_i \equiv \frac{\partial L}{\partial \dot{q}_i},$$

就可定义 Hamilton 函数为

$$H(p,q) \equiv \sum_i p_i \dot{q}_i - L.$$

从 Lagrange 方程和 H 的定义，可以推出 Hamilton 正则方程

$$\dot{p}_i = -\frac{\partial H}{\partial q_i}, \qquad \dot{q}_i = \frac{\partial H}{\partial p_i}.$$

用 Hamilton 正则方程作为基本动力学方程的理论形式，称为理论的 Hamilton *正则形式*.

Hamilton 正则形式与 Lagrange 形式是等价的. Hamilton 正则形式的优点是便于采用正则量子化程序过渡到量子力学，而 Lagrange 形式的优点则是容易满足相对论协变性要求. 把 Hamilton 函数中的正则变量 q 和 p 换成算符，并要求它们满足正则对易关系，就可以得到量子力学的 Hamilton 算符,

$$H(p,q) \longrightarrow \hat{H}(\hat{p},\hat{q}).$$

正则量子化问题 采用上述正则量子化程序，经常会遇到的有两个问题. 第一个问题是：如何确定 $\hat{q}$ 与 $\hat{p}$ 的次序？在经典力学中，q 与 p 可以对易，它们在乘积中的次序是任意的. 量子力学不同，$\hat{q}$ 与 $\hat{p}$ 不能对易. 所以，从经典 Hamilton 函数 $H(p,q)$ 过渡到量子的 Hamilton 算符 $\hat{H}(\hat{p},\hat{q})$, 可以有多种选择. 在多数情形，都可以通过某些考虑来完全确定 $\hat{H}(\hat{p},\hat{q})$ 的形式. 比如，为了从 $\hat{q}$ 与 $\hat{p}$ 的积构成一个厄米算符，则既可以是 $(\hat{q}\hat{p}+\hat{p}\hat{q})/2$, 也可以是 $\mathrm{i}(\hat{q}\hat{p}-\hat{p}\hat{q})/2$, 前者对应于经典的 qp, 后者对应于经典的 0. 但是，**一个系统的 Hamilton 算符究竟应该取什么形式，还是要看用它算得的结果是否与实验符合，才能最后判定**.

第二个问题是：如何确定没有经典对应的物理观测量的算符？我们还没有解决这个问题的一般原则，只能针对每一个具体的观测量，进行具体的分析. 在这种分析中，对于系统对称性的考虑，往往是非常有用的，例如我们在上一章对于粒子自旋、宇称、时间反演和全同粒子交换所做的那样.

对称性和系统的守恒量 系统具有的各种对称性，是在写出它的 Hamilton 算符时必须考虑和予以满足的. 更多的情况，则是在写出了系统的 Hamilton 算符以后，需要具体分析这个 Hamilton 算符具有哪些对称性，以便确定这个系统具有哪些守恒量，以及我们可以如何来对这个系统的态进行分类. 在做这种分析时，群表示论是非常有用的数学工具. 不过，这方面的内容太专门和带技术性,

我们就不在这里讨论.

观测量算符和态矢量的性质 原则上，一个系统的 Hamilton 算符应该是厄米的，它的本征态应该构成一个完备组. 这两点，我们在选择系统的物理模型时往往未予考虑. 这就需要在求解的过程中随时予以注意，免除非物理的结果. 例如上一章 §3.3 中讨论的轨道角动量的半奇数解问题，以及本章 §4.3 中将要对它作的进一步的讨论. 在这里，有两个定理是十分重要和有用的 ①.

2. 两个重要定理

定义 对于一个厄米算符 $\hat{H}$, 如果它在任一态上的平均值总大于某一确定的常数，我们就说它有下限.

定理 1 设 $\hat{H}$ 是一个有下限的厄米算符，其本征值按从小到大的次序为 $(E_0, E_1, \cdots)$, 相应的本征态为 $\{|0\rangle, |1\rangle, \cdots\}$, 则当 $|\psi\rangle$ 为任意态时 $\langle\hat{H}\rangle$ 的最小值为 E_0, 当 $|\psi\rangle$ 为与 $|0\rangle$ 正交的任意态时 $\langle\hat{H}\rangle$ 的最小值为 E_1, 当 $|\psi\rangle$ 为与 $|0\rangle, |1\rangle, \cdots, |n-1\rangle$ 正交的任意态时 $\langle\hat{H}\rangle$ 的最小值为 E_n, 其中 $\langle\hat{H}\rangle$ 为 $\hat{H}$ 在这个态 $|\psi\rangle$ 上的平均值

$$\langle\hat{H}\rangle = \frac{\langle\psi|\hat{H}|\psi\rangle}{\langle\psi|\psi\rangle}.$$

证明 按题设

$$E \equiv \frac{\langle\psi|\hat{H}|\psi\rangle}{\langle\psi|\psi\rangle}$$

总大于某一确定的常数，所以存在极小. 为了求 E 的最小值，作变分

$$|\psi\rangle \longrightarrow |\psi\rangle + |\delta\psi\rangle, \qquad \langle\psi| \longrightarrow \langle\psi| + \langle\delta\psi|.$$

于是 E 的相应的变动为

$$\begin{aligned}\delta E &= \frac{1}{\langle\psi|\psi\rangle}(\langle\delta\psi|\hat{H}|\psi\rangle + \langle\psi|\hat{H}|\delta\psi\rangle) - \frac{\langle\psi|\hat{H}|\psi\rangle}{\langle\psi|\psi\rangle}\Big(\frac{\langle\delta\psi|\psi\rangle}{\langle\psi|\psi\rangle} + \frac{\langle\psi|\delta\psi\rangle}{\langle\psi|\psi\rangle}\Big)\\ &= \frac{1}{\langle\psi|\psi\rangle}[\langle\delta\psi|\hat{H}-E|\psi\rangle + \langle\psi|\hat{H}-E|\delta\psi\rangle] = \frac{2}{\langle\psi|\psi\rangle}\mathrm{Re}\langle\varphi|\delta\psi\rangle,\end{aligned}$$

其中 $|\varphi\rangle = (\hat{H}-E)|\psi\rangle$. 变分 $|\delta\psi\rangle$ 是任意的，所以只有当

$$|\varphi\rangle = (\hat{H}-E)|\psi\rangle = 0$$

时，才有 $\delta E = 0$. 这就表明只有当 E 和 $|\psi\rangle$ 分别是 $\hat{H}$ 的本征值和本征态时 E 才是极小值. 而 $\hat{H}$ 的最小本征值为 E_0, 这就证明了第一点：当 $|\psi\rangle$ 为任意态时 $\langle\hat{H}\rangle$ 的最小值为 E_0.

① 李政道，《场论与粒子物理学》上册，科学出版社， 1980 年， §1.3.

再来看 $|\psi\rangle$ 与 $|0\rangle$ 正交的情形，$\langle 0|\psi\rangle = 0$. 由于 $|0\rangle$ 是 $\hat{H}$ 的本征态，$\hat{H}|\psi\rangle$ 与 $|0\rangle$ 也正交，$\langle 0|\hat{H}|\psi\rangle = 0$. 这就表明，$|\psi\rangle$ 与 $\hat{H}|\psi\rangle$ 属于同一个子空间，仿照上面的推理，可以证明 $\langle\hat{H}\rangle$ 的最小值为 $\hat{H}$ 在这个子空间的最小本征值 E_1. 依此类推，就可以证明定理的一般结论.

定义 一个态矢量组 $\{|k\rangle, k = 1, 2, \cdots, n\}$, 如果对于任一态矢量 $|\psi\rangle$, 都存在一组常数 $\{C_k, k = 1, 2, \cdots, n\}$, 使得

$$|R_n\rangle = |\psi\rangle - \sum_{k=1}^{n} C_k |k\rangle = 0,$$

则称 $\{|k\rangle, k = 1, 2, \cdots, n\}$ 为完备组.

定理 2 如果一个厄米算符 $\hat{H}$ 有下限而无上界，则它的本征态的集合构成一个完备组.

证明 设 $\hat{H}$ 的本征态的集合为 $\{|k\rangle, k = 1, 2, \cdots, n\}$, 与之相应的本征值为 $(E_0, E_1, \cdots)$, 在这里本征值已经按从小到大的次序排好. 我们来证明当 $n \to \infty$ 时有

$$\lim_{n\to\infty} \langle R_n|R_n\rangle = 0.$$

因为 $\hat{H}$ 有下限，只要作变换 $\hat{H} \to \hat{H}+$ 常数，总可以使 $E_0 \geqslant 0$. 取 $C_k = \langle k|\psi\rangle$, 就可以使得

$$|R_m\rangle = |\psi\rangle - \sum_{k=1}^{m} C_k |k\rangle$$

与 $|k\rangle$ 正交，

$$\langle k|R_m\rangle = 0, \qquad k \leqslant m.$$

由定理 1, 我们有

$$\frac{\langle R_m|\hat{H}|R_m\rangle}{\langle R_m|R_m\rangle} \geqslant E_{m+1} \geqslant E_m. \tag{1}$$

其中

$$\begin{aligned}\langle R_m|\hat{H}|R_m\rangle &= \big(\langle\psi| - \sum_k C_k^* \langle k|\big)\hat{H}\big(|\psi\rangle - \sum_{k'} C_{k'}|k'\rangle\big)\\ &= \langle\psi|\hat{H}|\psi\rangle - \sum_k C_k^* C_k E_k \leqslant \langle\psi|\hat{H}|\psi\rangle.\end{aligned}$$

把上式代入 (1) 中，可以得到

$$\langle R_m|R_m\rangle \leqslant \frac{1}{E_m}\langle R_m|\hat{H}|R_m\rangle \leqslant \frac{1}{E_m}\langle\psi|\hat{H}|\psi\rangle,$$

其中 $\langle\psi|\hat{H}|\psi\rangle$ 与 m 无关. 由于 $\hat{H}$ 无上界，当 $m \to \infty$ 时 $E_m \to \infty$, 上式给出

$$\lim_{m\to\infty} \langle R_m|R_m\rangle = 0,$$

因此 $\{|k\rangle, k=1,2,\cdots,n\}$ 是完备组.

态矢量的完备组所张的空间为 Hilbert 空间. 写出一个系统的 Hamilton 算符, 也就是构造这个系统的 Hilbert 空间, 这是量子力学实际应用特别是一些近似模型的核心. 所以, 这个定理在实际问题中是很重要的, 我们将在本章给出运用它的一些例子.

§4.2 平移不变性模型

Hamilton 算符 描述平移不变系统, 选择 Descartes 直角坐标较方便, $q=(q_1,q_2,q_3)=(x,y,z)$. 平移不变系统的 Lagrange 函数 $L(q,\dot{q})$ 不依赖于空间坐标 q, 只含动能项,

$$L(q,\dot{q})=T(\dot{q}).$$

这里 q 是系统的直角坐标, $\dot{q}$ 则是相应的 *线性速度*. 考虑速度远小于光速 c 的非相对论情形,

$$\dot{q}\ll c,$$

可以把 $T(\dot{q})$ 展开成 $\dot{q}$ 的幂级数. 保留到 $\dot{q}$ 的二次项, 就有

$$L(q,\dot{q})=\frac{1}{2}\sum_{ij}\dot{q}_i m_{ij}\dot{q}_j+\sum_i A_i\dot{q}_i,$$

其中 (m_{ij}) 是与 q 无关的 **对称非奇异的实矩阵**, 联系于系统的惯性, 在空间转动下按二阶张量变换. (A_i) 是与 q 无关的实矢量, 通常联系于某种外场. 在上述展开式中没有 0 阶常数项, 它在 Lagrange 方程中不出现, 是没有意义的.

于是, 系统的正则共轭动量为

$$p_i=\frac{\partial L}{\partial\dot{q}_i}=\sum_j m_{ij}\dot{q}_j+A_i,$$

由它可以解出

$$\dot{q}_i=\sum_j(m^{-1})_{ij}(p_j-A_j),$$

其中 m^{-1} 是 m 的逆矩阵. *一般地说, 系统的线性速度是其正则共轭动量的线性函数, 但它们不一定有正比关系*. 把上式代入 Hamilton 函数的定义式, 就得到

$$H(p,q)=\sum_i p_i\dot{q}_i-L(q,\dot{q})=\frac{1}{2}\sum_{ij}(p_i-A_i)(m^{-1})_{ij}(p_j-A_j).$$

可以看出, 这个 Hamilton 函数与系统的空间坐标 q 无关, 是空间平移不变的.

相应的 Hamilton 算符为

$$\hat{H} = \frac{1}{2}\sum_{ij}(\hat{p}_i - A_i)(m^{-1})_{ij}(\hat{p}_j - A_j). \tag{2}$$

它与动量算符对易，系统具有能量和动量的共同本征态 $|Ep\rangle$,

$$\hat{H}|Ep\rangle = E|Ep\rangle, \qquad \hat{p}_i|Ep\rangle = p_i|Ep\rangle,$$

其中

$$E = E(\boldsymbol{p}) = \frac{1}{2}\sum_{ij}(p_i - A_i)(m^{-1})_{ij}(p_j - A_j). \tag{3}$$

这个态在坐标表象的波函数，就是动量本征态波函数，

$$\langle q|Ep\rangle = \frac{1}{(2\pi\hbar)^{3/2}}\mathrm{e}^{\mathrm{i}pq/\hbar}, \qquad pq = \sum_i p_i q_i. \tag{4}$$

$\hat{H}$ 的本征态波函数的完备性 容易证明 Hamilton 算符 (2) 有下限但无上界. 因为在坐标表象中 $\hat{p}_i = -\mathrm{i}\hbar\partial/\partial q_i$, 若取

$$\langle q|\psi\rangle \propto \mathrm{e}^{-q^2/\lambda^2},$$

则当 $\lambda \to \infty$ 时有 $\langle\hat{H}\rangle \to E(0)$, 而当 $\lambda \to 0$ 时有 $\langle\hat{H}\rangle \to \infty$,

$$\langle\hat{H}\rangle = \frac{\langle\psi|\hat{H}|\psi\rangle}{\langle\psi|\psi\rangle} \longrightarrow \begin{cases} E(0), & \lambda \to \infty, \\ \infty, & \lambda \to 0. \end{cases}$$

于是，根据 §4.1 定理 2, Hamilton 算符 (2) 的本征态波函数构成完备组. 其实，上面我们已经看到，Hamilton 算符 (2) 的本征态就是动量本征态，由 Fourier 积分的理论也可以知道在坐标表象中的动量本征态波函数 (4) 构成完备组.

例 1 自由粒子 对于自由粒子，没有外场，$A_i = 0$. 此外，粒子的运动应该是空间各向同性的，不存在一个特殊的方向，质量矩阵 (m_{ij}) 简化为一个常数 m 与单位矩阵的积，

$$(m_{ij}) = m\begin{pmatrix} 1 & 0 & 0 \\ 0 & 1 & 0 \\ 0 & 0 & 1 \end{pmatrix}.$$

于是，粒子的动量正比于速度，我们有

$$\boldsymbol{p} = m\dot{\boldsymbol{q}},$$

$$\hat{H} = \frac{\hat{p}^2}{2m}, \qquad E = \frac{p^2}{2m}.$$

例 2 固体能带中的电子 固体能带中的电子，其能量与动量的关系 $E = E(\boldsymbol{p})$ 不像自由粒子的 $E = p^2/2m$ 这么简单. 不过，在能带边界 $\boldsymbol{p} = \boldsymbol{b}$ 可以展开成幂级数，近似地写成 (3) 式，其中 $A_i = b_i$, 而质量矩阵 (m_{ij}) 依赖于能带边界

的动量 $\boldsymbol{b}$. 在动量空间作适当的转动，可以把质量矩阵对角化,

$$(m_{ij}) = \begin{pmatrix} m_1 & 0 & 0 \\ 0 & m_2 & 0 \\ 0 & 0 & m_3 \end{pmatrix},$$

其中

$$m_i = \frac{1}{\partial^2 E/\partial p_i^2}, \qquad i = 1, 2, 3,$$

m_i 称为 *有效质量*. 由于有效质量是一个张量，一般地说，电子动量方向与外力方向不同. 还应当指出，由于有效质量依赖于能带边界的动量 $\boldsymbol{b}$, 它反比于动量空间中能带边界曲面的曲率，既可以为正，也可以为负. 在能带底，函数 $E = E(\boldsymbol{p})$ 取极小，有效质量为正. 在能带顶，函数 $E = E(\boldsymbol{p})$ 取极大，有效质量为负①.

§4.3 球对称模型

1. 球极坐标中的 Hamilton 算符

算符 $\hat{r}$ 与 $\hat{p}_r$ 对于球对称情形，选取球极坐标 (r, θ, ϕ) 较方便. 本节采取的做法，是先写出 Descartes 直角坐标中的算符，然后再由坐标变换 $(x, y, z) = (x_1, x_2, x_3) \rightarrow (r, \theta, \phi)$ 变到球极坐标. 在 §4.5 中我们再来讨论直接在球极坐标中的做法.

我们可以定义

$$\hat{r} \equiv \sqrt{\hat{x}^2 + \hat{y}^2 + \hat{z}^2},$$

它是厄米的，本征值从 0 到 ∞. 可以证明，这样定义的 $\hat{r}$ 与轨道角动量算符 $\hat{\boldsymbol{l}}$ 对易，在空间转动下不变:

$$[\hat{r}, \hat{l}_x] = [\hat{r}, \hat{l}_y] = [\hat{r}, \hat{l}_z] = 0.$$

我们还可以定义

$$\hat{p}_r \equiv \frac{1}{2}\Big(\frac{1}{\hat{r}}\hat{\boldsymbol{r}} \cdot \hat{\boldsymbol{p}} + \hat{\boldsymbol{p}} \cdot \hat{\boldsymbol{r}}\frac{1}{\hat{r}}\Big).$$

这样定义的 $\hat{p}_r$ 也是厄米的，并且与 $\hat{\boldsymbol{l}}$ 对易，在空间转动下不变,

$$[\hat{p}_r, \hat{l}_x] = [\hat{p}_r, \hat{l}_y] = [\hat{p}_r, \hat{l}_z] = 0.$$

由于

$$\begin{aligned} \hat{\boldsymbol{p}} \cdot \hat{\boldsymbol{r}}\frac{1}{\hat{r}} &= (\hat{\boldsymbol{r}} \cdot \hat{\boldsymbol{p}} - 3\mathrm{i}\hbar)\frac{1}{\hat{r}} = \frac{1}{\hat{r}}\hat{\boldsymbol{r}} \cdot \hat{\boldsymbol{p}} - \hat{\boldsymbol{r}} \cdot \Big[\frac{1}{\hat{r}}, \hat{\boldsymbol{p}}\Big] - \frac{3\mathrm{i}\hbar}{\hat{r}} \\ &= \frac{1}{\hat{r}}\hat{\boldsymbol{r}} \cdot \hat{\boldsymbol{p}} - \frac{2\mathrm{i}\hbar}{\hat{r}}, \end{aligned}$$

① 阎守胜,《固体物理基础》第二版，北京大学出版社， 2003 年， 79 页.

我们有

$$\hat{p}_r = \frac{1}{\hat{r}}\hat{\boldsymbol{r}}\cdot\hat{\boldsymbol{p}} - \frac{\mathrm{i}\hbar}{\hat{r}}. \tag{5}$$

它给出 $\hat{r}\hat{p}_r = \hat{\boldsymbol{r}}\cdot\hat{\boldsymbol{p}} - \mathrm{i}\hbar$, 由此可以算得

$$\begin{aligned}\hat{r}[\hat{r},\hat{p}_r] &= [\hat{r},\hat{r}\hat{p}_r] = \sum_i[\hat{r},\hat{x}_i\hat{p}_i] = \sum_i \hat{x}_i[\hat{r},\hat{p}_i] \\ &= \mathrm{i}\hbar\sum_i \hat{x}_i\frac{\hat{x}_i}{\hat{r}} = \mathrm{i}\hbar\hat{r},\end{aligned}$$

因而有对易关系

$$[\hat{r},\hat{p}_r] = \mathrm{i}\hbar.$$

Hamilton 算符 球对称系统中，粒子的运动在空间是各向同性的，没有一个特殊的方向，系统的 Lagrange 函数不依赖于 θ 和 ϕ, 可以写成

$$L = \frac{p^2}{2m} - V(r).$$

相应的 Hamilton 算符为

$$\hat{H} = \frac{\hat{p}^2}{2m} + V(\hat{r}), \tag{6}$$

其中

$$\hat{p}^2 = \hat{p}_x^2 + \hat{p}_y^2 + \hat{p}_z^2.$$

由于系统具有球对称性，在空间转动下不变， $\hat{H}$ 与轨道角动量算符对易，$\hat{l}^2$ 是守恒量，我们可以设法用 $\hat{r}$, $\hat{p}_r^2$ 与 $\hat{l}^2$ 来表达 $\hat{p}^2$. 计算轨道角动量算符的平方，我们有

$$\begin{aligned}\hat{l}^2 &= \hat{\boldsymbol{l}}\cdot(\hat{\boldsymbol{r}}\times\hat{\boldsymbol{p}}) = (\hat{\boldsymbol{l}}\times\hat{\boldsymbol{r}})\cdot\hat{\boldsymbol{p}} = [(\hat{\boldsymbol{r}}\times\hat{\boldsymbol{p}})\times\hat{\boldsymbol{r}}]\cdot\hat{\boldsymbol{p}} \\ &= \sum_{ij}(\hat{x}_i\hat{p}_j\hat{x}_i\hat{p}_j - \hat{x}_j\hat{p}_i\hat{x}_i\hat{p}_j) = \sum_{ij}[\hat{x}_i(\hat{x}_i\hat{p}_j - \mathrm{i}\hbar\delta_{ij})\hat{p}_j - \hat{x}_j\hat{p}_i(\hat{p}_j\hat{x}_i + \mathrm{i}\hbar\delta_{ij})] \\ &= \hat{r}^2\hat{p}^2 - 2\mathrm{i}\hbar\hat{\boldsymbol{r}}\cdot\hat{\boldsymbol{p}} - (\hat{\boldsymbol{r}}\cdot\hat{\boldsymbol{p}})(\hat{\boldsymbol{p}}\cdot\hat{\boldsymbol{r}}) = \hat{r}^2\hat{p}^2 - (\hat{r}\hat{p}_r + \mathrm{i}\hbar)\hat{r}\hat{p}_r \\ &= \hat{r}^2\hat{p}^2 - \hat{r}^2\hat{p}_r^2.\end{aligned}$$

于是可以得到

$$\hat{H} = \frac{\hat{p}^2}{2m} + V(\hat{r}) = \frac{\hat{p}_r^2}{2m} + \frac{\hat{l}^2}{2m\hat{r}^2} + V(\hat{r}).$$

球极坐标表象 在以 $\{|r\theta\phi\rangle\}$ 为基矢的球极坐标表象中，上述 Hamilton 算符成为

$$\hat{H} = \frac{\hat{p}_r^2}{2m} + \frac{\hat{l}^2}{2mr^2} + V(r), \tag{7}$$

其中，$\hat{l}^2$ 的球极坐标表示在上一章 §3.3 中已经给出为

$$\hat{l}^2 = -\hbar^2\Big(\frac{1}{\sin\theta}\frac{\partial}{\partial\theta}\sin\theta\frac{\partial}{\partial\theta} + \frac{1}{\sin^2\theta}\frac{\partial^2}{\partial\phi^2}\Big),$$

而 $\hat{p}_r$ 的球极坐标表示可由 (5) 式写出为

$$\hat{p}_r = -\mathrm{i}\hbar\frac{\partial}{\partial r} - \frac{\mathrm{i}\hbar}{r}.$$

把它们代入 (7) 式，就得到

$$\hat{H} = -\frac{\hbar^2}{2m}\left[\frac{1}{r}\frac{\partial^2}{\partial r^2}r + \frac{1}{r^2}\Big(\frac{1}{\sin\theta}\frac{\partial}{\partial\theta}\sin\theta\frac{\partial}{\partial\theta} + \frac{1}{\sin^2\theta}\frac{\partial^2}{\partial\phi^2}\Big)\right] + V(r). \tag{8}$$

径向方程 由上式可以看出，它给出的 Schrödinger 方程在球极坐标 (r,θ,ϕ) 中可以求分离变量的解，

$$\psi(r,\theta,\phi) = R(r)\mathrm{Y}_{lm}(\theta,\phi),$$

其中球谐函数 $\mathrm{Y}_{lm}(\theta,\phi)$ 是 $\hat{l}^2$ 与 $\hat{l}_z$ 的共同本征态. 把上式代入由 (8) 式给出的定态 Schrödinger 方程，就有径向方程

$$\left[\frac{\hbar^2}{2m}\Big(-\frac{1}{r}\frac{\mathrm{d}^2}{\mathrm{d}r^2}r + \frac{l(l+1)}{r^2}\Big) + V(r)\right]R(r) = ER(r).$$

把径向波函数写成

$$R(r) = \frac{u(r)}{r},$$

径向方程就简化为 $u(r)$ 的方程

$$\left[-\frac{\hbar^2}{2m}\frac{\mathrm{d}^2}{\mathrm{d}r^2} + \frac{l(l+1)\hbar^2}{2mr^2} + V(r)\right]u(r) = Eu(r).$$

2. 波函数的单值性和本征态组的完备性

波函数的单值性 在上一章 §3.3 中我们已经从角动量本征值方程的解的完备性证明了 Schrödinger 波函数必须是单值函数. 现在我们再从角动量算符的厄米性来给出另一个证明. 在坐标表象中，角动量投影算符 $\hat{l}_z$ 的表示为

$$\hat{l}_z = -\mathrm{i}\hbar\frac{\partial}{\partial\phi}.$$

它的厄米性要求对于任意的态 $|\psi\rangle$ 和 $|\varphi\rangle$ 都有

$$\overline{\langle\psi|\hat{l}_z|\varphi\rangle} = \langle\varphi|\hat{l}_z|\psi\rangle. \tag{9}$$

在坐标表象中，上式左边成为

$$\int_0^{2\pi}\mathrm{d}\phi\psi(\phi)\Big(-\mathrm{i}\hbar\frac{\partial}{\partial\phi}\Big)^*\varphi^*(\phi) = \mathrm{i}\hbar[\varphi^*(2\pi)\psi(2\pi) - \varphi^*(0)\psi(0)] + \int_0^{2\pi}\mathrm{d}\phi\varphi^*(\phi)\Big(-\mathrm{i}\hbar\frac{\partial}{\partial\phi}\Big)\psi(\phi),$$

右边第二项正是 (9) 式右边在坐标表象中的表示. 于是, 要求 (9) 式成立, 就必须有

$$\varphi^*(2\pi)\psi(2\pi) - \varphi^*(0)\psi(0) = 0.$$

它给出

$$\frac{\psi(2\pi)}{\psi(0)} = \frac{\varphi^*(0)}{\varphi^*(2\pi)}, \tag{10}$$

要求上式对任意波函数 $\psi(\phi)$ 与 $\varphi(\phi)$ 都成立, 就必须有

$$\frac{\psi(2\pi)}{\psi(0)} = \frac{\varphi(2\pi)}{\varphi(0)} = \cdots = C, \qquad C^*C = 1.$$

显然 $\psi(\phi) =$ 常数是 $\hat{l}_z$ 的一个本征态, 本征值 $l_z = 0$, 由此就可定出上式中的 $C = 1$. 这就证明了在坐标表象中的波函数必须是单值的,

$$\psi(2\pi) = \psi(0).$$

本征态组的完备性 与 §4.2 例 1 前的那一段证明类似地, 可以看出算符 $-\hbar^2\partial^2/\partial\phi^2$ 没有上界, 由 §4.1 中的定理 2 可知它的本征函数

$$\varPhi(\phi) = \frac{1}{\sqrt{2\pi}}\mathrm{e}^{\mathrm{i}m\phi}, \qquad m = 0, \pm 1, \pm 2, \cdots$$

在空间 $0 \leqslant \phi \leqslant 2\pi$ 是完备的, 这正是通常的 Fourier 级数展开定理. 同样地, 算符 $-\hbar^2\nabla^2$ 没有上界, 它在单位球面 $0 \leqslant \theta \leqslant \pi$ 和 $0 \leqslant \phi \leqslant 2\pi$ 上的本征函数 $\mathrm{Y}_{lm}(\theta, \phi)$ 是完备的, 球谐函数构成单位球面上的完备组. 一般地, 若 Hamilton 算符 (6) 中的 $V(\hat{r})$ 有下限, 则其本征函数组是完备的.

3. Coulomb 场的束缚态解

经典力学的 Runge-Lenz 矢量 在经典力学中, 对于有心力场平方反比力

$$\boldsymbol{F} = -\frac{\kappa \boldsymbol{r}}{r^3},$$

从 Newton 第二定律容易证明下述 Runge-Lenz 矢量守恒:

$$\boldsymbol{e} = \frac{\boldsymbol{r}}{r} - \frac{\boldsymbol{p} \times \boldsymbol{l}}{\kappa m}.$$

此外, 还容易看出它与轨道角动量正交, $\boldsymbol{e} \cdot \boldsymbol{l} = 0$. 由于 $\boldsymbol{e}$ 与 $\boldsymbol{l}$ 互相正交并且守恒, 可以取 x 轴沿 $\boldsymbol{e}$ 方向, z 轴沿 $\boldsymbol{l}$ 方向. 由于角动量守恒, 粒子轨道在 xy 平面. 在上式两边点乘 $\boldsymbol{r}$, 有

$$er\cos\phi = r - \frac{\boldsymbol{r} \cdot (\boldsymbol{p} \times \boldsymbol{l})}{\kappa m} = r - \frac{l^2}{\kappa m}.$$

由此解得

$$r = \frac{l^2}{\kappa m}\frac{1}{1 - e\cos\phi},$$

这正是粒子的椭圆轨道方程，椭圆长轴沿 x 轴，坐标原点是椭圆左焦点， e 是椭圆偏心率，近日点在 $\phi=\pi$ 的 $-x$ 轴上，近日点距离

$$r_{\mathrm{m}}=\frac{l^2}{\kappa m(1+e)}.$$

于是，系统的能量可以用守恒量 l^2 和 e^2 写成

$$E=\frac{l^2}{2mr_{\mathrm{m}}^2}-\frac{\kappa}{r_{\mathrm{m}}}=-\frac{\kappa^2m(1-e^2)}{2l^2}.$$

对于有心力场，系统的角动量守恒，粒子的轨道处于一个固定的平面内．而对于平方反比力，则还有 Runge-Lenz 矢量守恒，它意味着粒子的轨道形成一个闭合的椭圆，椭圆长轴的方向和偏心率都不随时间改变．如果力场偏离与距离平方成反比的关系，

$$\boldsymbol{F}=-\frac{\kappa\boldsymbol{r}}{r^{3+\varepsilon}},$$

其中 ε 是一个小量，则粒子的轨道不再闭合，长轴将在运动平面内转动，近日点发生进动，粒子从近日点出发再回到近日点所转过的角度是 2π 加一小量．所以， Runge-Lenz 矢量是联系于平方反比力的一个特殊的守恒量．

一个重要公式 在讨论量子力学的 Runge-Lenz 矢量之前，我们先给出一个与轨道角动量算符有关的公式：

$$\hat{\boldsymbol{l}}\times\hat{\boldsymbol{A}}+\hat{\boldsymbol{A}}\times\hat{\boldsymbol{l}}=2\mathrm{i}\hbar\hat{\boldsymbol{A}},\qquad \hat{\boldsymbol{A}}=\hat{\boldsymbol{r}},\ \hat{\boldsymbol{p}},\ \hat{\boldsymbol{l}},\ \hat{\boldsymbol{r}}\times\hat{\boldsymbol{l}},\ \hat{\boldsymbol{p}}\times\hat{\boldsymbol{l}}. \tag{11}$$

对于 $\hat{\boldsymbol{A}}=\hat{\boldsymbol{r}}$，我们有

$$\begin{aligned}\hat{\boldsymbol{l}}\times\hat{\boldsymbol{r}}&=(\hat{\boldsymbol{r}}\times\hat{\boldsymbol{p}})\times\hat{\boldsymbol{r}}=-\hat{\boldsymbol{r}}(\hat{\boldsymbol{p}}\cdot\hat{\boldsymbol{r}})+\sum_{i,j}\hat{x}_i\hat{p}_j\boldsymbol{n}_j\hat{x}_i\\&=-\hat{\boldsymbol{r}}(\hat{\boldsymbol{p}}\cdot\hat{\boldsymbol{r}})+\sum_{i,j}\hat{x}_i(\hat{x}_i\hat{p}_j-\mathrm{i}\hbar\delta_{ij})\boldsymbol{n}_j\\&=-\hat{\boldsymbol{r}}(\hat{\boldsymbol{p}}\cdot\hat{\boldsymbol{r}})+\hat{r}^2\hat{\boldsymbol{p}}-\mathrm{i}\hbar\hat{\boldsymbol{r}},\end{aligned}$$

其中 $\boldsymbol{n}_j$ 是 x_j 轴方向的单位矢量．另一方面，

$$\begin{aligned}\hat{\boldsymbol{r}}\times\hat{\boldsymbol{l}}&=\hat{\boldsymbol{r}}\times(\hat{\boldsymbol{r}}\times\hat{\boldsymbol{p}})=\hat{\boldsymbol{r}}(\hat{\boldsymbol{r}}\cdot\hat{\boldsymbol{p}})-\hat{r}^2\hat{\boldsymbol{p}}\\&=\hat{\boldsymbol{r}}(\hat{\boldsymbol{p}}\cdot\hat{\boldsymbol{r}})+3\mathrm{i}\hbar\hat{\boldsymbol{r}}-\hat{r}^2\hat{\boldsymbol{p}},\end{aligned}$$

其中用到了 $\hat{\boldsymbol{r}}\cdot\hat{\boldsymbol{p}}=\hat{\boldsymbol{p}}\cdot\hat{\boldsymbol{r}}+3\mathrm{i}\hbar$. 把上述两式相加，就得到

$$\hat{\boldsymbol{l}}\times\hat{\boldsymbol{r}}+\hat{\boldsymbol{r}}\times\hat{\boldsymbol{l}}=2\mathrm{i}\hbar\hat{\boldsymbol{r}}.$$

类似地，可以证明 (11) 式对于 $\hat{\boldsymbol{A}}=\hat{\boldsymbol{p}}$, $\hat{\boldsymbol{l}}$, $\hat{\boldsymbol{r}}\times\hat{\boldsymbol{l}}$ 以及 $\hat{\boldsymbol{p}}\times\hat{\boldsymbol{l}}$ 也成立．把 (11) 式写成分量形式就可以看出，它正是轨道角动量算符与有关算符的对易关系．特别是，当 $\hat{\boldsymbol{A}}=\hat{\boldsymbol{l}}$ 时， (11) 式正是轨道角动量算符的基本对易关系．

量子力学的 Runge-Lenz 矢量 如果系统的 Hamilton 算符为

$$\hat{H}=\frac{\hat{p}^2}{2m}-\frac{\kappa}{\hat{r}},$$

则如下定义的矢量算符

$$\hat{\boldsymbol{e}}=\frac{\hat{\boldsymbol{r}}}{\hat{r}}-\frac{\hat{\boldsymbol{p}}\times\hat{\boldsymbol{l}}-\hat{\boldsymbol{l}}\times\hat{\boldsymbol{p}}}{2\kappa m} \tag{12}$$

与轨道角动量算符正交，

$$\hat{\boldsymbol{e}}\cdot\hat{\boldsymbol{l}}=\hat{\boldsymbol{l}}\cdot\hat{\boldsymbol{e}}=0,$$

并且是守恒的，

$$[\hat{\boldsymbol{e}},\hat{H}]=0.$$

先来证明 $\hat{\boldsymbol{e}}\cdot\hat{\boldsymbol{l}}=0$. 用 $\hat{\boldsymbol{A}}=\hat{\boldsymbol{p}}$ 的 (11) 式，可以把 (12) 式第二项的分子改写成

$$\hat{\boldsymbol{p}}\times\hat{\boldsymbol{l}}-\hat{\boldsymbol{l}}\times\hat{\boldsymbol{p}}=2\hat{\boldsymbol{p}}\times\hat{\boldsymbol{l}}-2\mathrm{i}\hbar\hat{\boldsymbol{p}}=-2\hat{\boldsymbol{l}}\times\hat{\boldsymbol{p}}+2\mathrm{i}\hbar\hat{\boldsymbol{p}}.$$

不难看出，$\hat{\boldsymbol{r}}\cdot\hat{\boldsymbol{l}}=\hat{\boldsymbol{p}}\cdot\hat{\boldsymbol{l}}=(\hat{\boldsymbol{p}}\times\hat{\boldsymbol{l}})\cdot\hat{\boldsymbol{l}}=0$, 于是有 $\hat{\boldsymbol{e}}\cdot\hat{\boldsymbol{l}}=0$. 类似地也有 $\hat{\boldsymbol{l}}\cdot\hat{\boldsymbol{e}}=0$.

我们再来证明 $[\hat{\boldsymbol{e}},\hat{H}]=0$. 可以算出

$$\begin{aligned}\Big[\frac{\hat{\boldsymbol{r}}}{\hat{r}},\hat{p}^2\Big]&=\frac{1}{\hat{r}}[\hat{\boldsymbol{r}},\hat{p}^2]+\Big[\frac{1}{\hat{r}},\hat{p}^2\Big]\hat{\boldsymbol{r}}=\frac{2\mathrm{i}\hbar}{\hat{r}}\hat{\boldsymbol{p}}-\mathrm{i}\hbar\Big(\hat{\boldsymbol{p}}\cdot\frac{\hat{\boldsymbol{r}}}{\hat{r}^3}+\frac{\hat{\boldsymbol{r}}}{\hat{r}^3}\cdot\hat{\boldsymbol{p}}\Big)\hat{\boldsymbol{r}}\\&=\frac{2\mathrm{i}\hbar}{\hat{r}}\hat{\boldsymbol{p}}-\frac{2\mathrm{i}\hbar}{\hat{r}^3}(\hat{\boldsymbol{r}}\cdot\hat{\boldsymbol{p}})\hat{\boldsymbol{r}},\end{aligned}$$

其中用到了第一章 §1.4 中的基本公式

$$[\hat{F},\hat{p}_s]=\mathrm{i}\hbar\frac{\partial\hat{F}}{\partial\hat{q}_s},$$

以及

$$\hat{\boldsymbol{p}}\cdot\frac{\hat{\boldsymbol{r}}}{\hat{r}^3}-\frac{\hat{\boldsymbol{r}}}{\hat{r}^3}\cdot\hat{\boldsymbol{p}}=-\sum_i\Big[\frac{\hat{x}_i}{\hat{r}^3},\hat{p}_i\Big]=-\mathrm{i}\hbar\sum_i\Big(\frac{1}{\hat{r}^3}-\frac{3\hat{x}_i^2}{\hat{r}^5}\Big)=0.$$

另一方面，我们又有

$$\begin{aligned}\Big[\hat{\boldsymbol{p}}\times\hat{\boldsymbol{l}}-\hat{\boldsymbol{l}}\times\hat{\boldsymbol{p}},\frac{1}{\hat{r}}\Big]&=-2\mathrm{i}\hbar\Big[\hat{\boldsymbol{p}},\frac{1}{\hat{r}}\Big]+2\Big[\hat{\boldsymbol{p}}\times\hat{\boldsymbol{l}},\frac{1}{\hat{r}}\Big]=\frac{2\hbar^2\hat{\boldsymbol{r}}}{\hat{r}^3}-2\Big[\frac{1}{\hat{r}},\hat{\boldsymbol{p}}\Big]\times\hat{\boldsymbol{l}}\\&=\frac{2\hbar^2\hat{\boldsymbol{r}}}{\hat{r}^3}+\frac{2\mathrm{i}\hbar}{\hat{r}^3}\hat{\boldsymbol{r}}\times(\hat{\boldsymbol{r}}\times\hat{\boldsymbol{p}})=-\frac{2\mathrm{i}\hbar}{\hat{r}}\hat{\boldsymbol{p}}+\frac{2\mathrm{i}\hbar}{\hat{r}^3}(\hat{\boldsymbol{r}}\cdot\hat{\boldsymbol{p}})\hat{\boldsymbol{r}},\end{aligned}$$

其中

$$\hat{\boldsymbol{r}}\times(\hat{\boldsymbol{r}}\times\hat{\boldsymbol{p}})=\sum_{ij}\hat{x}_i\hat{x}_j\boldsymbol{n}_j\hat{p}_i-\hat{r}^2\hat{\boldsymbol{p}}=(\hat{\boldsymbol{r}}\cdot\hat{\boldsymbol{p}})\hat{\boldsymbol{r}}+\mathrm{i}\hbar\hat{\boldsymbol{r}}-\hat{r}^2\hat{\boldsymbol{p}}.$$

于是，代入上面得到的结果，就有

$$[\hat{\boldsymbol{e}},\hat{H}]=\Big[\hat{\boldsymbol{e}},\frac{\hat{p}^2}{2m}-\frac{\kappa}{\hat{r}}\Big]=\frac{1}{2m}\Big[\frac{\hat{\boldsymbol{r}}}{\hat{r}},\hat{p}^2\Big]+\frac{1}{2m}\Big[\hat{\boldsymbol{p}}\times\hat{\boldsymbol{l}}-\hat{\boldsymbol{l}}\times\hat{\boldsymbol{p}},\frac{1}{\hat{r}}\Big]=0.$$

$\hat{\boldsymbol{e}}$ 的其他性质 首先，我们来算 $\hat{\boldsymbol{e}}$ 的平方. 由于 $\hat{\boldsymbol{e}}$ 与 $\hat{\boldsymbol{l}}$ 是守恒量，并且互相

正交，可以期待能用 $\hat{e}^2$ 与 $\hat{l}^2$ 来表示系统的 Hamilton 算符 $\hat{H}$.

$$\begin{aligned}\hat{e}^2 &= \left(\frac{\hat{\boldsymbol{r}}}{\hat{r}} - \frac{\hat{\boldsymbol{p}}\times\hat{\boldsymbol{l}} - \mathrm{i}\hbar\hat{\boldsymbol{p}}}{\kappa m}\right)^2 = 1 - \frac{\hat{\boldsymbol{r}}}{\hat{r}}\cdot\frac{\hat{\boldsymbol{p}}\times\hat{\boldsymbol{l}} - \mathrm{i}\hbar\hat{\boldsymbol{p}}}{\kappa m} - \frac{\hat{\boldsymbol{p}}\times\hat{\boldsymbol{l}} - \mathrm{i}\hbar\hat{\boldsymbol{p}}}{\kappa m}\cdot\frac{\hat{\boldsymbol{r}}}{\hat{r}} + \left(\frac{\hat{\boldsymbol{p}}\times\hat{\boldsymbol{l}} - \mathrm{i}\hbar\hat{\boldsymbol{p}}}{\kappa m}\right)^2 \\ &= 1 - \frac{2}{\kappa m}\frac{\hat{l}^2+\hbar^2}{\hat{r}} + \frac{\hat{p}^2(\hat{l}^2+\hbar^2)}{\kappa^2 m^2} = 1 + \frac{2}{\kappa^2 m}\hat{H}(\hat{l}^2+\hbar^2), \qquad (13)\end{aligned}$$

其中用到了

$$\begin{aligned}\frac{\hat{\boldsymbol{r}}}{\hat{r}}\cdot\hat{\boldsymbol{p}} - \hat{\boldsymbol{p}}\cdot\frac{\hat{\boldsymbol{r}}}{\hat{r}} &= \sum_i \left[\frac{\hat{x}_i}{\hat{r}}, \hat{p}_i\right] = \mathrm{i}\hbar\sum_i\left(\frac{1}{\hat{r}} - \frac{\hat{x}_i^2}{\hat{r}^3}\right) = \frac{2\mathrm{i}\hbar}{\hat{r}}, \\ (\hat{\boldsymbol{l}}\times\hat{\boldsymbol{p}})\cdot(\hat{\boldsymbol{p}}\times\hat{\boldsymbol{l}}) &= \hat{\boldsymbol{l}}\cdot[\hat{\boldsymbol{p}}\times(\hat{\boldsymbol{p}}\times\hat{\boldsymbol{l}})] = \hat{\boldsymbol{l}}\cdot[\hat{\boldsymbol{p}}(\hat{\boldsymbol{p}}\cdot\hat{\boldsymbol{l}}) - \hat{p}^2\hat{\boldsymbol{l}}] = -\hat{p}^2\hat{l}^2.\end{aligned}$$

其次，我们来算 $\hat{\boldsymbol{e}}$ 的对易关系：

$$\begin{aligned}\hat{\boldsymbol{e}}\times\hat{\boldsymbol{e}} &= \left(\frac{\hat{\boldsymbol{r}}}{\hat{r}} - \frac{\mathrm{i}\hbar\hat{\boldsymbol{p}} - \hat{\boldsymbol{l}}\times\hat{\boldsymbol{p}}}{\kappa m}\right)\times\left(\frac{\hat{\boldsymbol{r}}}{\hat{r}} - \frac{\hat{\boldsymbol{p}}\times\hat{\boldsymbol{l}} - \mathrm{i}\hbar\hat{\boldsymbol{p}}}{\kappa m}\right) \\ &= \frac{(\mathrm{i}\hbar\hat{\boldsymbol{p}} - \hat{\boldsymbol{l}}\times\hat{\boldsymbol{p}})\times(\hat{\boldsymbol{p}}\times\hat{\boldsymbol{l}} - \mathrm{i}\hbar\hat{\boldsymbol{p}})}{\kappa^2 m^2} - \frac{\hat{\boldsymbol{r}}}{\hat{r}}\times\frac{\hat{\boldsymbol{p}}\times\hat{\boldsymbol{l}} - \mathrm{i}\hbar\hat{\boldsymbol{p}}}{\kappa m} - \frac{\mathrm{i}\hbar\hat{\boldsymbol{p}} - \hat{\boldsymbol{l}}\times\hat{\boldsymbol{p}}}{\kappa m}\times\frac{\hat{\boldsymbol{r}}}{\hat{r}} \\ &= -\frac{\mathrm{i}\hbar\hat{p}^2\hat{\boldsymbol{l}}}{\kappa^2 m^2} + \frac{2\mathrm{i}\hbar\hat{\boldsymbol{l}}}{\kappa m\hat{r}} = -\frac{2\mathrm{i}\hbar}{\kappa^2 m}\hat{H}\hat{\boldsymbol{l}}, \qquad (14)\end{aligned}$$

其中用到了

$$\begin{aligned}&\hat{\boldsymbol{l}}\times\hat{\boldsymbol{p}} = (\hat{\boldsymbol{r}}\times\hat{\boldsymbol{p}})\times\hat{\boldsymbol{p}} = -\hat{\boldsymbol{r}}\hat{p}^2 + (\hat{\boldsymbol{r}}\cdot\hat{\boldsymbol{p}})\hat{\boldsymbol{p}} = -\hat{p}^2\hat{\boldsymbol{r}} + (\hat{\boldsymbol{r}}\cdot\hat{\boldsymbol{p}} - 2\mathrm{i}\hbar)\hat{\mathbf{p}}, \\ &\hat{\boldsymbol{p}}\times\hat{\boldsymbol{l}} = -\hat{\boldsymbol{l}}\times\hat{\boldsymbol{p}} + 2\mathrm{i}\hbar\hat{\boldsymbol{p}} = \hat{\boldsymbol{r}}\hat{p}^2 - \hat{\boldsymbol{p}}(\hat{\boldsymbol{r}}\cdot\hat{\boldsymbol{p}} - \mathrm{i}\hbar), \\ &[\hat{\boldsymbol{r}}, \hat{p}^2] = 2\mathrm{i}\hbar\hat{\boldsymbol{p}}, \\ &[\hat{\boldsymbol{r}}\cdot\hat{\boldsymbol{p}}, \hat{p}^2] = [\hat{\boldsymbol{r}}, \hat{p}^2]\cdot\hat{\boldsymbol{p}} = 2\mathrm{i}\hbar\hat{p}^2, \\ &(\hat{\boldsymbol{l}}\times\hat{\boldsymbol{p}})\times(\hat{\boldsymbol{p}}\times\hat{\boldsymbol{l}}) = [-\hat{p}^2\hat{\boldsymbol{r}} + (\hat{\boldsymbol{r}}\cdot\hat{\boldsymbol{p}} - 2\mathrm{i}\hbar)\hat{\boldsymbol{p}}]\times(\hat{\boldsymbol{p}}\times\hat{\boldsymbol{l}}) \\ &\qquad = -\hat{p}^2\hat{\boldsymbol{r}}\times(\hat{\boldsymbol{p}}\times\hat{\boldsymbol{l}}) - (\hat{\boldsymbol{r}}\cdot\hat{\boldsymbol{p}} - 2\mathrm{i}\hbar)\hat{p}^2\hat{\boldsymbol{l}} \\ &\qquad = \hat{\boldsymbol{l}}\hat{p}^2(\hat{\boldsymbol{r}}\cdot\hat{\boldsymbol{p}}) - (\hat{\boldsymbol{r}}\cdot\hat{\boldsymbol{p}})\hat{p}^2\hat{\boldsymbol{l}} + \mathrm{i}\hbar\hat{p}^2\hat{\boldsymbol{l}} = -\mathrm{i}\hbar\hat{p}^2\hat{\boldsymbol{l}}.\end{aligned}$$

省掉的步骤没有什么特别的技巧，只要细心和有耐性，就可以算出最后的结果. 需要注意的是，算符一般是不可对易的，在交换两个算符的次序时一定要小心.

我们再来写出 $\hat{\boldsymbol{e}}$ 与 $\hat{\boldsymbol{l}}$ 的对易关系. 由于 $\hat{\boldsymbol{e}}$ 是 $\hat{\boldsymbol{r}}$ 和 $\hat{\boldsymbol{p}}$ 以及 $\hat{\boldsymbol{p}}\times\hat{\boldsymbol{l}}$ 的线性叠加，运用公式 (11) 就可得到

$$\hat{\boldsymbol{l}}\times\hat{\boldsymbol{e}} + \hat{\boldsymbol{e}}\times\hat{\boldsymbol{l}} = 2\mathrm{i}\hbar\hat{\boldsymbol{e}}. \qquad (15)$$

束缚态能级的解 引入算符

$$\hat{\boldsymbol{a}} = \sqrt{-\frac{\kappa^2 m}{2\hat{H}}}\,\hat{\boldsymbol{e}}, \qquad (16)$$

对易关系 (15) 和 (14) 就成为

$$\hat{\boldsymbol{l}} \times \hat{\boldsymbol{a}} + \hat{\boldsymbol{a}} \times \hat{\boldsymbol{l}} = 2\mathrm{i}\hbar\hat{\boldsymbol{a}}, \tag{17}$$

$$\hat{\boldsymbol{a}} \times \hat{\boldsymbol{a}} = \mathrm{i}\hbar\hat{\boldsymbol{l}}, \tag{18}$$

(13) 式可以改写成

$$\hat{H} = -\frac{\kappa^2 m}{2(4\hat{I}^2 + \hbar^2)}, \tag{19}$$

其中

$$\hat{\boldsymbol{I}} = \frac{1}{2}(\hat{\boldsymbol{l}} + \hat{\boldsymbol{a}}).$$

再引入

$$\hat{\boldsymbol{K}} = \frac{1}{2}(\hat{\boldsymbol{l}} - \hat{\boldsymbol{a}}),$$

可以得到

$$\hat{I}^2 = \hat{K}^2 = \frac{1}{4}(\hat{l}^2 + \hat{a}^2).$$

用公式 (11) 以及 (17) 和 (18), 还可得到它们的对易关系

$$[\hat{I}_i, \hat{K}_j] = 0,$$

$$\hat{\boldsymbol{I}} \times \hat{\boldsymbol{I}} = \mathrm{i}\hbar\hat{\boldsymbol{I}},$$

$$\hat{\boldsymbol{K}} \times \hat{\boldsymbol{K}} = \mathrm{i}\hbar\hat{\boldsymbol{K}}.$$

对于系统的束缚态，能量本征值 $E < 0$. 考虑 E 取确定值的简并态空间， (16) 式中的 $\hat{H}$ 可以换成 E, $\hat{\boldsymbol{a}}$ 是厄米的，上面这些对易关系与两组互相独立的角动量算符相同，若把它们的量子数分别记为 I 与 K, 就有本征值

$$I, K = 0,\ \frac{1}{2},\ 1,\ \frac{3}{2},\ \cdots.$$

于是 (19) 式给出本征值

$$E_n = -\frac{\kappa^2 m}{2n^2\hbar^2}, \tag{20}$$

其中 主量子数

$$n = 2I + 1 = 1,\ 2,\ 3,\ \cdots.$$

对于散射态， $E > 0$, (16) 式定义的 $\hat{\boldsymbol{a}}$ 不是厄米的，上述解法就不适用. 此外，如果不是平方反比力，虽然仍有 (13) 和 (14) 式以及上述的结果，但其中的

$$\hat{H} = \frac{\hat{p}^2}{2m} - \frac{\kappa}{\hat{r}}$$

不是系统的 Hamilton 算符，不一定是守恒量，上述解法也就失去意义.

能级的简并度 在上面我们看到，能级 E_n 完全由 $\hat{\boldsymbol{I}}$ 的大小 I 来确定. 在 I 一定时， $\hat{\boldsymbol{I}}$ 的方向还有 $2I + 1$ 个选择. 而在 $\hat{\boldsymbol{I}}$ 的大小和方向都确定时，由于

$\hat{K}^2=\hat{I}^2$, $\hat{\boldsymbol{K}}$ 的大小也是 I, 而其方向还有 $2I+1$ 个选择. 所以, 给定能级 E_n 的简并度是

$$f=(2I+1)^2=n^2.$$

如果粒子有自旋, 则上式中还应乘以在自旋空间的简并度.

在另一方面我们可以看出, 由于 $\hat{\boldsymbol{l}}=\hat{\boldsymbol{I}}+\hat{\boldsymbol{K}}$ 以及 $\hat{I}^2=\hat{K}^2$, 所以轨道角动量 $\hat{\boldsymbol{l}}$ 可以看成是两个大小相等的角动量 $\hat{\boldsymbol{I}}$ 与 $\hat{\boldsymbol{K}}$ 之和, 其量子数只能是 0 或正整数,

$$l=0,\ 1,\ 2,\ \cdots.$$

由于 $\hat{H}$ 只依赖于 $\hat{I}^2$, 不依赖于轨道角动量 $\hat{\boldsymbol{l}}$, 能级对于不同的轨道角动量本征态 $|lm\rangle$ 是简并的. I 一定时, 轨道量子数最小为 $I-I=0$, 最大为 $I+I=n-1$,

$$l=0,\ 1,\ 2,\ \cdots,\ n-1,$$

而 l 一定时 m 有从 $-l$ 到 l 的 $2l+1$ 个取值, 这样算出的能级简并度也是

$$f=\sum_{l=0}^{n-1}(2l+1)=n^2.$$

如果系统只有球对称性, 能级一般地说依赖于轨道角动量的大小 l, 简并只来自轨道角动量的方向, 简并度 $f=2l+1$, 比 n^2 小得多. 这就表明, 平方反比力系统的 Hamilton 算符一定具有比球对称性要高的对称性.

动力学对称性 从算符的对易关系和上一章 §3.2 可以看出, $\{\hat{I}_1,\hat{I}_2,\hat{I}_3\}$ 和 $\{\hat{K}_1,\hat{K}_2,\hat{K}_3\}$ 分别是生成 3 维空间转动 SO(3) 的厄米算符. 数学的研究进一步表明, 这 6 个算符合起来是生成 4 维空间转动 SO(4) 的厄米算符. 所以, 平方反比力系统的 Hamilton 算符不仅具有 3 维空间转动 SO(3) 的球对称性, 还具有更高的 SO(4) 对称性. 守恒量 $\boldsymbol{l}$ 属于 SO(3) 对称性, 而守恒量 $\hat{e}$ 则属于 SO(4) 对称性.

这种*由于系统特有的动力学性质所赋予 Hamilton 算符的对称性, 称为动力学对称性*. 我们在上一章 §3.7 已经给出动力学对称性的一个例子: 体系的 Hamilton 算符在全同粒子交换下不变, 与此相应地, 交换算符是守恒量. 我们在这里给出的例子则告诉我们, 可以通过对称性分析来找出系统的守恒量.

上一章讨论的*时空对称性*, 联系于系统的运动学性质, 可以对应地称之为*运动学对称性*. 需要指出, 系统的运动学对称性, 比如这里所讨论的球对称性, 也是系统 Hamilton 算符所特有的性质, 而不是时空本身的性质.

§4.4 简谐振子

1. 一般性讨论

Hamilton 算符与正则量子化 一个经典系统在稳定平衡点附近做小振动的 Lagrange 函数可以近似写成[①]

$$L(q,\dot{q})=\frac{1}{2}\sum_{ij}(\dot{q}_i m_{ij}\dot{q}_j-q_i k_{ij} q_j),$$

其中实矩阵 (m_{ij}) 和 (k_{ij}) 是对称的，一般地依赖于平衡点的坐标. 假设已经变换到 *简正坐标*, 则 (m_{ij}) 与 (k_{ij}) 都是对角化的，上式简化成

$$L(q,\dot{q})=\frac{1}{2}\sum_{i}(m_i\dot{q}_i^2-k_i q_i^2),$$

不同简正模式的振动之间没有耦合，是互相独立的. 要求平衡是稳定的，m_i 和 k_i 就都是正的. 变换到正则形式，就有

$$p_i=\frac{\partial L}{\partial \dot{q}_i}=m_i\dot{q}_i,$$

$$H(p,q)=\sum_i p_i\dot{q}_i-L=\sum_i\Big(\frac{p_i^2}{2m_i}+\frac{1}{2}k_i q_i^2\Big).$$

运用正则量子化规则，系统的 Hamilton 算符就是

$$\hat{H}=\sum_i\Big(\frac{\hat{p}_i^2}{2m_i}+\frac{1}{2}k_i\hat{q}_i^2\Big), \tag{21}$$

其中正则坐标算符 $\hat{q}_i$ 与正则共轭动量算符 $\hat{p}_i$ 满足正则对易关系

$$[\hat{q}_i,\hat{q}_j]=[\hat{p}_i,\hat{p}_j]=0,\qquad [\hat{q}_i,\hat{p}_j]=\mathrm{i}\hbar\delta_{ij}.$$

能量本征值 我们在这里可以用第二章 §2.4 引入的移位算符

$$\hat{a}_i=\frac{1}{\sqrt{2}}\Big(\alpha_i\hat{q}_i+\frac{\mathrm{i}}{\hbar\alpha_i}\hat{p}_i\Big),\qquad \hat{a}_i^\dagger=\frac{1}{\sqrt{2}}\Big(\alpha_i\hat{q}_i-\frac{\mathrm{i}}{\hbar\alpha_i}\hat{p}_i\Big),$$

其中取

$$\alpha_i=\sqrt{\frac{m_i\omega_i}{\hbar}},$$

ω_i 是第 i 个简正模式的 *经典圆频率*,

$$\omega_i=\sqrt{\frac{k_i}{m_i}}.$$

于是，在 Hamilton 算符 (21) 中代入

$$\hat{q}_i=\frac{1}{\sqrt{2}\alpha_i}(\hat{a}_i+\hat{a}_i^\dagger),\qquad \hat{p}_i=-\frac{\mathrm{i}\hbar\alpha_i}{\sqrt{2}}(\hat{a}_i-\hat{a}_i^\dagger),$$

---

① 胡慧玲，林纯镇，吴惟敏，《理论力学基础教程》，高等教育出版社，1986 年，330 页.

就有

$$\hat{H} = \frac{1}{2}\sum_i (\hat{a}_i\hat{a}_i^\dagger + \hat{a}_i^\dagger\hat{a}_i)\hbar\omega_i = \sum_i \Big(\hat{n}_i + \frac{1}{2}\Big)\hbar\omega_i, \tag{22}$$

其中 $\hat{n}_i = \hat{a}_i^\dagger\hat{a}_i$, 移位算符有对易关系

$$[\hat{a}_i, \hat{a}_j] = [\hat{a}_i^\dagger, \hat{a}_j^\dagger] = 0, \qquad [\hat{a}_i, \hat{a}_j^\dagger] = \delta_{ij}.$$

上式表明, 不同简正模式的 $\hat{n}_i$ 是互相对易的, 所以 $\{\hat{n}_i\}$ 与 (22) 式的 $\hat{H}$ 对易, $\{\hat{n}_i\}$ 的共同本征态也就是 $\hat{H}$ 的本征态,

$$\hat{H}|n_1n_2\cdots n_N\rangle = E_n|n_1n_2\cdots n_N\rangle,$$

本征值

$$E_n = \sum_i \Big(n_i + \frac{1}{2}\Big)\hbar\omega_i, \qquad n_i = 0,\ 1,\ 2,\ \cdots.$$

所以, (22) 式的 $\hat{H}$ *描写一组振动量子的集合, $\hat{a}_i^\dagger$ 和 $\hat{a}_i$ 分别是第 i 种振动量子的产生和湮灭算符, 居位数 $\hat{n}_i = \hat{a}_i^\dagger\hat{a}_i$ 是这种量子的数目算符, $\hbar\omega_i$ 是每个这种量子带有的能量.*

能量本征态 用第二章 §2.4 给出的公式, 可以把本征态 $|n_1n_2\cdots n_N\rangle$ 写成

$$|n_1n_2\cdots n_N\rangle = \prod_i \frac{(\hat{a}_i^\dagger)^{n_i}}{\sqrt{n_i!}}|0\rangle,$$

其中 $|0\rangle$ 是系统能量本征值最小的基态

$$\hat{n}_i|0\rangle = 0, \qquad \hat{H}|0\rangle = \frac{1}{2}\sum_i \hbar\omega_i|0\rangle.$$

用 §2.4 给出的公式, 还可写出本征态 $|n_1n_2\cdots n_N\rangle$ 在简正坐标表象的波函数,

$$\begin{aligned}\varphi_n(q) &= \langle q_N\cdots q_2q_1|n_1n_2\cdots n_N\rangle = \prod_i \varphi_{n_i}(q_i)\\ &= \prod_i \Big(\frac{\alpha_i}{\sqrt{\pi}\,2^{n_i}n_i!}\Big)^{1/2}\mathrm{e}^{-\alpha_i^2q_i^2/2}\mathrm{H}_{n_i}(\alpha_iq_i).\end{aligned}$$

2. 三维球对称简谐振子

能级的简并 考虑在球对称抛物线势场中的粒子, 我们有

$$\hat{H} = \frac{\hat{p}^2}{2m} + \frac{1}{2}m\omega^2\hat{r}^2, \tag{23}$$

其中

$$\hat{r}^2 = \hat{x}^2 + \hat{y}^2 + \hat{z}^2, \qquad \hat{p}^2 = \hat{p}_x^2 + \hat{p}_y^2 + \hat{p}_z^2,$$

x,y,z 是三维空间的 Descartes 直角坐标, 系统的自由度 $N = 3$. 于是, 系统的

Hamilton 算符可以写成

$$\hat{H} = \left(\hat{n}_1 + \hat{n}_2 + \hat{n}_3 + \frac{3}{2}\right)\hbar\omega = \left(\hat{n} + \frac{3}{2}\right)\hbar\omega, \tag{24}$$

其中

$$\hat{n} = \hat{n}_1 + \hat{n}_2 + \hat{n}_3 = \hat{a}_1^\dagger\hat{a}_1 + \hat{a}_2^\dagger\hat{a}_2 + \hat{a}_3^\dagger\hat{a}_3,$$

从而系统的能量本征值为

$$E_n = \sum_{i=1}^{3}\left(n_i + \frac{1}{2}\right)\hbar\omega = \left(n_1 + n_2 + n_3 + \frac{3}{2}\right)\hbar\omega = \left(n + \frac{3}{2}\right)\hbar\omega,$$

其中

$$n = n_1 + n_2 + n_3, \qquad n_i = 0,\ 1,\ 2,\ \cdots.$$

显然，除了 $n=0$ 的基态以外，所有 $n>0$ 的激发态都是简并的．对于一个给定的 n, n_1 和 n_2 以及 n_3 都可以取从 0 到 n 的值，但要求它们的和等于 n. 能级 E_n 的简并数，就是把 n 个量子分配给 3 个自由度的方式数．考虑到分给每一个自由度的量子数可以是 0, 就能算出这个方式数为

$$f = \sum_{n_1=0}^{n}(n - n_1 + 1) = \frac{1}{2}(n+2)(n+1).$$

宇称 由于产生和湮灭算符 $\hat{a}_i^\dagger$ 和 $\hat{a}_i$ 是坐标和动量算符 $\hat{x}_i$ 和 $\hat{p}_i$ 的线性组合，而 $\hat{x}_i$ 和 $\hat{p}_i$ 都是极矢量，所以 $\hat{a}_i^\dagger$ 和 $\hat{a}_i$ 也是极矢量，与空间反射算符 $\hat{P}$ 反对易，

$$\hat{P}\hat{a}_i^\dagger\hat{P}^{-1} = -\hat{a}_i^\dagger, \qquad \hat{P}\hat{a}_i\hat{P}^{-1} = -\hat{a}_i.$$

于是，如果我们假定基态 $|0\rangle$ 的宇称为正，

$$\hat{P}|0\rangle = |0\rangle,$$

就有

$$\hat{P}|n_1n_2n_3\rangle = \hat{P}\frac{(\hat{a}_1^\dagger)^{n_1}(\hat{a}_2^\dagger)^{n_2}(\hat{a}_3^\dagger)^{n_3}}{\sqrt{n_1!n_2!n_3!}}|0\rangle = (-1)^n|0\rangle.$$

这就表明，*每个振动量子带有 -1 的宇称，能级 E_n 的宇称是 $(-1)^n$, 相差一个能量子的两个能级宇称相反.*

简并态的分类 Hamilton 算符 (23) 式具有 3 维空间转动 SO(3) 的球对称性，l 是守恒量，属于能级 E_n 的简并态不仅可以用 3 个方向的振动量子数 n_1, n_2 和 n_3 来分类，也可以用轨道角动量的量子数 l 和 m 来分类．换句话说，我们既可以选择 $\{|n_1n_2n_3\rangle\}$ 表象，也可以选择 $\{|nlm\rangle\}$ 表象．需要注意的是，能级只依赖于 n, 不依赖于 l, 对于给定的能级 E_n, l 还可以有不同的选择．考虑到能级 E_n 一定时，n 有确定值，系统的宇称一定，l 必须与 n 具有相同的奇偶性．再要求这两个简并态空间的维数一样，就可以把 l 的取值完全确定．例如 $n=2$

的简并度 $f=6$, 宇称为偶, l 可以取 0 和 2. $l=0$ 的态数为 1, $l=2$ 的态数为 5, 张成 6 维简并态空间. 又如 $n=3$ 的简并度 $f=10$, l 可以取 1 和 3, 由 3 个 $l=1$ 的态和 7 个 $l=3$ 的态构成 10 维简并态空间.

实际上, Hamilton 算符 (23) 式具有比 SO(3) 更高的对称性. 从 (24) 式可以看出, 用 3×3 的幺正矩阵 U(3) 对 3 维复矢量 $(\hat{a}_1^\dagger, \hat{a}_2^\dagger, \hat{a}_3^\dagger)$ 作变换时, $\hat{H}$ 不变, 所以它具有 U(3) 的对称性. 更一般地, (21) 或 (22) 式的 N 维简谐振子具有 U(N) 的对称性. 简谐振子的这种对称性, 也是一种动力学对称性.

一般的 3 维复矩阵 A 有 2×9 个实参数. 幺正矩阵有 9 个条件

$$A^\dagger A = 1,$$

所以幺正矩阵 U(3) 只有 9 个实参数. 相应的厄米算符有 9 个. 可以证明, 由下列 9 个算符

$$\hat{a}_1^\dagger\hat{a}_1,\quad \hat{a}_1^\dagger\hat{a}_2,\quad \hat{a}_1^\dagger\hat{a}_3,\quad \hat{a}_2^\dagger\hat{a}_1,\quad \hat{a}_2^\dagger\hat{a}_2,\quad \hat{a}_2^\dagger\hat{a}_3,\quad \hat{a}_3^\dagger\hat{a}_1,\quad \hat{a}_3^\dagger\hat{a}_2,\quad \hat{a}_3^\dagger\hat{a}_3$$

可以构成生成 U(3) 转动的算符. 它们都与 $\hat{n}$ 对易, 保持 n 不变, 是作用于能量一定的简并态空间的算符.

除了算符 $\hat{n}$ 以外, 用上述算符还可以构成 8 个独立的算符. 其中 3 个为

$$\hat{\boldsymbol{l}} = -\mathrm{i}\hbar\hat{\boldsymbol{a}}^\dagger \times \hat{\boldsymbol{a}}.$$

其余 5 个有不同的选择, 我们就不一一写出. 我们不打算深入群论的细节, 只想在这里指出, 上述讨论表明, 与 U(3) 对称性相应的守恒量有: $\hat{n}$, $\hat{l}^2$, $\hat{l}_3$. 于是, 我们可以用量子数 l 与 m 来对能级的简并态分类, 正像我们前面已经指出的那样.

§4.5 宏观模型

本节的讨论要用到广义坐标表象. 在讨论宏观模型的具体例子之前, 我们先给出广义坐标表象中的动能算符, 作为对第二章 §2.5 的一个补充①.

1. 广义坐标表象中的动能算符

Hamilton 函数 系统的 Lagrange 函数 $L(q,\dot{q})$ 可以一般地写成动能 T 与势能 V 之差,

$$L(q,\dot{q}) = T(q,\dot{q}) - V(q),$$

① C.S. Wang, *Am. J. Phys.* **57** (1989) 87.

其中势能 $V(q)$ 只是广义坐标的函数. 在广义速度远小于光速 c 的非相对论情形, 与 §4.2 类似地, 我们有

$$T(q,\dot{q})=\frac{1}{2}\sum_{ij}\dot{q}_i m_{ij}\dot{q}_j+\sum_i A_i\dot{q}_i,$$

这里质量矩阵 (m_{ij}) 和 A_i 可以依赖于广义坐标 q. 于是, 系统的广义动量为

$$p_i=\frac{\partial L}{\partial \dot{q}_i}=\sum_j m_{ij}\dot{q}_j+A_i,$$

由它可以解出广义速度

$$\dot{q}_i=\sum_j (m^{-1})_{ij}(p_j-A_j),$$

其中 m^{-1} 是 m 的逆矩阵. 把上式代入 Hamilton 函数的定义式, 就得到

$$H(p,q)=\sum_i p_i\dot{q}_i-L(q,\dot{q})=\frac{1}{2}\sum_{ij}(p_i-A_i)(m^{-1})_{ij}(p_j-A_j)+V(q).$$

动能算符 没有外场时, 系统的经典动能为

$$T=\frac{1}{2}\sum_{ij}p_i(m^{-1})_{ij}p_j.$$

用 *对应原理* 写出量子力学的动能算符时, 可以取

$$\hat{T}=\frac{1}{2}\sum_{ij}A\hat{p}_i B(m^{-1})_{ij}\hat{p}_j C, \tag{25}$$

其中 A, B, C 为 q 的函数, 应满足经典对应条件

$$ABC=1,$$

以及使得 $\hat{T}$ 为厄米的条件

$$B^*=B, \qquad C^*=A.$$

于是我们有

$$A=C^*=B^{-1/2}\mathrm{e}^{\mathrm{i}\beta},$$

其中 β 为 q 的任意实函数. 在 (25) 式中代入 §2.5 的广义动量算符公式, 就得到

$$\hat{T}=-\frac{\hbar^2}{2}\sum_{ij}B^{-1/2}w^{-1/2}\frac{\partial}{\partial q_i}B(m^{-1})_{ij}\frac{\partial}{\partial q_j}w^{1/2}B^{-1/2}.$$

β 的作用相应于一个改变相位的幺正变换, 在上式中已令它为 0. 这相当于选择了一个合适的表象. 另外, *算符 $\hat{T}$ 对波函数的作用在坐标变换下应是不变的*, 这就要求

$$B=w=\sqrt{g},$$

这里的 g 就是质量矩阵 (m_{ij}) 的行列式,

$$g = \|m\|.$$

于是我们最后得到

$$\hat{T} = -\frac{\hbar^2}{2}\sum_{ij}\frac{1}{\sqrt{g}}\frac{\partial}{\partial q_i}\sqrt{g}(m^{-1})_{ij}\frac{\partial}{\partial q_j}.$$

不难看出, 当 q 为曲线坐标时, 这正是通常在曲线坐标中的 Laplace-Beltrami 算符① ∇^2 乘以 $-\hbar^2/2$:

$$\nabla^2 = \sum_{ij}\frac{1}{\sqrt{g}}\frac{\partial}{\partial q_i}\sqrt{g}(m^{-1})_{ij}\frac{\partial}{\partial q_j}.$$

2. 对称陀螺

Hamilton 算符 我们来考虑在随体坐标中绕第三轴有旋转对称性的刚性陀螺. 可以用 Euler 角 (α, β, γ) 来描述它绕对称轴上一固定点的转动②, 把它的动能写成

$$T = \frac{1}{2}I_1(\omega_1^2 + \omega_2^2) + \frac{1}{2}I_3\omega_3^2,$$

其中 I_1 和 I_3 分别为刚体对第 1 和第 3 轴的转动惯量, ω_1, ω_2 和 ω_3 为刚体在随体坐标中的角速度,

$$\begin{aligned}
\omega_1 &= -\dot{\alpha}\sin\beta\cos\gamma + \dot{\beta}\sin\gamma,\\
\omega_2 &= \dot{\alpha}\sin\beta\sin\gamma + \dot{\beta}\cos\gamma,\\
\omega_3 &= \dot{\alpha}\cos\beta + \dot{\gamma}.
\end{aligned}$$

把它们代入动能的表达式, 就可以求出

$$(m_{ij}) = \begin{pmatrix} I_1\sin^2\beta + I_3\cos^2\beta & 0 & I_3\cos\beta \\ 0 & I_1 & 0 \\ I_3\cos\beta & 0 & I_3 \end{pmatrix},$$

从而算出权函数

$$w(\alpha, \beta, \gamma) = \sqrt{\|m\|} = I_1 I_3^{1/2}\sin\beta.$$

于是, 与广义坐标 α, β 和 γ 正则共轭的广义动量算符分别为

$$\hat{p}_\alpha = -\mathrm{i}\hbar\frac{\partial}{\partial\alpha}, \qquad \hat{p}_\beta = -\mathrm{i}\hbar\frac{1}{\sqrt{\sin\beta}}\frac{\partial}{\partial\beta}\sqrt{\sin\beta}, \qquad \hat{p}_\gamma = -\mathrm{i}\hbar\frac{\partial}{\partial\gamma}, \tag{26}$$

---

① W. Pauli, *Die allgemeinen Prinzipien der Wellenmechanik*, *Handb. Phys.* **24,** I (1933); J.M.Domingos and M.H. Caldeira, *Found. Phys.* **14** (1984) 607.

② 胡慧玲, 林纯镇, 吴惟敏, 《理论力学基础教程》, 高等教育出版社, 1986 年, 255 页.

而刚体的动能算符为

$$\hat{T}=-\frac{\hbar^2}{2I_1}\left[\frac{1}{\sin^2\beta}\frac{\partial^2}{\partial\alpha^2}-\frac{2\cos\beta}{\sin^2\beta}\frac{\partial^2}{\partial\alpha\partial\gamma}+\frac{1}{\sin\beta}\frac{\partial}{\partial\beta}\sin\beta\frac{\partial}{\partial\beta}+\left(\frac{I_1}{I_3}+\cot^2\beta\right)\frac{\partial^2}{\partial\gamma^2}\right].$$

对于球对称陀螺， $I_1=I_3=I$, 上式简化为

$$\hat{T}_{\mathrm{s}}=-\frac{\hbar^2}{2I}\left[\frac{1}{\sin^2\beta}\frac{\partial^2}{\partial\alpha^2}-\frac{2\cos\beta}{\sin^2\beta}\frac{\partial^2}{\partial\alpha\partial\gamma}+\frac{1}{\sin\beta}\frac{\partial}{\partial\beta}\sin\beta\frac{\partial}{\partial\beta}+\frac{1}{\sin^2\beta}\frac{\partial^2}{\partial\gamma^2}\right]. \quad (27)$$

本征态 上式乘以 $2I$ 就是角动量平方算符 $\hat{J}^2$,

$$\hat{J}^2=-\hbar^2\left[\frac{1}{\sin^2\beta}\frac{\partial^2}{\partial\alpha^2}-\frac{2\cos\beta}{\sin^2\beta}\frac{\partial^2}{\partial\alpha\partial\gamma}+\frac{1}{\sin\beta}\frac{\partial}{\partial\beta}\sin\beta\frac{\partial}{\partial\beta}+\frac{1}{\sin^2\beta}\frac{\partial^2}{\partial\gamma^2}\right],$$

而 (26) 式中的 $\hat{p}_\alpha$ 与 $\hat{p}_\gamma$, 其实分别就是对称陀螺相对于固定坐标系与随体坐标系的角动量第三分量的算符. 它们是互相对易的，可以求它们的共同本征态,

$$\hat{J}^2|\lambda\mu\nu\rangle=\lambda(\lambda+1)\hbar^2|\lambda\mu\nu\rangle,$$

$$\hat{p}_\alpha|\lambda\mu\nu\rangle=\mu\hbar|\lambda\mu\nu\rangle,$$

$$\hat{p}_\gamma|\lambda\mu\nu\rangle=\nu\hbar|\lambda\mu\nu\rangle,$$

其中 λ, μ 和 ν 分别是 $\hat{J}^2$, $\hat{p}_\alpha$ 和 $\hat{p}_\gamma$ 的量子数. 写在广义坐标表象 $\{|\alpha\beta\gamma\rangle\}$ 中，就有

$$\left[\frac{1}{\sin^2\beta}\frac{\partial^2}{\partial\alpha^2}-\frac{2\cos\beta}{\sin^2\beta}\frac{\partial^2}{\partial\alpha\partial\gamma}+\frac{1}{\sin\beta}\frac{\partial}{\partial\beta}\sin\beta\frac{\partial}{\partial\beta}+\frac{1}{\sin^2\beta}\frac{\partial^2}{\partial\gamma^2}+\lambda(\lambda+1)\right]\mathrm{Y}=0,$$

$$\frac{\partial}{\partial\alpha}\mathrm{Y}=\mathrm{i}\mu\mathrm{Y},$$

$$\frac{\partial}{\partial\gamma}\mathrm{Y}=\mathrm{i}\nu\mathrm{Y},$$

其中 $\mathrm{Y}=\mathrm{Y}(\alpha,\beta,\gamma)=\langle\gamma\beta\alpha|\lambda\mu\nu\rangle$ 是本征态 $|\lambda\mu\nu\rangle$ 在广义坐标表象中的波函数.

上述方程显然有分离变量解

$$\mathrm{Y}(\alpha,\beta,\gamma)=\mathrm{e}^{\mathrm{i}(\mu\alpha+\nu\gamma)}y(\beta),$$

引入 $\zeta=\cos\beta$ 和

$$y(\beta)=(1-\zeta)^{(\mu-\nu)/2}(1+\zeta)^{(\mu+\nu)/2}f(\zeta), \quad (28)$$

可得 $f(\zeta)$ 的方程

$$(1-\zeta^2)f''+2[\nu-(\mu+1)\zeta]f'+(\lambda-\mu)(\lambda+\mu+1)f=0.$$

这正是 $\alpha=\mu-\nu$, $\beta=\mu+\nu$, $n=\lambda-\mu$ 的 Jacobi 方程 (见 §3.3), 所以

$$\mathrm{Y}_{\lambda\mu\nu}(\alpha,\beta,\gamma)=N_{\lambda\mu\nu}\mathrm{e}^{\mathrm{i}(\mu\alpha+\nu\gamma)}2^\mu\left(\cos\frac{\beta}{2}\right)^{\mu+\nu}\left(\sin\frac{\beta}{2}\right)^{\mu-\nu}\mathrm{P}_{\lambda-\mu}^{(\mu-\nu,\mu+\nu)}(\cos\beta),$$

其中 $N_{\lambda\mu\nu}$ 是归一化常数. 如果取归一化条件

$$\int_0^{2\pi}\int_0^{\pi}\int_0^{2\pi}\mathrm{d}\alpha\sin\beta\mathrm{d}\beta\mathrm{d}\gamma\mathrm{Y}^*_{\lambda\mu\nu}(\alpha,\beta,\gamma)\mathrm{Y}_{\lambda'\mu'\nu'}(\alpha,\beta,\gamma)=\frac{8\pi^2}{2\lambda+1}\delta_{\lambda\lambda'}\delta_{\mu\mu'}\delta_{\nu\nu'},$$

则可由 Jacobi 多项式的正交关系 (见 §3.3) 算得

$$N_{\lambda\mu\nu} = \sqrt{\frac{(\lambda+\mu)!(\lambda-\mu)!}{(\lambda+\nu)!(\lambda-\nu)!}}\frac{1}{2^\mu}.$$

$\mathrm{Y}_{\lambda\mu\nu}(\alpha,\beta,\gamma)$ 称为 *广义球谐函数*[①]. 当 λ 为 0 或正整数时, 若 $\mu=0$ 或 $\nu=0$, 它正比于球谐函数, 而若 $\mu=\nu=0$, 则它成为 Legendre 函数,

$$\left.\begin{aligned}
&\mathrm{Y}_{\lambda\mu0}(\alpha,\beta,\gamma) = \sqrt{\frac{4\pi}{2\lambda+1}}\,\mathrm{Y}_{\lambda\mu}(\beta,\alpha),\\
&\mathrm{Y}_{\lambda0\nu}(\alpha,\beta,\gamma) = (-1)^\nu\sqrt{\frac{4\pi}{2\lambda+1}}\,\mathrm{Y}_{\lambda\nu}(\beta,\gamma),\\
&\mathrm{Y}_{\lambda00}(\alpha,\beta,\gamma) = \mathrm{P}_\lambda(\cos\beta),
\end{aligned}\right\}\qquad \lambda=0,\ 1,\ 2,\ \cdots.$$

本征值 在上一章 §3.3 Jacobi 多项式的 Rodrigues 公式中, $n, n+\alpha, n+\beta$ 只能取 0 或正整数, 而改变 (28) 式中 μ 和 ν 的正负号, 上述讨论仍成立. 所以 $\lambda\pm\mu$ 和 $\lambda\pm\nu$ 只能取 0 或正整数. 从而, 与 §3.3 的讨论类似地, 我们有

$$\lambda = 0,\ \frac{1}{2},\ 1,\ \frac{3}{2},\ \cdots,$$

$$\mu,\ \nu = -\lambda,\ -\lambda+1,\ \cdots,\ \lambda-1,\ \lambda.$$

所以, 对称陀螺的角动量既有 0 和整数解, 也有半奇数解. 实际上, 由于 §3.3 对 Schrödinger 波函数的论断在这里不适用, 波函数 $\mathrm{Y}_{\lambda\mu\nu}(\alpha\beta\gamma)$ 并不必须是单值的. 当 λ 取 0 或整数时波函数是单值函数, 而当 λ 取半奇数时波函数是双值函数.

由于没有势能项, 系统的动能算符也就是 Hamilton 算符,

$$\hat{H} = \hat{T}_{\mathrm{s}} = \frac{\hat{J}^2}{2I}.$$

所以, 角动量本征态 $|\lambda\mu\nu\rangle$ 也就是系统的能量本征态,

$$\hat{H}|\lambda\mu\nu\rangle = E_\lambda|\lambda\mu\nu\rangle,$$

$$E_\lambda = \frac{\lambda(\lambda+1)\hbar^2}{2I}.$$

可以看出, 对称陀螺的能级只依赖于量子数 λ, 与量子数 μ 和 ν 无关, 简并度为

$$f = (2\lambda+1)^2,$$

这来自对称陀螺在固定坐标和随体坐标中的转动不变性.

对于 $I_1\neq I_3$ 的情形, 可以类似地求解. 现在有

$$\hat{H} = \hat{T} = \frac{\hat{J}^2}{2I_1} + \frac{I_1-I_3}{2I_1I_3}\hat{p}_\gamma^2,$$

① T.T. Wu and C.N. Yang, *Nucl. Phys.* **B107** (1976) 365.

角动量本征态 $|\lambda\mu\nu\rangle$ 也还是系统的能量本征态，只是现在能量本征值不仅依赖于 λ, 还依赖于 ν,

$$\hat{H}|\lambda\mu\nu\rangle = E_{\lambda\nu}|\lambda\mu\nu\rangle,$$
$$E_{\lambda\nu} = \frac{\lambda(\lambda+1)\hbar^2}{2I_1} + \frac{I_1 - I_3}{2I_1 I_3}\nu^2\hbar^2.$$

这时陀螺在随体坐标中仍有转动不变性，使得能级有简并度

$$f = 2\lambda + 1.$$

对于非对称刚性陀螺的情形，在三个主轴方向的转动惯量都不相同，没有任何转动不变性，问题要比这里讨论的复杂得多.

3. 均匀介质球的四极振动

描述四极振动的广义坐标 考虑一个半径为 R_0 的均匀介质球. 其形状偏离球形的运动，可以用表面的球极坐标 $r(\theta,\phi)$ 来描述，一般地写成 ①

$$r = R_0\Big[1 + \sum_{lm} \alpha_{lm} \mathrm{Y}_{lm}(\theta,\phi)\Big].$$

在这里，参数 α_{lm} 就是用来描述球面变形的广义坐标. 没有变形时， $\alpha_{lm} = 0$, 变形很小时， α_{lm} 是小量. $l = 1$ 的情形可以略去，因为它相应于球体的整体移动. 如果介质的密度是常数， $l = 0$ 的情形也可以略去，因为它相应于球体的均匀膨胀或收缩. 于是，最简单的情形就是 $l = 2$,

$$r = R_0\Big[1 + \sum_{m} \alpha_m \mathrm{Y}_{2m}(\theta,\phi)\Big],$$

它描述球体的 *四极形变*, 有 5 个参数： α_0, $\alpha_{\pm 1}$, $\alpha_{\pm 2}$.

由于 r 是实数，而 $\mathrm{Y}^*_{lm} = (-1)^m \mathrm{Y}_{l,-m}$, 所以要求

$$\alpha^*_m = (-1)^m \alpha_{-m}.$$

这就是说， *描述在球面附近的四极振动，需要 5 个独立的实参数*. 如果介质的密度是常数，表面的变化就要保持体积不变. 这个条件是对这 5 个参数的一个约束，通常并不明写出来.

球极坐标半径 r 在空间转动下不变，是一个标量. 这就要求 α_m 在空间转动下的变换像 $\mathrm{Y}^*_{2m}(\theta,\phi)$ 一样，使得 $\sum \alpha_m \mathrm{Y}_{2m}(\theta,\phi)$ 在空间转动下的变换像 $\sum \mathrm{Y}^*_{2m}(\theta',\phi')\mathrm{Y}_{2m}(\theta,\phi)$ 一样. 后者根据球谐函数加法定理是一个标量. 此外， r 在空间反演下不变，而 $\mathrm{Y}_{lm}(\pi-\theta,\phi+\pi) = (-1)^l \mathrm{Y}_{lm}(\theta,\phi)$, 这就要求 α_{lm} 在空

① 可参阅程檀生，钟毓澍，《低能及中高能原子核物理学》，北京大学出版社，1997 年，159 页.

间反演下变为 $(-1)^l\alpha_{lm}$. 对于 $l=2$ 的四极形变，这就意味着要求 α_m 在空间反演下不变.

Hamilton 算符 对于在球面 $r=R_0$ 附近的小振动，系统的 Lagrange 函数可以写成

$$L=\frac{1}{2}B\sum_m\dot{\alpha}_m^*\dot{\alpha}_m-\frac{1}{2}C\sum_m\alpha_m^*\alpha_m,$$

其中 B 与 C 是两个实参数. 于是，与广义坐标 α_m 正则共轭的广义动量为

$$\beta_m=(-1)^mB\dot{\alpha}_{-m}=B\dot{\alpha}_m^*,$$

而相应的 Hamilton 函数为

$$H=\frac{1}{2B}\sum_m\beta_m^*\beta_m+\frac{1}{2}C\sum_m\alpha_m^*\alpha_m.$$

由于 B 不依赖于广义坐标 α_m，在进行量子化时，可以直接采用正则量子化程序. 引入算符 $\hat{\alpha}_m$ 与 $\hat{\beta}_m$，要求它们具有对称性

$$\hat{\alpha}_m^\dagger=(-1)^m\hat{\alpha}_{-m},\qquad\hat{\beta}_m^\dagger=(-1)^m\hat{\beta}_{-m},$$

满足正则对易关系

$$[\hat{\alpha}_m,\hat{\alpha}_{m'}]=0,\qquad[\hat{\beta}_m,\hat{\beta}_{m'}]=0,\qquad[\hat{\alpha}_m,\hat{\beta}_{m'}]=\mathrm{i}\hbar\delta_{mm'},$$

并且与空间反演算符对易，亦即一般地有

$$\hat{P}\hat{\alpha}_{lm}\hat{P}^{-1}=(-1)^l\hat{\alpha}_{lm},\qquad\hat{P}\hat{\beta}_{lm}\hat{P}^{-1}=(-1)^l\hat{\beta}_{lm}.$$

相应的 Hamilton 算符为

$$\hat{H}=\frac{1}{2B}\sum_m\hat{\beta}_m^\dagger\hat{\beta}_m+\frac{1}{2}C\sum_m\hat{\alpha}_m^\dagger\hat{\alpha}_m.$$

能量本征态 可以看出，上述 Hamilton 算符描述一个 5 维简谐振子系统，具有共同的圆频率

$$\omega=\sqrt{\frac{C}{B}}.$$

引入移位算符

$$\hat{a}_m=\frac{1}{\sqrt{2}}\Big(\sqrt{\frac{B\omega}{\hbar}}\hat{\alpha}_m+\mathrm{i}\sqrt{\frac{1}{B\hbar\omega}}\hat{\beta}_m^\dagger\Big),\qquad\hat{a}_m^\dagger=\frac{1}{\sqrt{2}}\Big(\sqrt{\frac{B\omega}{\hbar}}\hat{\alpha}_m^\dagger-\mathrm{i}\sqrt{\frac{1}{B\hbar\omega}}\hat{\beta}_m\Big),$$

就可以把上述 Hamilton 算符改写成

$$\hat{H}=\sum_m\Big(\hat{n}_m+\frac{1}{2}\Big)\hbar\omega=\Big(\hat{n}+\frac{5}{2}\Big)\hbar\omega,$$

其中

$$\hat{n}=\sum_m\hat{n}_m=\sum_m\hat{a}_m^\dagger\hat{a}_m.$$

于是能量本征值为

$$E_n = \left(n + \frac{5}{2}\right)\hbar\omega.$$

对于一个确定的能级，主量子数 n 一定，它在 5 个简并量子数 n_m 中还可以有不同的分布．例如， $n=1$ 时，简并度 $f=5, n=2$ 时，简并度 $f=15$. 另一方面，由于在空间转动下 $\hat{\alpha}_m$ 像 $\mathrm{Y}_{2m}^*(\theta,\phi)$ 一样变换，所以 每一个量子具有 $l=2$ 的角动量. $n=1$ 时，有 1 个量子，态的角动量和宇称 $J^P=2^+$, 角动量投影有 5 个方向，与从 5 个简并量子数 n_m 给出的简并度一致． $n=2$ 时，有 2 个量子，态的角动量和宇称有 $J^P=0^+,2^+,4^+$, 角动量投影态有 $1+5+9=15$ 个，与上面给出的 $f=15$ 一致.

4. *LC* 回路的振荡

LC 回路的 Lagrange 函数可以写成①

$$L_\mathrm{c} = \frac{1}{2}L\dot{Q}^2 - \frac{Q^2}{2C},$$

其中 L 是回路的电感， C 是回路的电容．把电容器极板上的电量 Q 作为系统的广义坐标，与其正则共轭的动量 P 就是

$$P = L\dot{Q}.$$

于是系统的 Hamilton 函数为

$$H = \frac{P^2}{2L} + \frac{Q^2}{2C}.$$

L 是不依赖于广义坐标 Q 的常数，所以我们可以直接用正则量子化规则，引入算符 $\hat{Q}$ 与 $\hat{P}$, 要求它们满足正则对易关系，

$$[\hat{Q},\hat{P}] = \mathrm{i}\hbar.$$

系统的 Hamilton 算符为

$$\hat{H} = \frac{\hat{P}^2}{2L} + \frac{\hat{Q}^2}{2C}.$$

这是一维简谐振子系统，能量本征值

$$E_n = \left(n + \frac{1}{2}\right)\hbar\omega,$$

$$\omega = \frac{1}{\sqrt{LC}}.$$

所以，回路具有零点能

$$E_0 = \frac{\hbar}{2\sqrt{LC}},$$

① H. Goldstein, *Classical Mechanics*, Addison-Wesley Press, 1950, p.45.

电量与电流的测不准关系为

$$\Delta Q \Delta \dot{Q} \geqslant \frac{\hbar}{2L}.$$

当回路的 $\sqrt{LC}$ 足够小时，回路的量子力学零点能就必须考虑，而当回路的 L 足够小时，电量与电流的测不准就必须考虑.

§4.6 非厄米的 $\hat{H}$

1. 一般性讨论

本章前面的讨论，都是先写出系统的经典 Lagrange 函数，然后变换到 Hamilton 正则形式，再运用正则量子化规则过渡到量子力学. 当然这并不是必须和唯一的程序. 实际上，这个程序的依据是量子力学与经典力学的对应关系：量子力学在 $\hbar \to 0$ 的近似下给出经典力学. 所以，这个程序只适用于有经典对应的系统，是一个有用和技术性的但不是基本和原理性的程序. 在原理上，量子力学是比经典力学更基本的理论，所有的讨论都可以直接从量子力学出发. 本节的模型没有经典对应，我们将直接从系统的 Hamilton 算符出发.

在本章 §4.1 我们曾经指出，在原则上，一个系统的 Hamilton 算符应该是厄米的，这是由于我们要求时间发展算符是幺正的，以保证系统的态矢量长度不变，满足态矢量长度的时间平移不变性 (见第一章 §1.4 的讨论). 如果我们放弃这个要求，则系统的 Hamilton 算符可以是非厄米的，含有虚部. 当然，这只能看成是一种唯象的做法.

含虚部的 Hamilton 算符　在选定了正则变量 $\hat{q}$ 与 $\hat{p}$ 以后，我们可以把系统的 Hamilton 算符写成

$$\hat{H} = \hat{H}_0 - \mathrm{i}\hat{W},$$

其中 $\hat{H}_0$ 和 $\hat{W}$ 是厄米的，一般地说依赖于 $\hat{q}$ 与 $\hat{p}$, 但通常不依赖于时间 t. 这个 Hamilton 算符是非厄米的,

$$\hat{H}^\dagger = \hat{H}_0 + \mathrm{i}\hat{W}.$$

如果 $\hat{H}_0$ 与 $\hat{W}$ 对易，则它们有共同本征态 $|Ew\rangle$,

$$\hat{H}_0|Ew\rangle = E|Ew\rangle, \qquad \hat{W}|Ew\rangle = w|Ew\rangle.$$

这个本征态也就是 $\hat{H}$ 的本征态,

$$\hat{H}|Ew\rangle = \mathcal{E}|Ew\rangle,$$

其中的本征值 $\mathcal{E}$ 是由本征值 E 与 w 组成的复数,

$$\mathcal{E} = E - \mathrm{i}w.$$

这种本征态组 $\{|Ew\rangle\}$ 可以正交归一化，具有完备性，没有什么特别的地方.

如果 $\hat{H}_0$ 与 $\hat{W}$ 不对易，则它们没有共同本征态，$\hat{H}$ 的本征值方程可以写成

$$\hat{H}|\mathcal{E}\rangle=\mathcal{E}|\mathcal{E}\rangle,$$

其中 $\mathcal{E}$ 是**复数**，一般不能分解成另外两个厄米算符的本征值，不同本征值的本征态并不正交，

$$\langle\mathcal{E}|\mathcal{E}'\rangle\neq 0,\qquad \mathcal{E}\neq\mathcal{E}'.$$

我们在第二章 §2.4 中讨论过的移位算符 $\hat{a}$ 的本征态 $|z\rangle$，就是这种类型的本征态. 由于没有正交性，也就没有完备性公式，处理时需要特别的考虑.

虚部 $\hat{W}$ 的作用 在 Hamilton 算符中引入虚部 $\hat{W}$，态矢量 $|\psi\rangle$ 满足的 Schrödinger 方程就成为

$$\mathrm{i}\hbar\frac{\mathrm{d}}{\mathrm{d}t}|\psi\rangle=(\hat{H}_0-\mathrm{i}\hat{W})|\psi\rangle. \tag{29}$$

我们来证明这个态矢量的长度不守恒. 上述方程的厄米共轭为

$$-\mathrm{i}\hbar\frac{\mathrm{d}}{\mathrm{d}t}\langle\psi|=\langle\psi|(\hat{H}_0+\mathrm{i}\hat{W}). \tag{30}$$

在 (29) 式左边乘以 $\langle\psi|$，在 (30) 式右边乘以 $|\psi\rangle$，然后两式相减，就有

$$\frac{\mathrm{d}}{\mathrm{d}t}\langle\psi|\psi\rangle=-\frac{2}{\hbar}\langle\psi|\hat{W}|\psi\rangle.$$

由此可以看出，$|\psi\rangle$ 的模方，或者说态矢量的长度将随时间改变. 特别是，当

$$\langle\hat{W}\rangle=\frac{\langle\psi|\hat{W}|\psi\rangle}{\langle\psi|\psi\rangle}>0$$

时，态矢量 $|\psi\rangle$ 的模方将随时间指数衰减.

归一化态矢量的模方是系统在这个态上的总的概率. 态矢量的模方随时间衰减，就表明系统不稳定，它在这个态上的概率随时间衰减. 当 $\hat{W}$ 很小时，这种衰减很慢，这种态就是一种*准稳态*. 一般地说，非厄米的 Hamilton 算符唯象地描述系统在一个子空间的行为，随着时间的增加，系统进入或逸出此子空间，Hamilton 算符虚部的平均值描述这种进入或逸出的速率.

例 能级的寿命 设系统的 $\hat{H}_0$ 与 $\hat{W}$ 对易，初态是它们的归一化共同本征态 $|Ew\rangle$. 由于 $\hat{H}_0$ 与 $\hat{W}$ 对易，可以直接写出

$$|\psi(t)\rangle=\mathrm{e}^{-\mathrm{i}(\hat{H}_0-\mathrm{i}\hat{W})t/\hbar}|Ew\rangle=\mathrm{e}^{-wt/\hbar}\mathrm{e}^{-\mathrm{i}Et/\hbar}|Ew\rangle.$$

于是有

$$\langle\psi(t)|\psi(t)\rangle=\mathrm{e}^{-2wt/\hbar}=\mathrm{e}^{-t/\tau},$$

其中 τ 称为系统处于能级 E 的 *寿命*

$$\tau = \frac{\hbar}{2w} = \frac{\hbar}{\gamma},$$

$\gamma = 2w$ 称为这个能级的 *自然宽度*, 简称 *宽度*.

2. 中性 K 介子的奇异数振荡

中性 K 介子物理 中性 K^0 介子和它的反粒子 $\overline{K^0}$ 的质量 m_{K^0} 相等，是不稳定粒子，分别具有 *奇异数* $S=1$ 和 $S=-1$, 内禀宇称 $P=-1$, 自旋 $s=0$. 它们在强相互作用中产生，通过弱相互作用衰变.

中性 K 介子衰变的量子力学 考虑由这两个态 $|K^0\rangle$ 和 $|\overline{K^0}\rangle$ 构成的子空间，它们的衰变可以唯象地用 Hamilton 算符

$$\hat{H} = \hat{M} - i\frac{\hat{\Gamma}}{2}$$

来描述，$\hat{M}$ 主要依赖于产生它们的强相互作用，称为 *质量矩阵*, $\hat{\Gamma}$ 则依赖于引起它们衰变的弱相互作用，称为 *衰变矩阵*. 可以证明，如果系统在正反粒子变换 C(见下一章 §5.4) 、空间反射 P 和时间反演 T 的联合作用下不变，则在以 $|K^0\rangle$ 和 $|\overline{K^0}\rangle$ 为基矢的表象中 $\hat{H}$ 的对角元相等，我们可以写出

$$\hat{H} = \hat{M} - i\frac{\hat{\Gamma}}{2} = \begin{pmatrix} A & p^2 \\ q^2 & A \end{pmatrix},$$

其中 A, p^2 和 q^2 可以是复数①. 在彻底的微观理论处理中，这几个模型参数都可以从系统的微观 Hamilton 算符推算出来.

求解这个表象中的本征值方程

$$\hat{H}|K\rangle = E|K\rangle,$$

有两个本征态,

$$|K_L\rangle = \frac{1}{\sqrt{p^*p + q^*q}}(p|K^0\rangle + q|\overline{K^0}\rangle),$$

$$|K_S\rangle = \frac{1}{\sqrt{p^*p + q^*q}}(p|K^0\rangle - q|\overline{K^0}\rangle).$$

相应的本征值为

$$E_L = A + pq = m_L - i\frac{\gamma_L}{2},$$

$$E_S = A - pq = m_S - i\frac{\gamma_S}{2},$$

其中 m_L, m_S, γ_L 和 γ_S 是实数，分别是粒子 K_L 与 K_S 的质量和衰变宽度. 设

① 李政道，《场论与粒子物理学》上册，科学出版社， 1980 年， §15.3 的定理 1.

$\gamma_{\rm L} < \gamma_{\rm S}$, 于是粒子 $\rm K_L$ 的寿命比 $\rm K_S$ 的长. 注意 $\hat{H}$ 不是厄米算符, 它的本征态 $|{\rm K_L}\rangle$ 与 $|{\rm K_S}\rangle$ 不正交,

$$\langle {\rm K_S}|{\rm K_L}\rangle \neq 0,$$

于是, *在态 $|{\rm K_L}\rangle$ 上可以测到 $\rm K_S$, 在态 $|{\rm K_S}\rangle$ 上可以测到 $\rm K_L$*.

奇异数振荡 假设在 $t=0$ 时的态是 $|{\rm K}^0\rangle$ 与 $|\overline{{\rm K}^0}\rangle$ 的叠加,

$$|{\rm K}(0)\rangle = a_1|{\rm K}^0\rangle + a_2|\overline{{\rm K}^0}\rangle,$$

我们来求 t 时刻的态. 为此, 我们把 $|{\rm K}(0)\rangle$ 用 $|{\rm K_L}\rangle$ 与 $|{\rm K_S}\rangle$ 来展开,

$$|{\rm K}(0)\rangle = c_{\rm L}|{\rm K_L}\rangle + c_{\rm S}|{\rm K_S}\rangle,$$

其中 $c_{\rm L}$ 与 $c_{\rm S}$ 可以用 a_1, a_2, p 与 q 来表示. 于是, t 时刻的态为

$$\begin{aligned}|{\rm K}(t)\rangle &= {\rm e}^{-{\rm i}\hat{H}t/\hbar}|{\rm K}(0)\rangle = {\rm e}^{-{\rm i}(m_{\rm L}-{\rm i}\gamma_{\rm L}/2)t/\hbar}c_{\rm L}|{\rm K_L}\rangle + {\rm e}^{-{\rm i}(m_{\rm S}-{\rm i}\gamma_{\rm S}/2)t/\hbar}c_{\rm S}|{\rm K_S}\rangle \\ &= {\rm e}^{-\gamma_{\rm L}t/2\hbar}{\rm e}^{-{\rm i}m_{\rm L}t/\hbar}c_{\rm L}|{\rm K_L}\rangle + {\rm e}^{-\gamma_{\rm S}t/2\hbar}{\rm e}^{-{\rm i}m_{\rm S}t/\hbar}c_{\rm S}|{\rm K_S}\rangle.\end{aligned}$$

从上式可以看出, 由于 $\gamma_{\rm L} < \gamma_{\rm S}$, 经过一段比 $\rm K_S$ 的寿命稍长的时间, $\rm K_S$ 就衰变光了, 剩下来的基本上是纯 $\rm K_L$. 由于 $\rm K_L$ 是 $\rm K^0$ 与 $\overline{\rm K^0}$ 的叠加, 所以, 如果 $t=0$ 时 $a_2=0$, 是纯的 $\rm K^0$, 则现在既有 $\rm K^0$ 也有 $\overline{\rm K^0}$. $\overline{\rm K^0}$ 比 $\rm K^0$ 更容易与核子发生反应而转变成别的粒子, 所以让剩下的 $\rm K_L$ 束通过物质后, 又可获得较纯的 $\rm K^0$. 中性 K 介子在 $\rm K^0$ 与 $\overline{\rm K^0}$ 之间的这种转变, 相应于奇异数在 $S=1$ 与 $S=-1$ 之间的振荡, 所以称为*奇异数振荡*.

中性 K 介子的奇异数振荡中, 正反粒子变换 C 与空间反射变换 P 的联合变换 CP 并不严格守恒. 这是粒子物理研究的一个重要问题, 我们就不进一步讨论.

3. 光学模型

散射问题中的光学模型 考虑入射粒子 p 在靶 A 上的散射 p+A, 假设靶 A 与入射粒子 p 的相互作用势能为

$$V(\boldsymbol{r}) = V_0(\boldsymbol{r}) - {\rm i}W(\boldsymbol{r}),$$

这个势称为*复数势*或*光学势*. 光学势的实部 V_0 像通常的相互作用势一样, 描写粒子能量不改变的*弹性散射*. 下面我们就来表明, 光学势的虚部 W 描写入射粒子被靶 A 的*吸收*.

在坐标表象中, 粒子波函数 $\psi(\boldsymbol{r},t)$ 的 Schrödinger 方程为

$${\rm i}\hbar\frac{\partial\psi}{\partial t} = -\frac{\hbar^2}{2m}\nabla^2\psi + V(\boldsymbol{r})\psi, \tag{31}$$

其中 m 为粒子 p 的质量, 靶 A 位于坐标原点. 由上述方程可以推出 *连续性方程*

$$\nabla \cdot \boldsymbol{j} + \frac{\partial \rho}{\partial t} = \frac{2}{\hbar}\mathrm{Im}[V(\boldsymbol{r})]\rho, \tag{32}$$

其中

$$\rho = \psi^* \psi$$

是粒子的概率密度,

$$\boldsymbol{j} = \frac{-\mathrm{i}\hbar}{2m}(\psi^* \nabla \psi - \psi \nabla \psi^*)$$

是粒子的概率流密度.

(32) 式右边是流场的 *源*. 所以, *相互作用势能的虚部正比于源的强度*. 当 $W > 0$ 时, 源是负的, 描述对入射波的吸收. 入射波的吸收, 意味着出射波的减弱, 这相当于非弹性过程, 除了改变粒子能量的非弹性散射以外, 还包括物理上真的吸收, 以及新粒子的产生. 换句话说, 这种有虚部的相互作用势, 可以用来唯象地描述非弹性过程.

在能量为 E 的定态, Schrödinger 方程 (31) 成为

$$\left[\nabla^2 + \frac{2m}{\hbar^2}(E - V)\right]\psi = 0,$$

它与光波在折射率为 $n = \sqrt{(E-V)/E}$ 的介质中传播的方程相同. 在光学中, 复数折射率的实部描述光的色散, 虚部描述介质对光的吸收. *光学模型* 这个名称, 就是从这种类比得来的.

光学模型的程函近似 假设粒子以动量 $\boldsymbol{p}_0 = \hbar \boldsymbol{k}_0$ 沿 z 轴入射, 入射波为

$$\psi_{\mathrm{in}}(\boldsymbol{r}) = \mathrm{e}^{\mathrm{i}k_0 z}.$$

我们把 Schrödinger 方程的解近似写成

$$\psi_{\mathrm{eikonal}}(\boldsymbol{r}) = \mathrm{e}^{\mathrm{i}k_0 z + \mathrm{i}\gamma(\boldsymbol{r})},$$

这种近似称为 *程函近似* (eikonal approximation). 把它代入 Schrödinger 方程, 可以求得 *程函相移* $\gamma(\boldsymbol{r})$ 为

$$\gamma(\boldsymbol{r}) \approx -\frac{m}{\hbar^2 k_0}\int_{-\infty}^{z} V(\boldsymbol{r})\mathrm{d}z,$$

上式成立的条件是 $E \gg |V(\boldsymbol{r})|$, $k_0 \gg |\nabla\gamma(\boldsymbol{r})|$, 和 $\boldsymbol{p}_0 \times \nabla\gamma(\boldsymbol{r}) \approx 0$. 在这种程函近似下, $r \to \infty$ 的出射波为

$$\psi_{\mathrm{out}}(\boldsymbol{r}) = \frac{\mathrm{e}^{\mathrm{i}kr}}{r} f(\theta, \phi),$$

其中 *散射振幅* $f(\theta, \phi)$ 为

$$f(\theta, \phi) = -\frac{1}{4\pi}\frac{2m}{\hbar^2}\int \mathrm{d}^3\boldsymbol{r}\,\mathrm{e}^{\mathrm{i}\boldsymbol{q}\cdot\boldsymbol{r}+\mathrm{i}\gamma(\boldsymbol{r})}V(\boldsymbol{r}) = \frac{k_0}{2\pi\mathrm{i}}\int \mathrm{d}^2\boldsymbol{b}\,\mathrm{e}^{\mathrm{i}\boldsymbol{q}\cdot\boldsymbol{b}}\left[\mathrm{e}^{\mathrm{i}\chi(\boldsymbol{b})} - 1\right]. \tag{33}$$

在上述方程中， $\hbar \boldsymbol{q}=\hbar(\boldsymbol{k}_0-\boldsymbol{k})$ 是弹性散射 $k_0=k$ 过程的动量转移， θ 是 $\boldsymbol{k}$ 与 $\boldsymbol{k}_0$ 之间的夹角，而

$$\chi(\boldsymbol{b})=\gamma(\boldsymbol{b},z\to\infty)=-\frac{m}{\hbar^2k_0}\int_{-\infty}^{\infty}V(\boldsymbol{b},z)\mathrm{d}z,$$

其中 $\boldsymbol{b}$ 是在与 $(\boldsymbol{k}_0+\boldsymbol{k})$ 垂直的平面内的矢量. 对于高能过程， θ 很小， $\boldsymbol{b}$ 近似于 xy 平面中的 *碰撞参量* ①. 由这个散射振幅 $f(\theta,\phi)$ 可以推出散射过程的 *总吸收截面* 为 (参阅第六章 §6.2)

$$\sigma^{\mathrm{a}}=-\frac{m}{\hbar^2k_0}\int\mathrm{d}^3\boldsymbol{r}2\mathrm{Im}V(\boldsymbol{r})\mathrm{e}^{-2\mathrm{Im}\gamma(\boldsymbol{r})}=\int\mathrm{d}^2\boldsymbol{b}\big[1-\mathrm{e}^{-2\mathrm{Im}\chi(\boldsymbol{b})}\big].$$

上面的推导所用的 Schrödinger 方程，是非相对论的. 对于高能过程，应该用相对论的 Dirac 方程 (见下一章). 可以证明，用光学势的 Dirac 方程求出的程函相移、散射振幅和总吸收截面与这里得到的完全相同，只是在相对论的情形，应当把上述各式中的 m 换成相对论能量除以光速的平方 ② E/c^2.

① 又称为 *瞄准距离*, 参阅王正行，《近代物理学》第二版，北京大学出版社， 2010 年， 108 页.

② K.C. Chung, C.S. Wang, A.J. Santiago, and G. Pech, *Phys. Rev.* **C57** (1998) 847.

科学的目的在于用简单的方式去理解困难的事情.

—— P.A.M. Dirac

1928 年与 Oppenheimer 的一次对话

第五章 Dirac 方程

根据 Heisenberg 测不准原理，粒子的坐标是观测量，用厄米算符来表示. 而根据 Pauli 定理，时间只能作为一个参量，不能表示为算符. 这样的理论结构，空间与时间处于不同的位置，所以上一章讨论的模型，都是非相对论性的. 本章来讨论相对论性的理论，需要把粒子的坐标和时间放在同等的位置，这就意味着只能取 Schrödinger 表象，直接考虑波函数 $\psi(x,y,z,t)$ 的方程.

把方程写成符合相对论的形式，将会要求粒子存在一种内部自由度，这就是粒子的自旋. 而且，相对论性的情形，能量很高，有粒子的产生和湮灭，粒子数不守恒，已经属于量子场论的范围. 在量子场论中，除了粒子自旋以外，还要讨论粒子的一些别的内部自由度. 所以，本章既是上一章的继续，也是第八章的准备.

相对论是在 Minkowski 空间的物理，要用四维时空坐标来描述. 狭义相对论的做法，是取 *虚时坐标*, $(x_1,x_2,x_3,x_4)=(x,y,z,\mathrm{i}ct)$, 简称 1234. 而在量子力学中，常常是要对算符和态矢量取厄米共轭，却不对虚时坐标取复数共轭，麻烦且易出错. 所以更稳妥的做法，是仿照广义相对论，采用区分上标和下标的张量分析[①], 引进度规矩阵，时空坐标都用实数，其 *逆变 4 维矢量* 为

$$x^\mu=(x^0,x^1,x^2,x^3)\equiv(ct,x,y,z),$$

简称 0123. 相应的 *协变 4 维矢量* 是

$$x_\mu=(x_0,x_1,x_2,x_3)\equiv(ct,-x,-y,-z)=g_{\mu\nu}x^\nu,$$

其中 $g_{\mu\nu}=g^{\mu\nu}$ 是四维时空的 *度规矩阵*,

$$(g_{\mu\nu})=(g^{\mu\nu})=\begin{pmatrix}1&0&0&0\\0&-1&0&0\\0&0&-1&0\\0&0&0&-1\end{pmatrix},$$

① P.A.M. 狄拉克，《量子力学原理》，陈咸亨译，喀兴林校，科学出版社，1965 年，§66; J.D. Bjorken and S.D. Drell, *Relativistic Quantum Mechanics*, McGraw-Hill, 1964.

可以用来提升或降低指标. 注意 $g_{\mu\nu}=g_{\nu\mu}$, 而 $g^{\mu}_{\ \nu}=g^{\mu\lambda}g_{\lambda\nu}$ 是单位矩阵. 这里采用 Einstein 约定: 除非特别声明, 相同的一对上下标意味着对它求和. 希腊字母 $\mu,\ \nu,\ \lambda=0,1,2,3$, 拉丁字母 $i,\ j,\ k=1,2,3$.

于是, 两个 4 维矢量 a 与 b 的内积为

$$a_\mu b^\mu=g^{\mu\nu}a_\mu b_\nu=g_{\mu\nu}a^\nu b^\mu=a^0b^0-a^1b^1-a^2b^2-a^3b^3=a^0b^0-\boldsymbol{a}\cdot\boldsymbol{b}.$$

协变微商 和 逆变微商 分别为

$$\partial_\mu=\frac{\partial}{\partial x^\mu}=(\partial_0,\nabla),$$
$$\partial^\mu=\frac{\partial}{\partial x_\mu}=(\partial_0,-\nabla).$$

对于能量动量 4 维矢量, 有

$$p^\mu=(E/c,\ \boldsymbol{p}),\qquad p_\mu=(E/c,-\boldsymbol{p}),\qquad p_\mu p^\mu=\frac{E^2}{c^2}-p^2.$$

§5.1 Weyl 方 程

1. Weyl 方程的引入

相对论的要求 粒子的内部自由度没有经典对应, 我们可以直接来讨论 Hamilton 算符的构成. 为了使得 Schrödinger 方程对于时间和空间变量具有对等的地位, Hamilton 算符显然只能是动量算符的线性函数. 我们先讨论只有动能的自由粒子, 来构造一个动量算符 $\hat{\boldsymbol{p}}$ 的线性函数 $\hat{H}(\hat{\boldsymbol{p}})$, 并且使得它与动量算符一起能够构成一个相对论性 4 维矢量 $(\hat{H}/c,\ \hat{\boldsymbol{p}})$, 而它的本征值满足相对论的自由粒子能量动量关系 $(E/c,\ \boldsymbol{p})$, 也就是

$$\frac{E^2}{c^2}-p^2=m^2c^2,\tag{1}$$

这里 mc 是 4 维矢量 $(E/c,\ \boldsymbol{p})$ 的不变长度, m 是粒子的质量.

引入内部自由度 假设粒子具有某种内部自由度, 就可以一般地写出

$$\hat{H}=a+c\hat{b}_i\hat{p}^i,$$

它是动量的一次函数, 其中 a 是常数, $\hat{b}_i$ 是与粒子内部自由度相联系的算符. 算符 $\hat{b}_i$ 应与 $\hat{p}^i$ 互相对易, 因为它们分别属于不同的自由度. 如果 $\hat{b}_i=$ 常数, 就意味着不存在内部自由度. 而我们可以算出

$$\hat{H}^2=a^2+2ac\hat{b}_i\hat{p}^i+c^2\hat{b}_i\hat{b}_j\hat{p}^i\hat{p}^j.$$

可以看出，为了本征值能够给出相对论的能量动量关系 (1)，必须有 $a=0$，使得上式中动量的线性项为 0. 此外，还必须有

$$\{\hat{b}_i, \hat{b}_j\} = 2\delta_{ij}. \tag{2}$$

$\hat{b}_i \neq$ 常数！**这就意味着必然存在某种内部自由度**. 这样得到的能量动量关系

$$E^2 = p^2c^2$$

是相对论的质量 $m=0$ 的粒子的能量动量关系.

为了使得 Hamilton 算符 $\hat{H}$ 是厄米的，$\hat{b}_i$ 必须是厄米的，它在一个表象中的表示 b_i 为厄米矩阵. 不难看出，满足条件 (2) 的厄米矩阵至少是 2×2 的. 如果我们只限于二维空间，可以从 (2) 式解出

$$b^i = \pm\sigma^i,$$

这里 $\boldsymbol{\sigma} = (\sigma^1, \sigma^2, \sigma^3) = (\sigma_x, \sigma_y, \sigma_z)$ 是 Pauli 矩阵.

Hamilton 算符与 Weyl 方程 于是，我们得到 Hamilton 算符在这个二维内部空间的表象为

$$\hat{H} = \pm c\sigma_i\hat{p}^i = \mp c\boldsymbol{\sigma}\cdot\hat{\boldsymbol{p}}. \tag{3}$$

这就是质量为 0 的自由粒子的相对论性 Hamilton *算符*. 它的 Schrödinger 方程

$$\mathrm{i}\hbar\frac{\partial\psi}{\partial t} = \mp c\boldsymbol{\sigma}\cdot\hat{\boldsymbol{p}}\psi \tag{4}$$

称为 Weyl *方程*. 上式已经写在二维内部空间表象，ψ 是粒子态矢量在这个表象的波函数. 因为这个波函数有两个分量，所以 Weyl 方程是*二分量方程*.

Weyl 方程实际上有两个，分别对应于 (4) 式中的负号与正号. 下面我们将会讨论到这个问题.

连续性方程 在 Schrödinger 表象，Weyl 方程 (4) 及其共轭方程可以分别写成

$$\frac{\partial\psi}{\partial t} = \pm c\boldsymbol{\sigma}\cdot\nabla\psi,$$

$$\frac{\partial\psi^\dagger}{\partial t} = \pm c(\nabla\psi^\dagger)\cdot\boldsymbol{\sigma},$$

其中 $\psi^\dagger$ 是把列矢量 ψ 的两个分量取复数共轭以后再转置得到的行矢量. 用 $\psi^\dagger$ 从左边乘第一式，用 ψ 从右边乘第二式，把所得的结果相加，可得如下的连续性方程

$$\frac{\partial\rho}{\partial t} + \nabla\cdot\boldsymbol{j} = 0,$$

其中概率密度 ρ 与概率流密度 $\boldsymbol{j}$ 分别为

$$\rho = \psi^\dagger\psi, \qquad \boldsymbol{j} = \mp c\psi^\dagger\boldsymbol{\sigma}\psi.$$

所以，Weyl 方程作为零质量自由粒子的相对论性 Schrödinger 方程，与波函数的统计诠释是一致的. 下面的演算表明上述概率流密度 $\boldsymbol{j}$ 中的 $\mp c\boldsymbol{\sigma}$ 就是粒子的速度算符：

$$\frac{\mathrm{d}\hat{\boldsymbol{r}}}{\mathrm{d}t}=\frac{1}{\mathrm{i}\hbar}[\hat{\boldsymbol{r}},\hat{H}]=\frac{1}{\mathrm{i}\hbar}[\hat{\boldsymbol{r}},\mp c\boldsymbol{\sigma}\cdot\hat{\boldsymbol{p}}]=\mp c\boldsymbol{\sigma}.$$

需要指出，上述连续性方程可以用四维时空坐标改写成

$$\frac{\partial\rho}{\partial t}+\nabla\cdot\boldsymbol{j}=\partial_\mu j^\mu=0,$$

其中

$$j^0=c\rho=c\psi^\dagger\psi,\qquad j^i=\mp c\psi^\dagger\sigma^i\psi.$$

由于概率流密度 j^i 是三维空间的矢量，这就意味着，*在 Lorentz 变换下，波函数的模方 $\psi^\dagger\psi$ 不是不变的标量，而是一个四维矢量的 0 分量 (时间分量)*.

2. 粒子的自旋角动量

总角动量守恒 我们先来证明 $\boldsymbol{s}=\hbar\boldsymbol{\sigma}/2$ 与粒子的轨道角动量 $\hat{\boldsymbol{l}}$ 之和 $\hat{\boldsymbol{J}}=\hat{\boldsymbol{l}}+\hat{\boldsymbol{s}}$ 是守恒量，因此 *$\boldsymbol{s}$ 具有角动量的性质*. 容易证明，这个粒子的轨道角动量不守恒：

$$\begin{aligned}[\hat{\boldsymbol{l}},\hat{H}]&=\mp c[\hat{\boldsymbol{l}}(\boldsymbol{\sigma}\cdot\hat{\boldsymbol{p}})-(\boldsymbol{\sigma}\cdot\hat{\boldsymbol{p}})\hat{\boldsymbol{l}}\,]=\mp c[\boldsymbol{\sigma}\times(\hat{\boldsymbol{l}}\times\hat{\boldsymbol{p}})+(\boldsymbol{\sigma}\cdot\hat{\boldsymbol{l}})\hat{\boldsymbol{p}}-(\boldsymbol{\sigma}\cdot\hat{\boldsymbol{p}})\hat{\boldsymbol{l}}\,]\\&=\mp c\{\boldsymbol{\sigma}\times(\hat{\boldsymbol{l}}\times\hat{\boldsymbol{p}}+\hat{\boldsymbol{p}}\times\hat{\boldsymbol{l}})+[\boldsymbol{\sigma}\cdot\hat{\boldsymbol{l}},\hat{\boldsymbol{p}}]\}=\mp\mathrm{i}\hbar c\boldsymbol{\sigma}\times\hat{\boldsymbol{p}}.\end{aligned}$$

同样地，还可以证明

$$[\hat{\boldsymbol{s}},\hat{H}]=\mp\frac{\hbar c}{2}[\boldsymbol{\sigma},\boldsymbol{\sigma}\cdot\hat{\boldsymbol{p}}]=\pm\frac{\hbar c}{2}(\boldsymbol{\sigma}\times\boldsymbol{\sigma})\times\hat{\boldsymbol{p}}=\pm\mathrm{i}\hbar c\boldsymbol{\sigma}\times\hat{\boldsymbol{p}}.$$

于是，我们有

$$[\hat{\boldsymbol{J}},\hat{H}]=[\hat{\boldsymbol{l}}+\hat{\boldsymbol{s}},\hat{H}]=0.$$

现在我们再来证明，*在三维普通空间的转动下，这个二维的内部空间也跟着发生相应的转动，而 $\hat{\boldsymbol{s}}$ 是生成这种转动的无限小算符*. 为此，我们先来给出 Weyl 方程在普通三维空间转动下具有不变性的条件.

Weyl 方程空间转动不变性条件 坐标算符在三维空间的转动可以写成

$$\hat{x}^{i\prime}=a^i{}_j\hat{x}^j,$$

其中 $a^i{}_j$ 是实幺模正交转动矩阵，正交条件为

$$a_k{}^i a^k{}_j=g^i{}_j.$$

与这个空间转动相应地，态矢量空间有一个幺正变换，

$$\psi\to\psi'=\varLambda\psi,$$

这是在二维内部空间的一个转动. 用 Λ 作用于方程 (4), 并且代入

$$\hat{p}^i = a_j{}^i \hat{p}^{j\prime},$$

就有

$$\mathrm{i}\hbar\frac{\partial\psi'}{\partial t} = \pm c\Lambda\sigma_i\Lambda^{-1}a_j{}^i\hat{p}^{j\prime}\psi',$$

注意这里 $\sigma_i = g_{ij}\sigma^j = -\sigma^i$. 要求上式与 (4) 式的形式一样, 就有下述条件,

$$\Lambda\sigma_i\Lambda^{-1}a_j{}^i = \sigma_j,$$

或者等价的

$$\Lambda^{-1}\sigma^i\Lambda = a^i{}_j\sigma^j. \tag{5}$$

在二维内部空间, Λ 是 2×2 的幺正矩阵, 有 4 个实参数, 要由上述 3 个条件和幺正条件来确定. 下面我们就来表明, 对于普通三维空间的转动, 上式有解, 而对于空间反射, 上式无解. 换句话说, Weyl *方程有三维空间的转动不变性, 而没有空间反射的不变性.*

三维空间转动的 Λ 考虑无限小转动, 我们有 (见第三章 §3.2)

$$a^i{}_j = g^i{}_j + \epsilon^i{}_{jk}\theta^k,$$

其中

$$\epsilon^i{}_{jk} = g^{il}\epsilon_{ljk}.$$

对于这个无限小转动, 我们可以把内部空间的无限小转动矩阵写成

$$\Lambda = 1 + \mathrm{i}\varepsilon_i\sigma^i.$$

把上述方程代入 (5) 式, 略去 ε_i 的二次项, 就有

$$\sigma^i + \mathrm{i}\varepsilon_j(\sigma^i\sigma^j - \sigma^j\sigma^i) = \sigma^i + \epsilon^i{}_{jk}\sigma^j\theta^k.$$

由此可以解出 $\varepsilon_i = \theta_i/2$, 从而

$$\Lambda = 1 - \frac{\mathrm{i}}{2}\boldsymbol{\theta}\cdot\boldsymbol{\sigma}, \tag{6}$$

其中 $\boldsymbol{\theta} = (\theta_x, \theta_y, \theta_z)$. 对于有限角度的转动, 上式给出第三章 §3.3 的结果

$$\Lambda = \mathrm{e}^{-\mathrm{i}\boldsymbol{\theta}\cdot\boldsymbol{\sigma}/2}.$$

这就证明了 §3.3 的基本假设, $\hat{\boldsymbol{s}} = \hbar\boldsymbol{\sigma}/2$ *是这个二维内部空间转动的自旋角动量算符*. 由于波函数 ψ 具有在这个二维内部空间的旋转性质, 所以称为*旋量波函数*, 简称 Weyl *旋量*.

宇称不守恒 我们来证明 Weyl 方程 (4) 没有空间反射不变性, 宇称不守

恒. 考虑空间反射变换, $\hat{x}^{i\prime}=a^i{}_j\hat{x}^j$ 式中的

$$(a^i{}_j)=\begin{pmatrix}-1&0&0\\0&-1&0\\0&0&-1\end{pmatrix},$$

这时 (5) 式要求 Λ 与 σ^i 反对易. 由于 2×2 的幺正矩阵只有 4 个实参数, 线性无关的矩阵只有 4 个, 除了 3 个 Pauli 矩阵, 只有一个单位矩阵. 它们都不可能同时与 3 个 Pauli 矩阵反对易, 所以当 $(a^i{}_j)$ 取上式时, (5) 式没有解. 这就证明了 Weyl 方程 (4) 没有空间反射不变性, 宇称不守恒.

所以, *零质量自旋 1/2 的粒子的态没有空间反射对称性, 不是宇称本征态, 有零质量自旋 1/2 的粒子参与的过程宇称不守恒*. 这是因为在空间反射变换下, 右手坐标系变成左手坐标系, 粒子的螺旋性发生改变, 粒子的态不能保持. 下面就来讨论粒子的螺旋性问题.

3. 负能态与反粒子

螺旋性与能量本征值 我们可以定义粒子的 *螺旋性*

$$\hat{\xi}=\frac{\boldsymbol{\sigma}\cdot\hat{\boldsymbol{p}}}{p},$$

其中 p 是粒子动量的大小. 容易证明, $\hat{\xi}$ 的本征值为 $+1$ 或 -1. 螺旋性为 $+1$ 的态, 粒子自旋与运动方向构成右手螺旋, 称为 *右旋态*. 螺旋性为 -1 的态, 粒子自旋与运动方向构成左手螺旋, 称为 *左旋态*.

从 (3) 式可以看出,

$$[\hat{\xi},\hat{H}]=0,$$

质量为 0 自旋 1/2 的粒子螺旋性守恒. 对于质量为 0 的粒子, 螺旋性守恒具有特殊的含意. 从物理上看, 无质量的粒子以光速运动, 不可能通过参考系的 Lorentz 变换, 把一个惯性系中的右旋态变成另一个惯性系的左旋态. 由于螺旋性守恒, 一定种类的零质量自旋 1/2 粒子, 要么是右旋的, 要么是左旋的. *螺旋性是零质量自旋 1/2 粒子的固有特征*.

我们可以用螺旋性算符 $\hat{\xi}$ 把 Hamilton 算符改写成

$$\hat{H}=\mp\hat{\xi}pc,$$

相应地把粒子能量本征值写成

$$E=\mp\xi pc,$$

其中 $\xi=+1$ 或 -1. 于是, 在 (3) 式中取负号时, 左旋态的粒子能量为正, 右旋态的粒子能量为负; 在 (3) 式中取正号时, 右旋态的粒子能量为正, 左旋态的粒

子能量为负.

负能态问题与正反粒子 在实验上，只有通过一个量子态到其他量子态的跃迁，才能观测和研究这个量子态. Dirac 指出，实验上没有观测到粒子的负能态，这就意味着所有的负能态都被粒子填满了，由于 Pauli 原理，不可能发生粒子在负能态之间的跃迁. 这些填满了所有负能态的粒子，被形象地称为 Dirac *海*. 按照这个解释，真空并不是一无所有，而是一个负能态粒子的汪洋大海. 这种有物理内容的真空，称为 *物理真空*. 当然，这种对于负能态的解释只能看作是物理的设想，而不是正式的理论. 负能态的问题，在量子场论中才得到解决 (参阅第八章).

一个粒子从负能态跃迁到正能态，在 Dirac 海中就留出了一个负能态的 *空穴*. 这个效应是可以观测的. 一个负能态的空穴，相当于一个正能态的粒子，具有与负能态相反的螺旋性以及其他物理性质. 这种与原来的粒子性质相反的粒子，称为原来粒子的 *反粒子*. 相应地，原来的粒子就称为 *正粒子*.

正反粒子变换 由于 $\hat{\boldsymbol{p}}^*=-\hat{\boldsymbol{p}}$ 和 $\sigma^2(\sigma^i)^*=-\sigma^i\sigma^2$, 对 Weyl 方程 (4) 取复数共轭再乘以 σ^2, 可以得到

$$\mathrm{i}\hbar\frac{\partial\psi_C}{\partial t}=\pm c\boldsymbol{\sigma}\cdot\hat{\boldsymbol{p}}\psi_C, \tag{7}$$

其中波函数的变换是

$$\psi\longrightarrow\psi_C=\hat{C}\psi\equiv\eta_C\sigma^2\psi^*, \tag{8}$$

η_C 是一个模为 1 的常数，$\eta_C^*\eta_C=1$. 与 Weyl 方程 (4) 相比，方程 (7) 右方差一个负号，所以 ψ_C 态描述与 ψ 态能量相反的粒子，态矢量的变换 (8) 和方程的变换 (4)→(7) 是零质量自旋 1/2 的粒子的正反粒子变换. *Weyl 方程在正反粒子变换下没有不变性.*

4. CP 不变性与中微子物理

CP 不变性 在空间反射变换下，右手坐标系变成左手坐标系，右旋态变成左旋态，左旋态变成右旋态. 如果在空间反射的同时也把粒子变成反粒子，把反粒子变成粒子，那么，系统的态仍然有可能保持不变. 我们把正反粒子变换 C 与空间反射变换 P 的联合变换称为 CP 变换，而把 CP 变换下的不变性称为 CP 不变性. 可以看出， Weyl 方程 (4) 在空间反射下变号，在正反粒子变换下也变号，所以它在 CP 变换下不变. *Weyl 方程具有 CP 不变性.*

中微子物理 实验表明，中微子是自旋 1/2 的粒子，有中微子参与的过程宇称不守恒. 此外，实验还发现，*中微子是左旋的，反中微子是右旋的*. 于是大家

相信，在有中微子参与的弱相互作用过程中宇称不守恒的根源，在于中微子的螺旋性. 原来以为中微子质量为零，从而可以看作是满足 Weyl 方程的 Weyl 费米子. 在 Hamilton 算符的表达式 (3) 中，应取负号，

$$\hat{H} = -c\boldsymbol{\sigma} \cdot \hat{\boldsymbol{p}}.$$

自从中微子振荡的实验给出它有一个很小的质量①以来，中微子就不能再看作是 Weyl 费米子，而应是 Dirac 费米子，满足下面要讨论的 Dirac 方程. 既然中微子有质量，就可以期待能够发现右旋中微子和左旋反中微子.

在上一章 §4.6 我们已经提到，在中性 K 介子奇异数振荡中 CP 并不严格守恒，这是实验发现的一个 CP 不守恒的事例.

§5.2 自由粒子的 Dirac 方程

为了更直接和清楚地显示 Dirac 方程所包含的物理，我们这里没有按照 Dirac 的方法来引入他的方程. 他的方法的主要精神和思路已经体现在上一节 Weyl 方程的引入过程之中. 不过，读者还是一定要去看一看 Dirac 的方法，其中所闪耀着的理性思维的光辉和数学的内在美，在物理学的众多经验中是罕见的.

1. 自由粒子的 Dirac 方程

方程的引入 上面得到的 Weyl 方程是描述质量为 0 的粒子的. 为了得到质量不为 0 的粒子的相对论性方程，我们来尝试推广 Weyl 方程②. 这种推广了的相对论性方程应能描述质量不为 0 的自旋 1/2 的粒子，而在粒子质量为 0 时简化为 Weyl 方程.

上节已经指出，质量为 0 的粒子以光速运动，具有确定的螺旋性. 如果粒子获得了质量，螺旋性就不再是粒子的固有性质，而有可能在运动过程中发生改变. 这是因为，有质量的粒子运动速度小于光速，变换到沿着粒子运动方向而且比粒子速度更快的惯性系，粒子的螺旋性就会反转过来. 粒子在获得质量的同时，将丧失具有固定螺旋性这一特征. 换句话说，具有质量的粒子，既可以处于左旋态，也可以处于右旋态，或者更一般地处于左旋态与右旋态的叠加态.

Weyl 方程有两个，分别描写左旋态和右旋态的粒子. 如果粒子没有确定的

---

① 参见王正行，《近代物理学》第二版， 2010 年， 414 页.

② 类似的做法可参阅 E. Marsch, International Scholarly Research Network, *ISRN Mathematical Physics*, Volume 2012, Article ID 760239; 或 E. Marsch, *Jourl. Mod. Phys.* **2** (2011) 1109.

螺旋性, 在左旋态与右旋态之间就会有某种耦合. 所以, 我们来尝试把两个 Weyl 方程耦合起来, 写成

$$\Big(\mathrm{i}\hbar\frac{\partial}{\partial t}-c\boldsymbol{\sigma}\cdot\hat{\boldsymbol{p}}\Big)\psi_{\mathrm{R}}=C\psi_{\mathrm{L}},$$

$$\Big(\mathrm{i}\hbar\frac{\partial}{\partial t}+c\boldsymbol{\sigma}\cdot\hat{\boldsymbol{p}}\Big)\psi_{\mathrm{L}}=C\psi_{\mathrm{R}}.$$

其中 ψ_R 与 ψ_L 都是二分量波函数. 容易看出, 它们满足相同的方程

$$\Big(-\hbar^2\frac{\partial^2}{\partial t^2}-c^2\hat{p}^2\Big)\psi_i=C^2\psi_i,\qquad i=\mathrm{R},\mathrm{L}.$$

如果取耦合常数 $C=mc^2$, 上式就给出相对论自由粒子的能量动量关系 (1). 代入 $C=mc^2$, ψ_{R} 与 ψ_{L} 的两个耦合方程可以合写成

$$\mathrm{i}\hbar\frac{\partial\psi}{\partial t}=(c\boldsymbol{\alpha}\cdot\hat{\boldsymbol{p}}+\beta mc^2)\psi,\tag{9}$$

其中

$$\psi=\begin{pmatrix}\psi_{\mathrm{R}}\\ \psi_{\mathrm{L}}\end{pmatrix}\tag{10}$$

是两个二分量波函数的组合, 共有 4 个分量. $\boldsymbol{\alpha}$ 与 β 是 4×4 的厄米矩阵, 称为 Dirac *矩阵*,

$$\boldsymbol{\alpha}=\begin{pmatrix}\boldsymbol{\sigma}&0\\0&-\boldsymbol{\sigma}\end{pmatrix},\qquad\beta=\begin{pmatrix}0&1\\1&0\end{pmatrix},\tag{11}$$

其中 $\boldsymbol{\sigma}$ 是 2×2 的 Pauli 矩阵, 1 是 2×2 的单位矩阵, 0 是 2×2 的 0 矩阵. 方程 (9) 就是自由粒子的 Dirac *方程*, 相应的 Hamilton 算符为

$$\hat{H}=c\boldsymbol{\alpha}\cdot\hat{\boldsymbol{p}}+\beta mc^2.\tag{12}$$

质量的物理 我们前面对于 Dirac 方程的引入方式, 虽然只是十分简单的一种唯象的做法, 但是它却向我们提出了一个基本的问题: 粒子的质量真的只是描述粒子特性的一个简单参数, 而在它的背后并不包含某种更深层的物理吗?

经典物理学的质量概念, 基于 Newton 力学. 在 Newton 力学里, 质量作为描述物体惯性的参数, 被看成是物体最基本的特征, 是一切物理学分析的基础和出发点, 而不能再对它进行分析, 不包含任何更深层的物理. 在量子力学的动力学模型中, 我们让质量作为模型参数出现在系统的模型 Hamilton 量之中, 而不作任何解释, 就是这种观念的表现. 关于质量的这种经典观念, 在将近三百年的时间里, 支配着物理学家们的思考. 只是到了 Einstein 的狭义相对论里, 这种观念才开始受到冲击.

在狭义相对论里, 质量的基本涵义已经不再是描述物体惯性的参数, 而是物体能量动量四维矢量的不变长度的量度, 是联系物体能量与动量的物理量.

特别是，当物体静止时，质量正比于物体的能量，这表明质量是物体静质能的量度．而我们知道，能量总是某种动力学效应的表现．所以，这就意味着，作为物体静质能的量度，质量很可能也是某种动力学效应的表现，包含着更深层的物理．这就是关于质量的物理的问题．

在狭义相对论提出了半个多世纪之后，于 1967 年提出的 Weinberg-Salam 理论，在统一弱相互作用与电磁相互作用的同时，也为质量的物理这个问题给出了一个理论的回答①．Weinberg-Salam 理论的模型所具有的对称性，要求作为理论出发点的粒子是无质量的，包括中微子和电子等轻子．在这个理论中，原本没有质量的电子之所以获得了质量，是由于它与某种特殊的场的耦合．这种特殊的场被称为 Higgs 场，它的作用使得理论的这种对称性发生破缺②．Weinberg-Salam 理论所取得的成功，自然地掀起了一股寻找 Higgs 粒子的实验热潮，粒子物理学家们把这种实验恰当地称之为寻找质量的起源．尽管这种 Higgs 粒子直到 2012 年才被找到，但是人们开始认真地寻找 Higgs 粒子这件事本身，就意味着质量的物理已经开始成为物理学家们研究的一个重要问题．在这个意义上，Dirac 方程也只是一个唯象的方程，其中的粒子质量 m 只是用来笼统地描述某种更深层的物理的一个唯象的参数．

Dirac 表象 Dirac 方程的波函数 (10) 区分为上下两个分量，这相当于一个新的内部自由度，具有二维的表示空间．在这个二维空间中，我们可以选择不同的表象．Dirac 矩阵的上述形式 (11) 属于 Weyl 表象，又称*手征表象*．*在 Weyl 表象中，当粒子质量趋于 0 时，* $m \to 0$, *波函数的上下分量* $\psi_{\rm R}$ *与* $\psi_{\rm L}$ *分别成为右旋态与左旋态*．在 $p \gg mc$ 的高能情形，粒子的质量可以忽略时，用 Weyl 表象比较方便．

更常用的是 Dirac *表象*．从 Weyl 表象到 Dirac 表象的表象变换是

$$\psi = \begin{pmatrix} \psi_{\rm R} \\ \psi_{\rm L} \end{pmatrix} \longrightarrow \psi = \begin{pmatrix} \varphi \\ \chi \end{pmatrix} = \frac{1}{\sqrt{2}} \begin{pmatrix} \psi_{\rm R} + \psi_{\rm L} \\ \psi_{\rm R} - \psi_{\rm L} \end{pmatrix}.$$

这是一个 4 维空间的幺正变换，变换矩阵为

$$U = \frac{1}{\sqrt{2}} \begin{pmatrix} 1 & 1 \\ 1 & -1 \end{pmatrix}, \tag{13}$$

矩阵元中的 1 是自旋空间的 2×2 的单位矩阵．注意上述矩阵也是厄米的．由此

① S. Weinberg, *Phys. Rev. Lett.* **19** (1967) 1264; A. Salam, in *Elementary Particle Theory*, ed. N. Svarthholm, Almquist and Wiksell, Stockholm, 1968.

② 可参阅王正行，《简明量子场论》第二版，北京大学出版社， 2020 年，第 10 章．

很容易算出在 Dirac 表象中的 Dirac 矩阵为

$$\boldsymbol{\alpha}=\begin{pmatrix}0 & \boldsymbol{\sigma}\\ \boldsymbol{\sigma} & 0\end{pmatrix},\qquad \beta=\begin{pmatrix}1 & 0\\ 0 & -1\end{pmatrix}. \tag{14}$$

在 Dirac 表象中， Hamilton 算符 (12) 可以写成

$$\hat{H}=\begin{pmatrix}mc^2 & c\boldsymbol{\sigma}\cdot\hat{\boldsymbol{p}}\\ c\boldsymbol{\sigma}\cdot\hat{\boldsymbol{p}} & -mc^2\end{pmatrix}.$$

相应地，把 Dirac 方程写成上下分量的方程，有

$$\mathrm{i}\hbar\frac{\partial\varphi}{\partial t}=c\boldsymbol{\sigma}\cdot\hat{\boldsymbol{p}}\chi+mc^2\varphi,$$

$$\mathrm{i}\hbar\frac{\partial\chi}{\partial t}=c\boldsymbol{\sigma}\cdot\hat{\boldsymbol{p}}\varphi-mc^2\chi.$$

φ 与 χ 都是自旋空间的二分量波函数，可以看出，它们的物理含意是：*在 Dirac 表象中，当粒子的动量趋于 0 时，$p\to 0$, 波函数的上下分量 φ 与 χ 分别成为正能态与负能态，亦即分别描述粒子与反粒子*. 在能量不太高的 $p\ll mc$ 情形，粒子的产生与湮灭过程可以忽略时，用 Dirac 表象比较方便. 如果没有特别指出，以后的讨论在需要用具体表象的地方，都采用 Dirac 表象. 而在继续这种讨论之前，我们在下面插入一段对于 Majorana 表象的介绍，这是在粒子理论中会用到的一种表象.

Majorana 表象 Weyl 方程的正反粒子变换 (8), 包含对波场 ψ 取复数共轭. 下面将会看到， Dirac 方程的正反粒子变换，也要对波场 ψ 取复数共轭. 如果 ψ 是实数，取复数共轭还是它自己，这就意味着实数场的正反粒子是同一个粒子. 而要得到 ψ 的实数解，其方程的系数就必须都是实数. Dirac 方程的这种形式，称为 Majorana *表象*. 为了区分，下面在必要时将分别用下标 W, D 和 M 来表示 Weyl, Dirac 和 Majorana 表象的量.

前面引入 Dirac 方程的做法，是把描写左旋态 ψ_{L} 与右旋态 ψ_{R} 的两个 Weyl 方程耦合. 同样，我们也可以把描写粒子态 ψ_{P} 与反粒子态 ψ_{A} 的两个 Weyl 方程耦合， ψ_{P} 与 ψ_{A} 之间有关系 (8),

$$\psi_{\mathrm{A}}=\hat{C}\psi=\eta_C\sigma^2\psi_{\mathrm{P}}^*, \tag{15}$$

注意我们这里用了与前面不同的下标. 重复前面的做法，就可以得到完全相同的方程 (9), 只是现在

$$\psi=\begin{pmatrix}\psi_{\mathrm{A}}\\ \psi_{\mathrm{P}}\end{pmatrix}=\begin{pmatrix}\eta_C\sigma^2\psi_{\mathrm{P}}^*\\ \psi_{\mathrm{P}}\end{pmatrix}. \tag{16}$$

为了得到实数的结果，我们来作变换 $\psi\to\psi_{\mathrm{M}}=U\psi$, 使得 ψ_{M} 的两个分量分别

是 $\psi_{\rm P}$ 的实部 $\mathrm{Re}\,\psi_{\rm P}$ 和虚部 $\mathrm{Im}\,\psi_{\rm P}$. 如果选取

$$U=\frac{1}{\sqrt{2}}\begin{pmatrix}1 & \sigma^2\\ \sigma^2 & -1\end{pmatrix}, \tag{17}$$

就可以算出实数的结果

$$\psi_{\rm M}=\frac{1}{\sqrt{2}}\begin{pmatrix}1 & \sigma^2\\ \sigma^2 & -1\end{pmatrix}\begin{pmatrix}\eta_C\sigma^2\psi_{\rm P}^*\\ \psi_{\rm P}\end{pmatrix}=\frac{1}{\sqrt{2}}\begin{pmatrix}\mathrm{i}\sigma^2\,\mathrm{Im}\,\psi_{\rm P}\\ -\mathrm{Re}\,\psi_{\rm P}\end{pmatrix},$$

其中已取 $\eta_C=-1$, 注意 σ^2 是虚数，$(\sigma^2)^*=-\sigma^2$.

相应地，从 Weyl 表象的 Dirac 矩阵 (11), 可以算出方程 (9) 中变换以后的 $\boldsymbol{\alpha}_{\rm M}=U\boldsymbol{\alpha}_{\rm W}U^\dagger$ 和 $\beta_{\rm M}=U\beta_{\rm W}U^\dagger$,

$$\alpha^1_{\rm M}=\begin{pmatrix}\sigma^1 & 0\\ 0 & -\sigma^1\end{pmatrix},\quad \alpha^2_{\rm M}=\begin{pmatrix}0 & 1\\ 1 & 0\end{pmatrix},\quad \alpha^3_{\rm M}=\begin{pmatrix}\sigma^3 & 0\\ 0 & -\sigma^3\end{pmatrix},$$

$$\beta_{\rm M}=\begin{pmatrix}\sigma^2 & 0\\ 0 & -\sigma^2\end{pmatrix}. \tag{18}$$

注意现在 $\boldsymbol{\alpha}_{\rm M}$ 是实数，$(\alpha^i_{\rm M})^*=\alpha^i_{\rm M}$, 而 $\beta_{\rm M}$ 是虚数，$(\beta_{\rm M})^*=-\beta_{\rm M}$, Dirac 方程 (9) 两边乘以 $-\mathrm{i}$ 就成为实系数的方程.

上面推导中的变换矩阵 U, 可以有不同的选择. 所以，Majorana 表象的 $\boldsymbol{\alpha}$ 和 β 矩阵可以有不同的形式. 实际上，主流的做法是从 Dirac 表象 (14) 出发，选择适当的变换 U, 来算出 Weyl 和 Majorana 表象. 所以 Dirac 表象的形式是唯一和固定的，而不同作者使用的 Weyl 和 Majorana 表象往往不同. 这里没有物理，就不细说①. 下面接着讨论 Dirac 方程的问题.

连续性方程　注意到 Dirac 矩阵是厄米矩阵, 我们可以在坐标表象中把 Dirac 方程 (9) 及其共轭方程写成

$$\begin{aligned}\mathrm{i}\hbar\frac{\partial\psi}{\partial t}&=-\mathrm{i}\hbar c\boldsymbol{\alpha}\cdot\nabla\psi+mc^2\beta\psi,\\ -\mathrm{i}\hbar\frac{\partial\psi^\dagger}{\partial t}&=\mathrm{i}\hbar c(\nabla\psi^\dagger)\cdot\boldsymbol{\alpha}+mc^2\psi^\dagger\beta,\end{aligned}$$

其中 $\psi^\dagger$ 是把列矢量 ψ 的 4 个分量取复数共轭以后再转置得到的行矢量,

$$\psi^\dagger=(\psi_1^*\ \psi_2^*\ \psi_3^*\ \psi_4^*).$$

用 $\psi^\dagger$ 从左边乘上述 Dirac 方程，用 ψ 从右边乘其共轭方程，把所得的结果相减，就有下列连续性方程

$$\frac{\partial\rho}{\partial t}+\nabla\cdot\boldsymbol{j}=\partial_\mu j^\mu=0,$$

① 可参阅喀兴林，《高等量子力学》第二版，高等教育出版社，2001 年，216 页.

其中概率密度 $\rho=\psi^\dagger\psi$, 概率流密度 $\boldsymbol{j}=\psi^\dagger c\boldsymbol{\alpha}\psi$,

$$j^0=c\psi^\dagger\psi,\qquad j^i=\psi^\dagger c\alpha^i\psi.$$

所以， Dirac 方程作为相对论性的 Schrödinger 方程，与波函数的统计诠释是一致的. 而在前面已经指出，在 Lorentz 变换下， $\rho=\psi^\dagger\psi$ 不是不变的标量，而是一个四维矢量的 0 分量.

下面的演算表明，上述概率流密度 $\boldsymbol{j}$ 中的 $c\boldsymbol{\alpha}$ 就是粒子的速度算符:

$$\frac{\mathrm{d}\hat{\boldsymbol{r}}}{\mathrm{d}t}=\frac{1}{\mathrm{i}\hbar}[\hat{\boldsymbol{r}},\hat{H}]=\frac{1}{\mathrm{i}\hbar}[\hat{\boldsymbol{r}},c\boldsymbol{\alpha}\cdot\hat{\boldsymbol{p}}+mc^2\beta]=\frac{1}{\mathrm{i}\hbar}[\hat{\boldsymbol{r}},c\boldsymbol{\alpha}\cdot\hat{\boldsymbol{p}}]=c\boldsymbol{\alpha}.$$

在 Weyl 表象中，上式表明，上分量 ψ_{R} 具有速度 $c\boldsymbol{\sigma}$, 下分量 ψ_{L} 具有速度 $-c\boldsymbol{\sigma}$, 概率流密度是这两个流密度的代数和， $\boldsymbol{j}=\boldsymbol{j}_{\mathrm{R}}+\boldsymbol{j}_{\mathrm{L}}$.

守恒量 从 Hamilton 算符 (12) 容易证明，它具有平移不变性，动量守恒:

$$[\hat{\boldsymbol{p}},\hat{H}]=0.$$

另外，注意到 $\hat{\boldsymbol{l}}$ 与 $\hat{\boldsymbol{s}}$ 在 Dirac 表象中的表示就是它们各自直乘以单位矩阵，并利用上一节的结果，就可以证明粒子的轨道角动量与自旋角动量都不守恒,

$$[\hat{\boldsymbol{l}},\hat{H}]=\begin{pmatrix}\hat{\boldsymbol{l}}&0\\0&\hat{\boldsymbol{l}}\end{pmatrix}\begin{pmatrix}mc^2&c\boldsymbol{\sigma}\cdot\hat{\boldsymbol{p}}\\c\boldsymbol{\sigma}\cdot\hat{\boldsymbol{p}}&-mc^2\end{pmatrix}-\begin{pmatrix}mc^2&c\boldsymbol{\sigma}\cdot\hat{\boldsymbol{p}}\\c\boldsymbol{\sigma}\cdot\hat{\boldsymbol{p}}&-mc^2\end{pmatrix}\begin{pmatrix}\hat{\boldsymbol{l}}&0\\0&\hat{\boldsymbol{l}}\end{pmatrix}$$
$$=\mathrm{i}\hbar c\boldsymbol{\alpha}\times\hat{\boldsymbol{p}},$$

$$[\hat{\boldsymbol{s}},\hat{H}]=\begin{pmatrix}\hat{\boldsymbol{s}}&0\\0&\hat{\boldsymbol{s}}\end{pmatrix}\begin{pmatrix}mc^2&c\boldsymbol{\sigma}\cdot\hat{\boldsymbol{p}}\\c\boldsymbol{\sigma}\cdot\hat{\boldsymbol{p}}&-mc^2\end{pmatrix}-\begin{pmatrix}mc^2&c\boldsymbol{\sigma}\cdot\hat{\boldsymbol{p}}\\c\boldsymbol{\sigma}\cdot\hat{\boldsymbol{p}}&-mc^2\end{pmatrix}\begin{pmatrix}\hat{\boldsymbol{s}}&0\\0&\hat{\boldsymbol{s}}\end{pmatrix}$$
$$=-\mathrm{i}\hbar c\boldsymbol{\alpha}\times\hat{\boldsymbol{p}},$$

而总角动量 $\hat{\boldsymbol{J}}=\hat{\boldsymbol{l}}+\hat{\boldsymbol{s}}$ 是守恒的,

$$[\hat{\boldsymbol{J}},\hat{H}]=[\hat{\boldsymbol{l}},\hat{H}]+[\hat{\boldsymbol{s}},\hat{H}]=0.$$

同样可以证明，粒子的螺旋性 $\hat{\xi}$ 也是守恒量，左旋态与右旋态都是粒子的本征态:

$$[\hat{\xi},\hat{H}]=\begin{pmatrix}\hat{\xi}&0\\0&\hat{\xi}\end{pmatrix}\begin{pmatrix}mc^2&c\boldsymbol{\sigma}\cdot\hat{\boldsymbol{p}}\\c\boldsymbol{\sigma}\cdot\hat{\boldsymbol{p}}&-mc^2\end{pmatrix}-\begin{pmatrix}mc^2&c\boldsymbol{\sigma}\cdot\hat{\boldsymbol{p}}\\c\boldsymbol{\sigma}\cdot\hat{\boldsymbol{p}}&-mc^2\end{pmatrix}\begin{pmatrix}\hat{\xi}&0\\0&\hat{\xi}\end{pmatrix}=0.$$

2. 自由粒子的平面波解

定态的量子数 上面已经指出，自由粒子的动量 $\hat{\boldsymbol{p}}$ 和螺旋性 $\hat{\xi}$ 都与 Hamilton 算符 $\hat{H}$ 对易，是守恒量. 此外还可以看出， $\hat{\boldsymbol{p}}$ 与 $\hat{\xi}$ 也对易. 所以，自由粒子的 $(\hat{H},\hat{\boldsymbol{p}},\hat{\xi})$ 构成一组相容观测量，具有共同本征态 $\{|E,\boldsymbol{p},\xi\rangle\}$. 对于一定的动量本征值 $\boldsymbol{p}$, 螺旋性有两个本征值， $\xi=+1$ 与 -1, 分别相应于自旋投影与动量方向

相同的右旋态和相反的左旋态. 另一方面, 由下述关系

$$\hat{H}^2=\begin{pmatrix} mc^2 & c\boldsymbol{\sigma}\cdot\hat{\boldsymbol{p}} \\ c\boldsymbol{\sigma}\cdot\hat{\boldsymbol{p}} & -mc^2 \end{pmatrix}\cdot\begin{pmatrix} mc^2 & c\boldsymbol{\sigma}\cdot\hat{\boldsymbol{p}} \\ c\boldsymbol{\sigma}\cdot\hat{\boldsymbol{p}} & -mc^2 \end{pmatrix}=\hat{p}^2c^2+m^2c^4,$$

对于一定的动量 $\boldsymbol{p}$, 可以求出能量有正能和负能两个本征值

$$E=\pm E_p,$$

这里

$$E_p=\sqrt{p^2c^2+m^2c^4}.$$

所以, 对于一定的动量 $\boldsymbol{p}$, 有 4 个不同的本征态 $|E,\boldsymbol{p},\xi\rangle$:

	I	II	III	IV
$\boldsymbol{p}$	$\boldsymbol{p}$	$\boldsymbol{p}$	$\boldsymbol{p}$	$\boldsymbol{p}$
E	E_p	E_p	$-E_p$	$-E_p$
ξ	$+1$	-1	$+1$	-1

Dirac 表象波函数 由于普通空间与内部空间是互相独立的, 粒子波函数可以写成普通空间波函数与内部空间波函数之直积. 对于自由粒子的动量本征态, 我们有

$$\psi=w(E,\boldsymbol{p},\xi)\mathrm{e}^{-\mathrm{i}(Et-\boldsymbol{p}\cdot\boldsymbol{x})/\hbar},$$

其中 $w(E,\boldsymbol{p},\xi)$ 是内部空间波函数, 由下列 4×4 的矩阵方程来确定:

$$(c\boldsymbol{\alpha}\cdot\boldsymbol{p}+\beta mc^2-E)w(E,\boldsymbol{p},\xi)=0.$$

在 Dirac 表象, 上述方程成为

$$\begin{pmatrix} mc^2-E & c\boldsymbol{\sigma}\cdot\boldsymbol{p} \\ c\boldsymbol{\sigma}\cdot\boldsymbol{p} & -mc^2-E \end{pmatrix}\begin{pmatrix} \zeta \\ \eta \end{pmatrix}=0, \tag{19}$$

其中 ζ 与 η 分别是波函数 $w(E,\boldsymbol{p},\xi)$ 的上分量与下分量,

$$w(E,\boldsymbol{p},\xi)=\begin{pmatrix} \zeta \\ \eta \end{pmatrix}.$$

在习惯上, 把正能解和负能解分别记为 u 和 v,

$$u(\boldsymbol{p},\xi)=w(E_p,\boldsymbol{p},\xi),\qquad v(\boldsymbol{p},\xi)=w(-E_p,-\boldsymbol{p},\xi).$$

由方程 (19) 不难解出

$$u(\boldsymbol{p},\xi)=N\begin{pmatrix} \zeta \\ \frac{c\boldsymbol{\sigma}\cdot\boldsymbol{p}}{E_p+mc^2}\zeta \end{pmatrix},\qquad v(\boldsymbol{p},\xi)=N\begin{pmatrix} \frac{c\boldsymbol{\sigma}\cdot\boldsymbol{p}}{E_p+mc^2}\eta \\ \eta \end{pmatrix}, \tag{20}$$

其中 ζ 和 η 是粒子螺旋性 ξ 的本征态， N 是归一化常数. 取归一化条件

$$u^\dagger(\boldsymbol{p},\xi)u(\boldsymbol{p},\xi')=\delta_{\xi\xi'},\qquad v^\dagger(\boldsymbol{p},\xi)v(\boldsymbol{p},\xi')=\delta_{\xi\xi'},$$

并且假设 ζ 与 η 在自旋空间是归一化的， $\zeta^\dagger\zeta=1,\eta^\dagger\eta=1,$ 则归一化常数 N 为

$$N=\sqrt{\frac{E_p+mc^2}{2E_p}}.$$

自旋空间的表象取 $\{|s,s_z\rangle\}$ 为基矢. 在这个表象中，自旋角动量在 z 轴的投影 $\hat{s}_z$ 取本征值 $\pm\hbar/2$. 另一方面，螺旋性 $\hat{\xi}=\sigma_p$ 正比于自旋角动量在动量方向的投影，螺旋性为正的右旋态，是自旋角动量在动量方向投影为 $\hbar/2$ 的本征态, 螺旋性为负的左旋态，是自旋角动量在动量方向的投影为 $-\hbar/2$ 的本征态. 所以，把 z 轴转到动量 $\boldsymbol{p}$ 的方向 (θ,ϕ), 我们就可以从 $\hat{s}_z$ 的本征态求得 $\hat{\xi}$ 的本征态. 用第三章 §3.3 最后转动矩阵 $\mathcal{D}^{1/2}(\boldsymbol{n},\theta)$ 的公式，先绕 y 轴转 θ 角，再绕 z 轴转 ϕ 角，总的转动矩阵为

$$\begin{aligned}\mathcal{D}^{1/2}(\boldsymbol{n}_z\to\boldsymbol{n}_k)&=\mathcal{D}^{1/2}(\boldsymbol{n}_z,\phi)\mathcal{D}^{1/2}(\boldsymbol{n}_y,\theta)=\mathrm{e}^{-\mathrm{i}\phi\sigma^3/2}\mathrm{e}^{-\mathrm{i}\theta\sigma^2/2}\\&=\begin{pmatrix}\mathrm{e}^{-\mathrm{i}\phi/2}&0\\0&\mathrm{e}^{\mathrm{i}\phi/2}\end{pmatrix}\begin{pmatrix}\cos\frac{\theta}{2}&-\sin\frac{\theta}{2}\\\sin\frac{\theta}{2}&\cos\frac{\theta}{2}\end{pmatrix}\\&=\begin{pmatrix}\mathrm{e}^{-\mathrm{i}\phi/2}\cos\frac{\theta}{2}&-\mathrm{e}^{-\mathrm{i}\phi/2}\sin\frac{\theta}{2}\\\mathrm{e}^{\mathrm{i}\phi/2}\sin\frac{\theta}{2}&\mathrm{e}^{\mathrm{i}\phi/2}\cos\frac{\theta}{2}\end{pmatrix}.\end{aligned}$$

把它分别作用到 $\hat{s}_z$ 的两个本征态上，就得到螺旋性 $\hat{\xi}$ 的两个本征态:

$$\xi_+=\begin{pmatrix}\mathrm{e}^{-\mathrm{i}\phi/2}\cos\frac{\theta}{2}&-\mathrm{e}^{-\mathrm{i}\phi/2}\sin\frac{\theta}{2}\\\mathrm{e}^{\mathrm{i}\phi/2}\sin\frac{\theta}{2}&\mathrm{e}^{\mathrm{i}\phi/2}\cos\frac{\theta}{2}\end{pmatrix}\begin{pmatrix}1\\0\end{pmatrix}=\begin{pmatrix}\mathrm{e}^{-\mathrm{i}\phi/2}\cos\frac{\theta}{2}\\\mathrm{e}^{\mathrm{i}\phi/2}\sin\frac{\theta}{2}\end{pmatrix},$$

$$\xi_-=\begin{pmatrix}\mathrm{e}^{-\mathrm{i}\phi/2}\cos\frac{\theta}{2}&-\mathrm{e}^{-\mathrm{i}\phi/2}\sin\frac{\theta}{2}\\\mathrm{e}^{\mathrm{i}\phi/2}\sin\frac{\theta}{2}&\mathrm{e}^{\mathrm{i}\phi/2}\cos\frac{\theta}{2}\end{pmatrix}\begin{pmatrix}0\\1\end{pmatrix}=\begin{pmatrix}-\mathrm{e}^{-\mathrm{i}\phi/2}\sin\frac{\theta}{2}\\\mathrm{e}^{\mathrm{i}\phi/2}\cos\frac{\theta}{2}\end{pmatrix}.$$

于是，自由粒子 Dirac 方程的解一般地可以写成上述本征态的叠加:

$$\psi(\boldsymbol{r},t)=\sum_\xi\int\frac{\mathrm{d}^3\boldsymbol{p}}{(2\pi\hbar)^{3/2}}[a(\boldsymbol{p},\xi)u(\boldsymbol{p},\xi)\mathrm{e}^{-\mathrm{i}(E_pt-\boldsymbol{p}\cdot\boldsymbol{r})/\hbar}+b^*(\boldsymbol{p},\xi)v(\boldsymbol{p},\xi)\mathrm{e}^{\mathrm{i}(E_pt-\boldsymbol{p}\cdot\boldsymbol{r})/\hbar}],$$

其中 $a(\boldsymbol{p},\xi)$ 是粒子处于正能态 $(\boldsymbol{p},\xi)$ 的概率幅， $b^*(\boldsymbol{p},\xi)$ 是粒子处于负能态 $(-\boldsymbol{p},\xi)$ 的概率幅. 波函数 $\psi(\boldsymbol{r},t)$ 的归一化条件给出

$$\int\mathrm{d}^3\boldsymbol{r}\psi^\dagger(\boldsymbol{r},t)\psi(\boldsymbol{r},t)=\sum_\xi\int\mathrm{d}^3\boldsymbol{p}\big[|a(\boldsymbol{p},\xi)|^2+|b^*(\boldsymbol{p},\xi)|^2\big]=1.$$

§5.3 Dirac 方程的时空变换

1. γ 矩阵

Dirac 矩阵的性质 容易验证 Dirac 矩阵是厄米矩阵，有下列性质：

$$\{\alpha_i, \alpha_j\} = 2\delta_{ij},$$
$$\{\alpha_i, \beta\} = 0,$$
$$\beta^2 = 1.$$

γ 矩阵的定义 在 Schrödinger 表象中，我们可以把自由粒子的 Dirac 方程 (9) 改写成

$$\left[\mathrm{i}\hbar\left(\frac{\partial}{\partial t} + c\,\alpha^i\frac{\partial}{\partial x^i}\right) - \beta mc^2\right]\psi = 0.$$

于是，如果定义

$$\gamma^0 = \beta, \qquad \gamma^i = \beta\alpha^i,$$

就可以把上述方程改写成相对论性时空分量对等的四维形式

$$(\mathrm{i}\hbar\gamma^\mu\partial_\mu - mc)\psi = 0. \tag{21}$$

这样定义的 γ^0 是幺正的， γ^i 是反幺正的，

$$(\gamma^0)^\dagger = \gamma^0, \qquad (\gamma^i)^\dagger = -\gamma^i.$$

在 Dirac 表象中， γ 矩阵的表示为

$$\gamma^0 = \begin{pmatrix} 1 & 0 \\ 0 & -1 \end{pmatrix}, \qquad \gamma^i = \begin{pmatrix} 0 & \sigma^i \\ -\sigma^i & 0 \end{pmatrix}.$$

从 Dirac 矩阵的反对易关系容易证明 γ 矩阵的下列反对易关系：

$$\{\gamma^\mu, \gamma^\nu\} = 2g^{\mu\nu}.$$

γ 矩阵的代数 由 4 个 γ^μ 矩阵可以构成下表列出的 16 个线性独立的乘积：

乘积的重数	因子	个数
0	1	1
1	γ^μ	4
2	$\gamma^\mu\gamma^\nu(\mu \neq \nu)$	6
3	$\gamma^5\gamma^\mu$	4
4	γ^5	1

其中

$$\gamma^5 = \gamma_5 = \mathrm{i}\gamma^0\gamma^1\gamma^2\gamma^3 = \begin{pmatrix} 0 & 1 \\ 1 & 0 \end{pmatrix}.$$

更高的重数，可以用 γ 矩阵的反对易关系化成较低的重数．此外还有

$$(\gamma^5)^2 = 1, \qquad \{\gamma^5, \gamma^\mu\} = 0.$$

2. Dirac 方程的相对论协变性

Dirac 方程的相对论协变条件　我们来讨论 Dirac 方程 (21) 的 Lorentz 变换．保持四维矢量长度不变的 Lorentz 变换可以写成

$$x^{\mu\prime} = a^\mu{}_\nu x^\nu, \tag{22}$$

$a^\mu{}_\nu$ 是一个幺模正交矩阵，正交条件为

$$a_\lambda{}^\mu a^\lambda{}_\nu = g^\mu{}_\nu.$$

对于 *正规* Lorentz 变换，则还要求变换矩阵的行列式等于 1，

$$||a^\mu{}_\nu|| = 1.$$

与 Weyl 方程类似地，在 Lorentz 变换 (22) 的作用下，态矢量空间的变换仍然可以写成

$$\psi \longrightarrow \psi' = \Lambda\psi,$$

只是现在的 ψ 是四分量波函数， Λ 是 4×4 的矩阵．上式是 ψ 在四维内部空间的转动，所以 ψ 又称为 Dirac *旋量*, 简称 *旋量*. 在 Weyl 方程的情形，我们只讨论了三维空间的转动，有 $\Lambda^\dagger\Lambda = 1$, Λ 是幺正矩阵．而 Lorentz 变换是在四维时空的转动，由于 $\psi^\dagger\psi$ 不是标量，下面我们将会看到， Λ 一般不是幺正的.

用 Λ 作用于方程 (21), 并且代入 $\partial_\mu = a^\nu{}_\mu \partial'_\nu$, 就有

$$(\mathrm{i}\hbar\Lambda\gamma^\mu\Lambda^{-1}a^\nu{}_\mu\partial'_\nu - mc)\psi' = 0.$$

要求它与 (21) 式的形式一样，就有下述 Dirac 方程的相对论协变条件，

$$\Lambda\gamma^\mu\Lambda^{-1}a^\nu{}_\mu = \gamma^\nu,$$

或者等价的

$$\Lambda^{-1}\gamma^\mu\Lambda = a^\mu{}_\nu\gamma^\nu. \tag{23}$$

在四维内部空间， Λ 是 4×4 的矩阵，其参数要由上述条件来确定.

正规 Lorentz 变换下的协变性　一个无限小正规 Lorentz 变换可以写成

$$a^\mu{}_\nu = g^\mu{}_\nu + \varepsilon^\mu{}_\nu,$$

由于正交条件 $a_\lambda{}^\mu a^\lambda{}_\nu = g^\mu{}_\nu$ 的限制， $\varepsilon^{\mu\nu}$ 是反对称的，

$$\varepsilon^{\mu\nu} = -\varepsilon^{\nu\mu}.$$

与无限小正规 Lorentz 变换相应的 Λ 可以写成

$$\Lambda = 1 + a\varepsilon_{\mu\nu}\gamma^\mu\gamma^\nu.$$

把它与上述 $a^\mu{}_\nu$ 代入 (23) 式，略去 $\varepsilon_{\mu\nu}$ 的二次项，就有

$$a\varepsilon_{\nu\lambda}(\gamma^\mu\gamma^\nu\gamma^\lambda - \gamma^\nu\gamma^\lambda\gamma^\mu) = \varepsilon^\mu{}_\nu\gamma^\nu.$$

运用 γ 矩阵的反对易关系和 $\varepsilon_{\mu\nu}$ 的反对称性，可以从上式解得

$$a = \frac{1}{4}.$$

于是我们解得

$$\Lambda = 1 + \frac{1}{4}\varepsilon_{\mu\nu}\gamma^\mu\gamma^\nu = 1 + \frac{1}{8}\varepsilon_{\mu\nu}(\gamma^\mu\gamma^\nu - \gamma^\nu\gamma^\mu). \tag{24}$$

这就证明了 Dirac 方程在 Lorentz 变换下具有协变性. 由于 γ^i 是反幺正的，$(\gamma^i)^\dagger = -\gamma^i$, 从上式可以看出，仅当 $\varepsilon_{0i} = 0$ 时，亦即只是对于三维空间的转动，Λ 才是幺正的，一般地有

$$\Lambda^\dagger = \gamma^0\Lambda^{-1}\gamma^0.$$

Dirac 共轭 可以用 γ 矩阵把连续性方程中的概率密度和概率流密度分别改写成

$$j^{\,0} = c\rho = c\psi^\dagger\psi = c\psi^\dagger\gamma^0\gamma^0\psi = c\overline{\psi}\gamma^0\psi,$$

$$j^{\,i} = c\psi^\dagger\alpha^i\psi = c\psi^\dagger\beta\beta\alpha^i\psi = c\psi^\dagger\gamma^0\gamma^i\psi = c\overline{\psi}\gamma^i\psi,$$

从而可以简洁地把它们统一写成四维形式

$$j^\mu = c\overline{\psi}\gamma^\mu\psi,$$

其中的

$$\overline{\psi} \equiv \psi^\dagger\gamma^0$$

称为旋量 ψ 的 Dirac 共轭. 由变换矩阵 Λ 的前述性质 $\Lambda^\dagger = \gamma^0\Lambda^{-1}\gamma^0$, 可以求出共轭旋量 $\overline{\psi}$ 在 Lorentz 变换下的变换为

$$\overline{\psi}' = \psi'^\dagger\gamma^0 = (\Lambda\psi)^\dagger\gamma^0 = \psi^\dagger\Lambda^\dagger\gamma^0 = \overline{\psi}\Lambda^{-1}.$$

Dirac 双线性协变量 由 Dirac 旋量 $\psi, \overline{\psi}$ 及 γ 矩阵可以组成的 Lorentz 双线性协变量如下表所示，注意 Lorentz 标量是 $\overline{\psi}\psi = \psi^\dagger\gamma^0\psi$ 而不是 $\psi^\dagger\psi$:

协变量	$\overline{\psi}\psi$	$\overline{\psi}\gamma^\mu\psi$	$\overline{\psi}\gamma^\mu\gamma^\nu\psi(\mu \neq \nu)$	$\overline{\psi}\gamma^5\psi$	$\overline{\psi}\gamma^5\gamma^\mu\psi$
协变性	标量	矢量	二阶反对称张量	赝标量	赝矢量

其中前三个协变量在正规 Lorentz 变换下的协变性证明如下：

$$\overline{\psi}'\psi' = \overline{\psi}\Lambda^{-1}\Lambda\psi = \overline{\psi}\psi,$$

$$\overline{\psi}'\gamma^\mu\psi' = \overline{\psi}\Lambda^{-1}\gamma^\mu\Lambda\psi = a^\mu{}_\nu\overline{\psi}\gamma^\nu\psi,$$

$$\overline{\psi}'\gamma^\mu\gamma^\nu\psi' = \overline{\psi}\Lambda^{-1}\gamma^\mu\Lambda\Lambda^{-1}\gamma^\nu\Lambda\psi = a^\mu{}_\lambda a^\nu{}_\rho\overline{\psi}\gamma^\lambda\gamma^\rho\psi.$$

上表中后两个协变量在正规 Lorentz 变换下的变换性质如下：

$$\overline{\psi}'\gamma^5\psi' = \overline{\psi}\Lambda^{-1}\gamma^5\Lambda\psi = \overline{\psi}\gamma^5\psi,$$

$$\overline{\psi}'\gamma^5\gamma^\mu\psi' = \overline{\psi}\Lambda^{-1}\gamma^5\gamma^\mu\Lambda\psi = \overline{\psi}\gamma^5\Lambda^{-1}\gamma^\mu\Lambda\psi = a^\mu{}_\nu\overline{\psi}\gamma^5\gamma^\nu\psi.$$

我们在下一小节再来证明上述双线性协变量在空间反射下的变换性质.

例　流矢量　我们可以用双线性协变量把物理量的方程改写成具有明显的相对论协变性的形式. 例如连续性方程 $\partial_\mu j^\mu = 0$, 其中的 ∂_μ 是协变四维矢量, 流矢量 $j^\mu = c\overline{\psi}\gamma^\mu\psi$ 是逆变四维矢量, 所以 $\partial_\mu j^\mu$ 是标量, 在 Lorentz 变换下不变.

3. Dirac 方程的时空对称性

空间转动与粒子的自旋　对于普通三维空间的无限小转动, 在 §5.1 中已写出

$$\varepsilon_{ij} = \epsilon_{ijk}\theta^k,$$

此外, $\varepsilon_{0i} = 0$. 把它们代入 (24) 式, 就得到

$$\Lambda = 1 - \frac{\mathrm{i}}{2}\boldsymbol{\theta}\cdot\boldsymbol{\Sigma},$$

其中 $\boldsymbol{\theta} = (\theta_x, \theta_y, \theta_z)$,

$$\Sigma^i = -\frac{\mathrm{i}}{2}\epsilon^i{}_{jk}\gamma^j\gamma^k = \begin{pmatrix} \sigma^i & 0 \\ 0 & \sigma^i \end{pmatrix}. \qquad (25)$$

所以, $\hat{s}^i = \hbar\Sigma^i/2$ 就是粒子的自旋角动量算符, 很容易证明 Σ^i 满足与 Pauli 矩阵同样的反对易关系, 而 $\hat{s}^i$ 满足角动量算符的对易关系,

$$\{\Sigma^i, \Sigma^j\} = -2g^{ij}, \qquad [\hat{s}^i, \hat{s}^j] = \mathrm{i}\hbar\epsilon^{ij}{}_k\hat{s}^k.$$

可以看出, 在空间转动下, Weyl 二分量波函数的转动矩阵的无限小算符是 σ^i, 而两个二分量波函数的转动矩阵的无限小算符, 就是两个 σ^i 分别对每一个二分量波函数的作用. 实际上, 用幺正矩阵 (13) 变回到 Weyl 表象, Σ^i 的表示仍旧是 (25) 式, 而这里的 Λ 正是两个二分量的 (6) 分别作用到上下分量的结果.

空间反射 对于空间反射，四维时空变换矩阵为

$$(a^\mu{}_\nu) = \begin{pmatrix} 1 & 0 & 0 & 0 \\ 0 & -1 & 0 & 0 \\ 0 & 0 & -1 & 0 \\ 0 & 0 & 0 & -1 \end{pmatrix},$$

它的行列式为 -1,

$$||a^\mu{}_\nu|| = -1.$$

这是非正规 Lorentz 变换. 把这个变换矩阵代入 (23), 就得到决定旋量转动矩阵 Λ 的方程

$$\Lambda^{-1}\gamma^0\Lambda = \gamma^0, \qquad \Lambda^{-1}\gamma^i\Lambda = -\gamma^i.$$

由它们可以解出

$$\Lambda = \eta_P\gamma^0,$$

其中 η_P 是一个模等于 1 的常数， $\eta_P{}^*\eta_P = 1$, Λ 是幺正的. 这就证明了 Dirac 方程具有空间反射不变性，宇称守恒.

这时仍然有 $\Lambda^\dagger = \gamma^0\Lambda^{-1}\gamma^0$, 从而 $\overline{\psi}\,' = \overline{\psi}\Lambda^{-1}$, 由此我们可以求出双线性协变量在空间反射下的变换如下：

$$\overline{\psi}\,'\psi\,' = \overline{\psi}\Lambda^{-1}\Lambda\psi = \overline{\psi}\psi,$$

$$\overline{\psi}\,'\gamma^0\psi\,' = \overline{\psi}\Lambda^{-1}\gamma^0\Lambda\psi = \overline{\psi}\gamma^0\psi, \qquad \overline{\psi}\,'\gamma^i\psi\,' = \overline{\psi}\Lambda^{-1}\gamma^i\Lambda\psi = -\overline{\psi}\gamma^i\psi,$$

$$\overline{\psi}\,'\gamma^i\gamma^j\psi\,' = \overline{\psi}\Lambda^{-1}\gamma^i\Lambda\Lambda^{-1}\gamma^j\Lambda\psi = \overline{\psi}\gamma^i\gamma^j\psi, \qquad \overline{\psi}\,'\gamma^0\gamma^i\psi\,' = -\overline{\psi}\gamma^0\gamma^i\psi,$$

$$\overline{\psi}\,'\gamma^5\psi\,' = \overline{\psi}\Lambda^{-1}\gamma^5\Lambda\psi = -\overline{\psi}\gamma^5\psi,$$

$$\overline{\psi}\,'\gamma^5\gamma^0\psi\,' = \overline{\psi}\Lambda^{-1}\gamma^5\Lambda\Lambda^{-1}\gamma^0\Lambda\psi = -\overline{\psi}\gamma^5\gamma^0\psi, \qquad \overline{\psi}\,'\gamma^5\gamma^i\psi\,' = \overline{\psi}\gamma^5\gamma^i\psi.$$

时间反演 时间反演也是 $||a^\mu{}_\nu|| = -1$ 的非正规 Lorentz 变换，变换矩阵为

$$(a^\mu{}_\nu) = \begin{pmatrix} -1 & 0 & 0 & 0 \\ 0 & 1 & 0 & 0 \\ 0 & 0 & 1 & 0 \\ 0 & 0 & 0 & 1 \end{pmatrix}.$$

在第三章 §3.6 已经指出，时间反演是反幺正变换，所以我们的讨论应当从 Dirac 方程 (21) 的复数共轭出发，

$$(-\mathrm{i}\hbar\gamma^{\mu *}\partial_\mu - mc)\psi^* = 0.$$

把四个分量具体写出来，上式就成为

$$[\mathrm{i}\hbar(-\gamma^0\partial_0 - \gamma^1\partial_1 + \gamma^2\partial_2 - \gamma^3\partial_3) - mc]\psi^* = 0.$$

代入 $\partial_\mu = a^\nu{}_\mu \partial'_\nu$, 就有

$$[\mathrm{i}\hbar(\gamma^0\partial'_0 - \gamma^1\partial'_1 + \gamma^2\partial'_2 - \gamma^3\partial'_3) - mc]\psi^* = 0.$$

用矩阵 Λ 从左边作用于上述方程,

$$[\mathrm{i}\hbar(\Lambda\gamma^0\Lambda^{-1}\partial'_0 - \Lambda\gamma^1\Lambda^{-1}\partial'_1 + \Lambda\gamma^2\Lambda^{-1}\partial'_2 - \Lambda\gamma^3\Lambda^{-1}\partial'_3) - mc]\Lambda\psi^* = 0,$$

要求它具有 Dirac 方程 (21) 的形式

$$[\mathrm{i}\hbar(\gamma^0\partial'_0 + \gamma^1\partial'_1 + \gamma^2\partial'_2 + \gamma^3\partial'_3) - mc]\Lambda\psi^* = 0,$$

就得到下述关于矩阵 Λ 的条件:

$$\Lambda\gamma^0\Lambda^{-1} = \gamma^0, \qquad \Lambda\gamma^1\Lambda^{-1} = -\gamma^1,$$

$$\Lambda\gamma^2\Lambda^{-1} = \gamma^2, \qquad \Lambda\gamma^3\Lambda^{-1} = -\gamma^3.$$

从它们可以解出

$$\Lambda = \eta_T \gamma^1\gamma^3,$$

其中 η_T 是一个模等于 1 的常数, $\eta_T^*\eta_T = 1$, Λ 是幺正的. 这就证明了 Dirac 方程具有时间反演不变性. 相应地, Dirac 旋量波函数的时间反演变换是

$$\psi \longrightarrow \psi_T = \hat{T}\psi = \eta_T\gamma^1\gamma^3\psi^*,$$

这里的时间反演算符 $\hat{T}$ 是一个反幺正算符.

§5.4 有电磁场的 Dirac 方程

1. 规范不变性原理与有电磁场的 Dirac 方程

定域规范变换和规范不变性原理 我们来考虑波函数的变换

$$\psi \longrightarrow \psi' = \mathrm{e}^{\mathrm{i}f}\psi. \tag{26}$$

若 f 为一实常数, 则此变换只把波函数的相位改变一个常数 f, 并不改变它所描述的态, 这种变换称为 *整体规范变换*. 若 f 为一实函数,

$$f = f(x, y, z, t),$$

则波场各点的相对相位发生改变, 这种变换称为 *第一类规范变换*, 或 *定域规范变换*.

一般地说, 在定域规范变换下, 波函数所描述的态会发生改变. 只有在一定条件下, 波函数所描述的态才不改变. *规范不变性原理要求波函数在定域规范变换下所描述的态不变, 亦即决定波函数的方程在定域规范变换下形式不变.*

规范场和第二类规范变换 由于决定波函数 $\psi(x,y,z,t)$ 的波动方程中包含作用于 ψ 的微分算符 $-\mathrm{i}\hbar\partial_\mu$, 而

$$-\mathrm{i}\hbar\partial_\mu(\mathrm{e}^{\mathrm{i}f}\psi)=\mathrm{e}^{\mathrm{i}f}(-\mathrm{i}\hbar\partial_\mu+\hbar\partial_\mu f)\psi,$$

所以，为了使得决定波函数的方程在定域规范变换下形式不变，作用于 ψ 的算符应该取以下的代换,

$$-\mathrm{i}\hbar\partial_\mu\longrightarrow-\mathrm{i}\hbar\partial_\mu+qA_\mu,$$

它们对于 ψ' 的作用为

$$(-\mathrm{i}\hbar\partial_\mu+qA_\mu)(\mathrm{e}^{\mathrm{i}f}\psi)=\mathrm{e}^{\mathrm{i}f}(-\mathrm{i}\hbar\partial_\mu+qA_\mu+\hbar\partial_\mu f)\psi,$$

其中

$$A_\mu=A_\mu(x,y,z,t)$$

是某种波场， q 是描述它与 ψ 场的相互作用的 *耦合常数*. 于是，如果在波函数 ψ 作定域规范变换 (26) 时场量 A_μ 同时作相应的变换

$$A_\mu\longrightarrow A'_\mu=A_\mu-\frac{\hbar}{q}\partial_\mu f,$$

我们就有

$$(-\mathrm{i}\hbar\partial_\mu+qA'_\mu)\psi'=\mathrm{e}^{\mathrm{i}f}(-\mathrm{i}\hbar\partial_\mu+qA_\mu)\psi,$$

这就能使决定波函数 ψ 的方程在 ψ 的定域规范变换下形式不变.

于是，规范不变性原理表明，如果波函数 ψ 具有某种定域规范不变性，就必定相应地存在一种与它相互作用的场. 这样引进的场称为 *规范场*. 我们这里引进的规范场 $A_\mu=(\Phi/c,-\boldsymbol{A})$, 具有下述规范变换所容许的任意性,

$$A_\mu\longrightarrow A'_\mu=A_\mu+\partial_\mu\chi, \tag{27}$$

其中

$$\chi=\chi(x,y,z,t)$$

可以是任意的实函数. 波场 A_μ 的这一变换称为 *第二类规范变换*. 所以，上述分析可以归纳为： *为了使波函数 ψ 的方程在第一类规范变换下不变，就要求存在与 ψ 耦合的规范场 A_μ; 在 ψ 进行第一类规范变换 (26) 时，场 A_μ 要同时进行第二类规范变换 (27), 并且满足*

$$f=\frac{q}{\hbar}\chi.$$

注意由 (26) 式定义的变换实际上是 **相位变换**, 由它引入的场 A_μ 的恰当名称是 **相位场**. “规范变换” 和 “规范场” 的名称，是沿用了 Weyl 的叫法. Weyl 当初尝试通过时空度规的变换在广义相对论中引入电磁场，度规也就是规范.

规范场 A_μ 的经典观测量 为了看出规范场 A_μ 的物理含意，我们来看下述具有规范不变性的非相对论性 Schrödinger 方程，

$$\left(\mathrm{i}\hbar\frac{\partial}{\partial t}-q\varPhi\right)\psi=\frac{1}{2m}(-\mathrm{i}\hbar\nabla-q\boldsymbol{A})^2\psi,$$

它描述一个质量为 m 的粒子在规范场 A_μ 中的运动，相应的 Hamilton 算符为

$$\hat{H}=\frac{1}{2m}(-\mathrm{i}\hbar\nabla-q\boldsymbol{A})^2+q\varPhi.$$

在经典极限下， Hamilton 函数就是

$$H=\frac{1}{2m}(\boldsymbol{p}-q\boldsymbol{A})^2+q\varPhi.$$

于是，正则坐标 $\boldsymbol{r}$ 和正则动量 $\boldsymbol{p}$ 随时间变化的运动方程为

$$\boldsymbol{v}=\frac{\mathrm{d}\boldsymbol{r}}{\mathrm{d}t}=\frac{\partial H}{\partial\boldsymbol{p}}=\frac{1}{m}(\boldsymbol{p}-q\boldsymbol{A}),$$

$$\frac{\mathrm{d}\boldsymbol{p}}{\mathrm{d}t}=-\nabla H=q(\nabla\boldsymbol{A})\cdot\boldsymbol{v}-q\nabla\varPhi.$$

写出第二式最后一步时，用到了第一式给出的粒子速度 $\boldsymbol{v}$ 的关系．再从第一式和第二式，可得粒子所受的力为

$$\begin{aligned}\boldsymbol{F}=m\frac{\mathrm{d}\boldsymbol{v}}{\mathrm{d}t}=\frac{\mathrm{d}\boldsymbol{p}}{\mathrm{d}t}-q\frac{\mathrm{d}\boldsymbol{A}}{\mathrm{d}t}&=q\left[\left(-\nabla\varPhi-\frac{\partial\boldsymbol{A}}{\partial t}\right)+\boldsymbol{v}\times(\nabla\times\boldsymbol{A})\right]\\&=q(\boldsymbol{E}+\boldsymbol{v}\times\boldsymbol{B}).\end{aligned}$$

这正是电荷为 q 的粒子在电磁场中受到的 Lorentz 力，其中电场强度 $\boldsymbol{E}$ 和磁感应强度 $\boldsymbol{B}$ 分别为

$$\boldsymbol{E}=-\nabla\varPhi-\frac{\partial\boldsymbol{A}}{\partial t},\qquad\boldsymbol{B}=\nabla\times\boldsymbol{A}.$$

这里对于电磁场的表述采取国际单位制．

所以，*在经典极限，或者说在宏观情形，规范场 $(\varPhi/c,\boldsymbol{A})$ 的时空变化率表现为电磁场的强度，通过计算它们对时空坐标的微商可以得到电场强度 $\boldsymbol{E}$ 和磁感应强度 $\boldsymbol{B}$*．由于这个原因，我们把 $\varPhi$ 和 $\boldsymbol{A}$ 分别称为规范场 A_μ 的 *标量势* 和 *矢量势*，简称 *标势* 和 *矢势*．

有电磁场的 Dirac 方程 根据上述讨论，有电磁场的 Dirac 方程可以写成

$$[\gamma^\mu(\mathrm{i}\hbar\partial_\mu-qA_\mu)-mc]\psi=0.\tag{28}$$

把它改写成 Schrödinger 方程的形式，就是

$$\mathrm{i}\hbar\frac{\partial\psi}{\partial t}=[c\boldsymbol{\alpha}\cdot(\hat{\boldsymbol{p}}-q\boldsymbol{A})+\beta mc^2+q\varPhi]\psi,$$

相应的 Hamilton 算符为

$$\hat{H}=c\boldsymbol{\alpha}\cdot(\hat{\boldsymbol{p}}-q\boldsymbol{A})+\beta mc^2+q\varPhi.$$

可以看出，在这里电磁场 $(\varPhi/c, \boldsymbol{A})$ 表现为是与粒子相互作用的 经典外场. 我们在第八章再来讨论场的量子化问题.

2. Dirac 方程的电荷共轭变换

与 Weyl 方程的正反粒子变换 (8) 相应地， Dirac 方程的正反粒子变换可以写成

$$\psi \longrightarrow \psi_C = \hat{C}\psi = \eta_C \gamma^2 \psi^*,$$

其中 η_C 是模为 1 的常数. 这里若取 $\eta_C =\mathrm{i}$, $\eta_C\gamma^2$ 就是幺正矩阵.

为了验证上述变换确实是正反粒子变换，我们写出 Dirac 方程 (28) 的复数共轭，

$$[\gamma^{\mu *}(-\mathrm{i}\hbar\partial_\mu - qA_\mu) - mc]\psi^* = 0,$$

注意其中电磁场 4 维矢量势 A_μ 是实函数. 由于 $\gamma^{2*} = -\gamma^2$, 其余的 γ 矩阵的复数共轭都等于它自己，于是用 $\eta_C\gamma^2$ 作用到上述方程，可以得到

$$[\gamma^{\mu}(\mathrm{i}\hbar\partial_\mu + qA_\mu) - mc]\psi_C = 0.$$

与描述电荷为 q 的粒子的 Dirac 方程 (28) 相比，可以看出，上述方程是描述电荷为 $-q$ 的粒子的 Dirac 方程. 所以，正反粒子变换 $\hat{C}$ 把电荷为 q 的粒子的态 变到电荷为 $-q$ 的粒子的态. 因此，Dirac 方程的正反粒子变换也称为 电荷共轭变换.

用幺正变换 (13) 把这里的电荷共轭变换 $\hat{C}$ 变到 Weyl 表象就可以看出，Weyl 方程的正反粒子变换 $\hat{C}$, 就是这里的电荷共轭变换分别对于 Weyl 表象的上分量 ψ_{R} 和下分量 ψ_{L} 的作用.

需要指出， Majorana 表象的波场 ψ_{M} 是实数场，没有规范变换，不存在与规范场的耦合. 实际上， Majorana 表象的 Dirac 方程在电荷共轭变换下不变，$q=0$, 没有电荷，是纯中性的. 所以， **Majorana 粒子是纯中性粒子**.

3. Dirac 方程的低能近似

Dirac 波函数的低能近似 低能近似又称 非相对论近似. 从 §5.2 的 (20) 式可以看出，在低能近似下， $pc \ll mc^2$,

$$\frac{|c\boldsymbol{\sigma}\cdot\boldsymbol{p}|}{E_p + mc^2} \ll 1,$$

自由粒子正能解 $u(\boldsymbol{p}, \xi)$ 的上分量是 大分量, 下分量是 小分量.

类似地，有电磁场时，能量本征值方程可以写成

$$\hat{H}\psi = \begin{pmatrix} mc^2 + q\varPhi & c\boldsymbol{\sigma}\cdot(\hat{\boldsymbol{p}} - q\boldsymbol{A}) \\ c\boldsymbol{\sigma}\cdot(\hat{\boldsymbol{p}} - q\boldsymbol{A}) & -mc^2 + q\varPhi \end{pmatrix}\begin{pmatrix} \varphi \\ \chi \end{pmatrix} = E\begin{pmatrix} \varphi \\ \chi \end{pmatrix},$$

把它写开来就是

$$q\varPhi\varphi + c\boldsymbol{\sigma}\cdot(\hat{\boldsymbol{p}} - q\boldsymbol{A})\chi = (E - mc^2)\varphi, \tag{29}$$

$$c\boldsymbol{\sigma}\cdot(\hat{\boldsymbol{p}} - q\boldsymbol{A})\varphi = (E + mc^2 - q\varPhi)\chi. \tag{30}$$

由 (30) 式解出

$$\chi = \frac{1}{E + mc^2 - q\varPhi} c\boldsymbol{\sigma}\cdot(\hat{\boldsymbol{p}} - q\boldsymbol{A})\varphi, \tag{31}$$

在低能近似下， $E \approx mc^2, mc^2 \gg q\varPhi$, 有

$$\chi \approx \frac{1}{2mc}\boldsymbol{\sigma}\cdot(\hat{\boldsymbol{p}} - q\boldsymbol{A})\varphi,$$

亦即，*在低能近似下，正能解的上分量 φ 为大分量，下分量 χ 为小分量；相反地，负能解的上分量 φ 为小分量，下分量 χ 为大分量.*

Pauli 方程和电子的磁矩 把上述近似的 χ 代回 (29) 式，可以得到正能解大分量 φ 的方程，整理后为

$$\left\{\frac{1}{2m}\big[\boldsymbol{\sigma}\cdot(\hat{\boldsymbol{p}} - q\boldsymbol{A})\big]^2 + q\varPhi\right\}\varphi = E_{\mathrm{K}}\varphi.$$

这就是非相对论的 Pauli *方程*, 其中

$$E_{\mathrm{K}} = E - mc^2,$$

而方程左边花括号中的项就是系统的非相对论 Hamilton 算符，

$$\hat{H}_{\mathrm{N.R.}} = \frac{1}{2m}\big[\boldsymbol{\sigma}\cdot(\hat{\boldsymbol{p}} - q\boldsymbol{A})\big]^2 + q\varPhi = \frac{1}{2m}(\hat{\boldsymbol{p}} - q\boldsymbol{A})^2 + q\varPhi - \frac{q\hbar}{2m}\boldsymbol{\sigma}\cdot\boldsymbol{B}.$$

上面最后一项表明电子具有磁矩

$$\boldsymbol{\mu}_s = \frac{e\hbar}{2m}\boldsymbol{\sigma} = g_s\frac{e}{2m}\hat{\boldsymbol{s}},$$

其中 $g_s = 2, q = -e, e$ 是*基本电荷*. 所以，Dirac 方程从相对论性的理论出发，推出了电子的自旋和磁矩，并且给出电子 Landé g 因子的值 $g_s = 2$. 在上述 $\hat{H}_{\mathrm{N.R.}}$ 的推导中，用到了 Pauli 矩阵的下述公式：

$$(\boldsymbol{\sigma}\cdot\boldsymbol{A})(\boldsymbol{\sigma}\cdot\boldsymbol{B}) = \boldsymbol{A}\cdot\boldsymbol{B} + \mathrm{i}\boldsymbol{\sigma}\cdot(\boldsymbol{A}\times\boldsymbol{B}), \tag{32}$$

其中 $\boldsymbol{A}$ 和 $\boldsymbol{B}$ 是与 $\boldsymbol{\sigma}$ 对易的任意两个三维矢量.

自旋轨道耦合及其他修正项 作为 Dirac 方程低能近似的另一重要结果，我们来考虑在静止中心场中的电子， $A_\mu = (\varPhi/c, 0)$. 为了考虑电子在这个场中的势能 $V(r) = q\varPhi$, 我们不再能忽略 (31) 式中的这一项，而要寻求较好的近似. 为此，我们把 (31) 式改写成

$$\chi = \frac{1}{2mc}f(r)\boldsymbol{\sigma}\cdot\hat{\boldsymbol{p}}\,\varphi,$$

其中

$$f(r)=\frac{1}{1+\frac{E_{\rm K}-V(r)}{2mc^2}}.$$

把上述 χ 代入 (29) 式，可以得到大分量 φ 的方程

$$\left\{\frac{1}{2m}(\boldsymbol{\sigma}\cdot\hat{\boldsymbol{p}})f(r)(\boldsymbol{\sigma}\cdot\hat{\boldsymbol{p}})+V(r)\right\}\varphi=E_{\rm K}\,\varphi,$$

于是

$$\hat{H}=\frac{1}{2m}(\boldsymbol{\sigma}\cdot\hat{\boldsymbol{p}})f(r)(\boldsymbol{\sigma}\cdot\hat{\boldsymbol{p}})+V(r). \tag{33}$$

其中

$$\begin{aligned}(\boldsymbol{\sigma}\cdot\hat{\boldsymbol{p}})f(r)(\boldsymbol{\sigma}\cdot\hat{\boldsymbol{p}})&=\{f(r)(\boldsymbol{\sigma}\cdot\hat{\boldsymbol{p}})+\boldsymbol{\sigma}\cdot\hat{\boldsymbol{p}}f(r)\}(\boldsymbol{\sigma}\cdot\hat{\boldsymbol{p}})=f(r)\hat{p}^2-\mathrm{i}\hbar\frac{\mathrm{d}f}{\mathrm{d}r}(\boldsymbol{\sigma}\cdot\nabla r)(\boldsymbol{\sigma}\cdot\hat{\boldsymbol{p}})\\&=f(r)\hat{p}^2-\frac{\mathrm{i}\hbar}{r}\frac{\mathrm{d}f}{\mathrm{d}r}[\boldsymbol{r}\cdot\hat{\boldsymbol{p}}+\mathrm{i}\boldsymbol{\sigma}\cdot(\boldsymbol{r}\times\hat{\boldsymbol{p}})]=f(r)\hat{p}^2+\frac{2}{r}\frac{\mathrm{d}f}{\mathrm{d}r}\boldsymbol{s}\cdot\hat{\boldsymbol{l}}-\hbar^2\frac{\mathrm{d}f}{\mathrm{d}r}\frac{\partial}{\partial r}.\end{aligned}$$

在写出上面第二和第三个等式时，用到了公式 (32). 把上述 $(\boldsymbol{\sigma}\cdot\hat{\boldsymbol{p}})f(r)(\boldsymbol{\sigma}\cdot\hat{\boldsymbol{p}})$ 的结果代回 (33) 式，就有

$$\hat{H}=\frac{\hat{p}^2}{2m}+V(r)+\frac{1}{2m}[f(r)-1]\hat{p}^2+\frac{1}{mr}\frac{\mathrm{d}f}{\mathrm{d}r}\boldsymbol{s}\cdot\hat{\boldsymbol{l}}-\frac{\hbar^2}{2m}\frac{\mathrm{d}f}{\mathrm{d}r}\frac{\partial}{\partial r},$$

前两项是非相对论的 Hamilton 算符，后三项则是相对论效应引起的修正. 作低能近似

$$f(r)=\frac{1}{1+\frac{E_{\rm K}-V(r)}{2mc^2}}\approx 1-\frac{E_{\rm K}-V(r)}{2mc^2},\qquad \frac{\mathrm{d}f}{\mathrm{d}r}\approx\frac{1}{2mc^2}\frac{\mathrm{d}V}{\mathrm{d}r},$$

就有

$$\hat{H}\approx\frac{\hat{p}^2}{2m}+V(r)-\frac{\hat{p}^4}{8m^3c^2}+\frac{1}{2m^2c^2}\frac{1}{r}\frac{\mathrm{d}V}{\mathrm{d}r}\boldsymbol{s}\cdot\hat{\boldsymbol{l}}-\frac{\hbar^2}{4m^2c^2}\frac{\mathrm{d}V}{\mathrm{d}r}\frac{\partial}{\partial r},$$

后面三项依次是 *动能修正项*、*自旋轨道耦合项* 和 *Darwin项*.

§5.5 一维场中的 Dirac 方程

1. 一维场中的 Dirac 方程

旋量 $\psi_{\rm u}$ 与 $\psi_{\rm d}$ 的耦合方程 一维场中的 Dirac 方程可以写成

$$(\mathrm{i}\hbar c\gamma^\mu\partial_\mu-\gamma^0V-mc^2)\psi=0,$$

其中场 V 只依赖于空间一维坐标 z,

$$V=V(z).$$

把时间 t 分离出来,

$$\psi=\psi_E\mathrm{e}^{-\mathrm{i}Et/\hbar},$$

则波函数 ψ_E 的方程可以用 Dirac 矩阵 $\boldsymbol{\alpha}$ 和 β 写成

$$[\mathrm{i}\hbar c\alpha^k\partial_k+(E-V)-mc^2\beta]\psi_E=0.$$

由于场 V 具有在 (x,y) 平面内的平移不变性，粒子动量 $\boldsymbol{p}$ 在 (x,y) 平面的投影 $\boldsymbol{p}_\perp=(p_x,p_y,0)$ 是守恒量，我们可以把 ψ_E 写成

$$\psi_E=\mathrm{e}^{\mathrm{i}\boldsymbol{p}_\perp\cdot\boldsymbol{x}_\perp/\hbar}\begin{pmatrix}\psi_\mathrm{u}\\ \psi_\mathrm{d}\end{pmatrix},$$

其中 $\boldsymbol{x}_\perp=(x,y,0)$ 是粒子坐标 $\boldsymbol{x}$ 在 (x,y) 平面的投影. 把上式代入 ψ_E 的方程，就可以得到下列关于 ψ_u 与 ψ_d 的耦合方程：

$$c\left[\mathrm{i}(p_x\sigma_y-p_y\sigma_x)+\hbar\frac{\partial}{\mathrm{i}\partial z}\right]\psi_\mathrm{u}=(E-V+mc^2)\sigma_z\psi_\mathrm{d},$$

$$c\left[\mathrm{i}(p_x\sigma_y-p_y\sigma_x)+\hbar\frac{\partial}{\mathrm{i}\partial z}\right]\psi_\mathrm{d}=(E-V-mc^2)\sigma_z\psi_\mathrm{u}.$$

自旋的表象 选择 $(p_x\sigma_y-p_y\sigma_x)$ 为对角的自旋表象，能使上述方程简化[①]. 令这个自旋表象的波函数为 χ_λ, 则有本征值方程

$$\frac{p_x\sigma_y-p_y\sigma_x}{p_\perp}\chi_\lambda=\lambda\chi_\lambda,$$

其中 λ 为待定的本征值，而

$$p_\perp=\sqrt{p_x^2+p_y^2}.$$

在通常的 σ_z 为对角的自旋表象中，很容易求得 χ_λ 的表示和本征值 λ:

$$\chi_\lambda=\frac{1}{\sqrt{2p_\perp}}\begin{pmatrix}\sqrt{p_y+\mathrm{i}p_x}\\ -\lambda\sqrt{p_y-\mathrm{i}p_x}\end{pmatrix},\qquad\lambda=\pm1.$$

可以看出，$(p_x\sigma_y-p_y\sigma_x)$ 是矢量 $\boldsymbol{p}_\perp\times\boldsymbol{\sigma}$ 的 z 分量. 此外，还可以表明 $(p_x\sigma_y-p_y\sigma_x)/p_\perp$ 的长度为 1,

$$(p_x\sigma_y-p_y\sigma_x)^2=p_\perp^2.$$

由于 $\boldsymbol{\sigma}$ 的长度为 1, 这个结果表明，矢量 $\boldsymbol{\sigma}$ 是在 (x,y) 平面内，并且与 $p_\perp$ 垂直.

另一个得出这一结论的方法，是计算 σ_x, σ_y 和 σ_z 在本征态 χ_λ 的平均值，并且表明

$$\langle\lambda|\sigma_z|\lambda\rangle=0,\qquad p_x\langle\lambda|\sigma_x|\lambda\rangle+p_y\langle\lambda|\sigma_y|\lambda\rangle=0.$$

其中第一个方程表明 $\boldsymbol{\sigma}$ 在 (x,y) 平面内，第二个方程则表明 $\boldsymbol{p}_\perp\perp\boldsymbol{\sigma}$. 因此，矢量 $\boldsymbol{p}_\perp$, $\boldsymbol{\sigma}$ 和 z 轴方向的单位矢量 $\boldsymbol{e}_z$ 构成一个右手坐标系. 所以，本征态 χ_λ 是在

---

① J. Boguta and A.R. Bodmer, *Nucl. Phys.* **A292** (1977) 413; D. Hofer and W. Stocker, *Nucl. Phys.* **A492** (1991) 637.

与 $\boldsymbol{p}_\perp$ 和 $\boldsymbol{e}_z$ 垂直的方向上自旋具有本征值 $\lambda\hbar/2$ 的自旋态.

波函数 F 与 G 的方程 于是，我们在这里选择的表象是在其中 E, p_x 和 p_y 具有本征值，而且自旋 $\boldsymbol{\sigma}$ 在与 $\boldsymbol{p}_\perp$ 和 $\boldsymbol{e}_z$ 垂直的方向上. 在这个表象中，量子数的完备组为 (E, p_x, p_y, λ).

用这个本征态 χ_λ, 可以把 ψ_E 写成

$$\psi_E = \mathrm{e}^{\mathrm{i}\boldsymbol{p}_\perp\cdot\boldsymbol{x}_\perp/\hbar}\begin{pmatrix} -F\chi_\lambda \\ \mathrm{i}G\chi_{-\lambda}\end{pmatrix},$$

其中 F 与 G 只是 z 的函数. 也就是说，我们取

$$\psi_\mathrm{u} = -F\chi_\lambda, \qquad \psi_\mathrm{d} = \mathrm{i}G\chi_{-\lambda}.$$

把它们代入 ψ_u 与 ψ_d 的耦合方程，并且注意

$$\sigma_z\chi_\lambda = \chi_{-\lambda},$$

就得到下述 F 与 G 的耦合方程:

$$c\Big(\hbar\frac{dF}{dz} - \lambda p_\perp F\Big) = \ (E - V + mc^2)G, \tag{34}$$

$$c\Big(\hbar\frac{dG}{dz} + \lambda p_\perp G\Big) = -(E - V - mc^2)F. \tag{35}$$

波函数 F 与 G 的归一化条件是

$$\int \mathrm{d}^3\boldsymbol{x}\psi_E^\dagger\psi_E = \int \mathrm{d}^3\boldsymbol{x}(F^*F + G^*G) = 1.$$

2. 半无限大核物质体系

半无限大核物质体系的 V 和渐近方程 半无限大的核物质体系，是在理论上研究核物质表面性质的一个模型. 在一个半无限大的核物质体系中，核子所受到的场 V 在 z 轴方向上不均匀，存在一个表面区域. 可以把坐标原点 $z=0$ 选在这个表面处，令核物质处于原点的左边. 于是，在左边 $z \ll 0$ 的区域，V 趋于一个确定的值 V_0; 在右边 $z \gg 0$ 的区域，V 趋于 0; 而在 $z=0$ 附近的边界区域，V 很快地从 V_0 下降为 0. 我们有

$$V \longrightarrow \begin{cases} V_0, & z \to -\infty, \\ 0, & z \to \infty. \end{cases}$$

在核物质的内部或外部区域，当 $|z|$ 很大时，由于 V 趋于常数,

$$\frac{\mathrm{d}V}{\mathrm{d}z} \longrightarrow 0, \qquad |z| \longrightarrow \infty,$$

F 与 G 的方程渐近成为

$$\frac{\mathrm{d}^2F}{\mathrm{d}z^2} = -\frac{1}{\hbar^2c^2}\Big[(E-V)^2 - m^2c^4 - p_\perp^2c^2\Big]F,$$

$$\frac{\mathrm{d}^2G}{\mathrm{d}z^2}=-\frac{1}{\hbar^2c^2}\Big[(E-V)^2-m^2c^4-p_\perp^2c^2\Big]G.$$

半无限大核物质体系核子波函数的渐近解 当 $z\to-\infty$ 时, $V\to V_0$, 可以从 F 的渐近方程解出

$$F\overset{z\to-\infty}{\longrightarrow}N\sin\left(\frac{p_zz}{\hbar}+\delta_\lambda\right),$$

其中 N 是归一化常数, δ_λ 是由边条件确定的常数, p_z 定义为

$$p_z^2c^2=(E-V_0)^2-m^2c^4-p_\perp^2c^2.$$

有了 F, 就可以从方程 (34) 解出

$$\begin{aligned}G&=\frac{1}{E-V+mc^2}\left(\hbar c\frac{\mathrm{d}F}{\mathrm{d}z}-\lambda p_\perp cF\right)\\&\overset{z\to-\infty}{\longrightarrow}\frac{N}{E-V_0+mc^2}\left[p_zc\cos\left(\frac{p_zz}{\hbar}+\delta_\lambda\right)-\lambda p_\perp c\sin\left(\frac{p_zz}{\hbar}+\delta_\lambda\right)\right],\end{aligned}$$

其中

$$E=V_0+\sqrt{p^2c^2+m^2c^4}.$$

当 $z\to\infty$ 时, 场趋于零, $V\to0$, 类似地可以得到下面的解:

$$F\overset{z\to\infty}{\longrightarrow}B\mathrm{e}^{-\gamma z},$$

$$G=\frac{1}{E-V+mc^2}\left(\hbar c\frac{\mathrm{d}F}{\mathrm{d}z}-\lambda p_\perp cF\right)\overset{z\to\infty}{\longrightarrow}-\frac{\gamma\hbar c+\lambda p_\perp c}{E+mc^2}B\mathrm{e}^{-\gamma z},$$

其中 B 是由边条件确定的常数, γ 定义为

$$\gamma=\frac{\sqrt{m^2c^4+p_\perp^2c^2-E^2}}{\hbar c}.$$

上述渐近解 F 和 G 依赖于量子数 (E,p_x,p_y,λ).

§5.6 球对称场中的 Dirac 方程

1. 球对称场中的 Dirac 方程

守恒量与本征态 $|ljm\rangle$ 我们现在要讨论的系统 Hamilton 算符是

$$\hat{H}=c\boldsymbol{\alpha}\cdot\hat{\boldsymbol{p}}+\beta mc^2+V(r).$$

这个 $\hat{H}$ 具有球对称性, 在空间转动和反射下不变, 系统的总角动量 $\hat{\boldsymbol{J}}$ 及宇称 $\hat{P}$ 是守恒量, 我们可以有 $\{\hat{H},\hat{P},\hat{J}^2,\hat{J}_z\}$ 的共同本征态 $|EPjm\rangle$.

总角动量是轨道角动量与自旋角动量之和, $\hat{\boldsymbol{J}}=\hat{\boldsymbol{l}}+\hat{\boldsymbol{s}}$. Dirac 旋量是写在自旋表象的, 所以我们需要用轨道角动量与自旋角动量的共同本征态 $|lm_lm_s\rangle$ 来耦合成总角动量本征态. 这样得到的是 $(\hat{l}^2,\hat{s}^2,\hat{J}^2,\hat{J}_z)$ 的共同本征态 $|ljm\rangle$, 其中

省略了常数 $s=1/2$ 没有写出. 具体写出来就是

$$|ljm\rangle=\sum_{m_l,m_s}|lm_lm_s\rangle\langle m_sm_ll|ljm\rangle,$$

其中 $m=m_l+m_s$, $m_s=\pm1/2$. 对于给定的 j, l 有两个取值, $l=j\pm1/2$.

下面我们先来证明, 这个态 $|ljm\rangle$ 也是宇称本征态, 本征值 $(-1)^l$. 由于 $|lm_l\rangle$ 的坐标表象波函数 $\mathrm{Y}_{lm_l}(\theta,\phi)=\langle\phi\theta|lm_l\rangle$ 具有宇称 $(-1)^l$,

$$\begin{aligned}\langle\phi\theta|\hat{P}|lm_l\rangle&=\langle\phi+\pi,\pi-\theta|lm_l\rangle=\mathrm{Y}_{lm_l}(\pi-\theta,\phi+\pi)\\&=(-1)^l\mathrm{Y}_{lm_l}(\theta,\phi)=(-1)^l\langle\phi\theta|lm_l\rangle,\end{aligned}$$

所以 $|lm_l\rangle$ 是宇称本征态, 本征值 $(-1)^l$,

$$\hat{P}|lm_l\rangle=(-1)^l|lm_l\rangle.$$

由于 $|ljm\rangle$ 是 $|lm_lm_s\rangle$ 的线性叠加, 从而 $|ljm\rangle$ 也是宇称本征态, 本征值 $(-1)^l$,

$$\hat{P}|ljm\rangle=\sum_{m_l,m_s}(-1)^l|lm_lm_s\rangle\langle m_sm_ll|ljm\rangle=(-1)^l|ljm\rangle,$$

注意自旋态在空间反射下不变. 上式表明, l 相差 ±1 的两个态, 宇称相反.

下面我们就来用这个态 $|ljm\rangle$ 构成本征态 $|Pjm\rangle$ 在球极坐标和自旋表象中的旋量波函数.

旋量波函数 把本征态 $|ljm\rangle$ 在坐标和自旋表象的波函数记为 $\mathcal{Y}_{ljm}(\theta,\phi,m_s)$,

$$\mathcal{Y}_{ljm}(\theta,\phi,m_s)=\langle m_s\phi\theta|ljm\rangle,$$

它是一个二分量波函数, 两个分量分别对应于自旋投影 $m_s=\pm1/2$. 于是, 四分量的 Dirac 波函数可以写成

$$\psi_{kjm}=\begin{pmatrix}\dfrac{F(r)}{r}\mathcal{Y}_{ljm}\\\dfrac{\mathrm{i}G(r)}{r}\mathcal{Y}_{l'jm}\end{pmatrix},\tag{36}$$

其中

$$k=\pm1,\qquad l=j+\frac{k}{2},\qquad l'=j-\frac{k}{2}.$$

宇称算符 $\hat{P}$ 对于 Dirac 旋量波函数 ψ_{kjm} 的作用, 是用 4×4 的矩阵 γ^0 作用于旋量, 它会使得 (36) 式中的下分量变号. 上面对于量子数 $l'=j-k/2$ 的选择, 是为了使得 l' 与 l 相差 1, 从而保证 ψ_{kjm} 是宇称的本征态, 本征值为 $(-1)^{j+k/2}$:

$$\hat{P}\psi_{kjm}=\gamma^0\begin{pmatrix}(-1)^l\dfrac{F(r)}{r}\mathcal{Y}_{ljm}\\(-1)^{l'}\dfrac{\mathrm{i}G(r)}{r}\mathcal{Y}_{l'jm}\end{pmatrix}=(-1)^{j+k/2}\psi_{kjm},$$

这里我们已经令宇称算符中的 $\eta_P=1$. 所以，(36) 式的 ψ_{kjm} 就是 $|Pjm\rangle$ 态的旋量波函数. 如果我们选取归一化

$$\int_0^\pi\int_0^{2\pi}\sin\theta\mathrm{d}\theta\mathrm{d}\phi\mathcal{Y}_{ljm}^\dagger\mathcal{Y}_{ljm}=1,$$

则径向波函数 $F(r)$ 和 $G(r)$ 的归一化是

$$\int\mathrm{d}^3\boldsymbol{r}\psi_{kjm}^\dagger\psi_{kjm}=\int_0^\infty\mathrm{d}r(F^*F+G^*G)=1. \tag{37}$$

本征值方程的球极坐标表示 (36) 式中的径向波函数 $F(r)$ 和 $G(r)$ 以及系统能量本征值 E 由 $\hat{H}$ 的本征值方程来确定：

$$[c\boldsymbol{\alpha}\cdot\hat{\boldsymbol{p}}+\beta mc^2+V(r)]\psi_{kjm}=E\psi_{kjm}.$$

为了写出上述方程的球极坐标表示，我们需要求出 $\boldsymbol{\alpha}\cdot\hat{\boldsymbol{p}}$ 的球极坐标表示. 由于

$$\begin{aligned}(\boldsymbol{\alpha}\cdot\boldsymbol{r})(\boldsymbol{\alpha}\cdot\hat{\boldsymbol{p}})&=\begin{pmatrix}0&\boldsymbol{\sigma}\cdot\boldsymbol{r}\\\boldsymbol{\sigma}\cdot\boldsymbol{r}&0\end{pmatrix}\begin{pmatrix}0&\boldsymbol{\sigma}\cdot\hat{\boldsymbol{p}}\\\boldsymbol{\sigma}\cdot\hat{\boldsymbol{p}}&0\end{pmatrix}\\&=\begin{pmatrix}(\boldsymbol{\sigma}\cdot\boldsymbol{r})(\boldsymbol{\sigma}\cdot\hat{\boldsymbol{p}})&0\\0&(\boldsymbol{\sigma}\cdot\boldsymbol{r})(\boldsymbol{\sigma}\cdot\hat{\boldsymbol{p}})\end{pmatrix}\\&=\boldsymbol{r}\cdot\hat{\boldsymbol{p}}+\mathrm{i}\boldsymbol{\Sigma}\cdot\hat{\boldsymbol{l}}=r\hat{p}_r+\mathrm{i}\beta\hat{K},\end{aligned}$$

其中

$$\hat{K}\equiv\beta(\boldsymbol{\Sigma}\cdot\hat{\boldsymbol{l}}+\hbar)=\frac{1}{\hbar}\beta\Big(\hat{j}^2-\hat{l}^2+\frac{\hbar^2}{4}\Big), \tag{38}$$

所以

$$\boldsymbol{\alpha}\cdot\hat{\boldsymbol{p}}=\alpha_r\Big(\frac{1}{r}\boldsymbol{r}\cdot\hat{\boldsymbol{p}}+\frac{\mathrm{i}}{r}\boldsymbol{\Sigma}\cdot\hat{\boldsymbol{l}}\Big)=\alpha_r\Big(\hat{p}_r+\frac{\mathrm{i}}{r}\beta\hat{K}\Big),$$

其中 $\hat{p}_r$ 的定义见 §4.3, α_r 是 Dirac 矩阵在 $\boldsymbol{r}$ 方向的投影，

$$\alpha_r=\boldsymbol{\alpha}\cdot\frac{\boldsymbol{r}}{r},\qquad\alpha_r^2=1.$$

所以，本征值方程的球极坐标表示为

$$\Big[c\alpha_r\Big(\hat{p}_r+\frac{\mathrm{i}}{r}\beta\hat{K}\Big)+\beta mc^2+V(r)\Big]\psi_{kjm}=E\psi_{kjm}. \tag{39}$$

α_r 对 ψ_{kjm} 的作用 α_r 对旋量 ψ_{kjm} 的作用会交换上下分量的位置，

$$\alpha_r\psi_{kjm}=\begin{pmatrix}0&\sigma_r\\\sigma_r&0\end{pmatrix}\begin{pmatrix}\dfrac{F(r)}{r}\mathcal{Y}_{ljm}\\\dfrac{\mathrm{i}G(r)}{r}\mathcal{Y}_{l'jm}\end{pmatrix}=\begin{pmatrix}\dfrac{\mathrm{i}G(r)}{r}\sigma_r\mathcal{Y}_{l'jm}\\\dfrac{F(r)}{r}\sigma_r\mathcal{Y}_{ljm}\end{pmatrix},$$

其中 $\sigma_r=\boldsymbol{\sigma}\cdot\boldsymbol{r}/r$ 是 Pauli 矩阵在 $\boldsymbol{r}$ 方向的投影. σ_r 在空间转动下不变，在空间反射下变号，所以它对 $\mathcal{Y}_{ljm}$ 的作用不改变 j 和 m, 但使 l 改变 ±1. 于是我们

可以写出

$$\sigma_r \mathcal{Y}_{l'jm} = A\mathcal{Y}_{ljm},$$
$$\sigma_r \mathcal{Y}_{ljm} = B\mathcal{Y}_{l'jm},$$

其中 $l - l' = \pm 1$, A 与 B 与是待定常数. 由于 $\sigma_r^2 = 1$, 而 $\mathcal{Y}_{ljm}$ 是归一化波函数, 所以 $|A| = |B| = 1$. 为了确定 A 与 B 的数值, 我们可以利用下述公式 (见第三章 §3.4)

$$\mathcal{Y}_{ljm} = \sqrt{\frac{l+m+1/2}{2l+1}}\mathrm{Y}_{l,m-1/2}\,\chi_+ + \sqrt{\frac{l-m+1/2}{2l+1}}\mathrm{Y}_{l,m+1/2}\,\chi_-, \quad j = l+1/2,$$
$$\mathcal{Y}_{ljm} = -\sqrt{\frac{l-m+1/2}{2l+1}}\mathrm{Y}_{l,m-1/2}\,\chi_+ + \sqrt{\frac{l+m+1/2}{2l+1}}\mathrm{Y}_{l,m+1/2}\,\chi_-, \quad j = l-1/2,$$

其中 χ_+ 与 χ_- 分别是自旋投影向上和向下的本征态. 当 $\boldsymbol{r}$ 在 z 轴方向时, $\sigma_r = \sigma_z$, $\theta = 0$, 当 $m_l \neq 0$ 时 $\mathrm{Y}_{lm_l}(0,\phi) = 0$, 当 $m_l = 0$ 时 $\mathrm{Y}_{l0}(0,\phi) = \sqrt{(2l+1)/4\pi}$, 有

$$\sigma_z \mathcal{Y}_{l'jm} = -\mathcal{Y}_{ljm},$$

于是我们得到 $A = B = -1$. 运用上述结果, 我们最后得到

$$\alpha_r \psi_{kjm} = -\begin{pmatrix} \dfrac{\mathrm{i}G(r)}{r}\mathcal{Y}_{ljm} \\ \dfrac{F(r)}{r}\mathcal{Y}_{l'jm} \end{pmatrix}, \tag{40}$$

可以看出, 它只是交换了上下分量中的径向波函数再改变符号, 所以仍然属于本征态 $|Pjm\rangle$, 具有同样的本征值.

径向方程 把 (40) 和 (38) 式代入 (39) 式, 就得到关于径向波函数 $F(r)$ 与 $G(r)$ 的耦合方程

$$\left[\ \frac{\mathrm{d}}{\mathrm{d}r} + \frac{k(j+1/2)}{r}\right] F(r) + \frac{1}{\hbar c}[-mc^2 - E + V(r)]G(r) = 0,$$
$$\left[-\frac{\mathrm{d}}{\mathrm{d}r} + \frac{k(j+1/2)}{r}\right] G(r) + \frac{1}{\hbar c}[\ \ mc^2 - E + V(r)]F(r) = 0.$$

进一步的讨论需要知道势能 $V(r)$ 的具体形式. 我们在下一小节来讨论 Coulomb 场中电子的束缚态问题.

2. Coulomb 场中电子的束缚态

Coulomb 场中的径向方程 考虑类氢离子 Coulomb 场的情形,

$$V(r) = -\frac{\kappa}{r},$$

在国际单位制中 $\kappa = Ze^2/4\pi\varepsilon_0$, e 是基本电荷, ε_0 是真空介电常数, Z 是核电

荷数. 用精细结构常数 α 以及电子的约化能量 ϵ 和 de Broglie 波长 λ,

$$\alpha = \frac{e^2}{4\pi\varepsilon_0 \hbar c}, \qquad \epsilon = \frac{E}{mc^2}, \qquad \lambda = \frac{\hbar}{mc}\left(1 - \frac{E^2}{m^2c^4}\right)^{-1/2},$$

我们可以引入约化半径

$$\rho = \frac{r}{\lambda},$$

把径向波函数的耦合方程改写成下述约化形式

$$\left[\frac{\mathrm{d}}{\mathrm{d}\rho} - 1 + \frac{K}{\rho}\right] f - \left[\left(\frac{1+\epsilon}{1-\epsilon}\right)^{1/2} + \frac{Z\alpha}{\rho}\right] g = 0,$$

$$\left[\frac{\mathrm{d}}{\mathrm{d}\rho} - 1 - \frac{K}{\rho}\right] g - \left[\left(\frac{1-\epsilon}{1+\epsilon}\right)^{1/2} - \frac{Z\alpha}{\rho}\right] f = 0,$$

其中

$$f(\rho) = \mathrm{e}^{\rho} F, \qquad g(\rho) = \mathrm{e}^{\rho} G, \qquad K = k(j + 1/2).$$

径向方程的级数解 我们可以令

$$f = \rho^t \sum_{\nu=0}^{\infty} a_\nu \rho^\nu, \qquad g = \rho^t \sum_{\nu=0}^{\infty} b_\nu \rho^\nu,$$

把它们代入上述径向波函数的约化耦合方程, 按通常求级数解的程序, 就得到系数的下述递推关系

$$(t + \nu + K)a_\nu - a_{\nu-1} - Z\alpha b_\nu - \left(\frac{1+\epsilon}{1-\epsilon}\right)^{1/2} b_{\nu-1} = 0,$$

$$(t + \nu - K)b_\nu - b_{\nu-1} + Z\alpha a_\nu - \left(\frac{1-\epsilon}{1+\epsilon}\right)^{1/2} a_{\nu-1} = 0.$$

对于 $\nu = 0$ 的特殊情形, 上述递推关系给出非平庸解

$$t = \sqrt{K^2 - Z^2\alpha^2}, \tag{41}$$

我们这里抛弃了取负号的解, 因为它在原点发散, 不满足归一化条件 (37).

用 $[(1-\epsilon)/(1+\epsilon)]^{1/2}$ 乘第一个递推关系, 然后减去第二个递推关系, 可以得到

$$\frac{a_\nu}{b_\nu} = \frac{t + \nu - K + Z\alpha\sqrt{(1-\epsilon)/(1+\epsilon)}}{t + \nu + K - Z\alpha\sqrt{(1+\epsilon)/(1-\epsilon)}}\sqrt{\frac{1+\epsilon}{1-\epsilon}} \xrightarrow{\nu\to\infty} 1. \tag{42}$$

于是, 把它代回上述递推关系就有

$$a_{\nu+1} \xrightarrow{\nu\to\infty} \frac{2}{\nu} a_\nu, \qquad b_{\nu+1} \xrightarrow{\nu\to\infty} \frac{2}{\nu} b_\nu.$$

因此, 当 $\rho \to \infty$ 时 f 和 g 都像 $\mathrm{e}^{2\rho}$ 一样发散, 除非它们中断为多项式. 不难看出, 这两个级数都将中断于 ρ 的同样幂次 $\overline{\nu}$. 把 $\nu = \overline{\nu} + 1$ 代入上述递推关系, 可以得到

$$b_{\overline{\nu}} = -\sqrt{\frac{1-\epsilon}{1+\epsilon}} a_{\overline{\nu}}. \tag{43}$$

把上式代入 (42) 式，并令 $\nu=\overline{\nu}$, 就有

$$t+\overline{\nu}-\frac{Z\alpha\epsilon}{\sqrt{1-\epsilon^2}}=0,$$

由此可以解出能量本征值

$$\epsilon=\frac{E}{mc^2}=\left[1+\frac{Z^2\alpha^2}{(\overline{\nu}+t)^2}\right]^{-1/2}.$$

需要指出，当 $K>0$ 时 $\overline{\nu}$ 不能为 $0, \overline{\nu}\neq 0$. 这是因为当 $\nu=0$ 时递推关系给出一个附加条件

$$b_0=\frac{Z\alpha}{K-t}a_0, \tag{44}$$

当 $K>0$ 时上式与 (43) 式符号相反.

能量本征值 由于 $K=k(j+1/2)$, K 的取值可以是非零的正负整数,

$$K=\pm1,\pm2,\pm3,\cdots.$$

所以，$|K|$ 的取值是非零的正整数，$|K|=1,2,3,\cdots$. 于是，我们可以方便地引入 *主量子数*

$$n=\overline{\nu}+|K|,$$

从而把能量本征值写成

$$E_{nj}=mc^2\left[1+\frac{Z^2\alpha^2}{\{n+[(j+1/2)^2-Z^2\alpha^2]^{1/2}-(j+1/2)\}^2}\right]^{-1/2},$$

它依赖于量子数 n 与 j, 对于总角动量投影量子数 m 是简并的．此外，除了 $n=j+1/2$ ($\overline{\nu}=0$) 以外，由于 K 有正负两个值，能级还有两重简并．K 的正负两个值，相应于 $k=\pm1$, 也就是相应于宇称相反的两个态．所以这两重简并是对于宇称的简并.

把能量本征值展开成 $Z\alpha$ 的级数，有

$$E_{nj}=mc^2-\frac{Z^2\alpha^2}{2n^2}mc^2-\frac{Z^4\alpha^4}{2n^4}\Big(\frac{n}{j+1/2}-\frac{3}{4}\Big)mc^2+\cdots,$$

其中第一项是电子静质能，第二项是非相对论的结果，亦即 Bohr 公式，其余的项都来自相对论的修正，包括数量级为 α^2 的自旋轨道耦合项、相对论动能修正项和 Darwin 项.

径向波函数 根据递推关系，利用 (41) 和 (42) 式，我们可以用 a_0 与 b_0 来表示系数 a_ν 与 b_ν, 而 a_0 与 b_0 则可以由波函数的归一化条件 (37) 确定．对于基态，我们得到

$$F=\Big(\frac{2Z}{a_{\rm B}}\Big)^{3/2}\left[\frac{1+\eta}{2\Gamma(1+2\eta)}\right]^{1/2}{\rm e}^{-Zr/a_{\rm B}}\Big(\frac{2Zr}{a_{\rm B}}\Big)^{\eta-1},$$

$$G=-\left(\frac{1-\eta}{1+\eta}\right)^{1/2}F,$$

其中 a_{B} 是 Bohr 半径， $\Gamma(x)$ 是 Gamma 函数， η 是 $|K|=1$ 时的 t,

$$a_{\mathrm{B}}=\frac{1}{\alpha}\frac{\hbar}{mc},\qquad \eta=(1-Z^2\alpha^2)^{1/2}.$$

这一结果表明，下分量与上分量之比 G/F 是 $Z\alpha$ 的数量级，与 (44) 式一致. 现在的情形，电子的运动基本上是非相对论的，下分量比上分量小是预料之中的事. 事实上，原点是波函数的奇点，下分量 G 比上分量 F 小，这是所有束缚态的特征. 但是，一般来说， G 与 F 并不像基态这样成比例.

与 Schrödinger 理论的基态径向波函数相比， Dirac 方程的解多一个因子

$$\left[\frac{1+\eta}{\Gamma(1+2\eta)}\right]^{1/2}\left(\frac{2Zr}{a_{\mathrm{B}}}\right)^{\eta-1},$$

除了极小的 r 或很大的 r, 这个因子与 1 相差很小. 而当 r 很大时，波函数几乎成为 0, 这个因子也就不重要.

一般地说, 径向波函数像在 Schrödinger 理论中一样趋于 0, 主量子数越小, 下降得越快. 当 ρ 的值小时，波函数的渐近式为

$$\psi\sim\begin{pmatrix}a_0\rho^{t-1}\\ b_0\rho^{t-1}\end{pmatrix}.$$

由于 $t=(K^2-Z^2\alpha^2)^{1/2}$, 对于所有 $Z\alpha<1$ 的稳定核，当 $K=\pm2,\pm3,\cdots$, 也就是当 $j=3/2,5/2,\cdots$ 时，波函数 ψ 在 $\rho\to0$ 时趋于 0. 但是对于 $K=\pm1$, 也就是对于 s 和 p 波的态，上述 Dirac 波函数对于所有的主量子数 n 在原点都是奇点. 当然，如果 $Z\alpha$ 很小，这种奇异性很弱. 而且，当 $K=\pm1$ 时在原点的这种奇异性在实际的原子中并不存在，因为原子核有一定大小，势能不同于 Coulomb 定律，当 $\rho\to0$ 时并不趋于无限.

与场强 $Z\alpha$ 有关的说明 上述计算只给出了能量的离散谱. 进一步的研究表明还存在从 $-\infty$ 到 $-mc^2$ 和从 mc^2 到 ∞ 的两个连续谱，后者联系于散射态波函数. 需要指出的是，只有当 $Z\alpha<1$ 时波函数全体才形成正交的完备组. 当 $Z\alpha>1$ 时， (41) 式给出的 t 在某些 K 值成为纯虚数，随后的计算就没有意义，于是，不存在态的正交的完备组. 也就是说，对于 Dirac 方程来说，在足够强的 Coulomb 场中，粒子不存在正规的定态，这就像在非相对论的 Schrödinger 理论中奇异性比 $1/r^2$ 更强的吸引势问题一样①.

① D.R. Yennie, D.G. Ravenhall, and R.N. Wilson, *Phys. Rev.* **95** (1954) 500; H. Bethe and E. Salpeter, *Handb. Phys.* **35** (1957) 88.

或许我们应该相信，在不可能给出因果发展的条件这一点上，理论与实验的一致，正是不存在这种条件的一个必然的结果？我自己倾向于在原子世界里放弃决定论.

—— M. Born

《碰撞的量子力学》， 1926

第六章　形式散射理论

§6.1　射出本征态与射入本征态

1.　散射问题

散射问题的两种观点　散射的基本问题是，已知入射粒子与靶粒子相距很远还没有相互作用时的初态，求它们逐渐靠近发生相互作用，再散射分开到相距很远以后的末态. 这是一个已知初态，求 Schrödinger 方程的散射态解的 *动态问题*. 它是不同于本征值问题的另一类问题. 这个问题有几个特点. 首先，散射系统的能量是已知的，要求解的是系统的散射态. 其次，我们需要知道系统散射态在一个表象中的波函数，而不只是态矢量. 第三，散射过程在坐标空间有直观和形象的图像，坐标表象是最直接和自然的选择. 最后，我们关心的只是散射波在无限远处的渐近行为，因为这是波函数中实验能够测量的部分.

在实际的散射实验中，入射粒子具有确定的动量和能量，入射粒子与靶粒子构成的系统具有确定的能量. 所以，问题又可以表述为：已知从无限远处入射的具有确定动量的平面波，求入射粒子与靶粒子系统具有确定能量的定态波函数中散射部分在无限远处的渐近行为. 这是一个已知一定的边界条件，求 Schrödinger 方程散射态解的 *定态问题*. 把散射作为定态边值问题来处理的 *定态观点*，与把散射作为动态初值问题来处理的 *动态观点* 是等价的. 我们将采取动态观点. 采取动态观点的理论显含时间，这种理论称为含时散射理论，它与不显含时间的定态理论给出相同的观测结果.

测量散射粒子的探测器，有的能测量出射粒子的动量，有的能测量出射粒子的角动量. 所以，除了坐标表象，有时也采用动量表象或角动量表象.

物理模型　我们只考虑入射粒子与靶粒子均无内部激发，它们的内部结构没有显示出来的两体碰撞. 对于这种情况，只需要考虑粒子的质心坐标和自旋，可以把入射粒子和靶粒子都看成没有结构的 *简单粒子*，引起它们之间散射的相互作用只依赖于这两个粒子质心的相对坐标和它们的自旋. 我们这里暂不考虑自旋自由度.

对于两个简单粒子的散射，可以引进这两个粒子系统的质心坐标和它们之间的相对坐标 $\boldsymbol{r}$, 从而把两体散射问题简化为一个具有约化质量 m 的粒子在中心力场中的单体散射问题. 系统的 Hamilton 算符可以写成

$$\hat{H} = \hat{H}_0 + \hat{V},$$

其中 $\hat{H}_0$ 是这两个粒子无相互作用时的 Hamilton 算符，$\hat{V}$ 是它们之间的相互作用势能算符，当 $r \to \infty$ 时足够快地趋于零,

$$\hat{V} \xrightarrow{r\to\infty} 0.$$

初态的表示 需要求解的 Schrödinger 方程为

$$\mathrm{i}\hbar \frac{\mathrm{d}|\psi\rangle}{\mathrm{d}t} = \hat{H}|\psi\rangle.$$

在粒子相距很远还没有相互作用的 $t = t_0$ 时，初态可以写成

$$|\psi(t_0)\rangle = |\psi_0(t_0)\rangle,$$

$|\psi_0\rangle$ 是下述无相互作用自由粒子 Schrödinger 方程的解,

$$\mathrm{i}\hbar \frac{\mathrm{d}|\psi_0\rangle}{\mathrm{d}t} = \hat{H}_0|\psi_0\rangle. \tag{1}$$

自由粒子系统具有空间平移不变性，动量算符 $\hat{\boldsymbol{p}}$ 与 $\hat{H}_0$ 对易，$[\hat{\boldsymbol{p}}, \hat{H}_0] = 0$, 可以有 $\hat{H}_0$ 与 $\hat{\boldsymbol{p}}$ 的共同本征态,

$$\hat{H}_0|E\boldsymbol{p}\rangle = E(p)|E\boldsymbol{p}\rangle, \qquad \hat{\boldsymbol{p}}|E\boldsymbol{p}\rangle = \boldsymbol{p}|E\boldsymbol{p}\rangle.$$

对于相对论性自由粒子，$\hat{H}_0$ 与动量算符 $\hat{\boldsymbol{p}}$ 有下列关系 (见第五章 §5.1 和 §5.2)

$$\hat{H}_0^2 = \hat{p}^2 c^2 + m^2 c^4, \tag{2}$$

我们有

$$E(p) = \sqrt{p^2 c^2 + m^2 c^4}.$$

在习惯上，常用波矢量 $\boldsymbol{k}$ 及其大小 k 来标志 $\hat{\boldsymbol{p}}$ 及 $\hat{H}_0$ 的本征态,

$$\boldsymbol{k} = \frac{\boldsymbol{p}}{\hbar}.$$

方程 (1) 具有特解

$$|\varphi_{\boldsymbol{p}}(t)\rangle = \mathrm{e}^{-\mathrm{i}\hat{H}_0 t/\hbar}|E\boldsymbol{p}\rangle = \mathrm{e}^{-\mathrm{i}E(p)t/\hbar}|E\boldsymbol{p}\rangle,$$

写在坐标表象，这就是 de Broglie 平面波

$$\varphi_{\boldsymbol{p}}(\boldsymbol{r}, t) = \langle \boldsymbol{r}|\varphi_{\boldsymbol{p}}(t)\rangle = \frac{1}{(2\pi\hbar)^{3/2}} \mathrm{e}^{-\mathrm{i}[E(p)t - \boldsymbol{p}\cdot\boldsymbol{r}]/\hbar}.$$

方程 (1) 的通解 $|\psi_0(t)\rangle$ 可以写成上述特解的叠加,

$$|\psi_0(t)\rangle = \int \mathrm{d}^3\boldsymbol{p}C(\boldsymbol{p})|\varphi_{\boldsymbol{p}}(t)\rangle. \tag{3}$$

把它写在坐标表象, 就是上述 de Broglie 平面波的叠加,

$$\psi_0(\boldsymbol{r},t) = \int \mathrm{d}^3\boldsymbol{p}C(\boldsymbol{p})\varphi_{\boldsymbol{p}}(\boldsymbol{r},t) = \int \mathrm{d}^3\boldsymbol{p}C(\boldsymbol{p})\frac{1}{(2\pi\hbar)^{3/2}}\mathrm{e}^{-\mathrm{i}[E(p)t-\boldsymbol{p}\cdot\boldsymbol{r}]/\hbar}.$$

上式给出的是一个坐标和动量都有一定分布的 **波包**. 实际散射实验中的入射初态具有基本确定的动量 $\boldsymbol{p}_0$, $C(\boldsymbol{p})$ 只能是一个峰值位于 $\boldsymbol{p}_0$ 处宽度 $\Delta\boldsymbol{p}_0$ 很小的分布, 当 $\Delta\boldsymbol{p}_0 \to 0$ 时它趋于 δ 函数,

$$C(\boldsymbol{p}) \xrightarrow{\Delta\boldsymbol{p}_0\to 0} \delta(\boldsymbol{p}-\boldsymbol{p}_0),$$

这时

$$\psi_0(\boldsymbol{r},t) \xrightarrow{\Delta\boldsymbol{p}_0\to 0} \varphi_{\boldsymbol{p}_0}(\boldsymbol{r},t).$$

波包的运动可以由下述相位极值条件确定:

$$\frac{\partial}{\partial\boldsymbol{p}}[E(p)t-\boldsymbol{p}\cdot\boldsymbol{r}] = 0.$$

它给出波包的运动方程

$$\boldsymbol{r} = \boldsymbol{v}t,$$

其中

$$\boldsymbol{v} = \frac{\partial E}{\partial\boldsymbol{p}} = \frac{\boldsymbol{p}}{E/c^2}$$

是波包运动的 *群速度*. 所以, 波包中心的速度是 $\boldsymbol{v}_0 = \boldsymbol{p}_0c^2/E$, 当 $t=0$ 时, 波包中心到达 $\boldsymbol{r}=0$ 的原点处.

2. Møller 算符

算符 $\hat{U}(0,t_0)$ 运用时间发展算符, 我们可以把 $|\psi(t)\rangle$ 的解形式地写成

$$|\psi(t)\rangle = \mathrm{e}^{-\mathrm{i}\hat{H}t/\hbar}|\psi(0)\rangle.$$

于是, 我们有

$$|\psi(0)\rangle = \mathrm{e}^{\mathrm{i}\hat{H}t_0/\hbar}|\psi(t_0)\rangle = \mathrm{e}^{\mathrm{i}\hat{H}t_0/\hbar}|\psi_0(t_0)\rangle.$$

$|\psi_0(t_0)\rangle$ 是初始时刻 t_0 的自由粒子态, 按自由粒子的 Hamilton 算符发展, 可以写成

$$|\psi_0(t_0)\rangle = \mathrm{e}^{-\mathrm{i}\hat{H}_0t_0/\hbar}|\psi_0(0)\rangle.$$

把它代回上式, 我们就得到

$$|\psi(0)\rangle = \mathrm{e}^{\mathrm{i}\hat{H}t_0/\hbar}\mathrm{e}^{-\mathrm{i}\hat{H}_0t_0/\hbar}|\psi_0(0)\rangle = \hat{U}(0,t_0)|\psi_0(0)\rangle, \tag{4}$$

其中算符 $\hat{U}(0,t_0)$ 的定义是

$$\hat{U}(0,t_0)=\mathrm{e}^{\mathrm{i}\hat{H}t_0/\hbar}\mathrm{e}^{-\mathrm{i}\hat{H}_0t_0/\hbar},$$

它的作用是：把 $t=0$ 时刻的态 $|\psi_0(0)\rangle$ 先无相互作用地推到初始时刻 t_0，再引入相互作用，把它从 t_0 时刻开始在相互作用下发展到 $t=0$ 时刻的态 $|\psi(0)\rangle$.

对上述算符 $\hat{U}(0,t)$ 求对时间 t 的微商，有

$$\frac{\mathrm{d}\hat{U}}{\mathrm{d}t}=-\frac{1}{\mathrm{i}\hbar}\mathrm{e}^{\mathrm{i}\hat{H}t/\hbar}\hat{V}\mathrm{e}^{-\mathrm{i}\hat{H}_0t/\hbar},$$

从而我们得到算符 $\hat{U}(0,t_0)$ 的积分形式

$$\hat{U}(0,t_0)=1+\frac{1}{\mathrm{i}\hbar}\int_{t_0}^{0}\mathrm{d}t\mathrm{e}^{\mathrm{i}\hat{H}t/\hbar}\hat{V}\mathrm{e}^{-\mathrm{i}\hat{H}_0t/\hbar}.$$

极限 $t_0\to-\infty$ 对上述算符 $\hat{U}(0,t_0)$ 取 $t_0\to-\infty$ 的极限，可以得到

$$\begin{aligned}\hat{U}(0,-\infty)&=1+\frac{1}{\mathrm{i}\hbar}\int_{-\infty}^{0}\mathrm{d}t\mathrm{e}^{\mathrm{i}\hat{H}t/\hbar}\hat{V}\mathrm{e}^{-\mathrm{i}\hat{H}_0t/\hbar}\\&=1+\frac{1}{\mathrm{i}\hbar}\int_{-\infty}^{\infty}\mathrm{d}t\xi(t)\mathrm{e}^{\mathrm{i}\hat{H}t/\hbar}\hat{V}\mathrm{e}^{-\mathrm{i}\hat{H}_0t/\hbar},\end{aligned}$$

其中 $\xi(t)$ 是下述定义的阶跃函数，

$$\xi(t)=\begin{cases}0, & t>0,\\1, & t<0.\end{cases}$$

改写成对 E 的积分 利用下述等式，

$$\xi(t)\mathrm{e}^{\mathrm{i}\hat{H}t/\hbar}=\lim_{\epsilon\to0^+}\frac{\mathrm{i}}{2\pi}\int_{-\infty}^{\infty}\mathrm{d}E\frac{\mathrm{e}^{\mathrm{i}Et/\hbar}}{E-\hat{H}+\mathrm{i}\epsilon},$$

就有

$$\begin{aligned}\hat{U}(0,-\infty)&=1+\frac{1}{\mathrm{i}\hbar}\int_{-\infty}^{\infty}\mathrm{d}t\frac{\mathrm{i}}{2\pi}\lim_{\epsilon\to0^+}\int_{-\infty}^{\infty}\mathrm{d}E\frac{\mathrm{e}^{\mathrm{i}Et/\hbar}}{E-\hat{H}+\mathrm{i}\epsilon}\hat{V}\mathrm{e}^{-\mathrm{i}\hat{H}_0t/\hbar}\\&=1+\lim_{\epsilon\to0^+}\int_{-\infty}^{\infty}\mathrm{d}E\frac{1}{E-\hat{H}+\mathrm{i}\epsilon}\hat{V}\delta(E-\hat{H}_0)\\&=\int_{-\infty}^{\infty}\mathrm{d}E\hat{\Omega}^+\delta(E-\hat{H}_0),\end{aligned}$$

其中

$$\hat{\Omega}^+(E)=\lim_{\epsilon\to0^+}\left[1+\frac{1}{E-\hat{H}+\mathrm{i}\epsilon}\hat{V}\right]=\lim_{\epsilon\to0^+}\hat{\Omega}^+_\epsilon(E).$$

类似地，可以有

$$\hat{U}(0,\infty)=\int_{-\infty}^{\infty}\mathrm{d}E\hat{\Omega}^-\delta(E-\hat{H}_0),$$

其中

$$\hat{\Omega}^{-}(E)=\lim_{\epsilon\to0^{+}}\left[1+\frac{1}{E-\hat{H}-\mathrm{i}\epsilon}\hat{V}\right]=\lim_{\epsilon\to0^{+}}\hat{\Omega}_{\epsilon}^{-}(E).$$

在上述 $\hat{\Omega}^{\pm}(E)$ 的公式中，取极限以前的 $\hat{\Omega}_{\epsilon}^{\pm}(E)$ 为

$$\hat{\Omega}_{\epsilon}^{\pm}(E)=1+\frac{1}{E-\hat{H}\pm\mathrm{i}\epsilon}\hat{V}.$$

算符 $\hat{U}(0,-\infty)$ 和 $\hat{U}(0,\infty)$ 称为 Møller 波算符, 简称 Møller 算符.

3. 射出和射入本征态

定义 现在我们回到 (4) 式. 从它可以看出，当 $t_0\to-\infty$ 时，用 Møller 算符 $\hat{U}(0,-\infty)$ 作用到自由粒子态 $|\psi_0(0)\rangle$ 上，就得到 $t=0$ 时刻的解 $|\psi(0)\rangle$; 当 $t_0\to\infty$ 时，用 Møller 算符 $\hat{U}(0,\infty)$ 作用到自由粒子态 $|\psi_0(0)\rangle$ 上，也可以得到 $t=0$ 时刻的解 $|\psi(0)\rangle$. 于是，我们可以定义

$$|\psi^{\pm}\rangle\equiv\hat{U}(0,\mp\infty)|\psi_0(0)\rangle. \tag{5}$$

$|\psi^{+}\rangle$ 态的含义是：如果系统从 $t_0\to-\infty$ 时无相互作用地自由发展到 $t=0$ 时刻的态是 $|\psi_0(0)\rangle$, 则它从 $t_0\to-\infty$ 时在相互作用支配下发展到 $t=0$ 时刻的态就是 $|\psi^{+}\rangle$. 所以，$|\psi^{+}\rangle$ 是由过去 $t_0\to-\infty$ 时的初条件确定的散射解. 类似地，$|\psi^{-}\rangle$ 态的含义是：如果系统从 $t_0\to\infty$ 时无相互作用地自由退回到 $t=0$ 时刻的态是 $|\psi_0(0)\rangle$, 则它从 $t_0\to\infty$ 时在相互作用支配下退回到 $t=0$ 时刻的态就是 $|\psi^{-}\rangle$. 所以，$|\psi^{-}\rangle$ 是由将来 $t_0\to\infty$ 时的 “初条件” 确定的散射解.

本征态 在 (5) 式中代入 (3) 式，省去其中 $\boldsymbol{p}_0$ 的下标 0, 当 $\Delta\boldsymbol{p}_0\to0$ 时就得到

$$|\psi_{\boldsymbol{p}}^{\pm}\rangle=\hat{U}(0,\mp\infty)|\varphi_{\boldsymbol{p}}\rangle=\lim_{\epsilon\to0^{+}}\int_{-\infty}^{\infty}\mathrm{d}E\hat{\Omega}_{\epsilon}^{\pm}(E)\delta(E-\hat{H}_0)|\varphi_{\boldsymbol{p}}\rangle=\hat{\Omega}^{\pm}(E_p)|\varphi_{\boldsymbol{p}}\rangle,$$

其中 $E_p=E(p)$. 下式表明 $|\psi_{\boldsymbol{p}}^{\pm}\rangle$ 是 $\hat{H}$ 的本征态，具有本征值 $E=E_p$:

$$(\hat{H}-E_p)|\psi_{\boldsymbol{p}}^{\pm}\rangle=(\hat{H}-E_p)\hat{\Omega}^{\pm}(E_p)|\varphi_{\boldsymbol{p}}\rangle=\lim_{\epsilon\to0^{+}}(\hat{H}-E_p)\left(1+\frac{1}{E_p-\hat{H}\pm\mathrm{i}\epsilon}\hat{V}\right)|\varphi_{\boldsymbol{p}}\rangle$$

$$=(\hat{H}-E_p-\hat{V})|\varphi_{\boldsymbol{p}}\rangle=(\hat{H}_0-E_p)|\varphi_{\boldsymbol{p}}\rangle=0.$$

于是，我们在形式上得到散射解

$$|\psi_{\boldsymbol{p}}^{\pm}(t)\rangle=\mathrm{e}^{-\mathrm{i}\hat{H}t/\hbar}|\psi_{\boldsymbol{p}}^{\pm}\rangle=\mathrm{e}^{-\mathrm{i}E_pt/\hbar}|\psi_{\boldsymbol{p}}^{\pm}\rangle.$$

无限远渐近式 在坐标表象中，可以求出下列无限远处的渐近式 (见下一节)

$$\psi_{\boldsymbol{p}}^{\pm}(\boldsymbol{r},t)=\langle\boldsymbol{r}|\psi_{\boldsymbol{p}}^{\pm}(t)\rangle\xrightarrow{r\to\infty}\frac{1}{(2\pi\hbar)^{3/2}}\left[\mathrm{e}^{-\mathrm{i}(E_pt-\boldsymbol{p}\cdot\boldsymbol{r})/\hbar}+f(\theta,\phi)\frac{\mathrm{e}^{-\mathrm{i}(E_pt\mp pr)/\hbar}}{r}\right],$$

其中 (θ,ϕ) 是相对于入射动量 $\boldsymbol{p}$ 的方位角， $f(\theta,\phi)$ 是在这个方向的 散射振幅. 可以看出，右边第一项是入射的自由粒子平面波，第二项是球面散射波. 本征态 $\psi_{\boldsymbol{p}}^{+}(\boldsymbol{r},t)$ 的球面散射波是从球心 $r=0$ 向外扩张的，所以把它称为 射出本征态. 本征态 $\psi_{\boldsymbol{p}}^{-}(\boldsymbol{r},t)$ 的球面散射波是从外向球心 $r=0$ 收缩的，所以把它称为 射入本征态. 通常处理散射问题的定态方法，就是求解具有射出渐近边条件的定态 Schrödinger 方程，得到射出本征态 $\psi_{\boldsymbol{p}}^{+}(\boldsymbol{r},t)$, 从而得到散射振幅 $f(\theta,\phi)$.

算符关系 我们来证明公式

$$\hat{H}\hat{U}(0,\mp\infty)=\hat{U}(0,\mp\infty)\hat{H}_0. \tag{6}$$

由于 $|\psi_{\boldsymbol{p}}^{\pm}\rangle=\hat{U}(0,\mp\infty)|\varphi_{\boldsymbol{p}}\rangle$ 是 $\hat{H}$ 的本征态，有

$$\begin{aligned}\hat{H}\hat{U}(0,\mp\infty)|\varphi_{\boldsymbol{p}}\rangle&=E_p\hat{U}(0,\mp\infty)|\varphi_{\boldsymbol{p}}\rangle=\hat{U}(0,\mp\infty)E_p|\varphi_{\boldsymbol{p}}\rangle\\&=\hat{U}(0,\mp\infty)\hat{H}_0|\varphi_{\boldsymbol{p}}\rangle,\end{aligned}$$

而 $|\varphi_{\boldsymbol{p}}\rangle$ 是完备的，于是公式得证.

正交归一性 现在来证明

$$\langle\psi_{\boldsymbol{p}}^{\pm}|\psi_{\boldsymbol{p}'}^{\pm}\rangle=\langle\varphi_{\boldsymbol{p}}|\varphi_{\boldsymbol{p}'}\rangle=\delta(\boldsymbol{p}-\boldsymbol{p}').$$

运用 (4) 式，我们有

$$\begin{aligned}\langle\psi(0)|\psi'(0)\rangle&=\langle\psi_0(0)|\hat{U}^\dagger(0,t_0)\hat{U}(0,t_0)|\psi_0'(0)\rangle\\&=\langle\psi_0(0)|\mathrm{e}^{\mathrm{i}\hat{H}_0t_0/\hbar}\mathrm{e}^{-\mathrm{i}\hat{H}t_0/\hbar}\mathrm{e}^{\mathrm{i}\hat{H}t_0/\hbar}\mathrm{e}^{-\mathrm{i}\hat{H}_0t_0/\hbar}|\psi_0'(0)\rangle\\&=\langle\psi_0(0)|\psi_0'(0)\rangle.\end{aligned}$$

当 $\psi_0(0)$ 与 $\psi_0'(0)$ 中的动量分布宽度都趋于 0 时， $\Delta\boldsymbol{p},\Delta\boldsymbol{p}'\to0$, 上式就成为

$$\langle\psi_{\boldsymbol{p}}^{+}|\psi_{\boldsymbol{p}'}^{+}\rangle=\langle\varphi_{\boldsymbol{p}}|\varphi_{\boldsymbol{p}'}\rangle=\delta(\boldsymbol{p}-\boldsymbol{p}').$$

用 Møller 算符来表示， $|\psi_{\boldsymbol{p}}^{+}\rangle=\hat{U}(0,-\infty)|\varphi_{\boldsymbol{p}}\rangle$, 上式给出

$$\hat{U}^\dagger(0,-\infty)\hat{U}(0,-\infty)=1.$$

如果系统具有时间反演不变性， $[\hat{T},\hat{H}]=0$, 则 Møller 算符 $\hat{U}(0,-\infty)$ 在时间反演下变成 $\hat{U}(0,\infty)$, 从而还有

$$\hat{U}^\dagger(0,\infty)\hat{U}(0,\infty)=1,$$

或者等价的

$$\langle\psi_{\boldsymbol{p}}^{-}|\psi_{\boldsymbol{p}'}^{-}\rangle=\langle\varphi_{\boldsymbol{p}}|\varphi_{\boldsymbol{p}'}\rangle=\delta(\boldsymbol{p}-\boldsymbol{p}').$$

完备性问题 射出本征态组 $\{|\psi_{\boldsymbol{p}}^{+}\rangle\}$ 或射入本征态组 $\{|\psi_{\boldsymbol{p}}^{-}\rangle\}$ 都可以分别构成系统 $\hat{H}$ 的散射态的正交归一化完备组. 但它们对于全体态矢量的空间并不完

备，因为它们没有包括束缚态，

$$\int \mathrm{d}^3\boldsymbol{p}|\psi_{\boldsymbol{p}}^+\rangle\langle\psi_{\boldsymbol{p}}^+| = \int \mathrm{d}^3\boldsymbol{p}|\psi_{\boldsymbol{p}}^-\rangle\langle\psi_{\boldsymbol{p}}^-| \neq 1.$$

等价地，这就给出

$$\hat{U}(0,-\infty)\hat{U}^\dagger(0,-\infty) = \hat{U}(0,\infty)\hat{U}^\dagger(0,\infty) \neq 1.$$

所以，虽然算符 $\hat{U}(0,t)$ 是幺正的，但是 Møller **波算符** $\hat{U}(0,\pm\infty)$ **不是幺正的**.

§6.2 散射截面与光学定理

1. 散射截面

散射截面的定义 一般地，我们可以把散射问题的解写成两部分之和，

$$|\psi(t)\rangle = |\psi_0(t)\rangle + |\psi_{\mathrm{S}}(t)\rangle,$$

其中 $|\psi_0(t)\rangle$ 是入射波包，$|\psi_{\mathrm{S}}(t)\rangle$ 是散射波. 入射波包中心的速度是 $\boldsymbol{v}_0 = \boldsymbol{p}_0/m$，相应地，这个入射平面波的概率流密度是 $\boldsymbol{v}_0/(2\pi\hbar)^3$. 另一方面，在 t 时刻每单位时间内散射到动量范围 $\boldsymbol{p} \to \boldsymbol{p} + \mathrm{d}\boldsymbol{p}$ 的相对概率为

$$w_{\boldsymbol{p}}\mathrm{d}^3\boldsymbol{p} = \frac{\partial}{\partial t}|\langle\varphi_{\boldsymbol{p}}|\psi_{\mathrm{S}}(t)\rangle|^2\mathrm{d}^3\boldsymbol{p}.$$

于是，我们可以定义 *微分散射截面* $\sigma(\theta,\phi)$ 为

$$\sigma(\theta,\phi)\mathrm{d}\Omega \equiv \frac{1}{v_0/(2\pi\hbar)^3}\mathrm{d}\Omega\int_0^\infty p^2\mathrm{d}p w_{\boldsymbol{p}},$$

其中 (θ,ϕ) 是动量 $\boldsymbol{p}$ 的方位角，$\mathrm{d}\Omega$ 是动量空间的立体角元. 微分散射截面 $\sigma(\theta,\phi)$ 简称 *散射截面*, 具有面积的量纲. 它的含义是：*单位时间内入射到单位靶面积上的一个粒子被散射到 (θ,ϕ) 方向立体角 $\mathrm{d}\Omega$ 内的概率*.

散射截面的公式 由上述散射截面的定义，我们有

$$\sigma(\theta,\phi) = \frac{(2\pi\hbar)^3}{v_0}\int_0^\infty p^2\mathrm{d}p w_{\boldsymbol{p}} = \frac{(2\pi\hbar)^3E}{p_0c^2}\int_0^\infty p^2\mathrm{d}p\frac{\partial}{\partial t}|\langle\varphi_{\boldsymbol{p}}|\psi_{\mathrm{S}}(t)\rangle|^2.$$

我们可以把散射波 $|\psi_{\mathrm{S}}(t)\rangle$ 对时间的微商写成

$$\begin{aligned}\frac{\partial}{\partial t}|\psi_{\mathrm{S}}(t)\rangle &= \frac{\partial}{\partial t}[|\psi(t)\rangle - |\psi_0(t)\rangle] = \frac{1}{\mathrm{i}\hbar}\Big[\hat{H}|\psi(t)\rangle - \hat{H}_0|\psi_0(t)\rangle\Big]\\ &= \frac{1}{\mathrm{i}\hbar}\Big[\hat{V}|\psi(t)\rangle + \hat{H}_0|\psi_{\mathrm{S}}(t)\rangle\Big].\end{aligned}$$

于是

$$\begin{aligned}\frac{\partial}{\partial t}|\langle\varphi_{\boldsymbol{p}}|\psi_{\mathrm{S}}(t)\rangle|^2 &= \langle\psi_{\mathrm{S}}(t)|\varphi_{\boldsymbol{p}}\rangle\langle\varphi_{\boldsymbol{p}}|\frac{\partial}{\partial t}|\psi_{\mathrm{S}}(t)\rangle + \mathrm{c.\ c.}\\ &= \frac{1}{\mathrm{i}\hbar}\langle\psi_{\mathrm{S}}(t)|\varphi_{\boldsymbol{p}}\rangle\{\langle\varphi_{\boldsymbol{p}}|\hat{V}|\psi(t)\rangle + \langle\varphi_{\boldsymbol{p}}|\hat{H}_0|\psi_{\mathrm{S}}(t)\rangle\} + \mathrm{c.\ c.}\end{aligned}$$

$$
\begin{aligned}
&= \frac{1}{\mathrm{i}\hbar}\langle\psi_{\mathrm{S}}(t)|\varphi_{\boldsymbol{p}}\rangle\langle\varphi_{\boldsymbol{p}}|\hat{V}|\psi(t)\rangle + \text{c. c.} \\
&\xrightarrow{\Delta\boldsymbol{p}_0\to 0} \frac{1}{\mathrm{i}\hbar}\langle\varphi_{\boldsymbol{p}_0}|[\Omega^+(E_{p_0})]^\dagger - 1|\varphi_{\boldsymbol{p}}\rangle\langle\varphi_{\boldsymbol{p}}|\hat{V}|\psi^+_{\boldsymbol{p}_0}\rangle + \text{c. c.},
\end{aligned} \tag{7}
$$

其中 c. c. 代表前面的项的复数共轭，包含 $\langle\varphi_{\boldsymbol{p}}|\hat{H}_0|\psi_{\mathrm{S}}(t)\rangle$ 的项与其复数共轭项抵消了，最后一式取 $t=0$. 经过简单的代数运算，我们可以从

$$
\hat{\Omega}^+_\epsilon = 1 + \frac{1}{E - \hat{H} + \mathrm{i}\epsilon}\hat{V}
$$

得到

$$
\hat{\Omega}^+_\epsilon = 1 + \frac{1}{E - \hat{H}_0 + \mathrm{i}\epsilon}\hat{V}\hat{\Omega}^+_\epsilon .
$$

于是有

$$
\begin{aligned}
\langle\varphi_{\boldsymbol{p}_0}|[\Omega^+(E_{p_0})]^\dagger - 1|\varphi_{\boldsymbol{p}}\rangle &= \lim_{\epsilon\to 0^+}\langle\varphi_{\boldsymbol{p}_0}|[\Omega^+_\epsilon(E_{p_0})]^\dagger\hat{V}\frac{1}{E_{p_0} - \hat{H}_0 - \mathrm{i}\epsilon}|\varphi_{\boldsymbol{p}}\rangle \\
&= \langle\psi^+_{\boldsymbol{p}_0}|\hat{V}|\varphi_{\boldsymbol{p}}\rangle \lim_{\epsilon\to 0^+}\frac{1}{E_{p_0} - E_p - \mathrm{i}\epsilon} \\
&= \langle\psi^+_{\boldsymbol{p}_0}|\hat{V}|\varphi_{\boldsymbol{p}}\rangle \left[\frac{P}{E_{p_0} - E_p} + \mathrm{i}\pi\delta(E_{p_0} - E_p)\right],
\end{aligned}
$$

其中 P 表示在积分中取主值，最后一个等式用到了下列积分公式 (参阅第二章 §2.1):

$$
\lim_{\epsilon\to 0^+}\frac{1}{x \pm \mathrm{i}\epsilon} = \frac{P}{x} \mp \mathrm{i}\pi\delta(x). \tag{8}
$$

把上述结果代回 (7) 式，就有

$$
\frac{\partial}{\partial t}|\langle\varphi_{\boldsymbol{p}}|\psi_{\mathrm{S}}(t)\rangle|^2 \xrightarrow{\Delta\boldsymbol{p}_0\to 0} \frac{2\pi}{\hbar}|\langle\varphi_{\boldsymbol{p}}|\hat{V}|\psi^+_{\boldsymbol{p}_0}\rangle|^2\delta(E_p - E_{p_0}),
$$

其中积分取主值的项与它的复数共轭项抵消了. 于是我们最后得到截面的公式

$$
\begin{aligned}
\sigma(\theta,\phi) &= \frac{2\pi}{\hbar}\frac{(2\pi\hbar)^3E}{p_0c^2}\int p^2\mathrm{d}p|\langle\varphi_{\boldsymbol{p}}|\hat{V}|\psi^+_{\boldsymbol{p}_0}\rangle|^2\delta(E_p - E_{p_0}) \\
&= \frac{16\pi^4\hbar^2E^2}{c^4}|\langle\varphi_{\boldsymbol{p}}|\hat{V}|\psi^+_{\boldsymbol{p}_0}\rangle|^2_{p=p_0},
\end{aligned}
$$

其中 $E = E_{p_0} = E_p$ 是入射粒子与靶粒子质心系的能量，在 $pc \ll E$ 的非相对论近似下， $E/c^2 \approx m$. 注意 E 是相对论能量，我们在本章的所有讨论都没有做非相对论近似，所得的公式对于相对论性高能散射过程也适用. 此外，在不至于引起混淆时，我们总是把能量简单地写成 E, 而只是在必需时才写出其下标 p 或 p_0.

2. Lippmann-Schwinger 方程与散射振幅

在这一小节我们用 Lippmann-Schwinger 方程与散射振幅法来推出上述散射截面公式. 在散射问题中， Lippmann-Schwinger 方程与 Schrödinger 方程等价.

Lippmann-Schwinger 方程 我们可以把射出本征态写成

$$|\psi_{\boldsymbol{p}}^{+}\rangle=\lim_{\epsilon\to 0^{+}}|\psi_{\boldsymbol{p}}^{+}(\epsilon)\rangle,$$

其中

$$|\psi_{\boldsymbol{p}}^{+}(\epsilon)\rangle=\hat{\Omega}_{\epsilon}^{+}(E_p)|\varphi_{\boldsymbol{p}}\rangle.$$

代入 $\hat{\Omega}_{\epsilon}^{+}(E_p)$ 的公式，我们就得到下列关于 $|\psi_{\boldsymbol{p}}^{+}(\epsilon)\rangle$ 的 Lippmann-Schwinger 方程

$$|\psi_{\boldsymbol{p}}^{+}(\epsilon)\rangle=|\varphi_{\boldsymbol{p}}\rangle+\frac{1}{E_p-\hat{H}_0+\mathrm{i}\epsilon}\hat{V}|\psi_{\boldsymbol{p}}^{+}(\epsilon)\rangle. \tag{9}$$

坐标表象中的 Lippmann-Schwinger 方程 在坐标表象中写出上述方程，并把入射的初始动量记为 $\boldsymbol{p}_0$，就有

$$\psi_{\boldsymbol{p}_0}^{+}(\epsilon,\boldsymbol{r})=\varphi_{\boldsymbol{p}_0}(\boldsymbol{r})+\int \mathrm{d}^3\boldsymbol{r}'\langle\boldsymbol{r}|\frac{1}{E_{p_0}-\hat{H}_0+\mathrm{i}\epsilon}|\boldsymbol{r}'\rangle V(\boldsymbol{r}')\psi_{\boldsymbol{p}_0}^{+}(\epsilon,\boldsymbol{r}').$$

用完备性公式 $\int \mathrm{d}^3\boldsymbol{p}|\boldsymbol{p}\rangle\langle\boldsymbol{p}|=1$ 和回路积分定理可得下列自由粒子 Green 函数

$$\langle\boldsymbol{r}|\frac{1}{E_{p_0}-\hat{H}_0+\mathrm{i}\epsilon}|\boldsymbol{r}'\rangle \stackrel{\epsilon\to 0^{+}}{\longrightarrow} -\frac{E}{2\pi\hbar^2c^2}\frac{\mathrm{e}^{\mathrm{i}p_0|\boldsymbol{r}-\boldsymbol{r}'|/\hbar}}{|\boldsymbol{r}-\boldsymbol{r}'|}.$$

把它代回上述坐标表象中的 Lippmann-Schwinger 方程，就有

$$\psi_{\boldsymbol{p}_0}^{+}(\boldsymbol{r})=\varphi_{\boldsymbol{p}_0}(\boldsymbol{r})-\frac{E}{2\pi\hbar^2c^2}\int \mathrm{d}^3\boldsymbol{r}'\frac{\mathrm{e}^{\mathrm{i}p_0|\boldsymbol{r}-\boldsymbol{r}'|/\hbar}}{|\boldsymbol{r}-\boldsymbol{r}'|}V(\boldsymbol{r}')\psi_{\boldsymbol{p}_0}^{+}(\boldsymbol{r}').$$

渐近解和散射截面 $V(\boldsymbol{r})$ 是*短程势*，故当 r 充分大时可以作近似

$$|\boldsymbol{r}-\boldsymbol{r}'|\approx r-\frac{\boldsymbol{r}'\cdot\boldsymbol{r}}{r},\qquad \frac{1}{|\boldsymbol{r}-\boldsymbol{r}'|}\approx\frac{1}{r}.$$

把它们代入上述方程，完成对 $\boldsymbol{r}'$ 的积分，可以得到

$$\psi_{\boldsymbol{p}_0}^{+}(\boldsymbol{r})\approx\varphi_{\boldsymbol{p}_0}(\boldsymbol{r})+\frac{1}{(2\pi\hbar)^{3/2}}f(\theta,\phi)\frac{\mathrm{e}^{\mathrm{i}p_0r/\hbar}}{r},$$

其中*散射振幅*

$$f(\theta,\phi)=-\frac{4\pi^2\hbar E}{c^2}\langle\varphi_{\boldsymbol{p}}|\hat{V}|\psi_{\boldsymbol{p}_0}^{+}\rangle_{p=p_0}, \tag{10}$$

(θ,ϕ) 是散射动量 $\boldsymbol{p}$ 相对于入射动量 $\boldsymbol{p}_0$ 的方位角. 于是，我们最后得到微分散射截面的公式

$$\sigma(\theta,\phi)=|f(\theta,\phi)|^2=\frac{16\pi^4\hbar^2E^2}{c^4}|\langle\varphi_{\boldsymbol{p}}|\hat{V}|\psi_{\boldsymbol{p}_0}^{+}\rangle|_{p=p_0}^2,$$

其中的第一个等式，是从射出本征态的无限远渐近式和微分散射截面的定义得出的一般公式.

3. 光学定理

微分散射截面 $\sigma(\theta,\phi)$ 对立体角元 $\mathrm{d}\Omega$ 积分，就给出*散射总截面* σ_{t}，

$$\sigma_{\mathrm{t}} = \int \mathrm{d}\Omega\sigma(\theta,\phi) = \frac{(2\pi\hbar)^3}{v_0}\int \mathrm{d}^3\boldsymbol{p}w_{\boldsymbol{p}} = \frac{(2\pi\hbar)^3}{v_0}\frac{\partial}{\partial t}\int \mathrm{d}^3\boldsymbol{p}|\langle\varphi_{\boldsymbol{p}}|\psi_{\mathrm{S}}(t)\rangle|^2$$
$$= \frac{(2\pi\hbar)^3}{v_0}\frac{\partial}{\partial t}\langle\psi_{\mathrm{S}}(t)|\psi_{\mathrm{S}}(t)\rangle.$$

其中

$$\begin{aligned}\frac{\partial}{\partial t}\langle\psi_{\mathrm{S}}(t)|\psi_{\mathrm{S}}(t)\rangle &= \langle\psi_{\mathrm{S}}(t)|\frac{\partial}{\partial t}|\psi_{\mathrm{S}}(t)\rangle + \text{c. c.}\\ &= -\frac{\mathrm{i}}{\hbar}\langle\psi_{\mathrm{S}}(t)|\big\{\hat{V}|\psi(t)\rangle + \hat{H}_0|\psi_{\mathrm{S}}(t)\rangle\big\} + \text{c. c.}\\ &= -\frac{\mathrm{i}}{\hbar}\big\{\langle\psi(t)| - \langle\psi_0(t)|\big\}\hat{V}|\psi(t)\rangle + \text{c. c.}\\ &= \frac{\mathrm{i}}{\hbar}\langle\psi_0(t)|\hat{V}|\psi(t)\rangle + \text{c. c.},\end{aligned}$$

其中第二行含 $\hat{H}_0$ 的项和第三行含 $\langle\psi(t)|$ 的项都分别与其复数共轭项抵消了. 于是，当入射波包的动量分布宽度趋于 0 时，$\Delta\boldsymbol{p}_0 \to 0$, 取 $t=0$, 我们就有

$$\frac{\partial}{\partial t}\langle\psi_{\mathrm{S}}(t)|\psi_{\mathrm{S}}(t)\rangle \xrightarrow{\Delta\boldsymbol{p}_0\to 0} -\frac{2}{\hbar}\mathrm{Im}\langle\varphi_{\boldsymbol{p}_0}|\hat{V}|\psi^+_{\boldsymbol{p}_0}\rangle = \frac{c^2}{2\pi^2\hbar^2 E}\mathrm{Im}f(0),$$

从而得到总散射截面

$$\sigma_{\mathrm{t}} = \frac{(2\pi\hbar)^3}{v_0}\frac{c^2}{2\pi^2\hbar^2 E}\mathrm{Im}f(0) = \frac{4\pi\hbar}{p_0}\mathrm{Im}f(0),$$

其中 $f(0)$ 为 $\boldsymbol{p}/\!\!/\boldsymbol{p}_0$ 时的向前弹性散射振幅. 上述结果称为*光学定理*，*它表明散射总截面与向前弹性散射振幅的虚部成正比，与入射动量成反比*.

§6.3 S 矩 阵

1. 相互作用绘景中的时间发展算符

相互作用绘景 前面的讨论是在 Schrödinger 绘景中进行的，现在我们换到相互作用绘景 (见第一章 §1.4). 不同的绘景，相当于不同类型的表象，给出的物理结果相同. 我们把系统在 Schrödinger 绘景中的 Hamilton 算符写成

$$\hat{H} = \hat{H}_0 + \hat{V},$$

并且假设它不显含时间 t. 从 Schrödinger 绘景到相互作用绘景的幺正变换是

$$|\psi(t)\rangle \longrightarrow |\psi_{\mathrm{I}}(t)\rangle = \mathrm{e}^{\mathrm{i}\hat{H}_0 t/\hbar}|\psi(t)\rangle,$$
$$\hat{A} \longrightarrow \hat{A}_{\mathrm{I}} = \mathrm{e}^{\mathrm{i}\hat{H}_0 t/\hbar}\hat{A}\mathrm{e}^{-\mathrm{i}\hat{H}_0 t/\hbar}.$$

在相互作用绘景中，态矢量 $|\psi_{\mathrm{I}}(t)\rangle$ 和观测量算符 $\hat{A}_{\mathrm{I}}$ 随时间变化的运动方程分别是

$$\mathrm{i}\hbar\frac{\mathrm{d}}{\mathrm{d}t}|\psi_{\mathrm{I}}(t)\rangle = \hat{V}_{\mathrm{I}}|\psi_{\mathrm{I}}(t)\rangle,$$

$$\frac{\mathrm{d}\hat{A}_{\mathrm{I}}}{\mathrm{d}t} = \frac{\partial\hat{A}_{\mathrm{I}}}{\partial t} + \frac{1}{\mathrm{i}\hbar}[\hat{A}_{\mathrm{I}},\hat{H}_0],$$

其中 $\hat{V}_{\mathrm{I}}$ 是在相互作用绘景中的相互作用算符，

$$\hat{V}_{\mathrm{I}} = \hat{V}_{\mathrm{I}}(t) = \mathrm{e}^{\mathrm{i}\hat{H}_0 t/\hbar}\hat{V}\mathrm{e}^{-\mathrm{i}\hat{H}_0 t/\hbar}.$$

在第一章 §1.4 中我们已经指出，在相互作用绘景中，观测量算符的变化由无相互作用的 Hamilton 算符 $\hat{H}_0$ 支配，而态矢量的变化由相互作用项 $\hat{V}_{\mathrm{I}}(t)$ 支配. 在没有相互作用时，态矢量不随时间变化. 在没有相互作用时的态矢量已经知道的情况下，就可以用相互作用绘景来求由于相互作用引起的态矢量随时间的变化. 所以，相互作用绘景是用来处理散射问题的一个恰当的绘景.

时间发展算符 在相互作用绘景中的时间发展算符 $\hat{U}(t,t_0)$ 可以定义为

$$|\psi_{\mathrm{I}}(t)\rangle = \hat{U}(t,t_0)|\psi_{\mathrm{I}}(t_0)\rangle.$$

显然，它满足下列性质:

$$\hat{U}(t,t) = 1,$$

$$\hat{U}(t,t_1)\hat{U}(t_1,t_0) = \hat{U}(t,t_0).$$

此外，容易证明它是幺正的，

$$\hat{U}^{\dagger}(t,t_0) = \hat{U}^{-1}(t,t_0) = \hat{U}(t_0,t).$$

把 $|\psi_{\mathrm{I}}(t)\rangle = \hat{U}(t,t_0)|\psi_{\mathrm{I}}(t_0)\rangle$ 代入态矢量的运动方程，可以得到关于 $\hat{U}(t,t_0)$ 的方程

$$\mathrm{i}\hbar\frac{\partial}{\partial t}\hat{U}(t,t_0) = \hat{V}_{\mathrm{I}}(t)\hat{U}(t,t_0),$$

它的积分形式为

$$\hat{U}(t,t_0) = 1 + \frac{1}{\mathrm{i}\hbar}\int_{t_0}^{t}\mathrm{d}t'\hat{V}_{\mathrm{I}}(t')\hat{U}(t',t_0).$$

由它的厄米共轭和 $\hat{U}(t,t_0)$ 的幺正性，还有

$$-\mathrm{i}\hbar\frac{\partial}{\partial t}\hat{U}(t_0,t) = \hat{U}(t_0,t)\hat{V}_{\mathrm{I}}(t),$$

$$\hat{U}(t,t_0) = 1 + \frac{1}{\mathrm{i}\hbar}\int_{t_0}^{t}\mathrm{d}t'\hat{U}(t,t')\hat{V}_{\mathrm{I}}(t').$$

$\hat{U}$ 的形式表达式及与 Møller 算符的关系 用迭代法求解上述关于时间发展算符的积分方程，就可以得到 $\hat{U}(t,t_0)$ 的具体表达式，它是关于 $\hat{V}_{\mathrm{I}}(t)$ 的一个

级数. 如果只限于形式上的讨论, 则我们可以把 Schrödinger 绘景中的时间发展算符 $\exp\{-\mathrm{i}\hat{H}(t-t_0)/\hbar\}$ 变换到相互作用绘景, 在形式上写出

$$\hat{U}(t,t_0)=\mathrm{e}^{\mathrm{i}\hat{H}_0 t/\hbar}\mathrm{e}^{-\mathrm{i}\hat{H}(t-t_0)/\hbar}\mathrm{e}^{-\mathrm{i}\hat{H}_0 t_0/\hbar}. \tag{11}$$

可以看出, 当 $t=0$ 时, 上式给出本章 §6.1 中的 $\hat{U}(0,t_0)$, 而当 $t=0$ 和 $t_0\to\mp\infty$ 时, 上式给出本章 §6.1 中的 Møller 算符,

$$\hat{U}(0,\mp\infty)=\lim_{t_0\to\mp\infty}\hat{U}(0,t_0).$$

2. S 矩阵的定义

散射算符 我们可以用下述 *散射算符* 来描述散射过程:

$$\hat{S}\equiv\hat{U}(\infty,-\infty)=\lim_{\substack{t\to\infty\\ t_0\to-\infty}}\hat{U}(t,t_0).$$

这样定义的散射算符, 可以用 Møller 波算符表示为

$$\hat{S}=\hat{U}(\infty,0)\hat{U}(0,-\infty)=\hat{U}^\dagger(0,\infty)\hat{U}(0,-\infty).$$

在相互作用绘景中, 态矢量随时间的变化受相互作用支配, 时间发展算符 $\hat{U}(t,t_0)$ 描述系统的态在 t_0 到 t 这一段时间内在相互作用下的发展变化, 散射算符 $\hat{S}=\hat{U}(\infty,-\infty)$ 描述系统的态从入射时 $t_0\to-\infty$ 到出射时 $t\to\infty$ 的时间内在相互作用下的发展变化. 所以, 散射算符包含了系统从入射初态到出射末态的散射过程全部可观测的实际信息. 散射问题的研究, 也就是散射算符的研究.

S 矩阵 我们来求散射算符在散射初态与末态之间的矩阵元. 相互作用绘景中的初态 $|\psi_{\mathrm{I}}(t_0)\rangle$, 在 $t_0\to-\infty$ 时就等于 Schrödinger 绘景中无相互作用自由粒子系统 $t=0$ 时的态 $|\psi_0(0)\rangle$,

$$|\psi_{\mathrm{I}}(t_0)\rangle=\mathrm{e}^{\mathrm{i}\hat{H}_0 t_0/\hbar}|\psi(t_0)\rangle=\mathrm{e}^{-\mathrm{i}\hat{H}_0(0-t_0)/\hbar}|\psi(t_0)\rangle\overset{t_0\to-\infty}{\longrightarrow}|\psi_0(0)\rangle.$$

在波包的动量宽度趋于 0 时, $\Delta\boldsymbol{p}\to0$, 上式趋于动量本征态,

$$|\psi_{\mathrm{I}}(t_0)\rangle\overset{t_0\to-\infty}{\longrightarrow}|\varphi_{\boldsymbol{p}}\rangle.$$

所以, 在相互作用绘景中求散射算符在散射初态与末态之间的矩阵元, 也就是求散射算符在动量表象中的矩阵元 $\langle\varphi_{\boldsymbol{p}}|\hat{S}|\varphi_{\boldsymbol{p}_0}\rangle$. 由于 $\hat{S}=\hat{U}^\dagger(0,\infty)\hat{U}(0,-\infty)$, 而 $\hat{U}(0,\mp\infty)|\varphi_{\boldsymbol{p}}\rangle=|\psi^\pm_{\boldsymbol{p}}\rangle$, 于是我们得到

$$\langle\varphi_{\boldsymbol{p}}|\hat{S}|\varphi_{\boldsymbol{p}_0}\rangle=\langle\varphi_{\boldsymbol{p}}|\hat{U}^\dagger(0,\infty)\hat{U}(0,-\infty)|\varphi_{\boldsymbol{p}_0}\rangle=\langle\psi^-_{\boldsymbol{p}}|\psi^+_{\boldsymbol{p}_0}\rangle. \tag{12}$$

散射算符在动量表象的矩阵元, 等于在射入本征态上测到射出本征态的概率幅. 反之, 在射入本征态上测到射出本征态的概率幅, 等于散射算符在动量表象的矩阵元. 由于这个关系, 我们在习惯上把散射算符称为 *散射矩阵*, 简称 *S 矩阵*.

根据 (12) 式，只要求出了 S 矩阵，就可以从它的矩阵元算出散射问题全部可观测的结果. 而在前面我们已经指出，用迭代法求解关于时间发展算符的积分方程，可以得到 $\hat{U}(t,t_0)$ 依赖于 $\hat{V}_{\rm I}(t)$ 的一个级数表达式. 对 $\hat{U}(t,t_0)$ 取 $t_0\to-\infty$ 和 $t\to\infty$ 的极限，就可以得到 S 矩阵依赖于 $\hat{V}_{\rm I}(t)$ 的一个级数表达式. 于是，在相互作用 $\hat{V}_{\rm I}(t)$ 可以当作微扰，这个级数收敛的情况下，我们就可以求出 S 矩阵，从而获得散射问题的解.

3. S 矩阵的性质

变换性质 首先，如果系统具有转动不变性，Hamilton 算符 $\hat{H}$ 在空间转动下不变，则 S 矩阵具有转动不变性. 其次，如果系统具有时间反演不变性，$\hat{H}$ 与时间反演算符对易，$[\hat{T},\hat{H}]=0$, 则有

$$\hat{T}\hat{S}=\hat{T}\hat{U}(\infty,0)\hat{U}(0,-\infty)=\hat{U}(-\infty,0)\hat{U}(0,\infty)\hat{T},$$

于是有

$$\hat{T}\hat{S}\hat{T}^{-1}=\hat{S}^{\dagger}. \tag{13}$$

我们再来证明，S 矩阵与 $\hat{H}_0$ 对易，$[\hat{H}_0,\hat{S}]=0$. 前面我们已经证明了 (6) 式，由它还有

$$\hat{H}_0\hat{U}(\pm\infty,0)=\hat{U}(\pm\infty,0)\hat{H}.$$

于是我们有

$$\hat{H}_0\hat{S}=\hat{H}_0\hat{U}(\infty,0)\hat{U}(0,-\infty)=\hat{U}(\infty,0)\hat{H}\hat{U}(0,-\infty)=\hat{U}(\infty,0)\hat{U}(0,-\infty)\hat{H}_0.$$

最后,我们来证明 S 矩阵是幺正的. 利用前面 §6.1 中给出的 $\hat{U}^{\dagger}(0,\pm\infty)\hat{U}(0,\pm\infty)=1$ 和 $\hat{U}(0,-\infty)\hat{U}^{\dagger}(0,-\infty)=\hat{U}(0,\infty)\hat{U}^{\dagger}(0,\infty)$, 我们就得到

$$\begin{aligned}\hat{S}^{\dagger}\hat{S}&=\hat{U}(-\infty,0)\hat{U}(0,\infty)\hat{U}(\infty,0)\hat{U}(0,-\infty)\\&=\hat{U}(-\infty,0)\hat{U}(0,-\infty)\hat{U}(-\infty,0)\hat{U}(0,-\infty)=1,\\\hat{S}\hat{S}^{\dagger}&=\hat{U}(\infty,0)\hat{U}(0,-\infty)\hat{U}(-\infty,0)\hat{U}(0,\infty)\\&=\hat{U}(\infty,0)\hat{U}(0,\infty)\hat{U}(\infty,0)\hat{U}(0,\infty)=1.\end{aligned}$$

所以，虽然 Møller 算符不是幺正的，但是由两个 Møller 算符相乘得到的 S 矩阵却是幺正的.

S 矩阵元与散射振幅的关系 经过一些简单的代数运算，可以把 Lippmann-Schwinger 方程 (9) 改写成

$$|\psi_{\boldsymbol{p}}^{+}(\epsilon)\rangle=|\varphi_{\boldsymbol{p}}\rangle+\frac{1}{E_p-\hat{H}+\mathrm{i}\epsilon}\hat{V}|\varphi_{\boldsymbol{p}}\rangle.$$

类似地，可以写出

$$|\psi_{\boldsymbol{p}}^{-}(\epsilon)\rangle=|\varphi_{\boldsymbol{p}}\rangle+\frac{1}{E_p-\hat{H}-\mathrm{i}\epsilon}\hat{V}|\varphi_{\boldsymbol{p}}\rangle.$$

于是，我们有

$$\begin{aligned}|\psi_{\boldsymbol{p}}^{-}(\epsilon)\rangle&=|\psi_{\boldsymbol{p}}^{+}(\epsilon)\rangle+\{|\psi_{\boldsymbol{p}}^{-}(\epsilon)\rangle-|\psi_{\boldsymbol{p}}^{+}(\epsilon)\rangle\}\\&=|\psi_{\boldsymbol{p}}^{+}(\epsilon)\rangle+\Big(\frac{1}{E_p-\hat{H}-\mathrm{i}\epsilon}-\frac{1}{E_p-\hat{H}+\mathrm{i}\epsilon}\Big)\hat{V}|\varphi_{\boldsymbol{p}}\rangle\\&=|\psi_{\boldsymbol{p}}^{+}(\epsilon)\rangle+\mathrm{i}2\pi\delta(E_p-\hat{H})\hat{V}|\varphi_{\boldsymbol{p}}\rangle,\end{aligned}$$

其中用到了公式 (8). 于是我们可以算出

$$\begin{aligned}\langle\varphi_{\boldsymbol{p}}|\hat{S}|\varphi_{\boldsymbol{p}_0}\rangle&=\langle\psi_{\boldsymbol{p}}^{-}|\psi_{\boldsymbol{p}_0}^{+}\rangle=\langle\psi_{\boldsymbol{p}}^{+}|\psi_{\boldsymbol{p}_0}^{+}\rangle-\mathrm{i}2\pi\langle\varphi_{\boldsymbol{p}}|\hat{V}\delta(E_p-\hat{H})|\psi_{\boldsymbol{p}_0}^{+}\rangle\\&=\langle\varphi_{\boldsymbol{p}}|\varphi_{\boldsymbol{p}_0}\rangle-\mathrm{i}2\pi\delta(E_p-E_{p_0})\langle\varphi_{\boldsymbol{p}}|\hat{V}|\psi_{\boldsymbol{p}_0}^{+}\rangle.\end{aligned}$$

从而有

$$\langle\varphi_{\boldsymbol{p}}|\hat{S}-1|\varphi_{\boldsymbol{p}_0}\rangle=-\mathrm{i}2\pi\delta(E_p-E_{p_0})\langle\varphi_{\boldsymbol{p}}|\hat{V}|\psi_{\boldsymbol{p}_0}^{+}\rangle.$$

类似地还可以得到

$$\langle\varphi_{\boldsymbol{p}}|\hat{S}-1|\varphi_{\boldsymbol{p}_0}\rangle=-\mathrm{i}2\pi\delta(E_p-E_{p_0})\langle\psi_{\boldsymbol{p}}^{-}|\hat{V}|\varphi_{\boldsymbol{p}_0}\rangle.$$

代入 (10) 式，最后得到

$$\langle\varphi_{\boldsymbol{p}}|\hat{S}-1|\varphi_{\boldsymbol{p}_0}\rangle=\mathrm{i}\frac{c^2}{2\pi\hbar E}f(\theta,\phi)\delta(E_p-E_{p_0}),\tag{14}$$

其中 (θ,ϕ) 是出射动量 $\boldsymbol{p}$ 相对于入射动量 $\boldsymbol{p}_0$ 的方位角.

互逆定理 从动量算符的时间反演变换 $\hat{T}\hat{\boldsymbol{p}}=-\hat{\boldsymbol{p}}\hat{T}$ 不难看出，动量本征态 $|\varphi_{\boldsymbol{p}}\rangle$ 的时间反演态为 $|\varphi_{-\boldsymbol{p}}\rangle$,

$$|\varphi_{-\boldsymbol{p}}\rangle=\hat{T}|\varphi_{\boldsymbol{p}}\rangle.$$

于是，用时间反演算符 $\hat{T}$ 作用到方程 $|\psi_{\boldsymbol{p}}^{\pm}\rangle=\hat{U}(0,\mp\infty)|\varphi_{\boldsymbol{p}}\rangle$ 上，就有

$$\hat{T}|\psi_{\boldsymbol{p}}^{\pm}\rangle=\hat{T}\hat{U}(0,\mp\infty)|\varphi_{\boldsymbol{p}}\rangle=\hat{U}(0,\pm\infty)\hat{T}|\varphi_{\boldsymbol{p}}\rangle=\hat{U}(0,\pm\infty)|\varphi_{-\boldsymbol{p}}\rangle=|\psi_{-\boldsymbol{p}}^{\mp}\rangle.$$

再利用 S 矩阵的 (12) 式和时间反演态的内积关系 $\{\langle\varphi|\hat{T}^{\dagger}\}\cdot\{\hat{T}|\psi\rangle\}=\langle\psi|\varphi\rangle$, 我们就可以得到

$$\langle\varphi_{\boldsymbol{p}}|\hat{S}|\varphi_{\boldsymbol{p}_0}\rangle=\langle\psi_{\boldsymbol{p}}^{-}|\psi_{\boldsymbol{p}_0}^{+}\rangle=\{\langle\psi_{\boldsymbol{p}_0}^{+}|\hat{T}^{\dagger}\}\cdot\{\hat{T}|\psi_{\boldsymbol{p}}^{-}\rangle\}=\langle\psi_{-\boldsymbol{p}_0}^{-}|\psi_{-\boldsymbol{p}}^{+}\rangle=\langle\varphi_{-\boldsymbol{p}_0}|\hat{S}|\varphi_{-\boldsymbol{p}}\rangle.$$

这个结果称为*互逆定理*或*倒易定理*，它表示互逆的两个过程的概率幅相等:

$$f(\boldsymbol{p},\boldsymbol{p}_0)|_{p=p_0}=f(-\boldsymbol{p}_0,-\boldsymbol{p})|_{p=p_0},$$

其中写法 $f(\boldsymbol{p},\boldsymbol{p}_0)$ 表示散射振幅 f 是 $\boldsymbol{p}$ 相对于 $\boldsymbol{p}_0$ 的方位角的函数. 于是，一个过程有没有时间反演不变性，就可以通过测量这个过程及其逆过程的概率幅来检验 (参阅第三章 §3.6).

§6.4 角动量表象中的 S 矩阵

1. 无自旋的情形

角动量表象 我们可以选择 $(\hat{H}_0, \hat{l}^2, \hat{l}_z)$ 的共同本征态组 $\{|p,l,m\rangle\}$ 作为表象的基矢，p 是与 $\hat{H}_0$ 的本征值 $E(p)$ 相应的自由粒子动量本征值的大小. 我们取正交归一化为

$$\langle mlp|p'l'm'\rangle = \delta(p-p')\delta_{ll'}\delta_{mm'}.$$

在球极坐标表象中，波函数 $\varphi_{plm}(r,\theta,\phi) = \langle \boldsymbol{r}|plm\rangle$ 可以写成分离变量的形式，

$$\varphi_{plm}(r,\theta,\phi) = R(r)\mathrm{Y}_{lm}(\theta,\phi).$$

把它代入 (2) 式的本征值方程

$$-\hbar^2\nabla^2\varphi_{plm}(r,\theta,\phi) = \frac{E^2-m^2c^4}{c^2}\varphi_{plm}(r,\theta,\phi),$$

可以得到确定径向波函数 $R(r)$ 的方程

$$\left[\frac{\mathrm{d}^2}{\mathrm{d}r^2} + \frac{2}{r}\frac{\mathrm{d}}{\mathrm{d}r} + k^2 - \frac{l(l+1)}{r^2}\right]R(r) = 0,$$

其中 k 为波矢量的大小，

$$k = \frac{p}{\hbar} = \sqrt{\frac{E^2-m^2c^4}{\hbar^2c^2}}.$$

于是我们得到

$$R(r) = N_l\mathrm{j}_l(kr),$$

$\mathrm{j}_l(x)$ 是 l 阶球 Bessel 函数，N_l 是归一化常数.

由于散射算符 $\hat{S}$ 与 $(\hat{H}_0, \hat{l}^2, \hat{l}_z)$ 对易，S 矩阵在这个表象中是对角的，

$$\hat{S}|plm\rangle = S_l(p)|plm\rangle.$$

$\hat{S}$ 的本征值 $S_l(p)$ 与量子数 m 无关，这是由于 $\hat{S}$ 具有空间转动不变性.

表象变换 我们来求从角动量表象 $\{|plm\rangle\}$ 到动量表象 $\{|\boldsymbol{p}\rangle\}$ 的变换. 变换矩阵 $\langle\boldsymbol{p}'|plm\rangle$ 也就是在动量表象中的角动量波函数. 为此，我们利用展开式①

$$\mathrm{e}^{\mathrm{i}\boldsymbol{k}\cdot\boldsymbol{r}} = 4\pi\sum_{l=0}^{\infty}\sum_{m=-l}^{l}\mathrm{i}^l\mathrm{j}_l(kr)\mathrm{Y}^*_{lm}(\boldsymbol{e}_k)\mathrm{Y}_{lm}(\boldsymbol{e}_r),$$

---

① A.R. Edmonds, *Angular Momentum in Quantum Mechanics*, Princeton University Press, 1960, p.81; 或王竹溪，郭敦仁，《特殊函数概论》，北京大学出版社，2012 年，结合 5.15 节 (5) 式、7.9 节 (3) 式与 7.13 节 (15) 式.

其中 $\boldsymbol{e}_k$ 与 $\boldsymbol{e}_r$ 分别是 $\boldsymbol{k}$ 与 $\boldsymbol{r}$ 方向的单位矢量. 上式左边正比于 $\langle\boldsymbol{r}|\boldsymbol{p}\rangle$, 这里 $\boldsymbol{p}=\hbar\boldsymbol{k}$. 右边求和号中的 $\mathrm{j}_l(kr)\mathrm{Y}_{lm}(\boldsymbol{e}_r)$ 正比于 $\langle\boldsymbol{r}|plm\rangle$. 于是我们可以写出

$$|\boldsymbol{p}\rangle=\sum_{l=0}^{\infty}\sum_{m=-l}^{l}C\,\mathrm{i}^l\mathrm{Y}_{lm}^*(\boldsymbol{p}/p)|plm\rangle,$$

由它可以给出

$$\langle\boldsymbol{p}|p_0lm\rangle=C^*(-\mathrm{i})^l\mathrm{Y}_{lm}(\boldsymbol{p}/p)\delta(p-p_0).$$

利用正交归一化条件

$$\langle mlp|p'l'm'\rangle=\int\mathrm{d}^3\boldsymbol{p}_0\langle mlp|\boldsymbol{p}_0\rangle\langle\boldsymbol{p}_0|p'l'm'\rangle=\delta(p-p')\delta_{ll'}\delta_{mm'},$$

可以定出

$$C=\frac{1}{p}.$$

散射振幅与 $S_l(p)$ 的关系 利用上述变换矩阵 $\langle\boldsymbol{p}|p_0lm\rangle$, 由 (14) 式可以得到

$$\begin{aligned}f(\boldsymbol{p},\boldsymbol{p}_0)|_{p=p_0}&=-\frac{\mathrm{i}2\pi\hbar E}{c^2}\int\mathrm{d}E_p\langle\varphi_{\boldsymbol{p}}|\hat{S}-1|\varphi_{\boldsymbol{p}_0}\rangle\\&=-\frac{\mathrm{i}2\pi\hbar E}{c^2}\int\mathrm{d}E_p\sum_{l,m}\int\mathrm{d}p'\langle\varphi_{\boldsymbol{p}}|\hat{S}-1|p'lm\rangle\langle mlp'|\varphi_{\boldsymbol{p}_0}\rangle\\&=-\frac{\mathrm{i}2\pi\hbar}{p}\sum_{l,m}[S_l(p)-1]\mathrm{Y}_{lm}(\boldsymbol{p}/p)\mathrm{Y}_{lm}^*(\boldsymbol{p}_0/p_0)\\&=-\frac{\mathrm{i}\hbar}{2p}\sum_{l=0}^{\infty}(2l+1)[S_l(p)-1]\mathrm{P}_l(\cos\theta),\end{aligned}\tag{15}$$

其中 θ 是 $\boldsymbol{p}$ 与 $\boldsymbol{p}_0$ 之间的夹角. 上面最后一个等号用到了球谐函数的加法定理①:

$$\sum_{m=-l}^{l}\mathrm{Y}_{lm}(\boldsymbol{p}/p)\mathrm{Y}_{lm}^*(\boldsymbol{p}_0/p_0)=\frac{2l+1}{4\pi}\mathrm{P}_l(\cos\theta).$$

相移与 $S_l(p)$ 的关系 取 z 轴在入射动量 $\boldsymbol{p}_0$ 方向, 在射出本征态 $\psi_{\boldsymbol{p}_0}^+(\boldsymbol{r})$ 的渐近式

$$\psi_{\boldsymbol{p}_0}^+(\boldsymbol{r})\xrightarrow{r\to\infty}\frac{1}{(2\pi\hbar)^{3/2}}\left[\mathrm{e}^{\mathrm{i}\boldsymbol{p}_0\cdot\boldsymbol{r}/\hbar}+f(\theta)\frac{\mathrm{e}^{\mathrm{i}kr}}{r}\right]$$

中代入上述 $f(\theta)$ 的公式 (15), 以及平面波的下述展开式②

$$\mathrm{e}^{\mathrm{i}\boldsymbol{p}_0\cdot\boldsymbol{r}/\hbar}=\mathrm{e}^{\mathrm{i}kr\cos\theta}=\sum_{l=0}^{\infty}(2l+1)\mathrm{i}^l\mathrm{j}_l(kr)\mathrm{P}_l(\cos\theta)$$

① 王竹溪, 郭敦仁, 《特殊函数概论》, 北京大学出版社, 2012 年, 5.15 节 (5) 式.

② 吴崇试, 《数学物理方法》第二版, 北京大学出版社, 2003 年, 270 页.

和其中球 Bessel 函数 $\mathrm{j}_l(kr)$ 的渐近式[①]

$$\mathrm{j}_l(kr) \xrightarrow{kr\to\infty} \frac{1}{\mathrm{i}2kr}\left[\mathrm{e}^{\mathrm{i}(kr-l\pi/2)} - \mathrm{e}^{-\mathrm{i}(kr-l\pi/2)}\right],$$

我们可以得到

$$\frac{1}{(2\pi\hbar)^{3/2}}\,\mathrm{e}^{\mathrm{i}\boldsymbol{p}_0\cdot\boldsymbol{r}/\hbar} \xrightarrow{r\to\infty} \frac{1}{(2\pi\hbar)^{3/2}}\sum_{l=0}^{\infty}(2l+1)\mathrm{i}^l\frac{1}{\mathrm{i}2kr}\left[\mathrm{e}^{\mathrm{i}(kr-l\pi/2)} - \mathrm{e}^{-\mathrm{i}(kr-l\pi/2)}\right]\mathrm{P}_l(\cos\theta),$$

$$\psi^+_{\boldsymbol{p}_0}(\boldsymbol{r}) \xrightarrow{r\to\infty} \frac{1}{(2\pi\hbar)^{3/2}}\sum_{l=0}^{\infty}(2l+1)\mathrm{i}^l\frac{1}{\mathrm{i}2kr}\left[S_l(p)\mathrm{e}^{\mathrm{i}(kr-l\pi/2)} - \mathrm{e}^{-\mathrm{i}(kr-l\pi/2)}\right]\mathrm{P}_l(\cos\theta).$$

比较上述二式可以看出，如果把 S 矩阵元 $S_l(p)$ 写成

$$S_l(p) = \mathrm{e}^{\mathrm{i}2\delta_l(p)},$$

则 $\delta_l(p)$ 表示因为散射引起的 l 分波的相移. 由 $\hat{S}$ 的幺正性，保证了相移 $\delta_l(p)$ 是实数. 相移 $\delta_l(p)$ 的大小是由引起散射的相互作用 $\hat{V}$ 确定的. 无相互作用时，由 (11) 式可以看出 $\hat{S}=1$, 从而 $S_l(p)=1$, $\delta_l(p)=0$, 没有相移. 从 (15) 式可以看出，当 $S_l(p)=1$ 时，$f(\theta)=0$, 没有散射，射出本征态成为平面波. 矩阵元 $S_l(p)$ 异于 1 的程度取决于相互作用 $\hat{V}$ 的大小. 对于短程势，$l\leqslant l_{\max}$, 而 $l_{\max}$ 依赖于入射能量 E_p. 低能时，$l_{\max}$ 很小，只有很低的分波有贡献.

2. 有自旋的情形

角动量表象 对于有自旋的情形，如果相互作用 $\hat{V}$ 与粒子自旋无关，系统的轨道角动量和自旋角动量分别守恒，上一小节的结果仍然适用. 当相互作用 $\hat{V}$ 与粒子自旋有关时，一般地说系统的轨道角动量和自旋角动量不再守恒，需要考虑由它们耦合成的总角动量. 如果系统具有球对称性，在空间转动下不变，则系统的总角动量 $\hat{J}$ 及其投影 $\hat{J}_z$ 是守恒量，可以用 $(\hat{H}_0, \hat{J}^2, \hat{J}_z)$ 的共同本征态组 $\{|p,j,m\rangle\}$ 做表象的基矢，注意这里 m 是 $\hat{J}_z$ 的量子数，不是上一小节的 $\hat{l}_z$ 的量子数.

设系统的轨道角动量量子数为 (l,m_l), 入射粒子与靶粒子的总自旋角动量量子数为 (s,m_s). 注意这里的 m_l 是上一小节的 m. 我们可以用 $(\hat{H}_0,\hat{l}^2,\hat{l}_z,\hat{s}^2,\hat{s}_z)$ 的共同本征态 $|plm_lsm_s\rangle$ 耦合成 $(\hat{H}_0,\hat{l}^2,\hat{s}^2,\hat{J}^2,\hat{J}_z)$ 的共同本征态 $|plsjm\rangle$,

$$|plsjm\rangle = \sum_{m_l,m_s}|plm_lsm_s\rangle\langle m_sm_l|lsjm\rangle,$$

其中 $\langle m_sm_l|lsjm\rangle = \langle m_ssm_llp|plsjm\rangle$ 为 CG 系数. 取归一化为

$$\langle mjslp|p'l's'j'm'\rangle = \delta(p-p')\delta_{ll'}\delta_{ss'}\delta_{jj'}\delta_{mm'}.$$

---

① 王竹溪，郭敦仁，《特殊函数概论》，北京大学出版社，2012 年，7.10 节 (5) 式.

由于 $\hat{S}$ 只与 $(\hat{H}_0, \hat{J}^2, \hat{J}_z)$ 对易，一般不与 $\hat{\boldsymbol{l}}$ 和 $\hat{\boldsymbol{s}}$ 对易， S 矩阵可以写成

$$\langle mjslp|\hat{S}|p_0l_0s_0j_0m_0\rangle = S^j_{ls,l_0s_0}(p)\delta(p-p_0)\delta_{jj_0}\delta_{mm_0},$$

亦即 $\hat{S}$ 只作用于 (p,j,m) 一定的子空间 (l,s). 注意上述写法包括了 $\hat{V}$ 是非中心力的情形，这时 $\hat{\boldsymbol{l}}$ 不守恒， l 不是对角指标，可以有 $l \neq l_0$ 的矩阵元 $S^j_{ls,l_0s_0}(p)$. 如果系统的 $\hat{H}$ 有空间反射不变性，宇称守恒，则只有 $\Delta l = l - l_0 =$ 偶数时，矩阵元 $S^j_{ls,l_0s_0}(p)$ 才不为 0.

散射振幅与 $S^j_{ls,l_0s_0}(p)$ 的关系 考虑自旋后，可以得到与 (14) 式类似的

$$\langle m_s s\boldsymbol{p}|\hat{S}-1|\boldsymbol{p}_0 s_0 m_{s_0}\rangle = \mathrm{i}\frac{c^2}{2\pi\hbar E} f_{sm_s,s_0m_{s_0}}(\theta,\phi)\delta(E_p - E_{p_0}),$$

其中

$$f_{sm_s,s_0m_{s_0}}(\theta,\phi) = -\frac{4\pi^2\hbar E}{c^2}\langle m_s s\boldsymbol{p}|\hat{V}|\psi^+_{\boldsymbol{p}_0s_0m_{s_0}}\rangle_{p=p_0}.$$

用从 $|plsjm\rangle$ 到 $|\boldsymbol{p}sm_s\rangle$ 的表象变换

$$\begin{aligned}|\boldsymbol{p}sm_s\rangle &= \frac{1}{p}\sum_{l,m_l}\mathrm{i}^l \mathrm{Y}^*_{lm_l}(\boldsymbol{p}/p)|plm_lsm_s\rangle \\ &= \frac{1}{p}\sum_{l,m_l}\sum_{j,m}\mathrm{i}^l \mathrm{Y}^*_{lm_l}(\boldsymbol{p}/p)\langle mjsl|m_lm_s\rangle|plsjm\rangle,\end{aligned}$$

取 z 轴在入射动量 $\boldsymbol{p}_0$ 方向，与无自旋的情形类似地可以得到

$$\begin{aligned}f_{sm_s,s_0m_{s_0}}(\theta,\phi) = -\frac{\mathrm{i}\sqrt{\pi}\hbar}{p}&\sum_{j,m,l_0,l,m_l}\mathrm{i}^{l_0-l}\sqrt{2l_0+1}\langle m_sm_l|lsjm\rangle \\ &\times\langle mjs_0l_0|0m_{s_0}\rangle[S^j_{ls,l_0s_0}(p) - \delta_{ll_0}\delta_{ss_0}]\mathrm{Y}_{lm_l}(\theta,\phi).\end{aligned} \tag{16}$$

射出本征态 $\psi^+_{\boldsymbol{p}_0s_0m_{s_0}}(\boldsymbol{r})$ 的渐近式可以写成

$$\psi^+_{\boldsymbol{p}_0s_0m_{s_0}}(\boldsymbol{r}) \xrightarrow{r\to\infty} \frac{1}{(2\pi\hbar)^{3/2}}\Big[\mathrm{e}^{\mathrm{i}\boldsymbol{p}_0\cdot\boldsymbol{r}/\hbar}\chi_{s_0m_{s_0}} + \sum_{s,m_s} f_{sm_s,s_0m_{s_0}}(\theta,\phi)\chi_{sm_s}\frac{\mathrm{e}^{\mathrm{i}kr}}{r}\Big],$$

其中 χ_{sm_s} 是在自旋表象的自旋波函数. 与无自旋的情形类似地，把上述散射振幅的表达式 (16) 代入上式，就可以讨论 S 矩阵元 $S^j_{ls,l_0s_0}(p)$ 对于 $(lsjm)$ 分波中球面散射波的影响，我们这里就不具体写出.

测不准 与 *不知道* 这两个概念的区别与联系，是整个量子力学的关键.

—— W. Pauli

《波动力学》， 1933

第七章　全同粒子体系

§7.1　Fock 空间

1.　一般性讨论

全同粒子体系　我们在本章讨论由大量全同粒子组成的系统，简称 *全同粒子体系*. 我们可以按照通常量子力学处理多粒子体系的做法，先考虑全同粒子体系中每个粒子的自由度，系统的态矢量依赖于每个粒子的所有独立相容观测量. 然后，再考虑全同粒子体系的交换对称性. 由于粒子不可分辨，我们要对系统的态矢量附加上完全对称化或完全反对称化的限制，从所得到的各种态矢量中组合出符合完全对称化或完全反对称化的来，就像我们在第三章 §3.7 中讨论过的那样.

这种做法，相当于先考虑一个维数大得多的态矢量空间，然后再从中选择具有完全对称性或完全反对称性的子空间. 在粒子数 N 不太大时，这样做并不困难，比如两个全同粒子的散射，原子中的电子体系，等等. 但是，如果粒子数 N 很大，比如金属中的电子体系，这样做就很不方便，甚至不现实. 对于这种情况，我们应当在考虑全同粒子交换对称性的基础上，一开始就把讨论限制在满足这种对称性的子空间. 这就是本节要讨论的 Fock 空间，又称 *粒子数空间*. 对于粒子总数 N 一定的情形，粒子数空间与上述做法的结果相同. 不过，粒子数空间不受粒子数多少的限制，而且，不仅能处理粒子数确定的情形，还可以运用于粒子数可变的情形.

为了得到粒子数空间，可以采取不同的做法. 可以先考虑每个粒子的自由度，然后再给态矢量加上完全对称化或完全反对称化的限制，最后得到只依赖于粒子数而与个别粒子自由度无关的粒子数空间. 也可以直接在单粒子态的基础上来建立粒子数空间. 我们将采取后一种做法. 在进入具体理论形式的讨论之前，我们先从物理上一般地分析一下全同粒子体系的特点.

全同粒子体系的特点 作为多粒子系统，全同粒子体系是一个多自由度系统，具有比单粒子系统要多得多的物理观测量. 与一般多粒子系统不同的是，全同粒子体系具有交换任意两个粒子的不变性，全同粒子是不可分辨的. 我们不可能分辨是哪个粒子的坐标，是哪个粒子的动量，或者是哪个粒子的自旋，是哪个粒子的能量. 所以，*个别粒子的自由度并不是独立的物理观测量，全同粒子体系的物理观测量反映了全同粒子体系的集体性质和全同粒子之间的关联.* 这是全同粒子体系不同于一般多粒子系统的第一个特点.

另一方面，在一个单粒子态上的全同粒子数是全同粒子体系的物理观测量. 实验能够测量在空间某一区域有几个全同粒子，或者动量在某一范围的全同粒子数有多少，自旋投影等于某一值的全同粒子数有多少，处于某一单粒子能级的全同粒子有多少，等等. *粒子数是物理观测量*，这是全同粒子体系不同于一般多粒子系统的第二个特点.

一般地说，一个系统的自由度数，也就是系统的独立相容观测量数. 例如一个无自旋粒子有 3 个自由度，这个系统的独立相容观测量有 3 个，他们可以是粒子的空间坐标 $(\hat{x},\hat{y},\hat{z})$，或者是粒子的动量 $(\hat{p}_x,\hat{p}_y,\hat{p}_z)$，也可以是粒子的能量与轨道角动量大小及其投影 $(\hat{H},\hat{l}^2,\hat{l}_z)$，等等. 对于一个有自旋的粒子，则有 4 个自由度，除了上述 3 个自由度以外，还要加上粒子自旋，系统的独立相容观测量有 4 个，除了上述相容观测量外，还要加上粒子自旋的投影 $\hat{s}_z$.

对于多粒子系统，它的自由度数一般等于每个粒子的自由度数之和，系统的独立相容观测量数等于系统的总自由度数. 全同粒子体系不同. 全同粒子体系的独立相容观测量数，取决于实验测量所选择的单粒子态的性质. 如果我们选取坐标本征态作为单粒子态，则在空间每一点的全同粒子数都是独立的相容观测量，系统的独立相容观测量数是无限大. 如果我们选取单粒子的束缚态能级作为单粒子态，系统的独立相容观测量数等于单粒子束缚态能级数，它就可能是一个有限和确定的数. *全同粒子体系的独立相容观测量数一般都大于它的自由度数，甚至可能是无限大.* 这是全同粒子体系不同于一般多粒子系统的第三个特点.

最后，多粒子系统的粒子数一般都是给定的模型参数，它在理论中是固定不变的. 全同粒子体系不同. 如果用一般多粒子量子力学的理论方法来处理全同粒子体系，只是对系统的态矢量加上完全对称化或完全反对称化的约束，则粒子数也是给定的模型参数，在理论中是固定不变的. 但是，如果用本节将要讨论的粒子数空间来处理全同粒子体系，则*全同粒子体系的总粒子数在理论中不是由模型给定的参数，而是作为一个观测量的本征值，并不必须是固定不变的.*

为了使系统的态具有确定的粒子数，我们需要把总粒子数具有确定本征值这一点作为一个附加约束条件加给系统的态矢量．这是全同粒子体系不同于一般多粒子系统的第四个特点．

鉴于上述特点，全同粒子体系的量子力学具有一些不同于一般多自由度系统量子力学的性质．特别是由于上述第三和第四个特点，全同粒子体系的量子力学更接近于具有无限自由度的场的量子力学，亦即量子场论．我们将在本章最后一节来讨论这个问题．

全同粒子体系的 Hamilton 算符和单粒子态 我们可以把全同粒子体系的模型 Hamilton 算符写成

$$\hat{H} = \hat{H}_0 + \hat{V} = \sum_{i=1}^{N} \hat{h}(i) + \sum_{i>j=1}^{N} \hat{v}(i,j). \tag{1}$$

其中

$$\hat{H}_0 = \sum_{i=1}^{N} \hat{h}(i), \tag{2}$$

$$\hat{V} = \sum_{i>j=1}^{N} \hat{v}(i,j). \tag{3}$$

$\hat{h}(i)$ 是 *单粒子* Hamilton 算符，只依赖于第 i 个粒子的观测量，其形式对于所有的粒子都相同．$\hat{v}(i,j)$ 是 *两体相互作用能*，描述第 i 个粒子与第 j 个粒子之间的相互作用，只依赖于这两个粒子的量，与其他粒子无关，其形式对于所有的粒子对都相同，在粒子指标 i 与 j 的交换下不变，

$$\hat{v}(i,j) = \hat{v}(j,i).$$

N 是总粒子数．在原则上，对于包含 *多体相互作用* 的模型也可以同样地处理．这只增加麻烦．为了阐明基本的原理和方法，我们在这里只考虑有两体相互作用的模型．显然，这个模型 Hamilton 算符对于交换任意两个粒子的指标是不变的，满足粒子全同性原理的要求．

对于没有相互作用的系统，$\hat{V}=0$, Hamilton 算符成为 (2) 式的 $\hat{H}_0$. 考虑单粒子 Hamilton 算符 $\hat{h}$ 的本征态 $|\varphi_n\rangle$,

$$\hat{h}|\varphi_n\rangle = \varepsilon_n|\varphi_n\rangle,$$

其中 n 是标志单粒子态的指标，ε_n 是这个单粒子态的能量本征值．显然，由于粒子之间没有相互作用，N 个粒子在这组单粒子态 $\{|\varphi_n\rangle\}$ 中的一个分布 $\{N_n\}$，给出全同粒子体系的一个能量本征态 $|\psi\rangle$，而这些单粒子能量本征值之和给出这

个能量本征态的本征值 E,

$$\hat{H}_0|\psi\rangle = E|\psi\rangle,$$
$$|\psi\rangle = |N_1N_2\cdots\rangle,$$
$$E = \sum_n N_n\varepsilon_n,$$

其中 N_n 是在单粒子态 $|\varphi_n\rangle$ 上的粒子数. 我们有

$$N = \sum_n N_n,$$

分布在各个单粒子态上的粒子数之和, 应等于体系的总粒子数.

2. 粒子数空间

空间的基矢 我们只是为了有一个具体的图像, 才考虑单粒子 Hamilton 算符的本征态组 $\{|\varphi_n\rangle\}$. 其实, 在原则上, 任何一个单粒子态的完备组都可以用来构造全同粒子体系的态矢量空间, 不必限制于单粒子 Hamilton 算符的本征态组. 所以, 我们以下的讨论, 除非特别指出, 都不限制 $\{|\varphi_n\rangle\}$ 为单粒子 Hamilton 算符的本征态组, 只一般地假设它是单粒子态的一个正交归一化完备组,

$$\langle\varphi_m|\varphi_n\rangle = \delta_{mn}.$$

全同粒子在这组单粒子态中的一个分布, 给出了全同粒子体系的一个本征态 $|N_1N_2\cdots\rangle$, 它用粒子在单粒子态 $\{|\varphi_n\rangle\}$ 中分布的数组 $\{N_n\}$ 来标志. 这个全同粒子体系的本征态组 $\{|N_1N_2\cdots\rangle\}$ 可以用来作为态矢量空间的基矢. 本征值 N_n 对于 Bose 子可以是 0 和正整数,

$$N_n = 0, 1, 2, \cdots,$$

对于 Fermi 子只能取 0 或 1,

$$N_n = 0, 1,$$

而体系的总粒子数

$$N = \sum_n N_n. \tag{4}$$

$N = 0$ 的态称为全同粒子体系的 *真空态*, 记为

$$|0\rangle = |000\cdots\rangle.$$

$N = 1$ 的态称为体系的 *单粒子态*, 例如

$$|100\cdots\rangle, \qquad |010\cdots\rangle, \qquad |001\cdots\rangle, \qquad \cdots.$$

$N=2$ 的态称为体系的 *双粒子态*, 对于 Bose 子体系有

$$|110\cdots\rangle, \qquad |200\cdots\rangle, \qquad |101\cdots\rangle, \qquad \cdots,$$

对于 Fermi 子体系有

$$|110\cdots\rangle, \qquad |101\cdots\rangle, \qquad |011\cdots\rangle, \qquad \cdots,$$

等等.

根据第一章 §1.3 中的讨论，本征态组 $\{|N_1N_2\cdots\rangle\}$ 具有正交归一化关系

$$\langle\cdots N_2{}'N_1{}'|N_1N_2\cdots\rangle=\delta_{N_1N_1{}'}\delta_{N_2N_2{}'}\cdots,$$

和完备性

$$\sum_{\{N_n\}}|N_1N_2\cdots\rangle\langle\cdots N_2N_1|=1,$$

可以用作态矢量空间的表象的基矢. 全同粒子体系的态矢量 $|\psi\rangle$ 可以用这组基矢展开成

$$|\psi\rangle=\sum_{\{N_n\}}\psi(N_1N_2\cdots)|N_1N_2\cdots\rangle,$$

其中

$$\psi(N_1N_2\cdots)=\langle\cdots N_2N_1|\psi\rangle$$

就是全同粒子体系的态在这个表象中的波函数.

本征态组 $\{|N_1N_2\cdots\rangle\}$ 所张的空间，称为 *Fock 空间* 或 *粒子数空间*, 它所给出的表象则称为 *Fock 表象* 或 *粒子数表象*. 粒子数空间或粒子数表象是在理论上系统地处理全同粒子体系的一个恰当的出发点.

如果体系的总粒子数 N 是给定的, 则对本征值 $\{N_n\}$ 有限制 (4) 式. 这时, 我们只用到整个粒子数空间中具有确定粒子数 N 的一个子空间. 而粒子数空间本身, 则是包含了各种粒子数的无限维空间. 相应地，粒子数表象是一个无限维表象.

像任何量子力学问题一样，我们既可以在态矢量空间中讨论，也可以在一个表象中讨论. 现在的情形，我们既可以在粒子数空间中讨论，也可以在粒子数表象中讨论. 我们的讨论将在粒子数空间中进行，只涉及基矢 $|N_1N_2\cdots\rangle$ 及态矢量 $|\psi\rangle$, 而不涉及波函数 $\psi(N_1N_2\cdots)$.

粒子数算符 $\hat{N}_n$ 我们在第一章 §1.3 中曾经给出一个普遍公式：如果 $\{|l_n\rangle\}$ 是某一实验测量的本征态的正交归一化完备组，l_n 是可以由测量确定的标志这个本征态的指标，则这个完备组对应于一个观测量，它的算符 $\hat{L}$ 可以表示成

$$\hat{L}=\sum_n|l_n\rangle l_n\langle l_n|.$$

我们现在来考虑全同粒子体系的本征态组 $\{|N_1N_2\cdots\rangle\}$, 标志本征态的指标是粒子在单粒子态 $\{|\varphi_n\rangle\}$ 中分布的数组 $\{N_n\}$. 运用这个公式，我们就可以把在单粒子态 $|\varphi_n\rangle$ 上测到的粒子数算符 $\hat{N}_n$ 写成

$$\hat{N}_n = \sum_{\{N_m\}} N_n|N_1N_2\cdots N_n\cdots\rangle\langle\cdots N_n\cdots N_2N_1|.$$

它有本征值方程

$$\hat{N}_n|N_1N_2\cdots N_n\cdots\rangle = N_n|N_1N_2\cdots N_n\cdots\rangle.$$

此外，由于本征值 N_n 是实数，所以 $\hat{N}_n$ 是厄米算符，

$$\hat{N}_n^\dagger = \hat{N}_n.$$

不同单粒子态上的粒子数算符互相对易，

$$[\hat{N}_m, \hat{N}_n] = 0.$$

不同单粒子态上的粒子数算符，是全同粒子体系的独立的相容观测量，相当于全同粒子体系的不同的自由度.

这样引入的观测量组 $\{\hat{N}_n\}$, 构成了全同粒子体系的一个观测量完全集，它定义于一定的单粒子本征态组. 对于不同的单粒子本征态组，我们有全同粒子体系的不同的观测量完全集，粒子数空间具有不同的物理含义. *在这个意义上，粒子数空间本身就是一种表象.*

产生和湮灭算符 可以看出，在粒子数空间中，全同粒子体系的态的变化，表现为粒子在不同单粒子态之间的 *转移* 或 *跃迁*. 粒子从一个单粒子初态 $|\varphi_m\rangle$ 转移或跃迁到另一个单粒子末态 $|\varphi_n\rangle$, 相当于在初态湮灭一个粒子而在末态产生一个粒子. 所以，为了描写粒子在不同单粒子态之间的这种转移或跃迁，我们还需要引入描写粒子在一个单粒子态上产生和湮灭的算符. 对于 Bose 子体系和 Fermi 子体系，态矢量 $|N_1N_2\cdots\rangle$ 的性质不同，相应的产生和湮灭算符的性质和形式也就不同. 下面我们就分别进行讨论.

§7.2 Bose 子体系

1. Bose 子体系的产生和湮灭算符

定义 由于 Bose 子体系中处于一个单粒子态 $|\varphi_n\rangle$ 上的粒子数可以是 0 和任意正整数， $N_n = 0, 1, 2, \cdots$, Bose 子体系的粒子数空间在数学结构上与第二章 §2.4 讨论的居位数表象的空间完全一样，粒子数空间中的粒子数算符相当于居位数表象空间中的居位数算符，粒子数空间中的产生和湮灭算符相当于居位数

表象空间中的升位和降位算符. 于是, 仿照着居位数表象空间中的升位和降位算符, 我们可以定义粒子数空间中在单粒子态 $|\varphi_n\rangle$ 上的 *产生算符* $\hat{a}_n^\dagger$ 和 *湮灭算符* $\hat{a}_n$ 分别为

$$\hat{a}_n^\dagger = \sum_{\{N_m\}} \sqrt{N_n+1}|N_1N_2\cdots(N_n+1)\cdots\rangle\langle\cdots N_n\cdots N_2N_1|,$$

$$\hat{a}_n = \sum_{\{N_m\}} \sqrt{N_n}|N_1N_2\cdots(N_n-1)\cdots\rangle\langle\cdots N_n\cdots N_2N_1|,$$

不难看出, 它们是互为厄米共轭的. 用它们作用到基矢 $|N_1\cdots N_n\cdots\rangle$, 有

$$\begin{aligned}\hat{a}_n^\dagger|N_1\cdots N_n\cdots\rangle &= \sum_{\{N_m{}'\}} \sqrt{N_n{}'+1}|N_1{}'\cdots(N_n{}'+1)\cdots\rangle \\ &\quad\times\langle\cdots N_n{}'\cdots N_1{}'|N_1\cdots N_n\cdots\rangle \\ &= \sqrt{N_n+1}|N_1\cdots(N_n+1)\cdots\rangle, \\ \hat{a}_n|N_1\cdots N_n\cdots\rangle &= \sum_{\{N_m{}'\}} \sqrt{N_n{}'}|N_1{}'\cdots(N_n{}'-1)\cdots\rangle \\ &\quad\times\langle\cdots N_n{}'\cdots N_1{}'|N_1\cdots N_n\cdots\rangle \\ &= \sqrt{N_n}|N_1\cdots(N_n-1)\cdots\rangle.\end{aligned}$$

用单粒子态 $|\varphi_n\rangle$ 上的产生或湮灭算符作用于本征态 $|N_1\cdots N_n\cdots\rangle$ 的结果, 使这个单粒子态上的粒子数增加或减少 1.

性质 首先, 容易证明 $\hat{a}_n^\dagger\hat{a}_n$ 就是粒子数算符 $\hat{N}_n$:

$$\begin{aligned}\hat{a}_n^\dagger\hat{a}_n &= \sum_{\{N_m\}} \sqrt{N_n+1}|N_1N_2\cdots(N_n+1)\cdots\rangle\langle\cdots N_n\cdots N_2N_1| \\ &\quad\times\sum_{\{N_m{}'\}} \sqrt{N_n{}'}|N_1{}'N_2{}'\cdots(N_n{}'-1)\cdots\rangle\langle\cdots N_n{}'\cdots N_2{}'N_1{}'| \\ &= \sum_{\{N_m\}} N_n|N_1N_2\cdots N_n\cdots\rangle\langle\cdots N_n\cdots N_2N_1| = \hat{N}_n.\end{aligned}$$

其次, 同样地可以证明产生和湮灭算符具有下列基本对易关系:

$$[\hat{a}_m,\hat{a}_n]=0,\qquad [\hat{a}_m^\dagger,\hat{a}_n^\dagger]=0,\qquad [\hat{a}_m,\hat{a}_n^\dagger]=\delta_{mn}. \tag{5}$$

根据这一组基本对易关系, 还可以推出在第二章 §2.4 中给出的其他对易关系. 特别是, 可以推出粒子数算符 $\hat{N}_n=\hat{a}_n^\dagger\hat{a}_n$ 的本征值可以是 0 和任意正整数,

$$\hat{N}_n|N_1N_2\cdots N_n\cdots\rangle = N_n|N_1N_2\cdots N_n\cdots\rangle,\qquad N_n=0,1,2,\cdots.$$

第三，粒子数表象的正交归一化基矢 $|N_1N_2\cdots\rangle$ 可以用产生算符表示为

$$|N_1N_2\cdots\rangle = \frac{(\hat{a}_1^\dagger)^{N_1}}{\sqrt{N_1!}}\frac{(\hat{a}_2^\dagger)^{N_2}}{\sqrt{N_2!}}\cdots|0\rangle.$$

特别是，只在 $|\varphi_n\rangle$ 态上有一个粒子的单粒子态可以写成

$$|\varphi_n\rangle = \hat{a}_n^\dagger|0\rangle.$$

可以看出，由于不同单粒子态的算符互相对易，系统的态矢量 $|N_1N_2\cdots\rangle$ 对于任意两个粒子的交换是对称的. 例如，对于在两个不同单粒子态 $|\varphi_m\rangle$ 与 $|\varphi_n\rangle$ 上各有 1 个粒子的双粒子态

$$|\varphi_m\varphi_n\rangle = \hat{a}_m^\dagger\hat{a}_n^\dagger|0\rangle,$$

我们有

$$|\varphi_n\varphi_m\rangle = \hat{a}_n^\dagger\hat{a}_m^\dagger|0\rangle = \hat{a}_m^\dagger\hat{a}_n^\dagger|0\rangle = |\varphi_m\varphi_n\rangle.$$

产生和湮灭算符的对易关系 (5) 自动地保证了上述用产生算符表示的态矢量具有 Bose 子体系的性质：粒子数算符 $\hat{N}_n = \hat{a}_n^\dagger\hat{a}_n$ 的本征值可以是 0 和任意正整数，在一个单粒子态上能够填充的粒子数不受任何限制；体系的态矢量对于任意两个粒子的交换是对称的.

2. 基矢的变换

单粒子态的变换 上一节已经指出，全同粒子体系的粒子数空间是定义于一定的单粒子本征态组的，对于不同的单粒子本征态组，粒子数空间具有不同的物理含义. 上面讨论的粒子数空间定义于单粒子本征态组 $\{|\varphi_n\rangle\}$，它是正交归一化和完备的，在单粒子态 $|\varphi_n\rangle$ 上的产生和湮灭算符分别为 $\hat{a}_n^\dagger$ 和 $\hat{a}_n$. 我们现在来讨论从这个单粒子本征态组到另一个单粒子本征态组的变换.

设有另一个单粒子本征态组 $\{|\phi_n\rangle\}$，它是正交归一化和完备的，

$$\langle\phi_m|\phi_n\rangle = \delta_{mn},$$

$$\sum_n |\phi_n\rangle\langle\phi_n| = 1.$$

从 $\{|\varphi_n\rangle\}$ 到 $\{|\phi_n\rangle\}$ 的单粒子态的变换为

$$|\phi_n\rangle = \sum_m |\varphi_m\rangle\langle\varphi_m|\phi_n\rangle,$$

其中 $\langle\varphi_m|\phi_n\rangle$ 是相应的变换矩阵.

算符的变换 若把在单粒子态 $|\phi_n\rangle$ 上的产生和湮灭算符记为 $\hat{b}_n^\dagger$ 和 $\hat{b}_n$，则

$|\phi_n\rangle = \hat{b}_n^\dagger|0\rangle$, 上式可以改写成

$$\hat{b}_n^\dagger|0\rangle = \sum_m \hat{a}_m^\dagger|0\rangle\langle\varphi_m|\phi_n\rangle,$$

从而我们得到产生算符的变换

$$\hat{b}_n^\dagger = \sum_m \hat{a}_m^\dagger\langle\varphi_m|\phi_n\rangle.$$

它的厄米共轭给出湮灭算符的变换

$$\hat{b}_n = \sum_m \hat{a}_m\langle\phi_n|\varphi_m\rangle.$$

运用上述变换关系和 $\hat{a}_m^\dagger$ 与 $\hat{a}_n$ 的对易关系 (5), 我们可以得到 $\hat{b}_m^\dagger$ 与 $\hat{b}_n$ 的下列对易关系

$$[\hat{b}_m, \hat{b}_n] = 0, \qquad [\hat{b}_m^\dagger, \hat{b}_n^\dagger] = 0, \qquad [\hat{b}_m^\dagger, \hat{b}_n] = \delta_{mn},$$

以及粒子数算符的关系

$$\sum_n \hat{b}_n^\dagger\hat{b}_n = \sum_n \hat{a}_n^\dagger\hat{a}_n = \hat{N}.$$

3. 单体和两体算符

单体算符 我们来考虑像 (2) 式的 $\hat{H}_0$ 这种类型的算符, 把它一般地写成

$$\hat{F} = \sum_{i=1}^N \hat{f}(i),$$

其中*单粒子算符* $\hat{f}(i)$ 只依赖于第 i 个粒子的观测量, 其形式对所有的粒子都相同. 假设 $|\phi_n\rangle$ 是 $\hat{f}$ 的本征态, 有本征值方程

$$\hat{f}|\phi_n\rangle = f_n|\phi_n\rangle,$$

其中 f_n 是 $\hat{f}$ 在本征态 $|\phi_n\rangle$ 的本征值. 于是, 在定义于单粒子态组 $\{|\phi_n\rangle\}$ 的粒子数空间中, 基矢 $|N_1\cdots N_n\cdots\rangle$ 是单体算符 $\hat{F}$ 的本征态, 具有本征值 $\sum_n N_n f_n$, 我们有

$$\hat{F}|N_1N_2\cdots\rangle = \sum_{i=1}^N \hat{f}(i)|N_1N_2\cdots\rangle = \sum_n N_n f_n|N_1N_2\cdots\rangle = \sum_n f_n\hat{N}_n|N_1N_2\cdots\rangle.$$

由于 $\{|N_1N_2\cdots\rangle\}$ 是完备组, 所以

$$\hat{F} = \sum_n f_n\hat{N}_n = \sum_n f_n\hat{b}_n^\dagger\hat{b}_n.$$

把上式变换到定义于单粒子态组 $\{|\varphi_n\rangle\}$ 的粒子数空间, 我们就得到

$$\hat{F} = \sum_{n,m,m'} f_n\hat{a}_m^\dagger\langle\varphi_m|\phi_n\rangle\hat{a}_{m'}\langle\phi_n|\varphi_{m'}\rangle = \sum_{m,m'}\langle\varphi_m|\hat{f}|\varphi_{m'}\rangle\hat{a}_m^\dagger\hat{a}_{m'}.$$

特别是，总粒子数算符为

$$\hat{N} = \sum_{i=1}^{N} 1 = \sum_{n} \hat{a}_n^{\dagger} \hat{a}_n.$$

两体算符 我们再来考虑像 (3) 式的 $\hat{V}$ 这种类型的算符，把它一般地写成

$$\hat{G} = \sum_{i>j=1}^{N} \hat{g}(i,j) = \frac{1}{2}\sum_{i\neq j}^{N} \hat{g}(i,j),$$

其中 *双粒子算符* $\hat{g}(i,j)$ 只依赖于第 i 和第 j 个粒子的量，与其他粒子无关，其形式对于所有的粒子对都相同，在粒子指标 i 与 j 的交换下不变. 先考虑下列特殊情况：

$$\hat{g}(i,j) = \hat{u}(i)\hat{v}(j) + \hat{u}(j)\hat{v}(i),$$

上述写法已经保证了它在粒子指标 i 与 j 的交换下不变. 对于这种情况，我们有

$$\begin{aligned}\hat{G} &= \frac{1}{2}\sum_{i\neq j}^{N}[\hat{u}(i)\hat{v}(j) + \hat{u}(j)\hat{v}(i)] \\ &= \sum_{i,j=1}^{N} \hat{u}(i)\hat{v}(j) - \sum_{i=1}^{N} \hat{u}(i)\hat{v}(i) = \hat{U}\hat{V} - \hat{W}.\end{aligned}$$

其中

$$\begin{aligned}\hat{U}\hat{V} &= \sum_{i,j=1}^{N} \hat{u}(i)\hat{v}(j) = \sum_{i} \hat{u}(i) \sum_{j} \hat{v}(j) \\ &= \sum_{k,l,m,n} \langle\varphi_k|\hat{u}|\varphi_l\rangle\langle\varphi_m|\hat{v}|\varphi_n\rangle \hat{a}_k^{\dagger}\hat{a}_l\hat{a}_m^{\dagger}\hat{a}_n \\ &= \sum_{k,l,m,n} \langle\varphi_k|\hat{u}|\varphi_l\rangle\langle\varphi_m|\hat{v}|\varphi_n\rangle \hat{a}_k^{\dagger}\hat{a}_m^{\dagger}\hat{a}_l\hat{a}_n + \sum_{k,n}\langle\varphi_k|\hat{u}\hat{v}|\varphi_n\rangle\hat{a}_k^{\dagger}\hat{a}_n, \\ \hat{W} &= \sum_{i=1}^{N} \hat{u}(i)\hat{v}(i) = \sum_{k,n}\langle\varphi_k|\hat{u}\hat{v}|\varphi_n\rangle\hat{a}_k^{\dagger}\hat{a}_n,\end{aligned}$$

所以

$$\begin{aligned}\hat{G} = \hat{U}\hat{V} - \hat{W} &= \sum_{k,l,m,n} \langle\varphi_k|\hat{u}|\varphi_l\rangle\langle\varphi_m|\hat{v}|\varphi_n\rangle \hat{a}_k^{\dagger}\hat{a}_m^{\dagger}\hat{a}_l\hat{a}_n \\ &= \frac{1}{2}\sum_{k,l,m,n} \langle\varphi_m(j)\varphi_k(i)|\hat{g}(i,j)|\varphi_l(i)\varphi_n(j)\rangle \hat{a}_m^{\dagger}\hat{a}_k^{\dagger}\hat{a}_l\hat{a}_n.\end{aligned}$$

一般地，我们可以把 $\hat{g}(i,j)$ 写成

$$\hat{g}(i,j) = \sum_{t}[\hat{u}_t(i)\hat{v}_t(j) + \hat{u}_t(j)\hat{v}_t(i)].$$

重复上述推导，只需要在关于 $\hat{U}$, $\hat{V}$ 和 $\hat{W}$ 的式子中包括对 t 的求和，最后仍然得到

$$\hat{G} = \frac{1}{2} \sum_{k,l,m,n} \langle \varphi_m(j)\varphi_k(i)|\hat{g}(i,j)|\varphi_l(i)\varphi_n(j)\rangle \hat{a}_m^\dagger \hat{a}_k^\dagger \hat{a}_l \hat{a}_n.$$

4. Hamilton 算符和 Schrödinger 方程

我们现在可以把模型 Hamilton 算符 (1) 写在粒子数空间. 选取用单粒子 Hamilton 算符 $\hat{h}$ 的本征态组 $\{|\varphi_n\rangle\}$ 所定义的粒子数空间， $\hat{h}|\varphi_n\rangle = \varepsilon_n|\varphi_n\rangle$, 就有

$$\hat{H} = \sum_n \varepsilon_n \hat{a}_n^\dagger \hat{a}_n + \frac{1}{2} \sum_{k,l,m,n} \langle \varphi_m(j)\varphi_k(i)|\hat{v}(i,j)|\varphi_l(i)\varphi_n(j)\rangle \hat{a}_m^\dagger \hat{a}_k^\dagger \hat{a}_l \hat{a}_n.$$

于是，我们可以写出系统的态矢量满足的 Schrödinger 方程，

$$\mathrm{i}\hbar \frac{\mathrm{d}}{\mathrm{d}t}|\psi(t)\rangle = \hat{H}|\psi(t)\rangle,$$

其中

$$\|\psi(t)\rangle = \sum_{\{N_n\}} \psi(N_1 N_2 \cdots, t)|N_1 N_2 \cdots\rangle.$$

此外，我们有总粒子数算符

$$\hat{N} = \sum_n \hat{N}_n = \sum_n \hat{a}_n^\dagger \hat{a}_n.$$

容易证明，总粒子数算符 $\hat{N}$ 与任何单体算符 $\hat{F}$ 和两体算符 $\hat{G}$ 对易，

$$[\hat{N}, \hat{F}] = 0, \qquad [\hat{N}, \hat{G}] = 0.$$

所以，这个 Hamilton 算符 $\hat{H}$ 描述的系统在每个单粒子态上的粒子数 $\hat{N}_n$ 虽然不守恒，但总粒子数 $\hat{N}$ 守恒，

$$[\hat{N}, \hat{H}] = 0.$$

这就是说，如果 $t = t_0$ 时刻系统的态具有确定的粒子数 N,

$$\hat{N}|\psi(t_0)\rangle = N|\psi(t_0)\rangle,$$

则在任一时刻 t 系统的态总是具有确定的粒子数 N,

$$\hat{N}|\psi(t)\rangle = N|\psi(t)\rangle.$$

§7.3 Fermi 子 体 系

1. Fermi 子体系的产生和湮灭算符

定义 Fermi 子体系的基矢 $|N_1 N_2 \cdots\rangle$ 有两点需要注意. 我们前面已经指出，

在任一单粒子态 $|\varphi_n\rangle$ 上最多只能填 1 个粒子,

$$N_n = 0, 1. \tag{6}$$

此外, 态矢量对于任意两个粒子的交换都是反对称的, 也就是说, 在任意两个粒子的交换下态矢量都要变号. 考虑到这两点, 我们可以把在单粒子态 $|\varphi_n\rangle$ 上的 Fermi 子产生算符定义成

$$\hat{a}_n^\dagger = \sum_{\{N_m\}'_n} (-1)^{P_n} |\cdots N_{n-1} 1 N_{n+1} \cdots\rangle\langle\cdots N_{n+1} 0 N_{n-1} \cdots|,$$

其中 $\{N_m\}'{}_n$ 表示在数组 $\{N_m\}$ 中除去 N_n, P_n 是在 $m < n$ 的所有单粒子态 $|\varphi_m\rangle$ 上的粒子填充数,

$$P_n = \sum_{m=1}^{n-1} N_m.$$

可以看出, 这样定义的产生算符具有下述性质:

$$\hat{a}_n^\dagger |\cdots N_{n-1} 0 N_{n+1} \cdots\rangle = (-1)^{P_n} |\cdots N_{n-1} 1 N_{n+1} \cdots\rangle,$$
$$\hat{a}_n^\dagger |\cdots N_{n-1} 1 N_{n+1} \cdots\rangle = 0.$$

Fermi 子的产生算符 $\hat{a}_n^\dagger$ 作用到单粒子态 $|\varphi_n\rangle$ 为真空的态上, 在这个单粒子态上产生一个粒子; 而作用到单粒子态 $|\varphi_n\rangle$ 上已经填有一个粒子的态上, 结果为 0.

在单粒子态 $|\varphi_n\rangle$ 上的 Fermi 子湮灭算符为

$$\hat{a}_n = \sum_{\{N_m\}'_n} (-1)^{P_n} |\cdots N_{n-1} 0 N_{n+1} \cdots\rangle\langle\cdots N_{n+1} 1 N_{n-1} \cdots|,$$

它是产生算符 $\hat{a}_n^\dagger$ 的厄米共轭. 可以看出, 湮灭算符具有下述性质:

$$\hat{a}_n |\cdots N_{n-1} 1 N_{n+1} \cdots\rangle = (-1)^{P_n} |\cdots N_{n-1} 0 N_{n+1} \cdots\rangle,$$
$$\hat{a}_n |\cdots N_{n-1} 0 N_{n+1} \cdots\rangle = 0.$$

Fermi 子的湮灭算符 $\hat{a}_n$ 作用到单粒子态 $|\varphi_n\rangle$ 上已经填有一个粒子的态上, 结果变为这个态的真空; 而作用到单粒子态 $|\varphi_n\rangle$ 为真空的态上, 结果为 0.

性质 容易证明, $\hat{a}_n^\dagger \hat{a}_n$ 就是在单粒子态 $|\varphi_n\rangle$ 上的粒子数算符 $\hat{N}_n$:

$$\begin{aligned}
\hat{a}_n^\dagger \hat{a}_n = & \sum_{\{N_m\}'_n, \{N'_m\}'_n} (-1)^{P_n + P_n{}'} |\cdots N_{n-1} 1 N_{n+1} \cdots\rangle \\
& \times \langle\cdots N_{n+1} 0 N_{n-1} \cdots|\cdots N_{n-1}{}' 0 N_{n+1}{}' \cdots\rangle\langle\cdots N_{n+1}{}' 1 N_{n-1}{}' \cdots| \\
= & \sum_{\{N_m\}'_n} |\cdots N_{n-1} 1 N_{n+1} \cdots\rangle\langle\cdots N_{n+1} 1 N_{n-1} \cdots| \\
= & \sum_{\{N_m\}} N_n |\cdots N_{n-1} N_n N_{n+1} \cdots\rangle\langle\cdots N_{n+1} N_n N_{n-1} \cdots| = \hat{N}_n.
\end{aligned}$$

此外，可以证明产生和湮灭算符具有下列基本反对易关系：

$$\{\hat{a}_m, \hat{a}_n\} = 0, \qquad \{\hat{a}_m^\dagger, \hat{a}_n^\dagger\} = 0, \qquad \{\hat{a}_m, \hat{a}_n^\dagger\} = \delta_{mn}, \tag{7}$$

它们称为 Jordan-Wigner *反对易关系*, 简称 *反对易关系*. 由前两个反对易关系可以看出

$$(\hat{a}_n)^2 = \hat{a}_n\hat{a}_n = 0, \qquad (\hat{a}_n^\dagger)^2 = \hat{a}_n^\dagger\hat{a}_n^\dagger = 0.$$

于是,

$$\hat{N}_n^2 = \hat{a}_n^\dagger\hat{a}_n\hat{a}_n^\dagger\hat{a}_n = \hat{a}_n^\dagger(1 - \hat{a}_n^\dagger\hat{a}_n)\hat{a}_n = \hat{a}_n^\dagger\hat{a}_n = \hat{N}_n,$$

它可以改写成

$$\hat{N}_n(\hat{N}_n - 1) = 0.$$

上式表明，粒子数算符 $\hat{N}_n$ 的本征值只能是 0 或 1. 所以， *Fermi 子产生和湮灭算符的 Jordan-Wigner 反对易关系自动地保证了 Fermi 子在一个单粒子态上的填充数不能超过 1, 有 (6) 式.*

与 Bose 子体系类似地，我们可以用产生算符把粒子数空间的正交归一化基矢 $|N_1N_2\cdots\rangle$ 表示为

$$|N_1N_2\cdots\rangle = (\hat{a}_1^\dagger)^{N_1}(\hat{a}_2^\dagger)^{N_2}\cdots|0\rangle.$$

特别是，在 $|\varphi_n\rangle$ 态上有一个粒子的单粒子态可以写成

$$|\varphi_n\rangle = \hat{a}_n^\dagger|0\rangle,$$

在两个不同的单粒子态 $|\varphi_m\rangle$ 与 $|\varphi_n\rangle$ 上各有一个粒子的双粒子态可以写成

$$|\varphi_m\varphi_n\rangle = \hat{a}_m^\dagger\hat{a}_n^\dagger|0\rangle.$$

由于 $m \neq n$ 时算符 $\hat{a}_m^\dagger$ 与 $\hat{a}_n^\dagger$ 是反对易的，我们有

$$|\varphi_n\varphi_m\rangle = \hat{a}_n^\dagger\hat{a}_m^\dagger|0\rangle = -\hat{a}_m^\dagger\hat{a}_n^\dagger|0\rangle = -|\varphi_m\varphi_n\rangle.$$

上式表明, 系统的态矢量在两个粒子的交换下变号. 所以， *Fermi子产生和湮灭算符的 Jordan-Wigner 反对易关系自动地保证了体系的态矢量对两个粒子的交换是反对称的.*

归纳上述结果，我们可以看出， *Fermi子产生和湮灭算符的 Jordan- Wigner 反对易关系自动地满足 Pauli 不相容原理.*

2. 基矢的变换和 Hamilton 算符

基矢的变换 与 Bose 子体系一样，从单粒子态组 $\{|\varphi_n\rangle\}$ 变换到 $\{|\phi_n\rangle\}$, 体系粒子数空间的产生和湮灭算符的变换为

$$\hat{b}_n^\dagger = \sum_m \hat{a}_m^\dagger\langle\varphi_m|\phi_n\rangle,$$

$$\hat{b}_n = \sum_m \hat{a}_m \langle \phi_n | \varphi_m \rangle.$$

运用上述变换关系和 $\hat{a}_m^\dagger$ 与 $\hat{a}_n$ 的反对易关系 (7), 我们可以得到 $\hat{b}_m^\dagger$ 与 $\hat{b}_n$ 的下列反对易关系

$$\{\hat{b}_m, \hat{b}_n\} = 0, \qquad \{\hat{b}_m^\dagger, \hat{b}_n^\dagger\} = 0, \qquad \{\hat{b}_m^\dagger, \hat{b}_n\} = \delta_{mn},$$

以及粒子数算符的关系

$$\sum_n \hat{b}_n^\dagger \hat{b}_n = \sum_n \hat{a}_n^\dagger \hat{a}_n = \hat{N}.$$

单体和两体算符 与 Bose 子体系类似地，在粒子数空间中的单体和两体算符分别为

$$\hat{F} = \sum_{i=1}^N \hat{f}(i) = \sum_{m,m'} \langle \varphi_m | \hat{f} | \varphi_{m'} \rangle \hat{a}_m^\dagger \hat{a}_{m'},$$

$$\hat{G} = \sum_{i>j=1}^N \hat{g}(i,j) = \frac{1}{2} \sum_{k,l,m,n} \langle \varphi_m(j) \varphi_k(i) | \hat{g}(i,j) | \varphi_l(i) \varphi_n(j) \rangle \hat{a}_m^\dagger \hat{a}_k^\dagger \hat{a}_l \hat{a}_n.$$

上述两个公式在形式上与 Bose 子体系的完全一样，只是要注意其中产生和湮灭算符的先后次序. 对于 Bose 子体系，不同单粒子态上的产生和湮灭算符互相对易，交换它们的次序不引起任何改变. 但是对于 Fermi 子体系，不同单粒子态上的产生和湮灭算符互相反对易，交换它们的次序要改变正负号.

Hamilton 算符和 Schrödinger 方程 在粒子数空间中 Fermi 子体系的 Hamilton 算符和 Schrödinger 方程在形式上与 Bose 子体系的一样，分别是

$$\hat{H} = \sum_n \varepsilon_n \hat{a}_n^\dagger \hat{a}_n + \frac{1}{2} \sum_{k,l,m,n} \langle \varphi_m(j) \varphi_k(i) | \hat{v}(i,j) | \varphi_l(i) \varphi_n(j) \rangle \hat{a}_m^\dagger \hat{a}_k^\dagger \hat{a}_l \hat{a}_n,$$

$$\mathrm{i}\hbar \frac{\mathrm{d}}{\mathrm{d}t} |\psi(t)\rangle = \hat{H} |\psi(t)\rangle,$$

其中

$$|\psi(t)\rangle = \sum_{\{N_n\}} \psi(N_1 N_2 \cdots, t) | N_1 N_2 \cdots \rangle.$$

此外，同样可以证明，总粒子数算符 $\hat{N}$ 与任何单体算符 $\hat{F}$ 和两体算符 $\hat{G}$ 对易，

$$\hat{N} = \sum_n \hat{a}_n^\dagger \hat{a}_n,$$

$$[\hat{N}, \hat{F}] = 0, \qquad [\hat{N}, \hat{G}] = 0,$$

这个 Hamilton 算符 $\hat{H}$ 描述的系统在每一个单粒子态上的粒子数 $\hat{N}_n$ 虽然不守恒，但总粒子数 $\hat{N}$ 守恒，

$$[\hat{N}, \hat{H}] = 0,$$

其中

$$\hat{N} = \sum_n \hat{N}_n = \sum_n \hat{a}_n^\dagger \hat{a}_n.$$

所以，如果 $t = t_0$ 时刻系统的态具有确定的粒子数 N, $\hat{N}|\psi(t_0)\rangle = N|\psi(t_0)\rangle$, 则在任一时刻 t 系统的态总是具有确定的粒子数 N,

$$\hat{N}|\psi(t)\rangle = N|\psi(t)\rangle.$$

对于给定的 Hamilton 算符，无论是本征方程还是 Schrödinger 方程，严格求解往往都很困难甚至不可能，而必须作近似．下面结合本章主题给出两个近似方法的例子．例 1 属于定态本征值的变分法，例 2 涉及跃迁的微扰论．

3. 应用举例 1: Hartree-Fock 方程

Hamilton 算符 换到单粒子本征态组 $\{|\phi_n\rangle\}$, 上述 Hamilton 算符可以写成

$$\hat{H} = \sum_{k,l} h_{kl} a_k^\dagger a_l + \frac{1}{2} \sum_{k,l,m,n} v_{mkln} \hat{a}_m^\dagger \hat{a}_k^\dagger \hat{a}_l \hat{a}_n, \tag{8}$$

注意现在 $|\phi_n\rangle$ 一般不是 $\hat{h}$ 的本征态,

$$h_{kl} = \langle k|\hat{h}|l\rangle = \int \mathrm{d}^3\boldsymbol{r} \phi_k^*(\boldsymbol{r}) \hat{h}(\boldsymbol{r}) \phi_l(\boldsymbol{r}),$$

$$v_{mkln} = \langle mk|\hat{v}|ln\rangle = \int \mathrm{d}^3\boldsymbol{r} \mathrm{d}^3\boldsymbol{r}' \phi_m^*(\boldsymbol{r}') \phi_k^*(\boldsymbol{r}) \hat{v}(\boldsymbol{r}, \boldsymbol{r}') \phi_l(\boldsymbol{r}) \phi_n(\boldsymbol{r}') = v_{kmnl}, \tag{9}$$

其中用了简写 $|n\rangle = |\phi_n\rangle$, 下标包含粒子自旋量子数，$\phi_n(\boldsymbol{r}) = \langle \boldsymbol{r}|\phi_n\rangle = \langle \boldsymbol{r}|n\rangle$. 对于 Fermi 子体系，粒子产生湮灭算符满足 Jordan-Wigner 反对易关系．

Hartree-Fock 基态 假设体系态矢量为

$$|\Psi\rangle = |\mathrm{HF}\rangle = \prod_{k=1}^{N} a_k^\dagger |0\rangle. \tag{10}$$

如果用单粒子态写出来, 对于两个粒子的情形，§3.7 的例中已经写出是一个 2×2 的行列式，对于 N 个粒子就是 $N \times N$ 的 Slater *行列式*[①]. 假定单粒子能级 ε_k 按 $k = 1, 2, 3, \cdots, \infty$ 的升序排列，则体系基态为在 Fermi *能级* $\varepsilon_{\mathrm{F}} = \varepsilon_N$ 以下填满的态， $k \leqslant N$. 这称为体系的 Hartree-Fock *基态*, 它相当于一个填满粒子的海．体系的激发, 表现为海内的粒子跃迁到海外，而在海内留下空穴．于是可以称海内的态为*空穴态*, 海外的态为*粒子态*. 下面约定，用指标 $i, j \leqslant N$ 表示基态的占据态，即空穴态，记为 h; $m, n > N$ 表示基态的未占态，即粒子态，记为 p; 其余 $k, l, \cdots$ 不受限制，既可以是空穴态，也可以是粒子态．

---

① J.C. Slater, *Phys. Rev.* **35** (1930) 210.

变分法近似 由于 $\hat{v}(\boldsymbol{r},\boldsymbol{r}')\neq 0$, (10) 式一般不是系统 $\hat{H}$ 的基态，而是包含各个激发态的线性叠加， $\langle\Psi|\hat{H}|\Psi\rangle/\langle\Psi|\Psi\rangle=E$ 大于基态能量. 但是可以适当改变和调整 $|\Psi\rangle$, 使得这个平均值取极小. 这样得到的 E, 就是态矢量取 (10) 式时基态能量的最优近似，(10) 式就是近似的基态. 这属于数学上的 变分法近似[①].

设态矢量有一微小的改变 $|\Psi\rangle\to|\Psi\rangle+|\delta\Psi\rangle$, 并取变分为

$$|\delta\Psi\rangle=\epsilon\,\hat{a}_m^\dagger\hat{a}_i|\Psi\rangle,$$

即一个粒子从海内 i 态跃迁到海外 m 态，参数 ϵ 描述这个跃迁的概率. 体系能量取极小的变分原理可以写成

$$\delta\langle\Psi|\hat{H}-E|\Psi\rangle=0,$$

其中 E 是保持态矢量归一化的拉氏乘子，也就是变分法近似的基态能量. 由于准到一级的变分不改变态矢量的归一化，上述变分方程成为

$$\langle\delta\Psi|\hat{H}|\Psi\rangle=\epsilon^*\langle\Psi|\hat{a}_i^\dagger\hat{a}_m\hat{H}|\Psi\rangle=0.$$

记住 ϵ^* 可取任意值，把 (8) 式的 $\hat{H}$ 代入上式，运用粒子产生湮灭算符的反对易关系，可得

$$h_{mi}+\sum_{j=1}^{A}\overline{v}_{mjji}=0,\tag{11}$$

其中 $\overline{v}_{rpqs}$ 是相互作用直接能与交换能之和，

$$\overline{v}_{rpqs}=v_{rpqs}-v_{rpsq}=-\overline{v}_{rpsq},$$

注意这里两体矩阵元的指标次序由 (9) 式定义.

Hartree-Fock 方程 根据 (11) 式，可用矩阵元

$$\tau_{kl}=h_{kl}+\sum_{j=1}^{A}\overline{v}_{kjjl}$$

定义单粒子算符 $\hat{\tau}$, 称之为 单粒子 Hamilton 量 或 Hartree-Fock Hamilton 量. (11) 式表明， $\hat{\tau}$ 在粒子态与空穴态之间的矩阵元为零，即 $\tau_{\rm ph}=0$, $\tau_{\rm hp}=0$. 于是有

$$\tau=\begin{pmatrix}\tau_{\rm hh}&0\\0&\tau_{\rm pp}\end{pmatrix}.$$

上述矩阵表明，可以选择适当的单粒子态 $\phi_k(\boldsymbol{r})$ 使 $\hat{\tau}$ 对角化，

$$\tau_{kl}=h_{kl}+\sum_{j=1}^{A}\overline{v}_{kjjl}=\epsilon_k\delta_{kl},\tag{12}$$

① R. Courant and D. Hilbert, *Methods of Mathematical Physics*, Vol.I, Interscience Publishers, 1953, p.164.

这就是 Hartree-Fock *方程*, 其中 ϵ_k 为*单粒子能级*. 根据这个方程, 体系在 Hartree-Fock 基态 (10) 的能量为

$$E = \langle \Psi | H | \Psi \rangle = \sum_{i=1}^{N} h_{ii} + \frac{1}{2} \sum_{i,j=1}^{N} \overline{v}_{ijji}$$
$$= \sum_{i=1}^{N} \epsilon_i - \frac{1}{2} \sum_{i,j=1}^{N} \overline{v}_{ijji}. \tag{13}$$

这表明, Hartree-Fock 方程的单粒子能级 ϵ_k 重复计算了相互作用能, 用它算体系总能量时应予扣除.

Hartree-Fock 方程 (12) 定义了单粒子态的选择. 在坐标表象, 它可写成[①]

$$-\frac{\hbar^2}{2m_{\rm N}} \nabla^2 \phi_k(\boldsymbol{r}) + \left(\int {\rm d}^3\boldsymbol{r}' v(\boldsymbol{r}' - \boldsymbol{r}) \sum_{j=1}^{A} |\phi_j(\boldsymbol{r}')|^2 \right) \phi_k(\boldsymbol{r})$$
$$- \sum_{j=1}^{A} \phi_j(\boldsymbol{r}) \int {\rm d}^3\boldsymbol{r}' v(\boldsymbol{r}' - \boldsymbol{r}) \phi_j^*(\boldsymbol{r}') \phi_k(\boldsymbol{r}') = \epsilon_k \phi_k(\boldsymbol{r}). \tag{14}$$

与 Schrödinger 方程类比, 左边后两项分别是粒子相互作用的直接能和交换能, 二者定义了一个自洽的平均场. 在数学上, 这是 $\phi_k(\boldsymbol{r})$ 的非线性积分微分方程, 可选谐振子波函数作为初始的试探, 用迭代法求数值解.

4. 应用举例 2: Josephson 结

模型 Hamilton 算符 在两块金属 A 与 B 之间夹一薄绝缘层, 就构成一个 Josephson 结. 由于隧道效应, 一块金属中的电子会穿过绝缘层进入另一块金属. 在两块金属之间加上一个电势差, 就会形成穿过绝缘层的电流. 这个过程, 就是所谓的*超导量子干涉器件*的物理基础[②].

这个系统的物理, 可以用以下的模型 Hamilton 算符来描述[③]:

$$\hat{H} = \hat{H}_{\rm A} + \hat{H}_{\rm B} + \hat{H}_T,$$

其中 $\hat{H}_{\rm A}$ 与 $\hat{H}_{\rm B}$ 分别是金属 A 与 B 中电子体系的 Hamilton 算符, $\hat{H}_T$ 描述电子从一块金属穿过绝缘层进入另一块金属的跃迁过程.

金属中的电子, 互相之间存在 Coulomb 相互作用, 与晶格离子之间也存在

---

① D.R. Hartree, *Proc. Camb. Phil. Soc.* **24** (1928) 89, 111; V. Fock, *Z. Physik* **61** (1930) 126, **62** (1930) 795.

② Charles Kittel, *Introduction to Solid State Physics*, fifth edition, John Wiley & Sons, 1976, p.388.

③ M.H. Cohen, L.M. Falicov and J.C. Phillips, *Phys. Rev. Letters* **8** (1962) 316.

Coulomb 相互作用．作为一个近似的简化模型，可以把它们当作在某个能带中运动的具有一定有效质量的自由粒子来处理 (参阅第四章 §4.2 中的例 2)．写在粒子数空间中，就是

$$\hat{H}_{\mathrm{A}}=\sum_{n}\varepsilon_{\mathrm{A}n}\hat{a}_{\mathrm{A}n}^{\dagger}\hat{a}_{\mathrm{A}n},\qquad \hat{H}_{\mathrm{B}}=\sum_{n}\varepsilon_{\mathrm{B}n}\hat{a}_{\mathrm{B}n}^{\dagger}\hat{a}_{\mathrm{B}n},$$

其中 $\varepsilon_{\mathrm{A}n}$ 与 $\varepsilon_{\mathrm{B}n}$ 分别是金属 A 与 B 中的能带函数．

引起电子在两块金属之间跃迁的相互作用 $\hat{H}_T$ 可以写成

$$\hat{H}_T=\sum_{m,n}T_{mn}\hat{a}_{\mathrm{A}m}^{\dagger}\hat{a}_{\mathrm{B}n}+\mathrm{h.c.},$$

其中 h.c. 表示前一项的厄米共轭．上式右边第一项表示在金属 B 中 $|\varphi_{\mathrm{B}n}\rangle$ 态的一个电子穿过绝缘层到了金属 A 中的 $|\varphi_{\mathrm{A}m}\rangle$ 态，第二项表示与此相反的过程．系数 T_{mn} 描述电子穿过绝缘层的概率大小，与绝缘层的物理性质和厚度以及电子的能量等因素有关，作为简化的近似，可以当成一个由实验来确定的常数．

运动方程和电流算符 我们把 $\hat{H}_T$ 当作相互作用项，

$$\hat{H}_0=\hat{H}_{\mathrm{A}}+\hat{H}_{\mathrm{B}},\qquad \hat{V}=\hat{H}_T.$$

容易证明，在没有相互作用时，两块金属中的电子数 $\hat{N}_{\mathrm{A}}$ 与 $\hat{N}_{\mathrm{B}}$ 分别守恒，

$$\hat{N}_{\mathrm{A}}=\sum_{n}\hat{a}_{\mathrm{A}n}^{\dagger}\hat{a}_{\mathrm{A}n},\qquad \hat{N}_{\mathrm{B}}=\sum_{n}\hat{a}_{\mathrm{B}n}^{\dagger}\hat{a}_{\mathrm{B}n},$$

$$[\hat{N}_{\mathrm{A}},\hat{H}_0]=[\hat{N}_{\mathrm{B}},\hat{H}_0]=0.$$

考虑相互作用后，$\hat{N}_{\mathrm{A}}$ 与 $\hat{N}_{\mathrm{B}}$ 不再分别守恒，但总粒子数 $\hat{N}=\hat{N}_{\mathrm{A}}+\hat{N}_{\mathrm{B}}$ 仍然守恒，

$$[\hat{N},\hat{H}]=[\hat{N}_{\mathrm{A}},\hat{H}_T]+[\hat{N}_{\mathrm{B}},\hat{H}_T]=0.$$

在演算中，注意两块金属中电子的单粒子态分别属于不同自由度，它们的产生和湮灭算符互相反对易．

在 Heisenberg 绘景中，计算一块金属中电子数的变化率，就给出电流算符 $\hat{j}$ 的表达式．我们规定电流从 A 到 B 为正，则有

$$\hat{j}=-e\frac{\mathrm{d}\hat{N}_{\mathrm{B}}}{\mathrm{d}t}=\frac{\mathrm{i}e}{\hbar}[\hat{N}_{\mathrm{B}},\hat{H}]=-\frac{\mathrm{i}e}{\hbar}\sum_{m,n}(T_{mn}\hat{a}_{\mathrm{A}m}^{\dagger}\hat{a}_{\mathrm{B}n}-T_{mn}^{*}\hat{a}_{\mathrm{B}n}^{\dagger}\hat{a}_{\mathrm{A}m}),$$

其中 $-e$ 为电子电荷．求上式在两块金属电子态上的统计平均，就可以得到能够与实验进行比较的电流伏安曲线公式．

统计平均 可选择以 $\hat{H}_T$ 为微扰的相互作用绘景，注意这也正是两块金属

无耦合时的 Heisenberg 绘景．把上述电流算符 $\hat{j}$ 变换到这个绘景中，就是

$$\hat{j}(t)=-\frac{\mathrm{i}e}{\hbar}\sum_{m,n}[T_{mn}\hat{a}^{\dagger}_{\mathrm{A}m}(t)\hat{a}_{\mathrm{B}n}(t)-T^{*}_{mn}\hat{a}^{\dagger}_{\mathrm{B}n}(t)\hat{a}_{\mathrm{A}m}(t)],$$

其中

$$\hat{a}_{\mathrm{A}m}(t)=\mathrm{e}^{-\mathrm{i}\varepsilon_{\mathrm{A}m}t/\hbar}\hat{a}_{\mathrm{A}m},\qquad \hat{a}_{\mathrm{B}n}(t)=\mathrm{e}^{-\mathrm{i}\varepsilon_{\mathrm{B}n}t/\hbar}\hat{a}_{\mathrm{B}n},$$

$$\hat{a}^{\dagger}_{\mathrm{A}m}(t)=\mathrm{e}^{\mathrm{i}\varepsilon_{\mathrm{A}m}t/\hbar}\hat{a}^{\dagger}_{\mathrm{A}m},\qquad \hat{a}^{\dagger}_{\mathrm{B}n}(t)=\mathrm{e}^{\mathrm{i}\varepsilon_{\mathrm{B}n}t/\hbar}\hat{a}^{\dagger}_{\mathrm{B}n}.$$

同样地，

$$\hat{H}_T(t)=\sum_{m,n}[T_{mn}\hat{a}^{\dagger}_{\mathrm{A}m}(t)\hat{a}_{\mathrm{B}n}(t)+T^{*}_{mn}\hat{a}^{\dagger}_{\mathrm{B}n}(t)\hat{a}_{\mathrm{A}m}(t)].$$

在这个绘景中，密度算符的 Liouville 方程是

$$\frac{\mathrm{d}\hat{\rho}(t)}{\mathrm{d}t}=-\frac{1}{\mathrm{i}\hbar}[\hat{\rho}(t),\hat{H}_T(t)],$$

它可以化成初值为 $\hat{\rho}(-\infty)=\hat{\rho}_0$ 的积分方程

$$\hat{\rho}(t)=\hat{\rho}_0+\frac{\mathrm{i}}{\hbar}\int_{-\infty}^{t}\mathrm{d}\tau[\hat{\rho}(\tau),\hat{H}_T(\tau)].$$

用迭代法到第一级，可得密度算符的一级近似

$$\hat{\rho}(t)\approx\hat{\rho}_0+\frac{\mathrm{i}}{\hbar}\int_{-\infty}^{t}\mathrm{d}\tau[\hat{\rho}_0,\hat{H}_T(\tau)],$$

从而有统计平均的近似公式

$$\langle\langle\hat{A}\rangle\rangle\approx\langle\langle\hat{A}\rangle\rangle_0-\frac{\mathrm{i}}{\hbar}\int_{-\infty}^{t}\mathrm{d}\tau\langle\langle[\hat{A},\hat{H}_T(\tau)]\rangle\rangle_0,$$

其中

$$\langle\langle\hat{A}\rangle\rangle_0=\mathrm{tr}(\hat{\rho}_0\hat{A}).$$

取 $\hat{\rho}_0$ 为无耦合时两块金属的密度算符，运用上述公式并注意 $\langle\langle\hat{a}^{\dagger}_{\mathrm{A}m}\hat{a}_{\mathrm{B}n}\rangle\rangle_0=0$，$\langle\langle\hat{a}^{\dagger}_{\mathrm{A}m}\hat{a}_{\mathrm{A}m'}\rangle\rangle_0=\langle\langle\hat{n}_{\mathrm{A}m}\rangle\rangle_0\delta_{mm'}$ 等，就可算出

$$\begin{aligned}\langle\langle\hat{j}(t)\rangle\rangle&\approx-\frac{e}{\hbar^2}2\mathrm{Re}\{\sum_{m,n}T_{mn}\int_{-\infty}^{t}\mathrm{d}\tau\langle\langle[\hat{a}^{\dagger}_{\mathrm{A}m}(t)\hat{a}_{\mathrm{B}n}(t),\hat{H}_T(\tau)]\rangle\rangle_0\}\\&=\frac{2\pi e}{\hbar}\sum_{m,n}|T_{mn}|^2[\langle\langle\hat{n}_{\mathrm{B}n}\rangle\rangle_0-\langle\langle\hat{n}_{\mathrm{A}m}\rangle\rangle_0]\delta(\varepsilon_{\mathrm{A}m}-\varepsilon_{\mathrm{B}n}).\end{aligned}$$

注意这里量子数 m,n 是正常电子动量与自旋的缩写，电子在 A 与 B 之间的跃迁不改变自旋，T_{mn} 与自旋无关，完成对自旋的求和，最后有

$$\langle\langle\hat{j}(t)\rangle\rangle\approx\frac{4\pi e}{\hbar}\sum_{\boldsymbol{p},\boldsymbol{p}'}|T_{\boldsymbol{p}\boldsymbol{p}'}|^2[\langle\langle\hat{n}_{\mathrm{B}\boldsymbol{p}'}\rangle\rangle_0-\langle\langle\hat{n}_{\mathrm{A}\boldsymbol{p}}\rangle\rangle_0]\delta(\varepsilon_{\mathrm{A}\boldsymbol{p}}-\varepsilon_{\mathrm{B}\boldsymbol{p}'}),$$

其中 $\langle\langle\hat{n}_{\mathrm{A}\boldsymbol{p}}\rangle\rangle_0$ 与 $\langle\langle\hat{n}_{\mathrm{B}\boldsymbol{p}'}\rangle\rangle_0$ 分别是 A 与 B 中正常电子的 Fermi 分布函数．上式

就是 Josephson 结的正常电流密度，它正比于电子从 B 到 A 的跃迁概率 $|T_{\boldsymbol{p}\boldsymbol{p}'}|^2 \cdot \langle\langle \hat{n}_{\mathrm{B}\boldsymbol{p}'}\rangle\rangle_0[1-\langle\langle \hat{n}_{\mathrm{A}\boldsymbol{p}}\rangle\rangle_0]$ 与从 A 到 B 的跃迁概率 $|T_{\boldsymbol{p}\boldsymbol{p}'}|^2\langle\langle \hat{n}_{\mathrm{A}\boldsymbol{p}}\rangle\rangle_0[1-\langle\langle \hat{n}_{\mathrm{B}\boldsymbol{p}'}\rangle\rangle_0]$ 之差.

要算 Josephson 结的超导电流，必须考虑金属 Fermi 面附近电子的对关联，在超导态上求统计平均. 这是过于专门的问题，我们就不具体讨论，下面只给出 BCS 理论超导态的表达式.

BCS **超导态** 在超导电性的 BCS (Bardeen-Cooper-Schrieffer) 理论中，假设超导体基态为①

$$|\mathrm{BCS}\rangle = \prod_{\alpha}(u_\alpha + v_\alpha \hat{a}^\dagger_\alpha \hat{a}^\dagger_{-\alpha})|0\rangle,$$

其中量子数 $\alpha=(\boldsymbol{p},s_z)$ 为电子动量 $\boldsymbol{p}$ 与自旋 s_z 的缩写， $-\alpha=(-\boldsymbol{p},-s_z)$ 为 α 的时间反演态. Cooper 证明了，由于电子 - 晶格耦合作用，在金属 Fermi 面附近动量和自旋相反的电子之间存在微弱的吸引，会耦合形成电子对，称为 Cooper 对. 上述态矢量描述所有电子都这样配对的集合，相应于能量极小的基态. 实系数 u_α 与 v_α 由体系能量取极小的条件确定，而归一化条件

$$\langle \mathrm{BCS}|\mathrm{BCS}\rangle = 1$$

要求有

$$u_\alpha^2 + v_\alpha^2 = 1.$$

此外，由于 $|\mathrm{BCS}\rangle$ 不是总电子数 $\hat{N}$ 的本征态，在求能量极小以确定参数 u_α 与 v_α 时，还应加上 $\hat{N}=$ 常数的约束，也就是求下述变分：

$$\delta\langle \mathrm{BCS}|\hat{H}-\mu\hat{N}|\mathrm{BCS}\rangle = 0,$$

其中 μ 是 Lagrange 乘子，即体系的化学势.

Cooper 对分解成自由电子，相应于超导体从基态的激发. 为了描述从超导基态的激发， Bogoliubov 和 Valatin 引入下述准粒子变换②

$$\hat{b}_\alpha = u_\alpha \hat{a}_\alpha - v_\alpha \hat{a}^\dagger_{-\alpha}, \qquad \hat{b}^\dagger_\alpha = u_\alpha \hat{a}^\dagger_\alpha - v_\alpha \hat{a}_{-\alpha}.$$

若取

$$u_\alpha = u_{-\alpha}, \qquad v_\alpha = -v_{-\alpha},$$

可以证明有

$$\{\hat{b}_\alpha, \hat{b}^\dagger_\beta\} = \delta_{\alpha\beta}, \qquad \{\hat{b}_\alpha, \hat{b}_\beta\} = 0,$$

---

① J. Bardeen, L.N. Cooper and J.R. Schrieffer, *Phys. Rev.* **108** (1957) 1175.

② N.N. Bogolyobov, *Nuovo Cimento* **7** (ser. 10) (1958) 794; J.G. Valatin, *Nuovo Cimento* **7** (ser. 10) (1958) 843.

即 $\hat{b}_\beta^\dagger$ 和 $\hat{b}_\beta$ 是某种“准粒子”的产生和湮灭算符. 实际上, $|\text{BCS}\rangle$ 是这种准粒子的真空态, $\hat{b}_\alpha^\dagger|\text{BCS}\rangle$ 是破坏一个 $(\alpha,-\alpha)$ 电子对和产生一个单电子态 α 的激发态, 即

$$\hat{b}_\alpha|\text{BCS}\rangle=0,\qquad \hat{b}_\alpha^\dagger|\text{BCS}\rangle=\hat{a}_\alpha^\dagger\prod_{\alpha'\neq\alpha}(u_{\alpha'}+v_{\alpha'}\hat{a}_{\alpha'}^\dagger\hat{a}_{-\alpha'}^\dagger)|0\rangle.$$

从准粒子算符 $\hat{b}_\alpha$ 与 $\hat{b}_\alpha^\dagger$ 的定义可以看出, 准粒子不是通常意义上的粒子, 而是粒子与空穴的叠加, 描述多粒子体系粒子之间耦合的某种集体行为.

§7.4 二次量子化理论

1. 二次量子化

重新考察粒子数空间的结果 我们前面的讨论, 是从由 (1) 式给出的物理模型出发, 考虑全同粒子的交换对称性, 构造粒子数空间和相应的产生和湮灭算符, 把系统的态矢量、观测量算符、Hamilton 算符和 Schrödinger 方程都在粒子数空间中用产生和湮灭算符表示出来. 这个做法的关键, 是把在各个单粒子态的粒子数 $\hat{N}_n$ 作为全同粒子体系的观测量, 引进能使粒子数改变的产生和湮灭算符, 并根据全同粒子的物理性质来确定这些算符的性质和形式, 在此基础上建立整个理论.

我们现在的目的, 则是要重新考察前面所得到的粒子数空间的结果, 看看能否从另外一个角度出发, 来给出同样的公式. 为此目的, 我们来把前面得到的结果写在单粒子的坐标本征态组 $\{|\boldsymbol{r}\rangle\}$ 中. 需要说明, 我们下面的讨论并不依赖于单粒子态是坐标本征态这一点, 对于任何单粒子本征态都是适用的. 只是我们对坐标表象波函数比较熟悉, 坐标表象波函数有直观形象的图像. 为了简化表述, 我们不考虑粒子的自旋, 只考虑粒子的 3 个空间自由度.

坐标表象 我们从单粒子态组 $\{|\varphi_n\rangle\}$ 变换到 $\{|\boldsymbol{r}\rangle\}$. 单粒子态矢量的变换是

$$|\boldsymbol{r}\rangle=\sum_n|\varphi_n\rangle\langle\varphi_n|\boldsymbol{r}\rangle.$$

于是, 若用 $\hat{\psi}^\dagger(\boldsymbol{r})$ 和 $\hat{\psi}(\boldsymbol{r})$ 表示在 $|\boldsymbol{r}\rangle$ 态的产生和湮灭算符, 产生算符的变换就是

$$\hat{\psi}^\dagger(\boldsymbol{r})=\sum_n\hat{a}_n^\dagger\langle\varphi_n|\boldsymbol{r}\rangle=\sum_n\hat{a}_n^\dagger\varphi_n^*(\boldsymbol{r}).\tag{15}$$

它的厄米共轭给出湮灭算符的变换,

$$\hat{\psi}(\boldsymbol{r})=\sum_n\hat{a}_n\langle\boldsymbol{r}|\varphi_n\rangle=\sum_n\hat{a}_n\varphi_n(\boldsymbol{r}).\tag{16}$$

注意 $\boldsymbol{r}$ 是单粒子态 $|\boldsymbol{r}\rangle$ 的指标，它是连续的 3 维指标. 上述二式的逆变换是

$$\hat{a}_n^\dagger = \int \mathrm{d}^3\boldsymbol{r}\hat{\psi}^\dagger(\boldsymbol{r})\langle\boldsymbol{r}|\varphi_n\rangle, \tag{17}$$

$$\hat{a}_n = \int \mathrm{d}^3\boldsymbol{r}\hat{\psi}(\boldsymbol{r})\langle\varphi_n|\boldsymbol{r}\rangle. \tag{18}$$

在这个单粒子态的粒子数空间中，同样可以写出单体算符和两体算符的表达式. 我们可以把总粒子数算符写成

$$\hat{N} = \int \mathrm{d}^3\boldsymbol{r}\hat{\psi}^\dagger(\boldsymbol{r})\hat{\psi}(\boldsymbol{r}), \tag{19}$$

这里

$$\hat{N}(\boldsymbol{r}) = \hat{\psi}^\dagger(\boldsymbol{r})\hat{\psi}(\boldsymbol{r}) \tag{20}$$

是在 $\boldsymbol{r}$ 的 *粒子数密度算符*. 体系的 *总动量算符* $\hat{\boldsymbol{P}}$ 可以写成

$$\hat{\boldsymbol{P}} = \sum_{i=1}^N \hat{\boldsymbol{p}}(i) = \int \mathrm{d}^3\boldsymbol{r}\hat{\psi}^\dagger(\boldsymbol{r})\hat{\boldsymbol{p}}\hat{\psi}(\boldsymbol{r}) = \int \mathrm{d}^3\boldsymbol{r}\hat{\psi}^\dagger(\boldsymbol{r})(-\mathrm{i}\hbar\nabla)\hat{\psi}(\boldsymbol{r}), \tag{21}$$

其中已经把单粒子动量算符写在坐标表象，

$$\hat{\boldsymbol{p}} = -\mathrm{i}\hbar\nabla.$$

体系的 *单粒子总能量算符* $\hat{H}_0$ 可以写成

$$\hat{H}_0 = \sum_i \hat{h}(i) = \int \mathrm{d}^3\boldsymbol{r}\mathrm{d}^3\boldsymbol{r}'\hat{\psi}^\dagger(\boldsymbol{r})\langle\boldsymbol{r}|\hat{h}|\boldsymbol{r}'\rangle\hat{\psi}(\boldsymbol{r}') = \int \mathrm{d}^3\boldsymbol{r}\hat{\psi}^\dagger(\boldsymbol{r})\hat{h}(\boldsymbol{r})\hat{\psi}(\boldsymbol{r}), \tag{22}$$

其中 $\hat{h}(\boldsymbol{r})$ 是单粒子 Hamilton 算符 $\hat{h}$ 在坐标表象中的表示. 最后，体系的 Hamilton 算符 (1) 可以写成

$$\begin{aligned}\hat{H} = &\int \mathrm{d}^3\boldsymbol{r}\mathrm{d}^3\boldsymbol{r}'\hat{\psi}^\dagger(\boldsymbol{r})\langle\boldsymbol{r}|\hat{h}|\boldsymbol{r}'\rangle\hat{\psi}(\boldsymbol{r}')\\ &+\frac{1}{2}\int \mathrm{d}^3\boldsymbol{r}\mathrm{d}^3\boldsymbol{r}'\mathrm{d}^3\boldsymbol{r}''\mathrm{d}^3\boldsymbol{r}'''\hat{\psi}^\dagger(\boldsymbol{r}'')\hat{\psi}^\dagger(\boldsymbol{r})\\ &\quad\times\langle\boldsymbol{r}''(2)\boldsymbol{r}(1)|\hat{v}((1),(2))|\boldsymbol{r}'(1)\boldsymbol{r}'''(2)\rangle\hat{\psi}(\boldsymbol{r}')\hat{\psi}(\boldsymbol{r}''')\\ =&\int \mathrm{d}^3\boldsymbol{r}\hat{\psi}^\dagger(\boldsymbol{r})\hat{h}(\boldsymbol{r})\hat{\psi}(\boldsymbol{r}) + \frac{1}{2}\int \mathrm{d}^3\boldsymbol{r}\mathrm{d}^3\boldsymbol{r}'\hat{\psi}^\dagger(\boldsymbol{r})\hat{\psi}^\dagger(\boldsymbol{r}')\hat{v}(\boldsymbol{r},\boldsymbol{r}')\hat{\psi}(\boldsymbol{r}')\hat{\psi}(\boldsymbol{r}),\end{aligned} \tag{23}$$

其中 $\hat{v}(\boldsymbol{r},\boldsymbol{r}')$ 是单粒子的两体相互作用势能 $\hat{v}(i,j)$ 在坐标表象中的表示.

二次量子化 如果把在 $\boldsymbol{r}$ 的湮灭算符 $\hat{\psi}(\boldsymbol{r})$ 换成单粒子态的坐标表象波函数 $\psi(\boldsymbol{r})$, 把产生算符 $\hat{\psi}^\dagger(\boldsymbol{r})$ 换成相应波函数的复数共轭 $\psi^*(\boldsymbol{r})$, 上面的 (19) 式就是测量到这个粒子的总的概率， (20) 式就是在 $\boldsymbol{r}$ 测到这个粒子的概率密度， (21) 式就是测量这个粒子动量的平均值， (22) 式就是在没有相互作用时测量这个粒子的能量平均值. (23) 式中第二项涉及粒子之间的相互作用，不是单粒子的观测量，在 Hartree-Fock *自洽场近似*下，亦即在全同粒子体系的 *单粒子近似*下，

可以解释为全同粒子体系中的一个粒子在其他所有粒子产生的 *平均场* 中的相互作用能.

所以，反过来看，我们前面对于全同粒子体系的粒子数空间的表述，相当于把单粒子态波函数 $\psi(\boldsymbol{r})$ 换成湮灭算符 $\hat{\psi}(\boldsymbol{r})$，把它的复数共轭 $\psi^*(\boldsymbol{r})$ 换成产生算符 $\hat{\psi}^\dagger(\boldsymbol{r})$，而把在 $\boldsymbol{r}$ 测到粒子的概率密度 $\psi^*(\boldsymbol{r})\psi(\boldsymbol{r})$ 换成测到的粒子数密度 $\hat{\psi}^\dagger(\boldsymbol{r})\hat{\psi}(\boldsymbol{r})$，等等. 也就是说，我们前面对于 **全同粒子体系** 的粒子数空间的表述，相当于对 **单个粒子** 的量子力学公式作如下的代换，

$$\psi(\boldsymbol{r}) \longrightarrow \hat{\psi}(\boldsymbol{r}), \qquad \psi^*(\boldsymbol{r}) \longrightarrow \hat{\psi}^\dagger(\boldsymbol{r}). \tag{24}$$

单粒子态的坐标表象波函数，已经是量子力学的结果. 把它换成算符，在形式上就是第二次量子化. 所以，这个把单粒子态的量子力学波函数换成算符的做法 (24) 被称为 *二次量子化*，而以二次量子化为基础的理论被称为 *二次量子化理论*. 附带说一句，在一些书籍和文献上，也把前面讨论的粒子数空间的理论称为二次量子化理论.

建立二次量子化理论的关键，是需要有一个规则来确定这些算符的对易关系，从而确定这些算符的性质. 下面我们就分别讨论 Bose 子情形和 Fermi 子情形的二次量子化规则. 需要指出，我们前面已经一般地表明，从任何单粒子本征态的完备组出发的讨论，都是等价的. 在这里，只是作为二次量子化的规则，我们选定了单粒子的坐标本征态.

2. 二次量子化规则

Bose 子的情形 利用公式 (15) 和 (16)，以及对易关系 (5)，我们可以得到产生算符 $\hat{\psi}^\dagger(\boldsymbol{r})$ 与湮灭算符 $\hat{\psi}(\boldsymbol{r})$ 的下列对易关系：

$$[\hat{\psi}(\boldsymbol{r}), \hat{\psi}(\boldsymbol{r}')] = 0, \qquad [\hat{\psi}^\dagger(\boldsymbol{r}), \hat{\psi}^\dagger(\boldsymbol{r}')] = 0, \qquad [\hat{\psi}(\boldsymbol{r}), \hat{\psi}^\dagger(\boldsymbol{r}')] = \delta(\boldsymbol{r} - \boldsymbol{r}'). \tag{25}$$

上面的对易关系中，前两个是显而易见的. 第三个对易关系也很容易证明：

$$[\hat{\psi}(\boldsymbol{r}), \hat{\psi}^\dagger(\boldsymbol{r}')] = \sum_{m,n} [\hat{a}_m \langle \boldsymbol{r}|\varphi_m\rangle, \hat{a}_n^\dagger \langle \varphi_n|\boldsymbol{r}'\rangle] = \sum_{m,n} \langle \boldsymbol{r}|\varphi_m\rangle \langle \varphi_n|\boldsymbol{r}'\rangle \delta_{mn} = \delta(\boldsymbol{r} - \boldsymbol{r}').$$

对易关系 (25) 可以作为 Bose 子情形的二次量子化规则. 利用公式 (17) 和 (18)，以及对易关系 (25)，我们可以得到产生算符 $\hat{a}_n^\dagger$ 与湮灭算符 $\hat{a}_n$ 的对易关系 (5). 所以，从对易关系 (25) 出发，可以得到前面讨论的 Bose 子体系粒子数空间的全部结果.

Fermi 子的情形 与 Bose 子的情形完全类似地，利用公式 (15) 和 (16)，以及反对易关系 (7)，我们可以得到产生算符 $\hat{\psi}^\dagger(\boldsymbol{r})$ 与湮灭算符 $\hat{\psi}(\boldsymbol{r})$ 的下列 Jordan-

Wigner 反对易关系：

$$\{\hat{\psi}(\boldsymbol{r}),\hat{\psi}(\boldsymbol{r}')\}=0,\qquad \{\hat{\psi}^\dagger(\boldsymbol{r}),\hat{\psi}^\dagger(\boldsymbol{r}')\}=0,\qquad \{\hat{\psi}(\boldsymbol{r}),\hat{\psi}^\dagger(\boldsymbol{r}')\}=\delta(\boldsymbol{r}-\boldsymbol{r}').\tag{26}$$

这组反对易关系 (26) 可以作为 Fermi 子情形的二次量子化规则. 利用公式 (17) 和 (18), 以及反对易关系 (26), 我们可以得到产生算符 $\hat{a}_n^\dagger$ 与湮灭算符 $\hat{a}_n$ 的反对易关系 (7). 所以，从反对易关系 (26) 出发，可以得到前面讨论的 Fermi 子体系粒子数空间的全部结果.

3. 二次量子化理论及其场论的诠释

二次量子化理论 归纳起来，二次量子化理论包括以下三点.

首先，选定一个单粒子模型，写出这个单粒子问题的量子力学坐标表象波函数和观测量平均值公式. 单粒子模型也就是关于单粒子 Hamilton 算符 $\hat{h}$ 的具体假设. 给定了 $\hat{h}$ 的具体形式, 就可以选择单粒子的的本征态组 $\{|\varphi_n\rangle\}$, 并且把单粒子态的坐标表象波函数写成

$$\psi(\boldsymbol{r})=\sum_n a_n\langle\boldsymbol{r}|\varphi_n\rangle=\sum_n a_n\varphi_n(\boldsymbol{r}).\tag{27}$$

用这个波函数，可以把单粒子的任何观测量 $\hat{f}$ 的平均值写成

$$\langle\hat{f}\rangle=\int \mathrm{d}^3\boldsymbol{r}\psi^*(\boldsymbol{r})\hat{f}\psi(\boldsymbol{r})=\sum_{m,n}a_m^*\langle\varphi_m|\hat{f}|\varphi_n\rangle a_n.\tag{28}$$

特别是，单粒子能量的平均值为

$$\langle\hat{h}\rangle=\int \mathrm{d}^3\boldsymbol{r}\psi^*(\boldsymbol{r})\hat{h}\psi(\boldsymbol{r})=\sum_{m,n}a_m^*\langle\varphi_m|\hat{h}|\varphi_n\rangle a_n=\sum_n a_n^*a_n\varepsilon_n,\tag{29}$$

这里假设 $|\varphi_n\rangle$ 是单粒子 Hamilton 算符 $\hat{h}$ 的本征态，有本征值方程

$$\hat{h}|\varphi_n\rangle=\varepsilon_n|\varphi_n\rangle.$$

同样，单粒子的动量平均值为

$$\langle\hat{\boldsymbol{p}}\rangle=\int \mathrm{d}^3\boldsymbol{r}\psi^*(\boldsymbol{r})(-\mathrm{i}\hbar\nabla)\psi(\boldsymbol{r})=\sum_{m,n}a_m^*\langle\varphi_m|\hat{\boldsymbol{p}}|\varphi_n\rangle a_n.\tag{30}$$

其次，按照代换 (24) 把这个单粒子波函数及其复数共轭分别换成算符及其厄米共轭，对于 Bose 子采用对易关系 (25), 对于 Fermi 子采用反对易关系 (26). 由 (27) 式我们可以写出

$$\hat{\psi}(\boldsymbol{r})=\sum_n \hat{a}_n\langle\boldsymbol{r}|\varphi_n\rangle=\sum_n \hat{a}_n\varphi_n(\boldsymbol{r}).$$

它的厄米共轭给出

$$\hat{\psi}^\dagger(\boldsymbol{r})=\sum_n \hat{a}_n^\dagger\langle\varphi_n|\boldsymbol{r}\rangle=\sum_n \hat{a}_n^\dagger\varphi_n^*(\boldsymbol{r}).$$

关于它们的对易关系，对于 Bose 子，有

$$[\hat{\psi}(\boldsymbol{r}),\hat{\psi}(\boldsymbol{r}')]=0,\qquad [\hat{\psi}^\dagger(\boldsymbol{r}),\hat{\psi}^\dagger(\boldsymbol{r}')]=0,\qquad [\hat{\psi}(\boldsymbol{r}),\hat{\psi}^\dagger(\boldsymbol{r}')]=\delta(\boldsymbol{r}-\boldsymbol{r}'),$$

由此还可以推出

$$[\hat{a}_m,\hat{a}_n]=0,\qquad [\hat{a}_m^\dagger,\hat{a}_n^\dagger]=0,\qquad [\hat{a}_n,\hat{a}_n^\dagger]=\delta_{mn}.$$

由这些对易关系就可以证明，$\hat{N}_n=\hat{a}_n^\dagger\hat{a}_n$ 是在单粒子态 $|\varphi_n\rangle$ 上的粒子数算符，本征值可以取 0 和任意正整数，$\hat{a}_n^\dagger$ 与 $\hat{a}_n$ 分别是在这个态上的产生和湮灭算符，我们有观测量完全集 $\{\hat{N}_n\}$ 及其共同本征态组 $\{|N_1N_2\cdots\rangle\}$, 和下述关系：

$$\begin{aligned}
|N_1\,N_2\,\cdots\rangle &= \frac{(\hat{a}_1^\dagger)^{N_1}(\hat{a}_2^\dagger)^{N_2}\cdots}{\sqrt{N_1!N_2!\cdots}}|0\rangle,\\
\hat{N}_n|N_1\cdots N_n\cdots\rangle &= N_n|N_1\cdots N_n\cdots\rangle,\qquad N_n=0,1,2,\cdots,\\
\hat{a}_n^\dagger|N_1\cdots N_n\cdots\rangle &= \sqrt{N_n+1}|N_1\cdots(N_n+1)\cdots\rangle,\\
\hat{a}_n|N_1\cdots N_n\cdots\rangle &= \sqrt{N_n}|N_1\cdots(N_n-1)\cdots\rangle.
\end{aligned}$$

产生和湮灭算符的对易关系还保证了粒子数本征态 $|N_1\cdots N_n\cdots\rangle$ 对于任意两个粒子的交换是对称的.

对于 Bose 子的产生和湮灭算符 $\hat{\psi}^\dagger(\boldsymbol{r})$ 与 $\hat{\psi}(\boldsymbol{r})$ 也可以同样地讨论. 特别是，$\hat{N}(\boldsymbol{r})=\hat{\psi}^\dagger(\boldsymbol{r})\hat{\psi}(\boldsymbol{r})$ 是在单粒子态 $|\boldsymbol{r}\rangle$ 上的粒子数密度算符，$\hat{\psi}^\dagger(\boldsymbol{r})$ 与 $\hat{\psi}(\boldsymbol{r})$ 分别是在这个态上的产生与湮灭算符.

对于 Fermi 子，有 Jordan-Wigner 反对易关系

$$\{\hat{\psi}(\boldsymbol{r}),\hat{\psi}(\boldsymbol{r}')\}=0,\qquad \{\hat{\psi}^\dagger(\boldsymbol{r}),\hat{\psi}^\dagger(\boldsymbol{r}')\}=0,\qquad \{\hat{\psi}(\boldsymbol{r}),\hat{\psi}^\dagger(\boldsymbol{r}')\}=\delta(\boldsymbol{r}-\boldsymbol{r}'),$$

由此还可以推出

$$\{\hat{a}_m,\hat{a}_n\}=0,\qquad \{\hat{a}_m^\dagger,\hat{a}_n^\dagger\}=0,\qquad \{\hat{a}_n,\hat{a}_n^\dagger\}=\delta_{mn}.$$

由这些反对易关系就可以证明，$\hat{N}_n=\hat{a}_n^\dagger\hat{a}_n$ 是在单粒子态 $|\varphi_n\rangle$ 上的粒子数算符，本征值只可以取 0 和 1, $\hat{a}_n^\dagger$ 与 $\hat{a}_n$ 分别是在这个态上的产生和湮灭算符，我们有观测量完全集 $\{\hat{N}_n\}$ 及其共同本征态组 $\{|N_1N_2\cdots\rangle\}$, 和下述关系：

$$\begin{aligned}
|N_1\,N_2\cdots\rangle &= (\hat{a}_1^\dagger)^{N_1}(\hat{a}_2^\dagger)^{N_2}\cdots|0\rangle,\\
\hat{N}_n|N_1\cdots N_n\cdots\rangle &= N_n|N_1\cdots N_n\cdots\rangle,\qquad N_n=0,1,\\
\hat{a}_n^\dagger|\cdots N_{n-1}0N_{n+1}\cdots\rangle &= (-1)^{P_n}|\cdots N_{n-1}1N_{n+1}\cdots\rangle,\\
\hat{a}_n^\dagger|\cdots N_{n-1}1N_{n+1}\cdots\rangle &= 0,\\
\hat{a}_n|\cdots N_{n-1}1N_{n+1}\cdots\rangle &= (-1)^{P_n}|\cdots N_{n-1}0N_{n+1}\cdots\rangle,\\
\hat{a}_n|\cdots N_{n-1}0N_{n+1}\cdots\rangle &= 0.
\end{aligned}$$

产生和湮灭算符的反对易关系还保证了粒子数本征态 $|N_1\cdots N_n\cdots\rangle$ 对于任意两个粒子的交换是反对称的.

对于 Fermi 子的产生和湮灭算符 $\hat{\psi}^\dagger(\boldsymbol{r})$ 与 $\hat{\psi}(\boldsymbol{r})$ 也可以同样地讨论. 特别是, $\hat{N}(\boldsymbol{r})=\hat{\psi}^\dagger(\boldsymbol{r})\hat{\psi}(\boldsymbol{r})$ 是在单粒子态 $|\boldsymbol{r}\rangle$ 上的粒子数密度算符, $\hat{\psi}^\dagger(\boldsymbol{r})$ 与 $\hat{\psi}(\boldsymbol{r})$ 分别是在这个态上的产生与湮灭算符.

第三, *用这些算符写出全同粒子体系的观测量算符和 Hamilton 算符, 并在此基础上求解*. 为了看出前面所说的粒子数 $\hat{N}_n$ 确实是粒子的数目, 产生和湮灭算符 $\hat{a}_n^\dagger$ 与 $\hat{a}_n$ 确实是粒子的产生和湮灭算符, 我们把 (29) 和 (30) 式写成算符, 来看看它们的物理含义. 在不考虑粒子之间的相互作用的情况下, 粒子是自由的, 单粒子本征态 $|\varphi_n\rangle$ 也是动量本征态, 有本征值方程

$$\hat{\boldsymbol{p}}|\varphi_n\rangle=\boldsymbol{p}_n|\varphi_n\rangle.$$

于是, 我们有

$$\hat{H}_0=\int \mathrm{d}^3\boldsymbol{r}\hat{\psi}^\dagger(\boldsymbol{r})\hat{h}(\boldsymbol{r})\hat{\psi}(\boldsymbol{r})=\sum_{m,n}\hat{a}_m^\dagger\langle\varphi_m|\hat{h}|\varphi_n\rangle\hat{a}_n=\sum_n\hat{a}_n^\dagger\hat{a}_n\varepsilon_n, \tag{31}$$

$$\hat{\boldsymbol{P}}=\int \mathrm{d}^3\boldsymbol{r}\hat{\psi}^\dagger(\boldsymbol{r})(-\mathrm{i}\hbar\nabla)\hat{\psi}(\boldsymbol{r})=\sum_{m,n}\hat{a}_m^\dagger\langle\varphi_m|\hat{\boldsymbol{p}}|\varphi_n\rangle\hat{a}_n=\sum_n\hat{a}_n^\dagger\hat{a}_n\boldsymbol{p}_n. \tag{32}$$

(31) 式表示在系统的总能量中, $|\varphi_n\rangle$ 态提供 $\hat{a}_n^\dagger\hat{a}_n$ 份能量, 每一份的能量是 ε_n. (32) 式表示在系统的总动量中, $|\varphi_n\rangle$ 态提供 $\hat{a}_n^\dagger\hat{a}_n$ 份动量, 每一份的动量是 $\boldsymbol{p}_n$. 所以, 数目算符 $\hat{N}_n=\hat{a}_n^\dagger\hat{a}_n$ 描述的对象带有一份能量 ε_n 和一份动量 $\boldsymbol{p}_n$, 产生算符 $\hat{a}_n^\dagger$ 和湮灭算符 $\hat{a}_n$ 分别描述产生和湮灭一份能量 ε_n 和一份动量 $\boldsymbol{p}_n$. 换句话说, 它们确实是描述在 $|\varphi_n\rangle$ 态的粒子.

场论的诠释 我们前面在粒子数空间对全同粒子体系的讨论, 出发点是由 (1) 式给出的物理模型. 这是一个具有有限自由度的 *离散的* N *体模型*. 而二次量子化理论相当于选择了另一个物理模型. 单粒子态坐标表象波函数 $\psi(\boldsymbol{r})$ 是一个波场. 把它换成场算符 $\hat{\psi}(\boldsymbol{r})$, 相当于假设了一个具有无限自由度的 *连续的场论模型*, 这个模型的场量就是单粒子态的坐标表象波函数.

按照波函数的统计诠释, 单粒子波函数的模方 $\psi^*(\boldsymbol{r})\psi(\boldsymbol{r})$ 是在 $\boldsymbol{r}$ 测到粒子的概率密度, 在多次测量的情况下, 正比于测到的粒子数. 所以, 在二次量子化理论中, 把 $\psi^*(\boldsymbol{r})\psi(\boldsymbol{r})$ 换成一个观测量算符 $\hat{\psi}^\dagger(\boldsymbol{r})\hat{\psi}(\boldsymbol{r})$, 描述在 $\boldsymbol{r}$ 测到的粒子数密度, 这在物理上与单粒子系统的量子力学是一致的. 不过, 在量子化以后, 场论模型描述的系统具有无限自由度, 系统的总粒子数也可以改变, 是粒子数任意可变的全同粒子体系. 所以, 场论模型所包含的物理比粒子数固定的全同粒子体系要多. 而在粒子数具有确定本征值的特殊情况下, 场论模型则给出全同

粒子体系的结果.

从物理上看, 所谓的二次量子化, 并非真的有第二次量子化, 而是按照单粒子波函数的模式假设了一个粒子数任意可变的场论模型. 当然, 把单粒子的测量概率换成场的观测量粒子数, 这里确实包含了新的物理. 场算符 $\hat{\psi}(\boldsymbol{r})$ 与 $\hat{\psi}^{\dagger}(\boldsymbol{r})$ 的对易关系, 也就是说, 场的量子化规则, 反映了这个新的物理的特性, 需要特别进行讨论. 我们在这里遵循的原则, 是全同粒子的交换对称性, 以及在粒子数本征值等于 1 时理论的结果应该与单粒子量子力学一致. 在这个基础上建立的理论, 就是 *量子场论*. 我们将在下一章来简略地讨论量子场论的量子力学基础.

我想我可以放心地说，没有人懂量子力学.

—— R. Feynman

《物理定律之本性》，1965

第八章　场的量子化

微观粒子物理的基本现象，是在高能过程中伴随有各种粒子的产生、湮灭与相互转化. 粒子物理理论的基本特征，是粒子物理这一基本现象的反映.

首先，在粒子物理中，除了坐标、动量、角动量与能量等粒子的运动学和动力学观测量以外，还有粒子的自旋、宇称、同位旋、轻子数、重子数以及奇异数等等区别不同粒子特征的观测量. 我们在第三章已经讨论过粒子的自旋和宇称，它们分别联系于粒子内部空间的转动对称性和反射对称性. 类似地，粒子的同位旋、轻子数、重子数以及奇异数等观测量也是联系于粒子内部空间的某种对称性. 所以，为了寻找和确定各种描述粒子特征的基本观测量，对称性分析在粒子物理的理论中具有基本的重要性.

其次，粒子物理的实验表明，具有共同基本特征的同一种粒子都是不可分辨的全同粒子，具有交换对称性. 而且，由于有粒子的产生与湮灭，粒子的数目也是基本观测量. 为了描述各种全同粒子的产生与湮灭过程，粒子物理的理论必定是在粒子数空间的具有无限自由度的场的量子理论. 粒子的各种对称性，实际上就是场的各种对称性.

第三，在不同粒子之间发生的转化，表明在它们的场之间存在耦合，这是不同粒子之间相互作用的基本形式. 在粒子物理现象中，系统的态的变化，主要表现为粒子的产生、湮灭以及不同粒子之间的转化. 所以，各种粒子的场之间的耦合，是粒子的动力学理论的核心. 各种场之间的耦合就是它们之间的相互作用. 所以，各种场之间的相互作用，构成了量子场论的核心.

量子场论的完整理论，包括上述三个方面的内容. 具体地说，首先，要讨论满足各种对称性要求的场的模型. 然后，讨论各种场的量子化. 接着，再讨论各种场之间的相互作用. 最后，把整个理论综合运用于各种实际问题，给出能与实验进行比较的结果.

量子场论已经和原子物理、量子化学、固体理论以及原子核理论一样，成为量子力学理论应用和发展的一个重要分支. 而由于粒子物理是物质结构最深层次的物理，粒子物理的经验在我们对物质世界的探索中具有最基本的意义，量子场论又不仅仅是量子力学理论的一般应用和发展，而是属于在基本物理探索前沿的发展中的理论. 特别是，粒子的产生、湮灭和转化是高能过程，属于相对论的范围，量子场论在本质上是相对论性的理论，是量子力学与相对论的完美融合，在基本原理和概念以及在理论结构和框架上都有原则性的拓展. 所以，更恰当点是倒过来说：量子力学是量子场论在低能和粒子数不变情况下的单粒子理论.

对量子场论全面和完整的讨论，超出了本书的主题和范围. 本章的目的，只是从量子力学基本原理的角度来简略地讨论几种场的量子化，指出在具体运用正则量子化规则时会遇到的问题和需要对它进行的修改，并在此基础上根据微观因果性原理讨论自旋与统计的关系和场的定域性问题. 在这个意义上，本章与第五章和第七章一样，都是第四章动力学模型的继续，又是第一章正则量子化和第七章二次量子化理论的深入和发展.

§8.1 标 量 场

1. 场的作用量原理与 Hamilton 正则方程

场的作用量原理 在空间分布的场，是一个无限自由度系统. 场变量 $\phi(\boldsymbol{r},t)$ 可以看作是系统的正则坐标，空间坐标 $\boldsymbol{r}$ 则是系统不同自由度的指标. 把第四章 §4.1 中有限自由度系统的 Lagrange 函数推广到无限自由度，注意不同自由度的 Lagrange 函数可以相加，就可以把系统的 Lagrange 函数写成

$$L(t)=\int \mathrm{d}^3\boldsymbol{r}\mathcal{L}(\phi,\partial_\mu\phi),$$

其中 $\mathcal{L}(\phi,\partial_\mu\phi)$ 是系统的 Lagrange *密度*. 上式的时间积分给出系统的作用量，

$$S=\int \mathrm{d}^4x\mathcal{L}(\phi,\partial_\mu\phi),$$

$\mathrm{d}^4x=c\,\mathrm{d}t\,\mathrm{d}^3\boldsymbol{r}$ 是 4 维时空体积元.

考虑场量的变分

$$\phi(x)\longrightarrow\phi(x)+\delta\phi(x),$$

这里 $x=(ct,\boldsymbol{r})$. 场的作用量原理假设：*对于场量在时空边界固定的变分，真实的场量将使系统作用量取极值*. 在上述变分下，系统作用量的改变是

$$\delta S=\delta\int \mathrm{d}^4x\mathcal{L}=\int \mathrm{d}^4x\left[\frac{\partial\mathcal{L}}{\partial\phi}\delta\phi+\frac{\partial\mathcal{L}}{\partial(\partial_\mu\phi)}\delta(\partial_\mu\phi)\right].$$

利用 $\delta(\partial_\mu\phi)=\partial_\mu\delta\phi$, 对上式第二项做分部积分，考虑到在 4 维时空边界变分为 0, $\delta\phi=0$, 就有

$$\delta S=\int \mathrm{d}^4x\left[\frac{\partial\mathcal{L}}{\partial\phi}-\partial_\mu\frac{\partial\mathcal{L}}{\partial(\partial_\mu\phi)}\right]\delta\phi.$$

于是，作用量取极值 $\delta S=0$ 的条件是

$$\frac{\partial\mathcal{L}}{\partial\phi}-\partial_\mu\frac{\partial\mathcal{L}}{\partial(\partial_\mu\phi)}=0, \tag{1}$$

这就是场 ϕ 的 Euler-Lagrange *方程*, 它是场的运动方程.

Hamilton 正则方程 与场变量 ϕ 共轭的正则动量可以定义为

$$\pi\equiv\frac{\partial\mathcal{L}}{\partial\dot\phi},$$

而场的 Hamilton 函数可以定义为

$$H\equiv\int \mathrm{d}^3\boldsymbol{r}\pi(\boldsymbol{r},t)\dot\phi(\boldsymbol{r},t)-L=\int \mathrm{d}^3\boldsymbol{r}\mathcal{H},$$

其中 $\mathcal{H}$ 是场的 Hamilton 密度,

$$\mathcal{H}=\pi\dot\phi-\mathcal{L}.$$

从 Euler-Lagrange 方程和 $\mathcal{H}$ 的定义，求 Hamilton 密度对于 ϕ 与 π 独立的变分，并且注意 $\mathcal{H}$ 出现在空间积分号下，就可以推出 Hamilton 正则方程

$$\dot\pi=-\frac{\partial\mathcal{H}}{\partial\phi},\qquad \dot\phi=\frac{\partial\mathcal{H}}{\partial\pi},$$

它们与 Euler-Lagrange 方程是等价的.

由于 Hamilton 密度把时间放在一个特殊地位，不容易看出理论的相对论协变性，相对论的场论模型，一般都是从场的 Lagrange 密度出发. 一个场论的模型，就是关于场的 Lagrange 密度的一个具体假设. 知道了场的 Lagrange 密度，就可以从它的 Euler-Lagrange 方程得到场的运动方程，以及场的 Hamilton 函数和 Hamilton 正则方程.

2. 实标量场

模型 Lagrange 密度 我们从最简单的情形开始，考虑场量 $\phi(x)$ 是实标量的场. 从方程 (1) 可以看出， Lagrange 密度中的相加常数项对场的运动方程没有贡献. 同样， Lagrange 密度中场量 ϕ 及其微商 $\partial_\mu\phi$ 的相加一次项对运动方程也没有贡献. 所以，最简单的相对论不变性模型是

$$\mathcal{L}=\frac{1}{2}c^2(\partial_\mu\phi\partial^\mu\phi-\kappa^2\phi^2), \tag{2}$$

其中 $c^2/2$ 是习惯约定的因子. κ 是一个模型参数，下面我们将会看到它正比于

场的粒子的质量 m. 上式第一项称为场的动能项, 第二项称为场的质量项.

Lagrange 密度 (2) 的 Euler-Lagrange 方程给出场 ϕ 的波动方程

$$\partial_\mu \partial^\mu \phi + \kappa^2 \phi = \frac{1}{c^2} \frac{\partial^2 \phi}{\partial t^2} - \nabla^2 \phi + \kappa^2 \phi = 0. \tag{3}$$

这个方程称为 Klein-Gordon *方程*, 它是相对论不变的. 如果把场量 $\phi(\boldsymbol{r}, t)$ 看成某个单粒子态的坐标表象波函数, 则可以看出, 它描述相对论性自由粒子. 实际上, Klein-Gordon 方程有平面波解

$$\varphi_{\boldsymbol{p}}(\boldsymbol{r}, t) = \frac{1}{(2\pi\hbar)^{3/2}} \mathrm{e}^{-\mathrm{i}(Et - \boldsymbol{p}\cdot\boldsymbol{r})/\hbar}, \tag{4}$$

其中 $E = \pm E_p$,

$$E_p = \sqrt{p^2 c^2 + m^2 c^4},$$

粒子质量为

$$m = \frac{\hbar \kappa}{c},$$

参数 κ 则是粒子 *约化* Compton *波长* λ 的倒数,

$$\kappa = \frac{1}{\lambda}, \qquad \lambda = \frac{\hbar}{mc}.$$

所以, 在 (2) 式中没有场的势能项, 模型 Lagrange 密度 (2) 描述自由粒子的场, 简称 *自由场*. 下面将会看到, 这是场的量子化的自然的结果.

正则量子化 由 (2) 式可以算出场的正则动量

$$\pi = \frac{\partial \mathcal{L}}{\partial \dot{\phi}} = \dot{\phi},$$

从而可以算出场的 Hamilton 密度

$$\mathcal{H} = \pi \dot{\phi} - \mathcal{L} = \pi^2 - \frac{1}{2}[\pi^2 - c^2 (\nabla \phi)^2 - c^2 \kappa^2 \phi^2] = \frac{1}{2}[\pi^2 + c^2 (\nabla \phi)^2 + c^2 \kappa^2 \phi^2]. \tag{5}$$

可以看出, 它是正定的.

把场的正则变量 ϕ 和 π 换成算符 $\hat{\phi}$ 和 $\hat{\pi}$, 就得到场的算符的方程. 按照正则量子化规则, 我们可以写出场的正则坐标算符 $\hat{\phi}(\boldsymbol{r}, t)$ 及与其共轭的正则动量算符 $\hat{\pi}(\boldsymbol{r}, t)$ 的正则对易关系

$$[\hat{\phi}(\boldsymbol{r}, t), \hat{\phi}(\boldsymbol{r}', t)] = 0, \quad [\hat{\pi}(\boldsymbol{r}, t), \hat{\pi}(\boldsymbol{r}', t)] = 0, \quad [\hat{\phi}(\boldsymbol{r}, t), \hat{\pi}(\boldsymbol{r}', t)] = \mathrm{i}\hbar \delta(\boldsymbol{r} - \boldsymbol{r}'), \tag{6}$$

这里 $\boldsymbol{r}$ 是算符的三维连续指标. 注意其中各个算符的时间都是 t, 所以这些对易关系称为 *等时对易关系*. 由于这种等时性, 上述对易关系没有相对论协变性, 在 Lorentz 变换下不是不变的. 根据它们, 可以进一步算出具有相对论协变性的对易关系, 见本章 §8.4.

动量表象 为了看出场的量子化的物理含义, 我们把上述结果写到动量表

象. Klein-Gordon 方程 (3) 的一般解, 可以用平面波展开为

$$\phi(\boldsymbol{r},t)=\int\frac{\mathrm{d}^3\boldsymbol{p}}{(2\pi\hbar)^{3/2}}\frac{\hbar}{\sqrt{2E_p}}[a_{\boldsymbol{p}}(t)\mathrm{e}^{\mathrm{i}\boldsymbol{p}\cdot\boldsymbol{r}/\hbar}+a^*_{\boldsymbol{p}}(t)\mathrm{e}^{-\mathrm{i}\boldsymbol{p}\cdot\boldsymbol{r}/\hbar}],\tag{7}$$

其中第二项是第一项的复数共轭, 以保证 $\phi(\boldsymbol{r},t)$ 是实函数. 引入因子 $\hbar/\sqrt{2E_p}$, 是为了使系数 $a_{\boldsymbol{p}}(t)$ 有清楚的物理含义. 时间因子已经吸收到 $a_{\boldsymbol{p}}(t)$ 中,

$$a_{\boldsymbol{p}}(t)=a_{\boldsymbol{p}}\mathrm{e}^{-\mathrm{i}E_pt/\hbar},\qquad a^*_{\boldsymbol{p}}(t)=a^*_{\boldsymbol{p}}\mathrm{e}^{\mathrm{i}E_pt/\hbar},$$

$a_{\boldsymbol{p}}(t)$ 是正能项, 它的复数共轭 $a^*_{\boldsymbol{p}}(t)$ 是负能项. 由此, 我们还可以写出

$$\pi(\boldsymbol{r},t)=\dot{\phi}(\boldsymbol{r},t)=-\mathrm{i}\int\frac{\mathrm{d}^3\boldsymbol{p}}{(2\pi\hbar)^{3/2}}\sqrt{\frac{E_p}{2}}[a_{\boldsymbol{p}}(t)\mathrm{e}^{\mathrm{i}\boldsymbol{p}\cdot\boldsymbol{r}/\hbar}-a^*_{\boldsymbol{p}}(t)\mathrm{e}^{-\mathrm{i}\boldsymbol{p}\cdot\boldsymbol{r}/\hbar}].\tag{8}$$

从 (7) 与 (8) 式可以解出

$$a_{\boldsymbol{p}}(t)=\frac{1}{2}\int\frac{\mathrm{d}^3\boldsymbol{r}}{(2\pi\hbar)^{3/2}}\mathrm{e}^{-\mathrm{i}\boldsymbol{p}\cdot\boldsymbol{r}/\hbar}\left[\frac{\sqrt{2E_p}}{\hbar}\phi(\boldsymbol{r},t)+\mathrm{i}\sqrt{\frac{2}{E_p}}\pi(\boldsymbol{r},t)\right],$$

$$a^*_{\boldsymbol{p}}(t)=\frac{1}{2}\int\frac{\mathrm{d}^3\boldsymbol{r}}{(2\pi\hbar)^{3/2}}\mathrm{e}^{\mathrm{i}\boldsymbol{p}\cdot\boldsymbol{r}/\hbar}\left[\frac{\sqrt{2E_p}}{\hbar}\phi(\boldsymbol{r},t)-\mathrm{i}\sqrt{\frac{2}{E_p}}\pi(\boldsymbol{r},t)\right].$$

量子化 $\phi\to\hat{\phi}$ 与 $\pi\to\hat{\pi}$, 等价于 $a_{\boldsymbol{p}}\to\hat{a}_{\boldsymbol{p}}$ 与 $a^*_{\boldsymbol{p}}\to\hat{a}^\dagger_{\boldsymbol{p}}$. 于是, 我们可以把上述各式都改写成算符的式子. 特别是, (7) 与 (8) 式量子化为

$$\hat{\phi}(\boldsymbol{r},t)=\int\frac{\mathrm{d}^3\boldsymbol{p}}{(2\pi\hbar)^{3/2}}\frac{\hbar}{\sqrt{2E_p}}[\hat{a}_{\boldsymbol{p}}\mathrm{e}^{-\mathrm{i}(E_pt-\boldsymbol{p}\cdot\boldsymbol{r})/\hbar}+\hat{a}^\dagger_{\boldsymbol{p}}\mathrm{e}^{\mathrm{i}(E_pt-\boldsymbol{p}\cdot\boldsymbol{r})/\hbar}],\tag{9}$$

$$\hat{\pi}(\boldsymbol{r},t)=-\mathrm{i}\int\frac{\mathrm{d}^3\boldsymbol{p}}{(2\pi\hbar)^{3/2}}\sqrt{\frac{E_p}{2}}[\hat{a}_{\boldsymbol{p}}\mathrm{e}^{-\mathrm{i}(E_pt-\boldsymbol{p}\cdot\boldsymbol{r})/\hbar}-\hat{a}^\dagger_{\boldsymbol{p}}\mathrm{e}^{\mathrm{i}(E_pt-\boldsymbol{p}\cdot\boldsymbol{r})/\hbar}],\tag{10}$$

其中已经把时间因子明写出来. 由它们解出的 $\hat{a}_{\boldsymbol{p}}$ 与 $\hat{a}^\dagger_{\boldsymbol{p}}$ 为

$$\hat{a}_{\boldsymbol{p}}=\frac{1}{2}\int\frac{\mathrm{d}^3\boldsymbol{r}}{(2\pi\hbar)^{3/2}}\mathrm{e}^{\mathrm{i}(E_pt-\boldsymbol{p}\cdot\boldsymbol{r})/\hbar}\left[\frac{\sqrt{2E_p}}{\hbar}\hat{\phi}(\boldsymbol{r},t)+\mathrm{i}\sqrt{\frac{2}{E_p}}\hat{\pi}(\boldsymbol{r},t)\right],$$

$$\hat{a}^\dagger_{\boldsymbol{p}}=\frac{1}{2}\int\frac{\mathrm{d}^3\boldsymbol{r}}{(2\pi\hbar)^{3/2}}\mathrm{e}^{-\mathrm{i}(E_pt-\boldsymbol{p}\cdot\boldsymbol{r})/\hbar}\left[\frac{\sqrt{2E_p}}{\hbar}\hat{\phi}(\boldsymbol{r},t)-\mathrm{i}\sqrt{\frac{2}{E_p}}\hat{\pi}(\boldsymbol{r},t)\right].$$

利用上述表达式和对易关系 (6), 可以求出算符 $\hat{a}_{\boldsymbol{p}}$ 与 $\hat{a}^\dagger_{\boldsymbol{p}}$ 的下列对易关系

$$[\hat{a}_{\boldsymbol{p}},\hat{a}_{\boldsymbol{p}'}]=0,\qquad[\hat{a}^\dagger_{\boldsymbol{p}},\hat{a}^\dagger_{\boldsymbol{p}'}]=0,\qquad[\hat{a}_{\boldsymbol{p}},\hat{a}^\dagger_{\boldsymbol{p}'}]=\delta(\boldsymbol{p}-\boldsymbol{p}').\tag{11}$$

这正是动量空间 Bose 子的产生与湮灭算符的对易关系, $\hat{a}^\dagger_{\boldsymbol{p}}\hat{a}_{\boldsymbol{p}}$ 是动量为 $\boldsymbol{p}$ 的粒子数密度算符, $\hat{a}^\dagger_{\boldsymbol{p}}$ 和 $\hat{a}_{\boldsymbol{p}}$ 是与之相应的产生和湮灭算符. 注意在有些文献中用波矢量 $\boldsymbol{k}=\boldsymbol{p}/\hbar$ 来标志单粒子态, 在 (11) 式中第三式的右方是 $\delta(\boldsymbol{k}-\boldsymbol{k}')$, 这样定义的产生、湮灭算符与我们这里定义的差一个因子 $\hbar^{3/2}$.

场的 Hamilton 算符 把 (5) 式中的 ϕ 与 π 换成算符 $\hat{\phi}$ 与 $\hat{\pi}$, 代入 (9) 与

(10) 式，并对空间积分，利用上述对易关系 (11)，可以得到场的 Hamilton 算符，

$$\hat{H}=\int \mathrm{d}^3\boldsymbol{r}\hat{\mathcal{H}}=\int \mathrm{d}^3\boldsymbol{p}\int \mathrm{d}^3\boldsymbol{p}' E_p\frac{1}{2}(\hat{a}_{\boldsymbol{p}}\hat{a}^\dagger_{\boldsymbol{p}'}+\hat{a}^\dagger_{\boldsymbol{p}'}\hat{a}_{\boldsymbol{p}})\delta(\boldsymbol{p}-\boldsymbol{p}')$$

$$=\int \mathrm{d}^3\boldsymbol{p}E_p\Big[\hat{a}^\dagger_{\boldsymbol{p}}\hat{a}_{\boldsymbol{p}}+\frac{1}{2}\delta(0)\Big].$$

从这个结果可以看出，*场的每个粒子带有一份能量 E_p，场的能量是量子化的*. 类似的讨论还表明，场的每个粒子带有一份动量 $\boldsymbol{p}$. 上面方括号内的因子 $\delta(0)/2$，是场的*零点能*，它表明，场在没有粒子的真空态也具有能量，并且是无限大. 当然，一个相加常数对于能量并没有意义. 但是在物理上，这就暗示真空有复杂的结构，具有无限自由度. 从理论上看，这一项来自我们的模型假设. 如果假设在模型给出的 Hamilton 密度算符 $\hat{\mathcal{H}}$ 的乘积因子中，产生算符总是出现在湮灭算符的左边，零点能这一项就不存在. 基于这种考虑，我们可以把场的零点能去掉.

我们还可以看出，场的粒子所带的能量 E_p 总是正的，波动方程 (3) 的正能解和负能解分别对应于粒子的湮灭和产生，单粒子理论中的负能解问题在这里不复存在 (参阅第五章 §5.1).

单粒子波函数问题 现在回过来看 (9) 式. 用它向左作用于真空态 $\langle 0|$，得到

$$\langle 0|\hat{\phi}(\boldsymbol{r},t)=\int\frac{\mathrm{d}^3\boldsymbol{p}}{(2\pi\hbar)^{3/2}}\frac{\hbar}{\sqrt{2E_p}}\,\mathrm{e}^{-\mathrm{i}(E_pt-\boldsymbol{p}\cdot\boldsymbol{r})/\hbar}\langle\boldsymbol{p}|,\tag{12}$$

其中 $\langle\boldsymbol{p}|=\langle 0|\hat{a}_{\boldsymbol{p}}$ 是单个粒子动量为 $\boldsymbol{p}$ 的态. 若把上式看作单个粒子处于 $(\boldsymbol{r},t)$ 的态，$|\psi\rangle$ 态在 $(\boldsymbol{r},t)$ 测到一个粒子的概率幅就是

$$\psi(\boldsymbol{r},t)\propto\langle 0|\hat{\phi}(\boldsymbol{r},t)|\psi\rangle=\int\frac{\mathrm{d}^3\boldsymbol{p}}{(2\pi\hbar)^{3/2}}\frac{\hbar}{\sqrt{2E_p}}\,\mathrm{e}^{-\mathrm{i}(E_pt-\boldsymbol{p}\cdot\boldsymbol{r})/\hbar}\psi_{\boldsymbol{p}},$$

其中 $\psi_{\boldsymbol{p}}=\langle\boldsymbol{p}|\psi\rangle$ 是在 $|\psi\rangle$ 态测到一个粒子动量为 $\boldsymbol{p}$ 的概率幅. 这正是用动量本征态的平面波叠加给出的单粒子坐标表象波函数，因子 $\hbar/\sqrt{2E_p}$ 只影响态矢量和波函数的归一化. 而把 $t=0$ 时的 (12) 式看作一个粒子处于 $\boldsymbol{r}$ 的态，就有

$$\langle\boldsymbol{r}|\boldsymbol{p}\rangle\propto\int\frac{\mathrm{d}^3\boldsymbol{p}'}{(2\pi\hbar)^{3/2}}\frac{\hbar}{\sqrt{2E_{p'}}}\,\mathrm{e}^{\mathrm{i}\boldsymbol{p}'\cdot\boldsymbol{r}/\hbar}\langle\boldsymbol{p}'|\boldsymbol{p}\rangle\propto\frac{1}{(2\pi\hbar)^{3/2}}\,\mathrm{e}^{\mathrm{i}\boldsymbol{p}\cdot\boldsymbol{r}/\hbar},$$

这正是粒子坐标与动量表象之间的变换. 所以，场的量子化能够给出粒子动量本征态的坐标表象波函数，它包含了粒子坐标与动量的测不准关系，这是量子力学最基本的实质性结果. 但是 Klein-Gordon 方程 (3) 表明，上述波函数 $\psi(\boldsymbol{r},t)$ 满足的方程包含对时间二次微商，而不是只有对时间一次微商的 Schrödinger 方程. 这就意味着只有非相对论性模型的 Bose 子，才有坐标表象的 Schrödinger 波函数. 事实上，融合相对论与量子力学的量子场论，作为比量子力学更基本和普遍的理论，给出了量子力学的局限和近似. 本章最后一节还要回到这个问题.

3. 复标量场

模型 Lagrange 密度 现在我们来讨论场量 ϕ 是复数的场. Lagrange 密度应该是实数，与 (2) 相应的模型是

$$\mathcal{L} = c^2(\partial_\mu\phi^*\partial^\mu\phi - \kappa^2\phi^*\phi) = \dot{\phi}^*\dot{\phi} - c^2(\nabla\phi^*)\cdot(\nabla\phi) - c^2\kappa^2\phi^*\phi. \tag{13}$$

这里 ϕ^* 与 ϕ 是独立的场变量，它们的运动方程分别是

$$\partial_\mu\partial^\mu\phi + \kappa^2\phi = \frac{1}{c^2}\frac{\partial^2\phi}{\partial t^2} - \nabla^2\phi + \kappa^2\phi = 0,$$

$$\partial_\mu\partial^\mu\phi^* + \kappa^2\phi^* = \frac{1}{c^2}\frac{\partial^2\phi^*}{\partial t^2} - \nabla^2\phi^* + \kappa^2\phi^* = 0.$$

与 ϕ 和 ϕ^* 共轭的正则动量分别是

$$\pi = \frac{\partial\mathcal{L}}{\partial\dot{\phi}} = \dot{\phi}^*, \qquad \pi^* = \frac{\partial\mathcal{L}}{\partial\dot{\phi}^*} = \dot{\phi}.$$

场的 Hamilton 密度是

$$\mathcal{H} = \pi^*\pi + c^2(\nabla\phi^*)\cdot(\nabla\phi) + c^2\kappa^2\phi^*\phi. \tag{14}$$

显然，它是正定的.

整体规范不变性与守恒流密度 对于复数场 ϕ, 我们可以考虑它的规范变换

$$\phi \longrightarrow \mathrm{e}^{\mathrm{i}\alpha}\phi,$$

α 是一个实常数. 这是一个整体规范变换. 规范不变性原理假设场量在上述规范变换下描述的是同一个场. 这就要求场的 Lagrange 密度在上述规范变换下不变. 由 $\delta\phi = \mathrm{i}\alpha\phi$, $\delta\phi^* = -\mathrm{i}\alpha\phi^*$, $\delta\partial_\mu\phi = \mathrm{i}\alpha\partial_\mu\phi$, $\delta\partial_\mu\phi^* = -\mathrm{i}\alpha\partial_\mu\phi^*$, 有

$$\begin{aligned}\delta\mathcal{L} &= \mathrm{i}\alpha\left[\frac{\partial\mathcal{L}}{\partial\phi}\phi - \frac{\partial\mathcal{L}}{\partial\phi^*}\phi^* + \frac{\partial\mathcal{L}}{\partial(\partial_\mu\phi)}\partial_\mu\phi - \frac{\partial\mathcal{L}}{\partial(\partial_\mu\phi^*)}\partial_\mu\phi^*\right] \\ &= \mathrm{i}\alpha\partial_\mu\left[\frac{\partial\mathcal{L}}{\partial(\partial_\mu\phi)}\phi - \frac{\partial\mathcal{L}}{\partial(\partial_\mu\phi^*)}\phi^*\right],\end{aligned}$$

其中分别用到了 ϕ 与 ϕ^* 满足的 Euler-Lagrange 方程. 要求上式为 0, 就有连续性方程

$$\partial_\mu j^\mu = 0.$$

守恒的 4 维流矢量为

$$j^\mu = \frac{q}{\mathrm{i}\hbar}\left[\frac{\partial\mathcal{L}}{\partial(\partial_\mu\phi)}\phi - \frac{\partial\mathcal{L}}{\partial(\partial_\mu\phi^*)}\phi^*\right],$$

q 是与这个守恒流矢量相应的守恒 荷. 对于复标量场 (13), 有

$$j^\mu = \frac{qc^2}{\mathrm{i}\hbar}(\phi\partial^\mu\phi^* - \phi^*\partial^\mu\phi). \tag{15}$$

定域规范不变性与场的荷 我们在第五章 §5.4 曾经指出，如果场 ϕ 具有某

种定域规范不变性，就必定相应地存在一种与它相互作用的场 A_μ，在场的运动方程中采取如下的耦合形式，

$$(-\mathrm{i}\hbar\partial_\mu + qA_\mu)\phi,$$

其中 q 是场 ϕ 与 A_μ 之间的耦合常数. 考虑到 A_μ 是实数，上式的复数共轭是

$$-(-\mathrm{i}\hbar\partial_\mu - qA_\mu)\phi^*,$$

它表明，场 ϕ^* 与 A_μ 之间的耦合常数是 $-q$. 换句话说，如果场 ϕ 具有与场 A_μ 耦合的荷 q，则场 ϕ^* 具有与场 A_μ 耦合的荷 $-q$，它们的荷具有相反的符号. 如果 A_μ 是电磁场，这就意味着，场 ϕ 与其复数共轭场 ϕ^* 的电荷符号相反.

根据上述讨论，我们可以看出，**实数场不能与电磁场耦合，它的电荷为 0，描述电中性粒子. 复数场可以与电磁场耦合，它的电荷有正负两种，描述荷电粒子**(参阅第五章 §5.1 的正反粒子变换和 §5.4 的电荷共轭变换).

正则量子化 现在 ϕ 与 ϕ^* 都是场的独立的正则坐标. 把场的正则变量 ϕ, ϕ^*, π 与 π^* 换成算符 $\hat{\phi}$, $\hat{\phi}^\dagger$, $\hat{\pi}$ 与 $\hat{\pi}^\dagger$，就得到场的算符的方程. 按照正则量子化规则，我们可以写出下列等时对易关系，

$$\left.\begin{aligned}
&\big[\hat{\phi}(\boldsymbol{r},t),\ \ \hat{\phi}(\boldsymbol{r}',t)\big]=0, \big[\hat{\pi}(\boldsymbol{r},t),\ \ \hat{\pi}(\boldsymbol{r}',t)\big]=0, \big[\hat{\phi}(\boldsymbol{r},t),\ \ \hat{\pi}(\boldsymbol{r}',t)\big]=\mathrm{i}\hbar\delta(\boldsymbol{r}-\boldsymbol{r}'),\\
&\big[\hat{\phi}^\dagger(\boldsymbol{r},t),\hat{\phi}^\dagger(\boldsymbol{r}',t)\big]=0, \big[\hat{\pi}^\dagger(\boldsymbol{r},t),\hat{\pi}^\dagger(\boldsymbol{r}',t)\big]=0, \big[\hat{\phi}^\dagger(\boldsymbol{r},t),\hat{\pi}^\dagger(\boldsymbol{r}',t)\big]=\mathrm{i}\hbar\delta(\boldsymbol{r}-\boldsymbol{r}'),\\
&\big[\hat{\phi}(\boldsymbol{r},t),\ \hat{\phi}^\dagger(\boldsymbol{r}',t)\big]=0, \big[\hat{\pi}(\boldsymbol{r},t),\ \hat{\pi}^\dagger(\boldsymbol{r}',t)\big]=0, \big[\hat{\phi}(\boldsymbol{r},t),\ \hat{\pi}^\dagger(\boldsymbol{r}',t)\big]=0.
\end{aligned}\right\} \tag{16}$$

它们表明，场算符 $(\hat{\phi},\hat{\pi})$ 与 $(\hat{\phi}^\dagger,\hat{\pi}^\dagger)$ 分别属于场的不同自由度. 可以看出，上面第二行是第一行的厄米共轭. 所以，只要有了 $(\hat{\phi},\hat{\pi})$，就可以求得 $(\hat{\phi}^\dagger,\hat{\pi}^\dagger)$.

动量表象与电荷量子化 与实标量场的做法类似地，我们可以把场算符 $\hat{\phi}$ 与 $\hat{\pi}$ 用 de Broglie 平面波展开. 不同的是，现在的场量 ϕ 与 π 是复数，相应算符展开式中的正能项与负能项不必互为厄米共轭. 于是我们有

$$\hat{\phi}(\boldsymbol{r},t)=\int\frac{\mathrm{d}^3\boldsymbol{p}}{(2\pi\hbar)^{3/2}}\frac{\hbar}{\sqrt{2E_p}}\left[\hat{a}_{\boldsymbol{p}}\mathrm{e}^{-\mathrm{i}(E_pt-\boldsymbol{p}\cdot\boldsymbol{r})/\hbar}+\hat{b}^\dagger_{\boldsymbol{p}}\mathrm{e}^{\mathrm{i}(E_pt-\boldsymbol{p}\cdot\boldsymbol{r})/\hbar}\right], \tag{17}$$

$$\hat{\pi}(\boldsymbol{r},t)=-\mathrm{i}\int\frac{\mathrm{d}^3\boldsymbol{p}}{(2\pi\hbar)^{3/2}}\sqrt{\frac{E_p}{2}}\left[\hat{b}_{\boldsymbol{p}}\mathrm{e}^{-\mathrm{i}(E_pt-\boldsymbol{p}\cdot\boldsymbol{r})/\hbar}-\hat{a}^\dagger_{\boldsymbol{p}}\mathrm{e}^{\mathrm{i}(E_pt-\boldsymbol{p}\cdot\boldsymbol{r})/\hbar}\right]. \tag{18}$$

与实标量场的情形类似地，我们可以解出

$$\hat{a}_{\boldsymbol{p}}=\frac{1}{2}\int\frac{\mathrm{d}^3\boldsymbol{r}}{(2\pi\hbar)^{3/2}}\mathrm{e}^{\mathrm{i}(E_pt-\boldsymbol{p}\cdot\boldsymbol{r})/\hbar}\left[\frac{\sqrt{2E_p}}{\hbar}\hat{\phi}(\boldsymbol{r},t)+\mathrm{i}\sqrt{\frac{2}{E_p}}\hat{\pi}^\dagger(\boldsymbol{r},t)\right],$$

$$\hat{b}_{\boldsymbol{p}}=\frac{1}{2}\int\frac{\mathrm{d}^3\boldsymbol{r}}{(2\pi\hbar)^{3/2}}\mathrm{e}^{\mathrm{i}(E_pt-\boldsymbol{p}\cdot\boldsymbol{r})/\hbar}\left[\frac{\sqrt{2E_p}}{\hbar}\hat{\phi}^\dagger(\boldsymbol{r},t)+\mathrm{i}\sqrt{\frac{2}{E_p}}\hat{\pi}(\boldsymbol{r},t)\right].$$

利用上述表达式和对易关系 (16), 可以求出算符 $\hat{a}_{\boldsymbol{p}}$, $\hat{a}^\dagger_{\boldsymbol{p}}$, $\hat{b}_{\boldsymbol{p}}$ 与 $\hat{b}^\dagger_{\boldsymbol{p}}$ 的下列对易关系

$$\left.\begin{aligned}&\left[\hat{a}_{\boldsymbol{p}},\hat{a}_{\boldsymbol{p}'}\right]=0,\quad\left[\hat{a}^\dagger_{\boldsymbol{p}},\hat{a}^\dagger_{\boldsymbol{p}'}\right]=0,\quad\left[\hat{a}_{\boldsymbol{p}},\hat{a}^\dagger_{\boldsymbol{p}'}\right]=\delta(\boldsymbol{p}-\boldsymbol{p}'),\\&\left[\hat{b}_{\boldsymbol{p}},\hat{b}_{\boldsymbol{p}'}\right]=0,\quad\left[\hat{b}^\dagger_{\boldsymbol{p}},\hat{b}^\dagger_{\boldsymbol{p}'}\right]=0,\quad\left[\hat{b}_{\boldsymbol{p}},\hat{b}^\dagger_{\boldsymbol{p}'}\right]=\delta(\boldsymbol{p}-\boldsymbol{p}'),\\&\left[\hat{a}_{\boldsymbol{p}},\hat{b}_{\boldsymbol{p}'}\right]=0,\quad\left[\hat{a}_{\boldsymbol{p}},\hat{b}^\dagger_{\boldsymbol{p}'}\right]=0,\quad\left[\hat{a}^\dagger_{\boldsymbol{p}},\hat{b}_{\boldsymbol{p}'}\right]=0,\quad\left[\hat{a}^\dagger_{\boldsymbol{p}},\hat{b}^\dagger_{\boldsymbol{p}'}\right]=0.\end{aligned}\right\}\tag{19}$$

它们表明, 算符 $(\hat{a}_{\boldsymbol{p}},\hat{a}^\dagger_{\boldsymbol{p}})$ 与 $(\hat{b}_{\boldsymbol{p}},\hat{b}^\dagger_{\boldsymbol{p}})$ 分别描述两种 Bose 子, 属于不同的自由度.

根据 (14) 式，我们可以把场的 Hamilton 密度算符写成

$$\hat{\mathcal{H}}=\left[\hat{\pi}^\dagger\hat{\pi}+c^2(\nabla\hat{\phi}^\dagger)\cdot(\nabla\hat{\phi})+c^2\kappa^2\hat{\phi}^\dagger\hat{\phi}\right],$$

它显然是厄米的. 代入 (17) 与 (18) 式，并利用对易关系 (19), 可以算得场的 Hamilton 算符为

$$\hat{H}=\int\mathrm{d}^3\boldsymbol{r}\hat{\mathcal{H}}=\int\mathrm{d}^3\boldsymbol{p}E_p\left[\hat{a}^\dagger_{\boldsymbol{p}}\hat{a}_{\boldsymbol{p}}+\hat{b}^\dagger_{\boldsymbol{p}}\hat{b}_{\boldsymbol{p}}+\delta(0)\right],$$

它表明复标量场的两种粒子每一个带有一份能量 E_p. 与实标量场的情形类似地，我们可以把这里的零点能去掉. 类似的讨论表明每个粒子携带动量 $\boldsymbol{p}$.

根据 (15) 式，我们可以把场的守恒流密度算符写成

$$\hat{j}^\mu=\frac{qc^2}{\mathrm{i}\hbar}\left(\hat{\phi}\partial^\mu\hat{\phi}^\dagger-\hat{\phi}^\dagger\partial^\mu\hat{\phi}\right).$$

考虑到守恒流总是出现在空间积分中，并且在无限远边界上的值为 0, 就可以看出上述算符是厄米的. 由连续性方程

$$\partial_\mu\hat{j}^\mu=\frac{\partial\rho}{\partial t}+\nabla\cdot\hat{\boldsymbol{j}}=0,$$

我们有

$$\begin{aligned}\hat{\rho}&=\frac{1}{c}\hat{j}^0=\frac{q}{\mathrm{i}\hbar}\left[\hat{\phi}\frac{\partial\hat{\phi}^\dagger}{\partial t}-\hat{\phi}^\dagger\frac{\partial\hat{\phi}}{\partial t}\right]=\frac{q}{\mathrm{i}\hbar}\left(\hat{\phi}\hat{\pi}-\hat{\phi}^\dagger\hat{\pi}^\dagger\right),\\\hat{\boldsymbol{j}}&=-\frac{qc^2}{\mathrm{i}\hbar}\left(\hat{\phi}\nabla\hat{\phi}^\dagger-\hat{\phi}^\dagger\nabla\hat{\phi}\right).\end{aligned}$$

代入 (17) 与 (18) 式，并利用对易关系 (19), 可以算得

$$\hat{Q}=\int\mathrm{d}^3\boldsymbol{r}\hat{\rho}=\int\mathrm{d}^3\boldsymbol{p}\,q\left(\hat{a}^\dagger_{\boldsymbol{p}}\hat{a}_{\boldsymbol{p}}-\hat{b}^\dagger_{\boldsymbol{p}}\hat{b}_{\boldsymbol{p}}\right).$$

上述结果表明，对于场的总电荷 Q, 每一个与 $(\hat{a}_{\boldsymbol{p}},\hat{a}^\dagger_{\boldsymbol{p}})$ 相联系的粒子贡献一个 q, 每一个与 $(\hat{b}_{\boldsymbol{p}},\hat{b}^\dagger_{\boldsymbol{p}})$ 相联系的粒子贡献一个 $-q$, 这两种粒子的电荷符号相反.

§8.2 电 磁 场

1. 自由电磁场的运动方程与规范条件

电磁场的 4 维矢量势 A_μ 用 4 维矢量势 $A^\mu = (\Phi/c, \boldsymbol{A})$ 作为电磁场的正则坐标，我们在第五章 §5.4 中已经给出电场强度 $\boldsymbol{E}$ 与磁感应强度 $\boldsymbol{B}$ 的表达式

$$\boldsymbol{E} = -\nabla\Phi - \frac{\partial \boldsymbol{A}}{\partial t}, \qquad \boldsymbol{B} = \nabla \times \boldsymbol{A}.$$

这两个 3 维矢量，是下述 4 维完全反对称电磁场张量的 6 个独立分量：

$$F_{\mu\nu} = \partial_\mu A_\nu - \partial_\nu A_\mu. \tag{20}$$

实际上，我们可以写成

$$F^{0i} = -\frac{1}{c}E^i, \qquad F^{ij} = -\epsilon^{ijk}B_k.$$

写成矩阵的形式，就是

$$(F^{\mu\nu}) = \begin{pmatrix} 0 & -E^1/c & -E^2/c & -E^3/c \\ E^1/c & 0 & -B^3 & B^2 \\ E^2/c & B^3 & 0 & -B^1 \\ E^3/c & -B^2 & B^1 & 0 \end{pmatrix}.$$

多余的自由度 4 维矢量势 A^μ 的空间部分 $\boldsymbol{A}$ 有 3 个分量，表示电磁场的自旋为 1, $s=1$, 有 3 个投影，$m_s = 0, \pm 1$. 如果电磁场的粒子具有质量，我们就可以换到粒子静止的参考系，这三个投影之间可以通过空间转动相联系，都是可以观测到的. 但是在实际上，作为电磁场的粒子，光子没有质量，以光速运动，我们不可能换到光子静止的参考系. 在自旋的 3 个投影中，只有在 1 与 -1 之间可以通过空间反射相联系. 如果选择光子运动方向 $\boldsymbol{p}$ 为 z 轴方向，则 $m_s = 1$ 的态是右旋的，$m_s = -1$ 的态是左旋的，它们互为空间反射态. 所以，对于电磁场的情形，由于光子质量为 0, 只有自旋投影与运动方向相同和相反的这两个态，*在 $\boldsymbol{A}$ 的 3 个分量中，只有两个是独立的，有一个非物理的多余自由度.*

这是从物理上分析. 下面，我们进一步从理论的数学结构上来分析，并给出解决的办法.

规范条件 从 $F_{\mu\nu}$ 的定义 (20) 可以看出，它在 4 维矢量势 A_μ 的下述规范变换下不变：

$$A_\mu \longrightarrow A'_\mu = A_\mu + \partial_\mu \chi,$$

χ 是任意实函数，

$$\chi = \chi(\boldsymbol{r}, t).$$

所以，在选择 4 维矢势 A_μ 作为对电磁场进行动力学描述的正则坐标时，存在一定的任意性. 这种任意性是一种非物理的自由度，它表明 A_μ 的 4 个分量不完全独立，我们可以给它们加上附加条件. 这种对于 A_μ 的附加条件称为 *规范条件*.

不同的规范条件, 给出不同的规范. 常用的规范有 Lorentz 规范, Coulomb 规范 和 辐射规范. Lorentz 规范又称 Lorenz 规范，其规范条件是

$$\partial_\mu A^\mu = 0.$$

这个规范条件是相对论不变的，但是它不能消除所有的非物理自由度，在理论结果中含有非物理成分，需要设法排除.

Coulomb 规范条件是

$$\nabla \cdot \boldsymbol{A} = 0 \tag{21}$$

和

$$\nabla^2 \varPhi = -\frac{\rho}{\varepsilon_0},$$

这里 ρ 是产生场的电荷密度，ε_0 是真空介电常数. 在 Coulomb 规范里标量势 $\varPhi$ 不是独立变量，而是由电荷分布确定的函数. 对于自由电磁场，$\rho = 0$, 可以选择

$$\varPhi = 0, \tag{22}$$

它与条件 (21) 一起给出的规范，称为 *辐射规范*.

我们不难看出，当矢量势 $\boldsymbol{A}$ 是平面波时，(21) 式给出

$$\boldsymbol{k} \cdot \boldsymbol{A} = 0,$$

$\boldsymbol{A}$ 与波矢量 $\boldsymbol{k}$ 正交，只有在与 $\boldsymbol{k}$ 垂直的平面内的两个分量，没有沿着波矢量方向的分量. *$\boldsymbol{A}$ 是横场，没有纵向分量*. 所以，在 Coulomb 规范或辐射规范中，由于条件 (21), $\boldsymbol{A}$ 的 3 个分量中只有两个是独立的, 能够完全消除非物理的自由度. 这样做的代价, 是失去了理论在形式上的相对论协变性, 对于最后得到的结果的相对论协变性，需要进行专门的讨论.

2. 电磁场的量子化

自由电磁场的 Lagrange 密度与运动方程 在国际单位制里，电磁场的 Lagrange 密度可以用 $F_{\mu\nu}$ 写成

$$\mathcal{L} = -\frac{1}{4\mu_0} F_{\mu\nu} F^{\mu\nu},$$

这里 μ_0 是真空磁导率. 这个 $\mathcal{L}$ 的 Euler-Lagrange 方程给出电磁场的运动方程为

$$\partial^\mu F_{\mu\nu} = 0. \tag{23}$$

另外，由 $F_{\mu\nu}$ 的定义 (20), 容易验证有

$$\partial_\lambda F_{\mu\nu} + \partial_\mu F_{\nu\lambda} + \partial_\nu F_{\lambda\mu} = 0. \tag{24}$$

(23) 式给出自由电磁场的 Gauss 定律和 Maxwell 位移电流定律

$$\nabla \cdot \boldsymbol{E} = 0, \qquad \nabla \times \boldsymbol{B} = \frac{1}{c^2}\frac{\partial \boldsymbol{E}}{\partial t},$$

而 (24) 式给出 Faraday 定律与磁场无源定律

$$\nabla \times \boldsymbol{E} = -\frac{\partial \boldsymbol{B}}{\partial t}, \qquad \nabla \cdot \boldsymbol{B} = 0.$$

所以，(23) 式与 (24) 式就是自由电磁场的 Maxwell 方程组. $\mathcal{L}$ 也可以用 $\boldsymbol{E}$ 与 $\boldsymbol{B}$ 表达成

$$\mathcal{L} = \frac{1}{2\mu_0}\left(\frac{1}{c^2}E^2 - B^2\right).$$

与场的正则坐标 A_μ 共轭的正则动量 P^μ 是

$$P^\mu = \frac{\partial \mathcal{L}}{\partial \dot{A}_\mu} = \frac{1}{\mu_0 c}(\partial^\mu A^0 - \partial^0 A^\mu),$$

也就是

$$P^0 = 0, \qquad \boldsymbol{P} = \varepsilon_0 \boldsymbol{E},$$

注意其中 $A_0 = \Phi/c$. 与标量势 A_0 共轭的正则动量为0, $P^0 = 0$. 这意味着在量子化以后 $\hat{A}_0$ 与所有算符对易，所以它实际上不是算符，与 $\hat{A}_i$ 不同. $\hat{A}_0$ 与 $\hat{A}_i$ 不同，在形式上就失去了 Lorentz 协变性. 可以修改 $\mathcal{L}$, 使之给出的 $P^0 \neq 0$, 从而在给出恰当场方程的同时，还保持 Lorentz 协变性.

为此，可以选定 Lorentz 规范，把 $\mathcal{L}$ 修改为

$$\mathcal{L} = -\frac{1}{4\mu_0} F_{\mu\nu}F^{\mu\nu} - \frac{1}{2\mu_0}(\partial_\mu A^\mu)^2.$$

新增的第二项，称为*规范固定项*. 由于 $\mathcal{L}$ 出现在积分中，可以去掉一个 4 维散度项，把上式简化为

$$\mathcal{L} = -\frac{1}{2\mu_0}\,\partial_\mu A_\nu \partial^\mu A^\nu.$$

由此 $\mathcal{L}$ 算得

$$\frac{\partial \mathcal{L}}{\partial \partial_\mu A_\nu} = -\frac{1}{\mu_0}\,\partial^\mu A^\nu, \qquad \frac{\partial \mathcal{L}}{\partial A_\mu} = 0,$$

从而 Euler-Lagrange 方程成为 A^μ 的 d'Alembert 方程

$$\partial_\mu \partial^\mu A^\nu = 0.$$

正则量子化与 Lorentz 条件 现在，与 A_μ 共轭的正则动量为

$$P^\mu = \frac{\partial \mathcal{L}}{\partial \dot{A}_\mu} = -\frac{1}{\mu_0 c}\,\partial^0 A^\mu = -\frac{1}{\mu_0 c^2}\dot{A}^\mu = -\varepsilon_o \dot{A}^\mu,$$

其中用到 $\varepsilon_0\mu_0 c^2 = 1$. 于是，在量子化以后可以写出正则量子化的等时对易关系：

$$\left.\begin{aligned} &[\hat{A}_\mu(\boldsymbol{r},t), \hat{A}_\nu(\boldsymbol{r}',t)] = 0, \qquad [\hat{P}_\mu(\boldsymbol{r},t), \hat{P}_\nu(\boldsymbol{r}',t)] = 0, \\ &[\hat{A}_\mu(\boldsymbol{r},t), \hat{P}^\nu(\boldsymbol{r}',t)] = \mathrm{i}\hbar g_\mu{}^\nu \delta(\boldsymbol{r}-\boldsymbol{r}'), \end{aligned}\right\} \tag{25}$$

上面第三式右边的度规张量 $g_\mu{}^\nu$ 是相对论协变性的要求. 由于 $\hat{P}_\mu = -\dot{\hat{A}}_\mu/\mu_0 c^2$, 上述对易关系的后二式可化为

$$[\dot{\hat{A}}_\mu(\boldsymbol{r},t), \dot{\hat{A}}_\nu(\boldsymbol{r}',t)] = 0, \qquad [\dot{\hat{A}}_\mu(\boldsymbol{r},t), \hat{A}_\nu(\boldsymbol{r}',t)] = \mathrm{i}\hbar\mu_0 c^2 g_{\mu\nu}\delta(\boldsymbol{r}-\boldsymbol{r}'). \tag{26}$$

若把 Lorentz 规范条件 $\partial_\mu A^\mu = \dot{A}^0 - \nabla\cdot\boldsymbol{A} = 0$ 看作算符关系，就有 $\dot{\hat{A}}_0 = \nabla\cdot\hat{\boldsymbol{A}}$, 这与上述对易关系第二式冲突. 所以， Lorentz 条件不能当作对算符的约束，而是对算符平均值的约束，即

$$\langle\psi|\partial^\mu \hat{A}_\mu|\psi\rangle = 0,$$

其中 $|\psi\rangle$ 是系统的物理态. 这称为*弱 Lorentz 规范条件*, 简称 *Lorentz 条件*. 下面在动量表象里将会看出，这个条件还可进一步简化.

极化矢量与动量表象 场算符 $\hat{A}_\mu$ 有 4 个分量，需要引入 4 个独立的 4 维单位矢量 $e^\sigma_{\boldsymbol{p}\mu}$, 它们依赖于动量 $\boldsymbol{p}$, σ=0,1,2,3 是 4 个矢量的序标， μ 是每个矢量的 4 维分量指标. $e^0_{\boldsymbol{p}\mu}$ 是类时矢量， $e^i_{\boldsymbol{p}\mu}$ 是类空矢量. 它们满足 Lorentz 不变的正交归一化关系

$$e^\sigma_{\boldsymbol{p}} \cdot e^{\sigma'}_{\boldsymbol{p}} = g^{\mu\nu} e^\sigma_{\boldsymbol{p}\mu} e^{\sigma'}_{\boldsymbol{p}\nu} = e^\sigma_{\boldsymbol{p}0} e^{\sigma'}_{\boldsymbol{p}0} - e^\sigma_{\boldsymbol{p}1} e^{\sigma'}_{\boldsymbol{p}1} - e^\sigma_{\boldsymbol{p}2} e^{\sigma'}_{\boldsymbol{p}2} - e^\sigma_{\boldsymbol{p}3} e^{\sigma'}_{\boldsymbol{p}3} = g^{\sigma\sigma'},$$

和下述完备性关系

$$g_{\sigma\sigma'} e^\sigma_{\boldsymbol{p}\mu} e^{\sigma'}_{\boldsymbol{p}\nu} = e^0_{\boldsymbol{p}\mu} e^0_{\boldsymbol{p}\nu} - e^1_{\boldsymbol{p}\mu} e^1_{\boldsymbol{p}\nu} - e^2_{\boldsymbol{p}\mu} e^2_{\boldsymbol{p}\nu} - e^3_{\boldsymbol{p}\mu} e^3_{\boldsymbol{p}\nu} = g_{\mu\nu}.$$

当动量沿第 3 轴时， $p^\mu = (E_p/c, 0, 0, p)$, $p = |\boldsymbol{p}|$, 可取以下极化矢量

$$e^0 = \begin{pmatrix} 1 \\ 0 \\ 0 \\ 0 \end{pmatrix}, \quad e^1 = \begin{pmatrix} 0 \\ 1 \\ 0 \\ 0 \end{pmatrix}, \quad e^2 = \begin{pmatrix} 0 \\ 0 \\ 1 \\ 0 \end{pmatrix}, \quad e^3 = \begin{pmatrix} 0 \\ 0 \\ 0 \\ 1 \end{pmatrix}.$$

容易看出有

$$p^\mu e^{(1,2)}_{\boldsymbol{p}\mu} = 0,$$

即 e^1 与 e^2 是*横向极化矢量*, e^3 是*纵向极化矢量*.

由于 $\hat{A}_\mu(\boldsymbol{r},t)$ 满足 d'Alembert 方程，有平面波解，利用单位矢量 $e^\sigma_{\boldsymbol{p}\mu}$ 就可以把它展开为

$$\hat{A}_\mu(\boldsymbol{r},t)=\int\frac{\mathrm{d}^3\boldsymbol{p}}{(2\pi\hbar)^{3/2}}\frac{\hbar}{\sqrt{2\varepsilon_0E_p}}\sum_{\sigma=0}^{3}e^\sigma_{\boldsymbol{p}\mu}\Big[\hat{a}_{\boldsymbol{p}\sigma}\mathrm{e}^{-\mathrm{i}(E_pt-\boldsymbol{p}\cdot\boldsymbol{r})/\hbar}+\hat{a}^\dagger_{\boldsymbol{p}\sigma}\mathrm{e}^{\mathrm{i}(E_pt-\boldsymbol{p}\cdot\boldsymbol{r})/\hbar}\Big],\quad(27)$$

其中明写出了对 σ 的求和. 利用单位矢量 $e^\sigma_{\boldsymbol{p}\mu}$ 的正交归一化关系，从上式可以解出

$$\hat{a}_{\boldsymbol{p}\sigma}=g_{\sigma\sigma'}e^{\sigma'}_{\boldsymbol{p}\mu}\int\frac{\mathrm{d}^3\boldsymbol{r}}{(2\pi\hbar)^{3/2}}\sqrt{\frac{\varepsilon_0}{2E_p}}\left[\frac{E_p}{\hbar}\hat{A}^\mu(\boldsymbol{r},t)+\mathrm{i}\dot{\hat{A}}^\mu(\boldsymbol{r},t)\right]\mathrm{e}^{\mathrm{i}(E_pt-\boldsymbol{p}\cdot\boldsymbol{r})/\hbar},$$

$$\hat{a}^\dagger_{\boldsymbol{p}\sigma}=g_{\sigma\sigma'}e^{\sigma'}_{\boldsymbol{p}\mu}\int\frac{\mathrm{d}^3\boldsymbol{r}}{(2\pi\hbar)^{3/2}}\sqrt{\frac{\varepsilon_0}{2E_p}}\left[\frac{E_p}{\hbar}\hat{A}^\mu(\boldsymbol{r},t)-\mathrm{i}\dot{\hat{A}}^\mu(\boldsymbol{r},t)\right]\mathrm{e}^{-\mathrm{i}(E_pt-\boldsymbol{p}\cdot\boldsymbol{r})/\hbar}.$$

利用场算符的对易关系 (25) 与 (26), 就可算得

$$[\hat{a}_{\boldsymbol{p}\sigma},\hat{a}_{\boldsymbol{p}'\sigma'}]=0,\qquad[\hat{a}^\dagger_{\boldsymbol{p}\sigma},\hat{a}^\dagger_{\boldsymbol{p}'\sigma'}]=0,\qquad[\hat{a}_{\boldsymbol{p}\sigma},\hat{a}^\dagger_{\boldsymbol{p}'\sigma'}]=-g_{\sigma\sigma'}\delta(\boldsymbol{p}-\boldsymbol{p}').\quad(28)$$

这是在动量本征态的 Bose 子产生与湮灭算符的对易关系，$\sigma=0$ 的光子称为 *标量光子* 或 *类时光子*, $\sigma=1,2$ 的光子称为 *横光子*, 而 $\sigma=3$ 的光子称为 *纵光子*. 下面将指出，标量光子与纵光子是非物理的，其效应可由规范条件消去.

动量表象的 Lorentz 条件 把 $\hat{A}_\mu(\boldsymbol{r},t)$ 分成正能与负能项之和，

$$\hat{A}_\mu(\boldsymbol{r},t)=\hat{A}^{(+)}_\mu(\boldsymbol{r},t)+\hat{A}^{(-)}_\mu(\boldsymbol{r},t),$$

$$\hat{A}^{(+)}_\mu(\boldsymbol{r},t)=[\hat{A}^{(-)}_\mu(\boldsymbol{r},t)]^\dagger=\int\frac{\mathrm{d}^3\boldsymbol{p}}{(2\pi\hbar)^{3/2}}\frac{\hbar}{\sqrt{2\varepsilon_0E_p}}\sum_{\sigma=0}^{3}e^\sigma_{\boldsymbol{p}\mu}\hat{a}_{\boldsymbol{p}\sigma}\mathrm{e}^{-\mathrm{i}(E_pt-\boldsymbol{p}\cdot\boldsymbol{r})/\hbar},$$

就有

$$\begin{aligned}\langle\psi|\partial_\mu\hat{A}^\mu|\psi\rangle&=\langle\psi|\partial^\mu\hat{A}^{(+)}_\mu|\psi\rangle+\langle\psi|\partial^\mu\hat{A}^{(-)}_\mu|\psi\rangle,\\&=\langle\psi|\partial^\mu\hat{A}^{(+)}_\mu|\psi\rangle+\text{h.c.},\end{aligned}$$

其中 h.c. 表示前项的厄米共轭. 于是， Lorentz 条件简化为

$$\partial^\mu\hat{A}^{(+)}_\mu|\psi\rangle=0.$$

代入 $\hat{A}^{(+)}_\mu(\boldsymbol{r},t)$ 的动量空间展开式和 $p^\mu=(E_p/c,0,0,p)$, $E_p=pc$, 上式就等价于

$$e^\sigma_{\boldsymbol{p}\mu}p^\mu\hat{a}_{\boldsymbol{p}\sigma}|\psi\rangle=p\,(\hat{a}_{\boldsymbol{p}0}-\hat{a}_{\boldsymbol{p}3})|\psi\rangle=0,$$

从而 Lorentz 条件最后简化为

$$(\hat{a}_{\boldsymbol{p}0}-\hat{a}_{\boldsymbol{p}3})|\psi\rangle=0.$$

这就是说， *对于任何物理态，标量光子与纵光子同时存在，不存在单独的标量光子或纵光子.*

此外，由上式还有

$$\langle\psi|\hat{a}_{\boldsymbol{p}0}^{\dagger}\hat{a}_{\boldsymbol{p}0}-\hat{a}_{\boldsymbol{p}3}^{\dagger}\hat{a}_{\boldsymbol{p}3}|\psi\rangle=0. \tag{29}$$

由于对易关系 (28) 第三式右边的因子 $-g_{\sigma\sigma'}$，标量光子的光子数密度算符有一负号，

$$\hat{N}_{\boldsymbol{p}0}=-\hat{a}_{\boldsymbol{p}0}^{\dagger}\hat{a}_{\boldsymbol{p}0},$$

于是 (29) 式表明，标量光子数与纵光子数之和在物理态的平均为零，从而*标量光子与纵光子对物理观测量的贡献相反，互相抵消，没有可观测效应*. 所以标量光子与纵光子属于非物理自由度. 下面就来看能量的具体情形.

光子的能量 由 $P^\mu=-\varepsilon_0\dot{A}^\mu$，可以把电磁场的 Hamilton 密度写成

$$\begin{aligned}\mathcal{H}&=P^\mu\dot{A}_\mu-\mathcal{L}=-\varepsilon_0\dot{A}_\mu\dot{A}^\mu+\frac{1}{2\mu_0}\partial_\mu A_\nu\partial^\mu A^\nu\\&=-\frac{1}{2}\varepsilon_0\dot{A}_\mu\dot{A}^\mu+\frac{1}{2\mu_0}\partial_i A_\nu\partial^i A^\nu=-\frac{\varepsilon_0}{2}(\dot{A}_\mu\dot{A}^\mu-A_\mu\ddot{A}^\mu),\end{aligned}$$

其中考虑到 $\mathcal{H}$ 出现于体积分中，去掉了一个 3 维散度项，并用到 A^μ 满足的 d'Alembert 方程. 量子化以后，代入 $\hat{A}_\mu(\boldsymbol{r},t)$ 的展开式 (27)，并注意 4 维单位矢量的正交归一化关系，就可算得

$$\hat{H}=\int\mathrm{d}^3\boldsymbol{r}\hat{\mathcal{H}}(\boldsymbol{r})=-\sum_{\sigma,\sigma'}g^{\sigma\sigma'}\int\mathrm{d}^3\boldsymbol{p}E_p\left[\hat{a}_{\boldsymbol{p}\sigma}^{\dagger}\hat{a}_{\boldsymbol{p}\sigma'}-\frac{1}{2}g_{\sigma\sigma'}\delta(0)\right], \tag{30}$$

其中用到对易关系 (28). 与标量场类似地，可以把零点能去掉. 注意因子 $-g^{\sigma\sigma'}$ 使得标量光子项有一负号，根据 (29) 式，上式在任何物理态平均的结果，都只是横光子才有贡献. 所以，*虽然每种光子都贡献能量，不过对于任何物理态，标量光子与纵光子的贡献相反，互相抵消，只有横光子才有可观测的效应*. 于是，在 (30) 式的实际计算中，对 σ,σ' 的求和只需取横光子.

上式表明，*电磁场的能量是量子化的，电磁场的粒子光子是 Bose 子，具有两个不同的偏振态，每个光子携带能量 $E_p=pc$*. 类似的讨论还可以表明*每个光子携带动量 $\boldsymbol{p}$*，从而，*光子没有质量，以光速运动*.

需要指出，若采用 Coulomb 规范或辐射规范，则量子化的电磁场只有横光子，不存在标量光子与纵光子，实际结果与这里一致，概念和推导都比这里简单. 而这种简单的代价，则是失去了理论明显的 Lorentz 协变性. 我们就不在这里给出在 Coulomb 规范或辐射规范中量子化的具体做法，有兴趣的读者可以参阅本书的第一版，或有关量子场论的书籍.

不定度规概念 前面已经看到，由于 Lorentz 协变性的要求，光子产生湮灭

算符的对易关系中包含因子 $g_{\sigma\sigma'}$, 使得类时光子的光子数算符有一负号，于是有

$$\langle n_{\boldsymbol{p}0}|\hat{a}^{\dagger}_{\boldsymbol{p}0}\hat{a}_{\boldsymbol{p}0}|n_{\boldsymbol{p}0}\rangle = -\langle n_{\boldsymbol{p}0}|\hat{N}_{\boldsymbol{p}0}|n_{\boldsymbol{p}0}\rangle = -n_{\boldsymbol{p}0}\langle n_{\boldsymbol{p}0}|n_{\boldsymbol{p}0}\rangle.$$

而上式左边又可写成

$$\langle n_{\boldsymbol{p}0}-1|\sqrt{n_{\boldsymbol{p}0}}\cdot\sqrt{n_{\boldsymbol{p}0}}|n_{\boldsymbol{p}0}-1\rangle = n_{\boldsymbol{p}0}\langle n_{\boldsymbol{p}0}-1|n_{\boldsymbol{p}0}-1\rangle.$$

令上述二式右边相等，就有

$$\langle n_{\boldsymbol{p}0}|n_{\boldsymbol{p}0}\rangle = -\langle n_{\boldsymbol{p}0}-1|n_{\boldsymbol{p}0}-1\rangle = \cdots = (-1)^{n_{\boldsymbol{p}0}}\langle 0|0\rangle.$$

态矢量的模方可正可负，这就意味着所考虑的 Hilbert 空间有不定度规. Gupta 与 Bleuler [①] 采用具有不定度规的量子力学 [②], 严谨地论证了上述具有相对论协变性的量子化理论.

在 4 维时空中，任一矢量 A_μ 的模方

$$A\cdot A = g_{\mu\nu}A^\mu A^\nu$$

不是正定的， $g_{\mu\nu}$ 中有正有负，这就是 Minkowski 空间的 *不定度规*. 正是这种 Minkowski 空间的不定度规，使得类时光子产生湮灭算符对易关系右边出现负号，导致了 Hilbert 空间有不定度规.

具有不定度规的量子力学定义态矢量 $|\psi\rangle$ 的模方为

$$\langle\psi|\hat{\eta}|\psi\rangle,$$

其中 $\hat{\eta}$ 称为 *度规算符*. 要求态矢量模方为实数，就要求 $\hat{\eta}$ 是厄米算符，

$$\hat{\eta}^\dagger = \hat{\eta}.$$

根据量子力学的统计诠释，物理态的模方必须大于 0. 所有模方非正的态都是非物理态，称为 *鬼态*.

观测量 $\hat{F}$ 在态矢量 $|\psi\rangle$ 上的平均值定义为

$$\langle F\rangle = \frac{\langle\psi|\hat{\eta}\hat{F}|\psi\rangle}{\langle\psi|\hat{\eta}|\psi\rangle}.$$

要求 $\hat{F}$ 的平均值为实数，就要求

$$\hat{F} = \hat{\eta}^{-1}\hat{F}^\dagger\hat{\eta}.$$

这就是说， $\hat{F}$ 的平均值为实数的条件不再是自厄性 $\hat{F}=\hat{F}^\dagger$, 而是上述条件. 把上式右边定义的算符 $\hat{\eta}^{-1}\hat{F}^\dagger\hat{\eta}$ 称为 $\hat{F}$ 的 *伴算符*, 则上式就是算符 $\hat{F}$ 的 *自伴条件*. *在不定度规的量子力学里，自伴算符的平均值为实数*.

---

① S. Gupta, *Proc. Roy. Soc.* **63A** (1950) 681; K. Bleuler, *Helv. Phys. Acta* **23** (1950) 567.

② P.A.M. Dirac, *Comm. Dublin Inst. Advanced Studies* **A**, No.1 (1943); W. Pauli, *Rev. Mod. Phys.* **15** (1943) 175.

度规算符的具体性质，要由物理问题的具体条件来确定．Gupta-Bleuler 理论根据电磁场的物理性质，确定了度规算符在光子数表象的表示，以及相关的计算公式，有兴趣的读者可以参阅他们的论文或有关书籍①．

3. 电磁场相干态

描述个别高能光子参与的粒子物理过程，光子数本征态是方便与恰当的选择．但是对于有大量光子参与的低能电磁现象，例如用激光束做的实验，由于光子数并不确定，用光子数本征态就不方便．使用电场 $\boldsymbol{E}$ 或磁场 $\boldsymbol{B}$ 的本征态也不方便，因为它们的算符不对易，当电场有本征值时，磁场就有很大的起伏，反之亦然．所以在量子光学中，用得更多的是相干态．在相干态上，电场与磁场的起伏都降到最小．

相干态 光子湮灭算符 $\hat{a}$ 的本征态 $|z\rangle$ (见 §2.4)，称为电磁场的 *相干态*．处于相干态的电磁场，态矢量可以写成

$$|\{z\}\rangle = |z_1 z_2 \cdots z_m \cdots\rangle = |z_1\rangle|z_2\rangle\cdots|z_m\rangle\cdots.$$

用相干态的公式

$$\langle z|f(\hat{a}^\dagger)g(\hat{a})|z\rangle = f(z^*)g(z),$$

容易算出

$$\begin{aligned}\langle\hat{A}_\mu(\boldsymbol{r},t)\rangle &= \langle z|\hat{A}_\mu(\boldsymbol{r},t)|z\rangle \\ &= \int\frac{\mathrm{d}^3\boldsymbol{p}}{(2\pi\hbar)^{3/2}}\frac{\hbar}{\sqrt{2\varepsilon_0 E_p}}\,e^\sigma_{\boldsymbol{p}\mu}\left[a_{\boldsymbol{p}\sigma}\mathrm{e}^{-\mathrm{i}(E_pt-\boldsymbol{p}\cdot\boldsymbol{r})/\hbar}+a^*_{\boldsymbol{p}\sigma}\mathrm{e}^{\mathrm{i}(E_pt-\boldsymbol{p}\cdot\boldsymbol{r})/\hbar}\right] \\ &= A_\mu(\boldsymbol{r},t),\end{aligned}$$

式中 $a_{\boldsymbol{p}\sigma}$ 与 $a^*_{\boldsymbol{p}\sigma}$ 已经不是算符而是复数．上式表明，电磁场矢量势算符 $\hat{A}_\mu(\boldsymbol{r},t)$ 在相干态的平均，等于经典电磁场矢量势 $A_\mu(\boldsymbol{r},t)$．所以，*对于处在相干态的电磁场，其平均性质可以用经典电动力学来分析*，这正是通常用电磁波这一物理图像来描述激光的理论基础．注意 **这不是单个光子的量子力学波函数，处于相干态的光子数是不确定的**．本章最后将会指出，单个光子没有坐标表象波函数．

相干态的光子数分布 考虑单模相干态 $|z\rangle$，它在光子数表象的波函数 $Z_n(z)$ (见 §2.4) 给出光子数的概率幅，于是光子数分布为

$$P_n(z) = |Z_n(z)|^2 = \frac{|z|^{2n}\mathrm{e}^{-|z|^2}}{n!},$$

① 例如： W. Pauli，《泡利物理学讲义 6. 场量子化选题》，洪铭熙、苑之方译，人民教育出版社， 1983 年， 72 页； 邹国兴，《量子场论导论》，科学出版社， 1980 年， 37 页．

即 相干态的光子数分布是 Poisson 分布.

容易算出，在相干态上平均光子数为

$$\langle n\rangle=\langle z|\hat{a}^\dagger\hat{a}|z\rangle=z^*z=|z|^2,$$

相干态本征值的模方 $|z|^2$ 是平均光子数. 此外，光子数平方的平均为

$$\langle n^2\rangle=\langle z|\hat{a}^\dagger\hat{a}\hat{a}^\dagger\hat{a}|z\rangle=z^*\langle z|\hat{a}\hat{a}^\dagger|z\rangle z=|z|^2\langle z|\hat{a}^\dagger\hat{a}+1|z\rangle=|z|^2(|z|^2+1).$$

从而光子数的均方差为

$$\langle(n-\langle n\rangle)^2\rangle=\langle n^2\rangle-\langle n\rangle^2=|z|^2,$$

光子数的相对起伏为

$$\frac{\langle(n-\langle n\rangle)^2\rangle^{1/2}}{\langle n\rangle}=\frac{1}{|z|}=\frac{1}{\langle n\rangle^{1/2}}.$$

以上结果表明，在相干态上电磁场的起伏相当小，虽然光子数起伏 (均方差) 随场振幅 $|z|$ 的增加而增加，但相对起伏在大振幅的经典极限时很小.

§8.3 旋 量 场

1. 旋量场的 Lagrange 密度与观测量密度

旋量场的 Lagrange 密度 我们可以把 Dirac 旋量场的 Lagrange 密度写成

$$\mathcal{L}=c\overline{\psi}(\mathrm{i}\hbar\gamma^\mu\partial_\mu-mc)\psi. \tag{31}$$

它的 Euler-Lagrange 方程给出自由粒子的 Dirac 方程

$$(\mathrm{i}\hbar\gamma^\mu\partial_\mu-mc)\psi=0,$$

其共轭方程为

$$\mathrm{i}\hbar(\partial_\mu\overline{\psi})\gamma^\mu+mc\overline{\psi}=0.$$

把满足上述运动方程的 ψ 代入 (31) 式，有

$$\mathcal{L}=c\overline{\psi}(\mathrm{i}\hbar\gamma^\mu\partial_\mu-mc)\psi=0.$$

所以， 自由旋量场的 Lagrange 密度对于真实的场量等于0. 这意味着作用量积分在 $\mathcal{L}=0$ 时达到极值.

旋量场的观测量密度 从 Lagrange 密度 (31) 式，我们可以算出与场的正则坐标 ψ 和 $\psi^\dagger$ 共轭的正则动量分别是

$$\begin{aligned}\pi_\psi&=\frac{\partial\mathcal{L}}{\partial\dot{\psi}}=\mathrm{i}\hbar\overline{\psi}\gamma^0=\mathrm{i}\hbar\psi^\dagger,\\ \pi_{\psi^\dagger}&=\frac{\partial\mathcal{L}}{\partial\dot{\psi}^\dagger}=0,\end{aligned}$$

这意味着我们不能把 ψ 与 $\psi^\dagger$ 都作为独立的正则坐标. 在事实上, 它们是互为共轭的, 一个是正则坐标, 另一个就正比于与其共轭的正则动量. 只要当 Lagrange 密度对 $\dot{\psi}$ 是 1 阶时, 就会出现这种情况.

由于 $\mathcal{L}=0$, 自由旋量场的 Hamilton 密度为

$$\mathcal{H}=\pi_\psi\dot{\psi}-\mathcal{L}=\pi_\psi\dot{\psi}=\psi^\dagger\Big(\mathrm{i}\hbar\frac{\partial}{\partial t}\Big)\psi=\psi^\dagger(-\mathrm{i}\hbar c\boldsymbol{\alpha}\cdot\nabla+mc^2\beta)\psi.$$

上述圆括号中的量, 正是自由粒子 Dirac 方程的 Hamilton 算符. 类似地, 还可以写出旋量场的动量密度

$$\mathcal{P}=\psi^\dagger(-\mathrm{i}\hbar\nabla)\psi,$$

以及守恒荷密度

$$\mathcal{Q}=q\psi^\dagger\psi.$$

如果把 ψ 与 $\psi^\dagger$ 换成算符, 上述 $\mathcal{H},\mathcal{P}$ 与 $\mathcal{Q}$ 就与二次量子化理论中的 Hamilton 密度算符、动量密度算符与电荷密度算符相同 (见第七章 §7.4). 下面我们就来讨论旋量场的量子化.

2. 旋量场的量子化

正则量子化的困难 把旋量 ψ 及其厄米共轭 $\psi^\dagger$ 换成算符 $\hat{\psi}$ 与 $\hat{\psi}^\dagger$, 我们就可以得到量子化的旋量场. 上面已经指出, $\hat{\psi}$ 满足自由粒子的 Dirac 方程, 所以我们可以用自由粒子的平面波解把它及其厄米共轭展开为

$$\hat{\psi}(\boldsymbol{r},t)=\sum_\xi\int\frac{\mathrm{d}^3\boldsymbol{p}}{(2\pi\hbar)^{3/2}}\Big[u(\boldsymbol{p},\xi)\hat{c}_{\boldsymbol{p}\xi}\mathrm{e}^{-\mathrm{i}(E_pt-\boldsymbol{p}\cdot\boldsymbol{r})/\hbar}+v(\boldsymbol{p},\xi)\hat{d}^\dagger_{\boldsymbol{p}\xi}\mathrm{e}^{\mathrm{i}(E_pt-\boldsymbol{p}\cdot\boldsymbol{r})/\hbar}\Big],\quad(32)$$

$$\hat{\psi}^\dagger(\boldsymbol{r},t)=\sum_\xi\int\frac{\mathrm{d}^3\boldsymbol{p}}{(2\pi\hbar)^{3/2}}\Big[u^\dagger(\boldsymbol{p},\xi)\hat{c}^\dagger_{\boldsymbol{p}\xi}\mathrm{e}^{\mathrm{i}(E_pt-\boldsymbol{p}\cdot\boldsymbol{r})/\hbar}+v^\dagger(\boldsymbol{p},\xi)\hat{d}_{\boldsymbol{p}\xi}\mathrm{e}^{-\mathrm{i}(E_pt-\boldsymbol{p}\cdot\boldsymbol{r})/\hbar}\Big].\quad(33)$$

利用 Dirac 旋量 $u(\boldsymbol{p},\xi)$ 与 $v(\boldsymbol{p},\xi)$ 的正交归一化关系 (见第五章 §5.2), 从它们可以解出

$$\hat{c}_{\boldsymbol{p}\xi}=\int\mathrm{d}^3\boldsymbol{r}u^\dagger(\boldsymbol{p},\xi)\hat{\psi}(\boldsymbol{r},t)\mathrm{e}^{\mathrm{i}(E_pt-\boldsymbol{p}\cdot\boldsymbol{r})/\hbar},$$

$$\hat{d}^\dagger_{\boldsymbol{p}\xi}=\int\mathrm{d}^3\boldsymbol{r}v^\dagger(\boldsymbol{p},\xi)\hat{\psi}(\boldsymbol{r},t)\mathrm{e}^{-\mathrm{i}(E_pt-\boldsymbol{p}\cdot\boldsymbol{r})/\hbar}.$$

把场算符的展开式 (32) 与 (33) 代入 Hamilton 密度算符的表达式, 可以得到

$$\hat{H}=\int\mathrm{d}^3\boldsymbol{r}\hat{\mathcal{H}}=\int\mathrm{d}^3\boldsymbol{r}\hat{\psi}^\dagger(\boldsymbol{r},t)\mathrm{i}\hbar\frac{\partial}{\partial t}\hat{\psi}(\boldsymbol{r},t)=\sum_\xi\int\mathrm{d}^3\boldsymbol{p}E_p(\hat{c}^\dagger_{\boldsymbol{p}\xi}\hat{c}_{\boldsymbol{p}\xi}-\hat{d}_{\boldsymbol{p}\xi}\hat{d}^\dagger_{\boldsymbol{p}\xi}),\quad(34)$$

这就是在动量表象中旋量场 Hamilton 算符的表达式.

如果采用正则量子化, 算符 $(\hat{c}^\dagger_{\boldsymbol{p}\xi},\hat{c}_{\boldsymbol{p}\xi})$ 与 $(\hat{d}^\dagger_{\boldsymbol{p}\xi},\hat{d}_{\boldsymbol{p}\xi})$ 就满足 Bose 子产生、湮

灭算符的对易关系, 体系的态矢量对两个粒子的交换不变, 在单粒子态 $|\boldsymbol{p}\xi\rangle$ 的粒子数密度算符 $\hat{c}^\dagger_{\boldsymbol{p}\xi}\hat{c}_{\boldsymbol{p}\xi}$ 与 $\hat{d}^\dagger_{\boldsymbol{p}\xi}\hat{d}_{\boldsymbol{p}\xi}$ 的本征值不受限制. 这与实验不符. 迄今为止的实验表明自旋 $s=1/2$ 的粒子是 Fermi 子, 遵从 Pauli 不相容原理和 Fermi-Dirac 统计 (见第三章 §3.7). 此外, (34) 式 $-\hat{d}_{\boldsymbol{p}\xi}\hat{d}^\dagger_{\boldsymbol{p}\xi}$ 项是负的, 这就使得体系的总能量成为非正定的. 对于自由场的能量, 这个结果是非物理和不能接受的. 为了避免这种结果, 我们不得不放弃正则量子化, 而寻求另外的量子化.

Jordan-Wigner 量子化 我们可以假设下列在动量表象中的 Fermi 子反对易关系:

$$\left.\begin{aligned}
&\{\hat{c}_{\boldsymbol{p}\xi},\hat{c}_{\boldsymbol{p}'\xi'}\}=0,\quad \{\hat{c}^\dagger_{\boldsymbol{p}\xi},\hat{c}^\dagger_{\boldsymbol{p}'\xi'}\}=0,\quad \{\hat{c}_{\boldsymbol{p}\xi},\hat{c}^\dagger_{\boldsymbol{p}'\xi'}\}=\delta_{\xi\xi'}\delta(\boldsymbol{p}-\boldsymbol{p}'),\\
&\{\hat{d}_{\boldsymbol{p}\xi},\hat{d}_{\boldsymbol{p}'\xi'}\}=0,\quad \{\hat{d}^\dagger_{\boldsymbol{p}\xi},\hat{d}^\dagger_{\boldsymbol{p}'\xi'}\}=0,\quad \{\hat{d}_{\boldsymbol{p}\xi},\hat{d}^\dagger_{\boldsymbol{p}'\xi'}\}=\delta_{\xi\xi'}\delta(\boldsymbol{p}-\boldsymbol{p}'),\\
&\{\hat{c}_{\boldsymbol{p}\xi},\hat{d}_{\boldsymbol{p}'\xi'}\}=0,\quad \{\hat{c}^\dagger_{\boldsymbol{p}\xi},\hat{d}^\dagger_{\boldsymbol{p}'\xi'}\}=0,\quad \{\hat{c}_{\boldsymbol{p}\xi},\hat{d}^\dagger_{\boldsymbol{p}'\xi'}\}=0,\quad \{\hat{c}^\dagger_{\boldsymbol{p}\xi},\hat{d}_{\boldsymbol{p}'\xi'}\}=0.
\end{aligned}\right\}\tag{35}$$

由于场算符是反对易的, Hamilton 算符 (34) 式 $-\hat{d}_{\boldsymbol{p}\xi}\hat{d}^\dagger_{\boldsymbol{p}\xi}$ 项可以用上述反对易关系改写成正的,

$$\hat{H}=\sum_\xi\int \mathrm{d}^3\boldsymbol{p}E_p[\hat{c}^\dagger_{\boldsymbol{p}\xi}\hat{c}_{\boldsymbol{p}\xi}+\hat{d}^\dagger_{\boldsymbol{p}\xi}\hat{d}_{\boldsymbol{p}\xi}-\delta(0)],\tag{36}$$

其中 $\delta(0)$ 是场的零点能, 可以与标量场和电磁场类似地处理. 于是, 对旋量场采取 Jordan-Wigner *反对易关系* 量子化, 自由场的总能量就是正定的.

运用反对易关系 (35), 从展开式 (32) 与 (33) 可以算出下列坐标表象场算符的 Jordan-Wigner 反对易关系

$$\left.\begin{aligned}
&\{\hat{\psi}_\alpha(\boldsymbol{r},t),\hat{\psi}_\beta(\boldsymbol{r}',t)\}=0,\qquad \{\hat{\psi}^\dagger_\alpha(\boldsymbol{r},t),\hat{\psi}^\dagger_\beta(\boldsymbol{r}',t)\}=0,\\
&\{\hat{\psi}_\alpha(\boldsymbol{r},t),\hat{\psi}^\dagger_\beta(\boldsymbol{r}',t)\}=\delta_{\alpha\beta}\delta(\boldsymbol{r}-\boldsymbol{r}').
\end{aligned}\right\}\tag{37}$$

由于 Jordan-Wigner 反对易关系 (35) 与 (37) 是 Fermi 子产生湮灭算符的反对易关系, 它保证了体系的态矢量在两个粒子的交换下变号, 是反对称的, 在同一个单粒子态上最多只能填 1 个粒子, 满足 Pauli 不相容原理.

粒子与反粒子 除了场的 Hamilton 算符 $\hat{H}$, 我们还可以计算场的总动量算符 $\hat{P}$ 和总守恒荷算符 $\hat{Q}$, 分别得到

$$\hat{P}=\int \mathrm{d}^3\boldsymbol{r}\hat{\mathcal{P}}=\int \mathrm{d}^3\boldsymbol{r}\hat{\psi}^\dagger(\boldsymbol{r},t)(-\mathrm{i}\hbar\nabla)\hat{\psi}(\boldsymbol{r},t)=\sum_\xi\int \mathrm{d}^3\boldsymbol{p}\,\boldsymbol{p}(\hat{c}^\dagger_{\boldsymbol{p}\xi}\hat{c}_{\boldsymbol{p}\xi}-\hat{d}_{\boldsymbol{p}\xi}\hat{d}^\dagger_{\boldsymbol{p}\xi}),$$

$$\hat{Q}=\int \mathrm{d}^3\boldsymbol{r}\hat{\mathcal{Q}}=\int \mathrm{d}^3\boldsymbol{r}\hat{\psi}^\dagger(\boldsymbol{r},t)\hat{\psi}(\boldsymbol{r},t)=\sum_\xi\int \mathrm{d}^3\boldsymbol{p}\,q(\hat{c}^\dagger_{\boldsymbol{p}\xi}\hat{c}_{\boldsymbol{p}\xi}+\hat{d}_{\boldsymbol{p}\xi}\hat{d}^\dagger_{\boldsymbol{p}\xi}).$$

可以看出, 如果采用正则量子化, 则分别由 $(\hat{c}_{\boldsymbol{p}\xi},\hat{c}^\dagger_{\boldsymbol{p}\xi})$ 和 $(\hat{d}_{\boldsymbol{p}\xi},\hat{d}^\dagger_{\boldsymbol{p}\xi})$ 描述的两种粒子电荷相同动量相反, 是同一种粒子. 而采用 Jordan-Wigner 反对易关系 (35) 与

(37) 量子化，则旋量场的这两种粒子动量相同电荷相反，一种是正粒子，另一种就是反粒子. 在这个意义上， Jordan-Wigner 量子化还保持了与单粒子 Dirac 方程相一致的物理诠释. 而我们在前面已经指出，量子场论的结果在粒子数本征值等于 1 时应该与单粒子量子力学一致，这是我们在建造场的量子理论时应该遵循的一个基本的原则.

Jordan-Wigner 量子化与测不准原理 从形式上看， Jordan-Wigner 量子化 (37) 式不同于正则量子化. 这种在数学和形式上的不同，意味着在物理和内容上包含某种新的物理原理.

测不准原理是关于物理观测量的原理，而描述物理观测量的算符必须是厄米算符 (见第一章 §1.3). 实标量场与电磁场的场算符都是厄米的. 复标量场可以分解为两个实标量场，分别描述电荷不同的两种粒子. 所以，我们对它们写出的正则量子化对易关系，确实是关于物理观测量的对易关系.

旋量场的情形不同. 旋量场的算符 $\hat{\psi}$ 与 $\hat{\psi}^\dagger$ 不是厄米的，它们并不代表物理观测量. 所以， Jordan-Wigner 量子化的反对易关系 (37) 并不是关于物理观测量的，它与测不准原理并不冲突. 或者反过来说，测不准原理并不意味着必须有对易关系而不能有反对易关系 (37). 事实上，旋量场的物理观测量，都可以表示为旋量的双线性型，两个相容观测量的算符，仍然是对易的.

不过，量子力学的测不准原理未能为旋量场的 Jordan-Wigner 量子化提供依据，还需要为此提出另外的物理原理. 为什么对旋量场必须放弃正则量子化而选择 Jordan- Wigner 量子化？前面已经提出能量算符的正定性和正反粒子的对称性这两个物理要求. 在下一节将会看到，之所以必须选择 Jordan-Wigner 量子化，还有比这两个要求更深层的物理原理，这就是相对论的微观因果性原理.

前面对 (12) 式的讨论已经指出，场的量子化自动包含了粒子坐标与动量的测不准，而这里的讨论表明，测不准原理并不能完全确定旋量场的量子化. 所以，量子场论并不是简单地把量子力学运用于在时空中分布的场，量子场论是量子力学的扩充与发展. **量子场论是比量子力学更基础更普遍的理论**.

§8.4 微观因果性原理

1. 协变对易关系和反对易关系

前面对标量场和电磁场给出的对易关系 (6), (16), (25) 和 (26), 以及旋量场的反对易关系 (37), 都是在同一个时刻 t 的场算符之间的关系，不是相对论协变的. 为了本节的讨论，我们需要与它们相应的具有相对论协变性的关系. 下面我们分别给出标量场的协变对易关系和旋量场的协变反对易关系. 电磁场的协变对易关系与标量场的类似, 我们就不具体写出.

标量场的协变对易关系 对于实标量场, 我们来计算

$$[\hat{\phi}(x), \hat{\phi}(x')] = \mathrm{i}\hbar\Delta(x - x'), \tag{38}$$

其中 x 是 (x^0, x^1, x^2, x^3) 的简写. 利用展开式 (9) 和 (10) 以及对易关系 (11), 可以算得

$$\begin{aligned}\Delta(x - x') &= -\mathrm{i}\hbar\int\frac{\mathrm{d}^3\boldsymbol{p}}{(2\pi\hbar)^3}\frac{1}{2E_p}\left\{\mathrm{e}^{-\mathrm{i}[E_p(t-t')-\boldsymbol{p}\cdot(\boldsymbol{r}-\boldsymbol{r}')]/\hbar} - \mathrm{e}^{\mathrm{i}[E_p(t-t')-\boldsymbol{p}\cdot(\boldsymbol{r}-\boldsymbol{r}')]/\hbar}\right\}\\ &= -\mathrm{i}\hbar\int\frac{\mathrm{d}^3\boldsymbol{p}}{(2\pi\hbar)^3}\frac{\mathrm{d}p^0}{c}\overline{\epsilon}(p^0)\delta(p_\mu p^\mu - m^2c^2)\mathrm{e}^{-\mathrm{i}p_\mu(x^\mu - x^{\mu\prime})/\hbar},\end{aligned} \tag{39}$$

其中

$$\int\frac{\mathrm{d}^3\boldsymbol{p}}{(2\pi\hbar)^3}\frac{1}{2E_p} = \int\frac{\mathrm{d}^3\boldsymbol{p}}{(2\pi\hbar)^3}\frac{\mathrm{d}p^0}{c}\delta(p_\mu p^\mu - m^2c^2)\epsilon(p^0),$$

$\epsilon(\xi)$ 是在第二章 §2.1 中定义的阶跃函数, 而 $\overline{\epsilon}(\xi) = \epsilon(\xi) - \epsilon(-\xi)$ 是下列阶跃函数:

$$\overline{\epsilon}(\xi) = \begin{cases} 1, & \xi > 0, \\ -1, & \xi < 0. \end{cases}$$

由于场算符 $\hat{\phi}(x)$ 满足 Klein-Gordon 方程, 从 (38) 式我们可以推知函数 $\Delta(x - x')$ 也是 Klein-Gordon 方程的解, 并且是其宗量的奇函数:

$$(\partial_\mu\partial^\mu + \kappa^2)\Delta(x - x') = 0, \qquad \Delta(x' - x) = -\Delta(x - x').$$

此外, 由于 $\overline{\epsilon}(p^0)$ 对类时间隔 $p_\mu p^\mu > 0$ 在 Lorentz 变换下不变, 对易函数 $\Delta(x)$ 从而对易关系 (38) 具有相对论协变性, 在 Lorentz 变换下不变. 在等时的情况, $t = t'$, 从 (39) 式可以看出

$$\Delta(\boldsymbol{r}, 0) = 0,$$

对易关系 (38) 成为 (6) 中的第一式. 而由于 $\Delta(x - x')$ 在 Lorentz 变换下不变, 我们可以推知上式对于所有由类空间隔分开的两点 x 与 x' 也成立:

$$\Delta(x - x') = 0, \quad (x - x')^2 < 0, \tag{40}$$

其中 $(x - x')^2$ 是 $(x_\mu - x_\mu{}')(x^\mu - x^{\mu\prime})$ 的简写. 从 (39) 式我们还可以推出当 $t = t'$ 时有

$$\frac{\partial}{\partial t}\Delta(x - x')|_{t=t'} = -\delta(\boldsymbol{r} - \boldsymbol{r}'),$$

于是从 (38) 式我们还可以得到 (6) 中的第三式.

对复标量场, 类似地我们可以得到

$$[\hat{\phi}(x), \hat{\phi}(x')] = 0, \qquad [\hat{\phi}^\dagger(x), \hat{\phi}^\dagger(x')] = 0, \qquad [\hat{\phi}(x), \hat{\phi}^\dagger(x')] = \mathrm{i}\hbar\Delta(x - x').$$

若把复标量场表示为两个实标量场 $\hat{\phi}_1$ 与 $\hat{\phi}_2$ 的组合，

$$\hat{\phi} = \frac{1}{\sqrt{2}}(\hat{\phi}_1 + \mathrm{i}\hat{\phi}_2), \qquad \hat{\phi}^\dagger = \frac{1}{\sqrt{2}}(\hat{\phi}_1 - \mathrm{i}\hat{\phi}_2),$$

则有

$$[\hat{\phi}_i(x), \hat{\phi}_j(x')] = \mathrm{i}\hbar\delta_{ij}\Delta(x - x'), \quad i, j = 1, 2. \tag{41}$$

旋量场的协变反对易关系 为了计算 Dirac 旋量场的协变反对易关系，我们先来推导几个关于旋量的公式．首先，从旋量 $w(E, \boldsymbol{p}, \xi)$ 的方程 (见第五章 §5.2)

$$(c\boldsymbol{\alpha} \cdot \boldsymbol{p} + \beta mc^2 - E)w = 0,$$

及其共轭旋量 $\overline{w} = w^\dagger\gamma^0$ 的方程

$$\overline{w}(c\boldsymbol{\alpha} \cdot \boldsymbol{p} - \beta mc^2 + E) = 0,$$

用 w 从右边乘上式，并利用 w 的方程，有

$$\overline{w}(E, \boldsymbol{p}, \xi)(c\boldsymbol{\alpha} \cdot \boldsymbol{p} - \beta mc^2 + E)w(E, \boldsymbol{p}, \xi') = 2\overline{w}(E, \boldsymbol{p}, \xi)(E - \beta mc^2)w(E, \boldsymbol{p}, \xi') = 0,$$

于是有

$$\overline{w}(E, \boldsymbol{p}, \xi)w(E, \boldsymbol{p}, \xi') = \frac{mc^2}{E}w^\dagger(E, \boldsymbol{p}, \xi)w(E, \boldsymbol{p}, \xi').$$

对于正能解和负能解分别写出来，就可以得到下列正交归一化关系：

$$\overline{u}(\boldsymbol{p}, \xi)u(\boldsymbol{p}, \xi') = \frac{mc^2}{E_p}u^\dagger(\boldsymbol{p}, \xi)u(\boldsymbol{p}, \xi') = \frac{mc^2}{E_p}\delta_{\xi\xi'},$$

$$\overline{v}(\boldsymbol{p}, \xi)v(\boldsymbol{p}, \xi') = -\frac{mc^2}{E_p}v^\dagger(\boldsymbol{p}, \xi)v(\boldsymbol{p}, \xi') = -\frac{mc^2}{E_p}\delta_{\xi\xi'}.$$

其次，我们定义 P_+ 和 P_-，

$$P_+ = \frac{E_p}{mc^2}\sum_\xi u(\boldsymbol{p}, \xi)\overline{u}(\boldsymbol{p}, \xi), \qquad P_- = -\frac{E_p}{mc^2}\sum_\xi v(\boldsymbol{p}, \xi)\overline{v}(\boldsymbol{p}, \xi).$$

利用上述正交归一化关系以及正能解与负能解的正交关系，可以得到

$$(P_+)^2 = P_+, \qquad (P_-)^2 = P_-, \qquad P_+P_- = P_-P_+ = 0. \tag{42}$$

另一方面，我们可以一般地写出

$$P_\pm = a_\pm + b_\pm\gamma_\mu p^\mu.$$

利用上述关系 (42), 可以定出系数 $a_\pm$ 和 $b_\pm$, 从而得到

$$P_\pm = \frac{1}{2mc}(\pm\gamma_\mu p^\mu + mc).$$

最后，利用展开式 (32), (33) 和反对易关系 (37), 以及上述公式，我们可以算得

$$\left.\begin{aligned}&\{\hat{\psi}_\alpha(x),\hat{\psi}_\beta(x')\}=0, \qquad \{\overline{\hat{\psi}}_\alpha(x),\overline{\hat{\psi}}_\beta(x')\}=0,\\&\{\hat{\psi}_\alpha(x),\overline{\hat{\psi}}_\beta(x')\}=\mathrm{i}\frac{c}{\hbar}S_{\alpha\beta}(x-x'),\end{aligned}\right\} \tag{43}$$

其中

$$S_{\alpha\beta}(x-x')=(\mathrm{i}\hbar\gamma^\mu\partial_\mu+mc)_{\alpha\beta}\Delta(x-x').$$

2. 微观因果性原理及两个有关的问题

微观因果性原理 如果用连续的时空坐标 $(t,\boldsymbol{r})$ 作为描述系统的参数，讨论一个场论模型，并要求理论的表述不依赖于惯性参考系的选择，在 Lorentz 变换下不变，我们就要求系统的相互作用在时空中的传播速度不大于光速 c. 按照这个要求，*在类空间隔分开的两点上，场的物理观测量一定是相容的*. 这是因为，由类空间隔分开的两点不能用光信号相联系，在这两点上进行的任何测量是互不相干的. 这个要求称为*微观因果性原理*.

场的物理观测量，例如前面讨论过的场的能量，动量，电荷，等等，一般来说都可以表示成场量的双线性型，

$$\hat{O}=\int \mathrm{d}^3\boldsymbol{r}\hat{\mathcal{O}}(\boldsymbol{r},t),$$

$$\hat{\mathcal{O}}(x)=\hat{\varphi}_r(x)\hat{\varphi}_s(x),$$

其中 $\hat{\varphi}_r(x)$ 和 $\hat{\varphi}_s(x)$ 对于标量场代表 $\hat{\phi}$ 和 $\hat{\phi}^\dagger$ 以及它们的组合，对于旋量场代表旋量 $\hat{\psi}$ 和 $\hat{\psi}^\dagger$ 的各种分量的组合.

根据微观因果性原理和测不准定理，在类空间隔分开的两点上，场的观测量算符 $\hat{\mathcal{O}}(x)$ 必须互相对易:

$$[\hat{\mathcal{O}}(x),\hat{\mathcal{O}}(x')]=0, \qquad (x-x')^2<0. \tag{44}$$

这个条件称为*微观因果性条件*. 一个场的算符，必须满足这个微观因果性条件，由它描述的场才具有确定的物理含义.

容易看出，如果在类空间隔分开的两点上场的算符 $\hat{\varphi}(x)$ 对易或反对易，则微观因果性条件 (44) 成立. 更确切地说，微观因果性条件 (44) 成立的一般条件是

$$[\hat{\varphi}_r(x),\hat{\varphi}_s(x')]=0, \qquad (x-x')^2<0,$$

或

$$\{\hat{\varphi}_r(x),\hat{\varphi}_s(x')\}=0, \qquad (x-x')^2<0.$$

对于实标量场，场算符 $\hat{\phi}(x)$ 是厄米的，它本身就是物理观测量. 从 (38) 式和 (40) 式，我们确实有

$$[\hat{\phi}(x), \hat{\phi}(x')] = 0, \qquad (x-x')^2 < 0.$$

复标量场可以用两个实标量场来表示，它们分别都满足上述条件. 对于 Dirac 旋量场，除了 (43) 中前二式

$$\{\hat{\psi}_\alpha(x), \hat{\psi}_\beta(x')\} = 0, \qquad \{\overline{\hat{\psi}}_\alpha(x), \overline{\hat{\psi}}_\beta(x')\} = 0,$$

从 (40) 式与 (43) 中第三式我们还有

$$\{\hat{\psi}_\alpha(x), \overline{\hat{\psi}}_\beta(x')\} = 0, \qquad (x-x')^2 < 0,$$

这是因为 $\Delta(x-x')$ 对所有类空间隔都为 0, 所以

$$S_{\alpha\beta}(x-x') = (\mathrm{i}\hbar\gamma^\mu\partial_\mu + mc)_{\alpha\beta}\Delta(x-x') = 0, \qquad (x-x')^2 < 0.$$

下面我们从微观因果性条件 (44) 来确定场的量子化规则.

微观因果性条件与场的量子化 前面已经指出，用正则对易关系量子化的标量场满足微观因果性条件 (44), 用 Jordan-Wigner 反对易关系量子化的旋量场也满足微观因果性条件 (44). 现在我们来表明，如果对标量场用 Jordan-Wigner 反对易关系量子化，对旋量场用正则对易关系量子化，则不能满足微观因果性条件 (44).

实际上，把对易关系 (11) 换成相应的反对易关系，重复上一小节对 (38) 式的推导，我们就得到

$$\{\hat{\phi}(x), \hat{\phi}(x')\} = \hbar\Delta_1(x-x'), \tag{45}$$

其中

$$\Delta_1(x-x') = \hbar\int\frac{\mathrm{d}^3\boldsymbol{p}}{(2\pi\hbar)^3}\frac{1}{2E_p}\left\{\mathrm{e}^{-\mathrm{i}[E_p(t-t')-\boldsymbol{p}\cdot(\boldsymbol{r}-\boldsymbol{r}')]/\hbar} + \mathrm{e}^{\mathrm{i}[E_p(t-t')-\boldsymbol{p}\cdot(\boldsymbol{r}-\boldsymbol{r}')]/\hbar}\right\}.$$

类似地，把反对易关系 (35) 换成相应的对易关系，重复上一小节对 (43) 式的推导，我们可以算得

$$[\hat{\psi}_\alpha(x), \overline{\hat{\psi}}_\beta(x')] = \frac{c}{\hbar}S_{1\alpha\beta}(x-x'), \tag{46}$$

其中

$$S_{1\alpha\beta}(x-x') = (\mathrm{i}\hbar\gamma^\mu\partial_\mu + mc)_{\alpha\beta}\Delta_1(x-x').$$

$\Delta_1(x-x')$ 也满足 Klein-Gordon 方程，但是对于类空间隔 $(x-x')^2 < 0$ 它**不等于** 0,

$$\Delta_1(x-x') \neq 0, \qquad (x-x')^2 < 0.$$

实际上，当类空间隔大于粒子的约化 Compton 波长 $\lambda = \hbar/mc$ 时，有

$$\Delta_1(x-x') \sim \frac{1}{-(x-x')^2}\mathrm{e}^{-\sqrt{-(x-x')^2}/\lambda}, \qquad -(x-x')^2 > \lambda^2.$$

所以，(45) 和 (46) 式不满足微观因果性条件 (44).

我们所讨论的场论模型，是定义在空间点上的定域场论模型. 所以，*根据相对论的微观因果性原理和定域场论模型，对标量场和矢量场只能采取对易关系的正则量子化，对 Dirac 旋量场只能采取反对易关系的 Jordan-Wigner 量子化.*

下面我们再来讨论可以从微观因果性条件 (44) 得出的两个重要的物理结论.

自旋与统计的关系 标量场和矢量场的自旋为 0 或正整数，对易关系描述的粒子是 Bose 子，遵从 Bose-Einstein 统计法. Dirac 旋量场的自旋为 1/2, 反对易关系描述的粒子是 Fermi 子，遵从 Fermi-Dirac 统计法，而所有半奇数自旋的场都可以看成是由 Dirac 旋量场复合而成. 因此，上述关于量子化规则的结论也就是说，*根据相对论的微观因果性原理和定域场论模型，自旋为 0 或正整数的粒子是 Bose 子，遵从 Bose-Einstein 统计法，自旋为半奇数的粒子是 Fermi 子，遵从 Fermi-Dirac 统计法.*

在实验上，对于已经研究过的所有粒子，自旋和统计性质之间的这种关系都已得到证实. 自旋为 1/2 的粒子，如电子，质子和中子，都遵从 Fermi-Dirac 统计法，而自旋为 1 的光子遵从 Bose-Einstein 统计法①. 其他粒子的统计性质尚未确实判定，但有很强的证据表明自旋为 0 的 π 介子遵从 Bose-Einstien 统计法②.

在理论上，关于粒子自旋与统计性质之间的关系，上述论证是迄今为止我们所知道的最深层次的解释. 这个解释的依据，只是最普遍的相对论原理和量子力学的测不准定理，以及量子场的定域性③. 而根据微观因果性原理，我们对于量子场的定域性也可以获得更深入的了解. 下面就来讨论这个问题.

量子场的定域性与粒子的定域性 在定域场论模型中，我们引进的场算符是定义在空间点 $\boldsymbol{r}$ 上的定域的算符. 而要这种定义有意义，它们就必须满足微观因果性条件. 反过来说，微观因果性条件给出了定域场论适用和有意义的范围和限制. 在理论原则上，微观因果性条件 (44) 应该对所有的类空间隔都成立，不管间隔有多小. 为此，我们必须假定场的算符在无限小的点上有定义. 在这个意义上，前面的讨论给出了破坏微观因果性条件的空间范围是粒子约化 Compton 波长的尺度. 而在另一方面，对于作为场的量子的粒子，我们对它的定域性进行分析，也得到这个尺度的限制. 下面我们就来对粒子的定域性作一个简单的分

---

① H.A. Bethe and R.F. Bacher, *Rev. Mod. Phys.* **8** (1936) 82.

② A.M.L. Messiah and O.W. Greenberg, *Phys. Rev.* **136** (1964) B248.

③ W. Pauli, *Phys. Rev.* **58** (1940) 716.

析.

我们已经指出, 上一章讨论的二次量子化, 在实质上也是一种场的量子化. 那是一种非相对论的场, 我们可以把它称为 Schrödinger 场. 对于 Schrödinger 场, 我们既可以采取对易关系的正则量子化, 也可以采取反对易关系的 Jordan-Wigner 量子化. 而且, 我们可以在坐标表象中给出在空间完全定域的粒子数表象和相应的各种观测量. 例如, 我们可以定义在单粒子态 $|\boldsymbol{r}\rangle$ 上的粒子数密度算符 $\hat{\mathcal{N}}(\boldsymbol{r})$:

$$\hat{\mathcal{N}}(\boldsymbol{r})=\hat{\psi}^{\dagger}(\boldsymbol{r})\hat{\psi}(\boldsymbol{r}).$$

这个定义有意义的前提, 是它在空间不同位置的测量是相容的,

$$[\hat{\mathcal{N}}(\boldsymbol{r}),\hat{\mathcal{N}}(\boldsymbol{r}')]=0. \tag{47}$$

无论 $\hat{\psi}$ 与 $\hat{\psi}^{\dagger}$ 是遵从 Bose 子的对易关系还是 Fermi 子的反对易关系, 都很容易证明上式成立. 这就意味着, *在非相对论的情形, 测量一个粒子的空间位置的精度在原则上没有限制, 粒子在空间是完全定域的*. 这一点已经包含在 Heisenberg 测不准原理的表述之中.

相对论的场不同. 在相对论的场论中, 场量子的定域性受到某种内在的限制. 例如, 对于实标量场 $\hat{\phi}(\boldsymbol{r},t)$, 我们可以尝试找出满足下式的 $\mathcal{N}(\boldsymbol{r})$:

$$\hat{N}=\int \mathrm{d}^3\boldsymbol{r}\mathcal{N}(\boldsymbol{r})=\int \mathrm{d}^3\boldsymbol{p}\,\hat{a}^{\dagger}_{\boldsymbol{p}}\hat{a}_{\boldsymbol{p}}.$$

实际上, 我们可以把 (9) 式改写成

$$\hat{\phi}(\boldsymbol{r},t)=\hat{\phi}^{(+)}(\boldsymbol{r},t)+\hat{\phi}^{(-)}(\boldsymbol{r},t),$$

其中 $\hat{\phi}^{(+)}(\boldsymbol{r},t)$ 与 $\hat{\phi}^{(-)}(\boldsymbol{r},t)$ 分别是场算符 $\hat{\phi}(\boldsymbol{r},t)$ 的正能与负能部分

$$\hat{\phi}^{(+)}(\boldsymbol{r},t)=\int\frac{\mathrm{d}^3\boldsymbol{p}}{(2\pi\hbar)^{3/2}}\frac{\hbar}{\sqrt{2E_p}}\mathrm{e}^{-\mathrm{i}(E_pt-\boldsymbol{p}\cdot\boldsymbol{r})/\hbar}\hat{a}_{\boldsymbol{p}},$$

$$\hat{\phi}^{(-)}(\boldsymbol{r},t)=\int\frac{\mathrm{d}^3\boldsymbol{p}}{(2\pi\hbar)^{3/2}}\frac{\hbar}{\sqrt{2E_p}}\mathrm{e}^{\mathrm{i}(E_pt-\boldsymbol{p}\cdot\boldsymbol{r})/\hbar}\hat{a}^{\dagger}_{\boldsymbol{p}}.$$

于是我们可以写出定域的厄米算符

$$\hat{\mathcal{N}}(\boldsymbol{r})=\frac{\mathrm{i}}{\hbar}\Big[\hat{\phi}^{(-)}(\boldsymbol{r},t)\frac{\partial}{\partial t}\hat{\phi}^{(+)}(\boldsymbol{r},t)-\frac{\partial}{\partial t}\Big(\hat{\phi}^{(-)}(\boldsymbol{r},t)\Big)\hat{\phi}^{(+)}(\boldsymbol{r},t)\Big].$$

但是, 这个 $\hat{\mathcal{N}}(\boldsymbol{r})$ 不满足 (47) 式. 实际上, 详细的分析表明[①],

$$[\hat{\mathcal{N}}(\boldsymbol{r}),\hat{\mathcal{N}}(\boldsymbol{r}')]\longrightarrow\begin{cases}\infty, & |\boldsymbol{r}-\boldsymbol{r}'|\to 0,\\ 0, & |\boldsymbol{r}-\boldsymbol{r}'|>\lambda,\end{cases}$$

① E.M. Henley and W. Thirring, *Elementary Quantum Field Theory*, McGraw-Hill, 1962, Chapt.5.

其中 $\lambda = \hbar/mc$ 是粒子的约化 Compton 波长. 这就意味着, 在空间两点上的粒子数密度不能同时测定, 除非它们之间的距离大于粒子的约化 Compton 波长 $\hbar/mc$. 特别是, 我们不能测定空间线度小于粒子约化 Compton 波长的范围内的粒子数.

在物理上, 造成这种情形的原因在于, 为了使得测量粒子位置的精度高于粒子的约化 Compton 波长, 我们必须使用波长小于粒子约化 Compton 波长的外场. 这种波长小于粒子约化 Compton 波长的外场, 其能量高到可以产生与被测量的粒子相同的新的粒子, 而这种新产生的粒子与原来的粒子是不可分辨的. 相对论与量子力学相结合, 对测量粒子位置的精度给出了一个内在的限制. 这个限制是在 Heisenberg 测不准原理之外的一个进一步的限制, 它表明, 现有的量子力学理论只是在大于粒子约化 Compton 波长的时空范围内才能为我们提供充分和自洽的物理描述, 而在多小的时空尺度需要对理论作出定量的修正, 则是必须由实验来回答的问题.

这就涉及相对论与量子力学相结合对微观物理给出的另一重要论断, 即关于空间坐标作为单个粒子观测量的可能性. 不能测定线度小于约化 Compton 波长范围内的粒子数, 就意味着不能在线度小于约化 Compton 波长的范围内谈论单个粒子的空间坐标. 对于光子来说, 这个问题特别严峻. 光子没有质量, 光子约化 Compton 波长是无限大, 这就从原则上排除了单个光子具有空间坐标的可能性, **单个光子没有坐标表象波函数**. 前面已经强调, 相干态的电磁矢量势不是单个光子的量子力学波函数, 处于相干态的光子数不确定.

Dirac 从相对论和量子力学一般原理出发, 对于不存在单个光子的相对论波动方程, 也给出了一个理论解释[①]. 他引进 Dirac 方程的推理, 是在坐标表象中进行的. 这里隐含了一个假设: 空间坐标是粒子的观测量. 对于有经典对应的系统, 这个假设是自然成立的. 根据他的推理, 有空间坐标的基本粒子必定是 Fermi 子, 其自旋为 $\hbar$ 的半奇数倍. 反过来说, 自旋为 0 或 $\hbar$ 的整数倍的 Bose 子不满足这个推理的前提, 单个 Bose 子的系统没有经典对应, 空间坐标不是单个 Bose 子的观测量. 对于单个 Bose 子来说, 没有严格意义上的 Schrödinger 表象, 没有 Schrödinger 表象波函数. 即便设法为单个 Bose 子引进一个包含坐标 x, y, z 的准波函数, 它也不具有波函数的正确诠释, 其模方不能诠释为概率密度. 他说, 对于这种粒子, 仍然有动量表象, 而对于实际目的来说, 这就足够了. 光子和介子等 Bose 子的相对论量子理论必然是场的量子理论.

---

① P.A.M. Dirac, *The Principles of Quantum Mechanics*, Oxford University Press, 1958, p.267. 或 P.A.M. 狄拉克,《量子力学原理》, 陈咸亨译, 喀兴林校, 科学出版社, 1965 年, §70 的末段.

现在既没有场合也没有理由来说自然的因果性——没有实验表明它存在,因为宏观实验在原则上不合适,而仅有的适合我们对基本过程经验的理论量子力学对它是否定的.

——J. von Neumann

《量子力学的数学基础》, 1932

结 语

量子力学的数学形式及其物理诠释 量子力学的数学形式可以概括为如下几点[①]:

- 系统的量子态用 Hilbert 空间的矢量表达.
- 系统的观测量用 Hilbert 空间的算符表达.
- 算符的运算规则由物理条件确定.
- 系统的时间演化由运动方程确定.

为了使上述数学形式成为物理理论, 除了确定算符运算规则的物理, 即对易关系所表达的量子化, 以及运动方程所包含的物理, 还要补充一条联系数学表述与实验测量的物理诠释, 从而能够与实际的物理进行比较. 诠释就是赋予某种含义. 对量子力学的数学形式赋予一定的物理含义, 就是量子力学的物理诠释, 简称量子力学的诠释. 现在实际使用的物理诠释, 主要有下述两种:

- 两个态矢量内积的模方 $|\langle\varphi|\psi\rangle|^2$ 正比于在 $|\psi\rangle$ 上测到 $|\varphi\rangle$ 或者在 $|\varphi\rangle$ 上测到 $|\psi\rangle$ 的概率; 厄米算符 $\hat{L}$ 的本征值 $\{l_n\}$ 是实际的测得值.
- 在量子态 $|\psi\rangle$ 上测量厄米算符 $\hat{L}$ 所表示的观测量, 多次测量得到的平均值为 $\langle\psi|\hat{L}|\psi\rangle/\langle\psi|\psi\rangle$.

容易证明, 这两种诠释是等效的, 其实质就是 Born 对波函数的统计诠释. 在历史上, 是先建立了量子力学的数学形式, 然后才对它进行物理诠释. 量子力学的数学形式在建立以后即被普遍接受, 而对它的物理诠释却一直存在争论, 虽然统计诠释已经得到 von Neumann 在数学上的逻辑论证. 可参阅附录二和三.

---

① 王竹溪, 《王竹溪遗著选集》第二分册《量子力学中一些重要理论》, 北京大学出版社, 2014 年.

量子力学的上述数学形式，加上确定算符运算规则的物理条件，以及对波函数的统计诠释，就成为一个完整和可以工作的物理理论．这就是今天在教科书中讲授的量子力学，也就是物理学家在研究工作中实际使用的量子力学．

量子力学是 Hilbert 空间的物理 作为时间与空间的基本理论，相对论表明，任何时空过程都发生于 Minkowski 空间，*相对论是 Minkowski 空间的物理*．而作为微观世界的基本理论，量子力学则表明，任何微观物理过程都在 Hilbert 空间中进行，*量子力学是 Hilbert 空间的物理*．所以，量子力学具有下列性质和特点．

• 首先，量子态是 Hilbert 空间的矢量，具有叠加原理．因此，量子力学在本质上是一种线性理论．只有矢量的方向具有物理意义，其长度并没有物理意义，这是量子力学的一个特点．

• 其次，波函数是态矢量的内积，态矢量空间属于复内积空间，相位是基本的特征．因此，量子力学在本质上是一种波动理论．内积的模方为正，Hilbert 空间的度规是正定的，这是量子力学的另一个特点．

• 观测量用厄米算符表示，观测量的关系是算符关系．因此，量子力学在数学上是一种算符理论．Hilbert 空间是无限维的，不同的算符一般互不对易，相应的观测不相容，有测不准，这是量子力学的第三个特点．

• 第四，物理过程表现为态矢量和观测量算符随时间的变化，时间作为演化的参数，不是物理观测量．这是因为时间不是 Hilbert 空间的一种维度，这种框架是非相对论的．只有在量子场的情形，把四维时空坐标作为描述场的参量，才能与相对论相协调．这是量子力学的第四个特点．

• 最后，统计诠释包含测量的概念，让观测者进入理论的基本层次．这就使得量子力学包含了主观的因素，而不是完全客观的．这虽然对物理没有影响，但在物理之上 (metaphysical) 的形而上的层面，会带来十分基本和深奥的问题．这是量子力学的第五个特点．

量子力学的基本问题 上述各点，实际上也是对 Hilbert 空间的一种物理诠释．针对这些诠释与特点，可以对量子力学提出以下问题．

• 首先，作为 Hilbert 空间的物理，量子力学是否就是最优和最恰当的选择？von Neumann 定理就是为了回答这个问题的一个尝试，参阅附录二．

• 其次，这些诠释之间是否自洽？特别是，关于波函数的诠释与关于运动方程的假设是否自洽？测量理论的研究，就是对这个问题的一种探索．

• 第三，这些诠释是否能够构成一个完备的物理理论？这是 Einstein 特别关注的基本问题.

• 第四，与上述问题相联系地，量子力学是不是真正的基本理论？ D. Bohm 和 J. Bell 的尝试与努力，都是这个问题的反映，参阅附录二.

提出这些问题的视角，在很大程度上是非物理的，或者说是形而上的 (metaphysical). 而从物理和实用的角度看，量子力学是一个工作得很好的理论，迄今为止它的所有结果和推论都与实验在很高的精度内完全相符. 物理学家更关心的，是它在基础方面的局限与发展.

量子力学基础的局限与发展　在实际应用中，我们已经看到量子力学基础的局限和可能的发展. 可以举出以下几点.

• 首先，只有态矢量的方向具有物理意义，其长度没有物理意义，这是封闭系统的情形. 在第四章 §4.6 非厄米的 $\hat{H}$ 中我们看到，有可能放宽这一限制，而讨论粒子数不守恒的开放体系，至少是作为一种唯象的处理.

• 其次，内积的模方为正， Hilbert 空间的度规是正定的，这是波函数统计诠释所要求的限制. 在第八章 §8.2 电磁场中我们看到，在 Lorentz 规范中进行电磁场的量子化，会引入非物理的标量光子，相应地要引入波函数模方为负的鬼态，从而需要推广到具有不定度规的 Hilbert 空间，成为具有不定度规的量子力学.

• 第三， Heisenberg 测不准原理并不能确定和给出所有算符的对易关系. 对于没有经典对应的系统，还需要借助于对称性分析，如第三章中的一些例子；或者考虑另外的原理，如第八章 §8.3 旋量场的 Jordan-Wigner 量子化，需要考虑基于相对论的微观因果性原理.

• 第四，时间作为演化的参数，在量子力学中具有特殊的地位. 而我们在第八章最后一节看到，把量子力学与相对论相结合，构建出既是在 Hilbert 空间也是在 Minkowski 空间的物理，可以对量子力学的适用范围与局限获得更深入的了解. 特别是，不能在线度小于约化 Compton 波长的范围内谈论单个粒子的空间坐标，这就意味着单粒子的量子力学只是在低能和一定有限范围的近似.

• 第五，在第八章 §8.2 电磁场中我们还看到，对于规范场这样有约束的系统，基于测不准原理的正则量子化遇到麻烦与困难. 为了从理论基础上解决这个问题， Dirac 发展了有约束系统的量子化[①]，而在实际上解决这个问题的，则

① P.A.M. Dirac, *Lectures on Quantum Mechanics*, Yeshiva University Press, 1964; 或 P.A.M. 狄拉克，《狄拉克量子力学演讲集》，袁卡佳，刘耀阳译，科学出版社，1986 年.

是 Feynman 发展的路径积分量子化[①].

• 最后，没有单个光子的坐标表象波函数，光子数不守恒，单个的光子并不总是描述光的量子性的恰当图像. 光的波粒二象性中的波，既不是经典的电磁波也不是量子的 Schrödinger 波，而是像相干态那样光子数不确定的一种量子场. 描述光的量子性既需要光子也需要场的图像[②].

量子力学带来的冲击和引起的问题 量子力学在形而上的层面对传统科学的一些基本观念带来巨大冲击，引起了深层的困扰和思考.

• 首先, 统计诠释意味着, 量子力学作为物理学的基本理论, 是非决定论的. 自然科学的基本理论必须是决定论的吗？

• 其次，测不准意味着观测量不一定相容，测量结果依赖于实验的安排与选择. 还能认为自然科学的对象具有完全客观和确定的性质吗？

• 第三， Hilbert 空间的线性性质所包含的叠加原理，意味着组成复合系统的子系统存在态的纠缠，由子空间 $\{|\phi_i\rangle\}$ 与 $\{|\psi_p\rangle\}$ 耦合成的复合系统态矢量 $\Psi=\sum_{i,p}c_{ip}|\phi_i\rangle|\psi_p\rangle$ 一般不能分解成两个子空间态矢量直积 $|\phi_j\rangle|\psi_q\rangle$ 的形式. 这就意味着不能把研究对象细分为一些子系统. 自然科学必须是分析性的而不能是整体综合性的吗？

• 第四，统计诠释把测量纳入基本原理，意味着量子力学包含了主观的因素. 自然科学必须是完全客观的吗？

• 第五，统计诠释引出的投影假设，意味着基本物理过程有幺正和非幺正两种类型. 自然科学的基本规律必须是单纯和统一的吗？

结语 与经典 Newton 时空或相对论 Minkowski 时空的物理相比，量子力学作为 Hilbert 空间的物理，在物理图像和规律形式上都发生了彻底的改变，有着绝然的不同. 学习和理解量子力学，需要在直观的形象思维和思考的逻辑形式上采取相应的改变. 量子力学作为微观领域的物理学基本理论，在空间限度远大于粒子约化 Compton 波长的低能单粒子范围，已经取得了巨大的成功，但也存在一些基本问题有待进一步完善与发展. 而在空间限度可与粒子约化 Compton 波长相比的高能范围，量子力学需要与相对论相结合，发展成为在整个时空分布的场的量子理论.

---

① R.P. Feynman, *Rev. Mod. Phys.* **20** (1948) 367.

② 光是有史以来人类文明中备受关注和持续探索的复杂现象之一. 《圣经 · 创世记》开篇第一章就说 “要有光” (Let there be light).

我决不会忘记，当我把 Heisenberg 关于量子条件的想法成功地凝聚成这神奇的方程 $pq-qp=\hbar/2\pi\mathrm{i}$ 时，我心中所受到的震撼，这个方程是波动力学的核心，而且后来发现它意味着测不准关系.

—— M. Born

《物理学与形而上学》，1950

附录一　量子力学创立的历史概要

历史就是人和事. 为了便于叙述，人名和地名均用译名，原文可以在引文中查到，一般就不加注. 常提到的人也用简称. 对历史的评论因人而异，都是一家之言.

量子力学近百年，大体上说，可以分为 1925 年开创历史，1927 年索尔维论战，1935 年薛、爱质疑，1950 年玻姆挑战，和 1964 年贝尔不等式等几个节点. 创立的历史，是 1925 到 1928 年.

§A.1　海森伯数组和玻恩对易关系

海森伯开创历史的论文，史称"一个人的论文"，发表于德国《物理杂志》(Zeitschrift für Physik, 缩写 Z. f. Phys.) 33 卷. 他当时 24 岁，刚刚出道. 这篇论文[①], 正文分成三节，核心是前两节，分别引进观测量数组和量子化条件，关键的也就是两页. 可就是这两页开创历史，使这篇论文被赞誉为二十世纪最重要的几篇论文之一.

考虑经典力学的周期运动，写出按谐波基频 ω_n 的傅里叶展开

$$x=\sum_{\alpha}a_{\alpha}(n)\mathrm{e}^{\mathrm{i}\alpha\omega_n t}.$$

对于非周期运动，不难写出相应的积分. 对应到量子的情形，角频率 $\alpha\omega_n$ 对应于从态 n 到 $n-\alpha$ 的跃迁，振幅 $a_{\alpha}(n)$ 对应于相应的观测量 $a(n,n-\alpha)$, 即

$$a_{\alpha}(n)\mathrm{e}^{\mathrm{i}\alpha\omega_n t}\to a(n,n-\alpha)\mathrm{e}^{\mathrm{i}\omega(n,n-\alpha)t}. \tag{1}$$

---

① B. L. van der Waerden, *Sources of Quantum Mechanics*, North-Holland Publishing Company, 1967, p.261.

这是海森伯的新发明，注意其中包括振幅和相位因子两部分，现在知道这就是量子力学的海森伯绘景. 这一步看起来很平庸，其实不然，那是九十多年前，想到就很难. 不过如果没有下一步，实质上的意义就不大. 因为这样引进的 $a(n,n-\alpha)$ 与 $\omega(n,n-\alpha)$ 一样，只不过是个二元函数，还不是矩阵. 海森伯绝的是下一步.

他考虑非谐振的情形，有非线性项，这就要考虑乘积. 有

$$z=xy=\sum_{\gamma}c_{\gamma}(n)\mathrm{e}^{\mathrm{i}\gamma\omega_n t},$$

其中

$$c_{\gamma}(n)=\sum_{\alpha=-\infty}^{+\infty}a_{\alpha}(n)b_{\gamma-\alpha}(n), \tag{2}$$

这里 $b_\beta(n)$ 是 y 的展开系数. 对应到量子的情形，若把规则 (1) 用到 $z=xy$ 中的 x 和 y, 得不到对应的 $c(n,n-\gamma)\mathrm{e}^{\mathrm{i}\omega(n,n-\gamma)t}$, 因为 $\omega(n,n-\alpha)+\omega(n,n-\beta)$ 化不成 $\omega(n,n-\gamma)$. 这就说明，规则 (1) 对乘法不自洽. 在这种情形，一般人就会修改或放弃规则 (1), 毕竟这还只是一个试试看的猜想. 这就好像遇到理论与实验不符时，一般人首先会怀疑理论. 可是狄拉克就敢说是实验错了，这就是理论家的执着与自信. 在这里，海森伯不想放弃对应规则 (1), 而是要修改乘法！

要与乘积 z 的展开系数 $c_\gamma(n)$ 有对应的 $c(n,n-\gamma)\mathrm{e}^{\mathrm{i}\omega(n,n-\gamma)t}$, 与 (2) 对应的关系是什么？海森伯说，最简单和自然的假设是

$$c(n,n-\gamma)=\sum_{\alpha=-\infty}^{+\infty}a(n,n-\alpha)b(n-\alpha,n-\gamma), \tag{3}$$

这里略去了原文公式两边的共同因子 $\mathrm{e}^{\mathrm{i}\omega(n,n-\gamma)t}$. 注意他说的是“假设”，说白了就是“猜测”，靠的是直觉，而不是严谨的逻辑推理和演绎！

这个假设是怎么想出来的，海森伯没细说，只给出了线索和提示. 他一开始就写出了频率组合关系 $\omega(n,n-\alpha)+\omega(n-\alpha,n-\gamma)=\omega(n,n-\gamma)$, 预埋了伏笔. 关键还是看似平庸的对应关系 (1). 经典的 $a_\alpha(n)$ 和 $b_\beta(n)$ 描述同一个态，可以简单相乘. 量子的 $a(n,n-\alpha)$ 和 $b(n,n-\beta)$ 分别描述两个态，相乘就有多种可能. 若把 $b(n,n-\beta)$ 换成 $b(n-\alpha,n-\gamma)$, 由组合关系，相乘的指数上就是 $\omega(n,n-\gamma)$. 这种项有无限多，与 α 有关. 对 α 求和，就给出与对应规则 (1) 自洽的 $c(n,n-\gamma)\mathrm{e}^{\mathrm{i}\omega(n,n-\gamma)t}$, 同时给出了乘法规则 (3). 这里起关键作用的是相位因子，如果对应式 (1) 中不含相位因子，或者写成实部 $\cos\omega(n,n-\alpha)t$, 整个事情就不一样.

上面这一段，像是在做数学，其实是物理. 从伽利略牛顿开始，到法拉第麦克斯韦，乃至近代的普朗克爱因斯坦，物理量都是描述一个确定的物理态，哪有

涉及两个态的？描述同一个态的物理量，无论几个，相乘就是同时起作用．海森伯这观测量涉及两个态，两个观测量就涉及四个态，如何同时起作用？所以这乘法非改不可．新乘法 (3) 的一大特点，海森伯指出，就是不再有交换律， xy 一般不等于 yx.

论文第二节给出量子化条件．海森伯的出发点，是他的老师索末菲改写过的量子化条件

$$J=\oint p\mathrm{d}q=\oint m\dot{x}^2\mathrm{d}t=2\pi m\sum_{\alpha=-\infty}^{+\infty}|a_\alpha(n)|^2\alpha^2\omega_n=nh, \tag{4}$$

其中已经代入 $p=m\dot{q}$ 和 $\mathrm{d}q=\mathrm{d}x=\dot{x}\mathrm{d}t$, 把动量归之于速度，把对坐标 $q=x$ 的积分换成对时间 t 的积分．上式两边对 n 微商，就有

$$h=2\pi m\sum_{\alpha=-\infty}^{+\infty}\alpha\frac{\mathrm{d}}{\mathrm{d}n}(\alpha\omega_n|a_\alpha|^2). \tag{5}$$

(5) 式还是经典的，对应到量子，把微分换成差分，取 $\Delta n=\alpha$, 就得到量子化条件

$$h=2\pi m\sum_{\alpha=-\infty}^{+\infty}\{|a(n+\alpha,n)|^2\omega(n+\alpha,n)-|a(n,n-\alpha)|^2\omega(n,n-\alpha)\}. \tag{6}$$

注意海森伯不用 (4) 式而用 (5) 式，稍后将会指出，这一点很关键.

有了乘法和量子化，就可以用牛顿方程来做计算．海森伯在第三节求解了非简谐振子，有很多演算，这就从略．现在回头来看论文的引言和结论.

引言写了小两页, 关键就是一句话: 在对应着经典力学来创建量子力学时, 只用观测量的关系. 这句话, 其实就是说对应关系 (1)：要把 $a_\alpha(n)$ 换成 $a(n,n-\alpha)$, 因为只有后者才能观测到. 经典的 $a_\alpha(n)$ 描述位置, 属于运动学, 量子的 $a(n,n-\alpha)$ 描述跃迁, 属于动力学．所以他为论文取的题目是“量子理论对运动学和力学关系的重新诠释”．他把乘法规则 (3) 称为运动学方程．德文题目用了 Deutung, 英文为 interpretation, 这在中文里有诠释和解释两重含义．诠释是赋予某种含义，解释是用某种机制来解说．这里把 $a_\alpha(n)$ 换成 $a(n,n-\alpha)$, 是诠释而不是解释.

要让读者理解和接受你做的事, 就要说点道理. 所以海森伯想出来建立理论只用可观测量这么一条理由．海森伯与玻尔一样天生哲学气质，做物理偏爱直觉．因为这次的成功，要把理论建立在可观测量的基础之上这个哲学，对随后数十年间的物理学有莫大影响，它甚至常常被解释为要求剔除所有不能直接观测的量．玻恩不以为然，但说得很委婉：“我觉得把原理表述得这么普遍和笼统，就一点用也没有，甚至还会招来误解．哪些量是多余的，这只有靠像海森伯这样

的天才的直觉才能判断."[①] 爱因斯坦就直白得多. 海森伯回忆说, 1927 年在一次讨论中, 当他向爱因斯坦表示"一个完善的理论必须以直接可观测量作依据"时, 爱因斯坦向他指出: "在原则上, 试图单靠可观测量去建立理论那是完全错误的. 实际上正好相反, 是理论决定我们能够观测到什么东西."[②] 其实海森伯自己也没有贯彻这一哲学. 他在引言中说电子回旋的位置和周期不能观测, 却在正文中讨论坐标的周期性展开, 这才引出了他开创历史的大胆假设.

论文结语只有长长的一句话, 简单点说就是: 这里的肤浅做法行不行, 还有待数学上的深入研究. 他知道自己数学功底不足, 要靠行家帮忙. 这就是本节的下一个主题: 玻恩的对易关系.

海森伯比泡利小一岁, 同是慕尼黑学派索末菲的弟子. 他跟索师研究的是流体力学, 但索师看出他对原子更着迷. 所以 1922 年玻恩和弗兰克邀请玻尔去讲学时, 索末菲带着海森伯到哥廷根, 使他得以结识玻恩和玻尔. 1923 年海森伯博士论文答辩, 被维恩拿一些光学仪器分辨本领之类实验技术的问题难住, 最后是索末菲打圆场费力维护说情, 才勉强通过. 在这之前, 师兄泡利已经推荐他到玻恩那里接替自己做了一年助手. 所以答辩后郁闷的海森伯, 连索师为他举行的毕业聚会也不参加, 连夜赶回哥廷根, 希望玻恩能继续留用他. 1925 年初夏, 他从哥本哈根回到哥廷根, 不幸得了严重的枯草热, 告假去北海寸草不生的赫尔戈兰岛休养. 这是六月中旬. 在这期间, 他关于量子力学的模糊想法逐渐清晰. 七月初, 海森伯写成了上述开创量子力学的第一篇论文, 交给玻恩, 说自己已经尽力, 行还是不行, 请玻恩审阅和决定是否值得发表 (见注①).

海森伯这篇论文, 玻恩没有马上看. 一个学期下来, 已到中年的他很累了, 害怕用脑. 他知道海森伯在做一件自己的事, 但神秘兮兮的, 其想法和目的都含糊不清. 休息后他看了论文, 马上被迷住了. 海森伯用了跃迁振幅, 这是他与海森伯和约当两位讨论时反复强调过的概念. 由于光谱强度与跃迁振幅的平方成比例, 这意味着需要某种符号的乘法. 海森伯的文章, 把这两点具体化了. 这给他的印象很深, 因为这使他们的计划朝前推进了一大步. 实际上, 海森伯的原文就是计算平方 x^2 和立方 x^3, 前面为了看得更明白, 改成了不同量的乘积 xy.

在把海森伯的论文送去发表后, 玻恩陷入了沉思, 想了一整天, 晚上难以入

① M. Born, *My Life—Recollections of a Nobel Laureate*, Charles Scribner's Sons, New York, 1978. 其中第 1 部第 19 章的中文译文, 见 M. 玻恩著, 王正行译, 在量子力学诞生的日子里, 《科学史译丛》, 1986 年第 1 期 30 至 37 页.

② W. 海森堡著, 马名驹等译,《原子物理学的发展和社会》, 中国社会科学出版社, 1985 年, 73 和 87 页.

睡. 他感到这里隐含了某种基本的东西, 他们竭力探索多年了. 一天早晨, 大约是 7 月 10 日, 他突然看到了光明. 把海森伯的 $n-\alpha$ 换成另一态的量子数 m, (3) 式正是矩阵的乘法, 他做学生时就很熟. 形如 $a(n,m)$ 的无数个函数值, 作为二元函数彼此独立无关, 而作为矩阵元, 就集合成了一个有联系的整体. 狄拉克认为, 文学把简单的事情复杂化, 科学把复杂的事情简单化, 科学的目的在于用简单的方式来理解困难的事情. 把一组数集合成矩阵, 这不仅在数学上是一个简化, 在物理上也是一次提升. 这意味着新的力学不再是普通有限维空间的物理, 而是无限维希尔伯特空间的物理. 改换了描述物理的空间, 这就是海森伯对运动学重新诠释的深层含义和实质.

海森伯对力学的重新诠释, 其基础是量子化条件 (6). 从 (4) 式到 (5) 式, 可以说是玻恩对应原理的前奏. 索末菲的量子化 (4), 只不过是简单地令 $J=nh$, 还没有跳出玻尔的槽臼, 所以又叫玻尔 - 索末菲量子化. 这在理论上, 已经比玻尔提升了一大步, 从牛顿力学上升到分析力学. (4) 式是分析力学哈密顿 - 雅可比理论中的作用量 - 角变量公式之一. 用作用量 - 角变量求解经典力学问题, 把解中的 J 换成 nh, 就可以得到量子化的结果. 按索末菲的说法, 这是“量子化之王道” (a royal road to quantization) ①. 而玻恩不走王道.

一年前, 在一篇题为“量子力学”的论文 (Z. f. Phys. 26 卷) ② 里, 玻恩提出了从经典力学过渡到量子力学的做法: 把经典作用量的微分换成以普朗克常数为增量单位的差分,

$$\frac{\mathrm{d}\varPhi}{\mathrm{d}J}\to\frac{\Delta\varPhi}{\Delta J}. \tag{7}$$

这可以称为差分量子化, 它把简单的数值代换 $J=nh$ 换成运算方法的变换, 在数学形式上比玻尔 - 索末菲量子化提升了一步, 这必然蕴含了某种新的物理. 后来知道, 这就是创立量子力学的通道. 玻恩这篇为新的力学取名“量子力学”的论文, 最大的贡献就是上面这个玻恩的对应原理或玻恩量子化. 因为很快就有量子力学, 可以直接从量子力学出发, 不必先经典再量子化, 量子化规则已经成为历史, 成了过去时, 没人再关注了.

现在可以看出海森伯不用 (4) 式而用 (5) 式的关键作用了. 原来, 他没用玻尔 - 索末菲量子化 (4), 而是用玻恩量子化 (7). 用量子化 (7) 和对应 (1) 以及乘法 (3), 并取 $\alpha h=\Delta J$, 即 $\alpha=\Delta n$, 就可以从 (5) 式写出 (6) 式来. 而从 (4) 式就得不到这样的结果.

---

① H. Goldstein, *Classical Mechanics*, Addison-Wesley Press, Inc., 1950, p.306.

② B. L. van der Waerden, *Sources of Quantum Mechanics*, North-Holland Publishing Company, 1967, p.181.

前面说了，海森伯与玻尔一样天生哲学气质，做物理偏爱直觉. 所以海森伯想的是直观的牛顿力学，把动量 p 归之于速度 $\dot{x}$, 写出来的是 (4) 式，量子化的结果是 (6) 式. 而玻恩是希尔伯特的弟子，崇尚分析与数学，思考的是抽象的哈密顿正则力学，动量 p 才是更基本的. 特别是，(6) 式中的角频率 ω 不是矩阵，与振幅 a 不是同类，出现在矩阵乘积的公式中不协调. 追根溯源，看看 (4) 式，这个 ω 来自速度 $\dot{x}$ 中的微商，有 $\mathrm{i}m\omega(n,n-\alpha)q(n,n-\alpha)=p(n,n-\alpha)$, 这里已经把 x 换成 q, 即 $x=q$ 和 $a(n,m)=q(n,m)$. 再把速度还原成动量，(6) 式就成为

$$\frac{h}{2\pi\mathrm{i}}=\sum_{\alpha=-\infty}^{+\infty}\{p(n,n-\alpha)q(n-\alpha,n)-q(n,n+\alpha)p(n+\alpha,n)\}. \tag{8}$$

这里玻恩之所以能够把速度还原成动量，关键还是对应式 (1) 中的相位因子. 若无此相位因子, 或者 (1) 式只取实部, 就无法把角频率 ω 吸收到动量中去，上式左边也出不来虚单位 i, 就出不来量子力学. 而 (1) 式中的相位因子，源自展开 $x=\sum_\alpha a_\alpha(n)\mathrm{e}^{\mathrm{i}\alpha\omega_n t}$. 傅里叶展开的这个复数写法，现在大家习惯成自然. 而在九十多年前, 这可绝对是一个另类. 当时还是经典物理, 物理量都是实数. 就是海森伯一个人的论文，在写出这个复数形式之前，事先就声明了最后要取实部. 看看那个时期玻尔及其学派的有关论文①, 还是写成实数形式 $\sum A_\alpha\cos 2\pi\alpha\nu t$, 而玻恩那篇提出差分量子化的论文，写的就是 $\sum C_\alpha \mathrm{e}^{2\pi\mathrm{i}\alpha\nu t}$. 之后海森伯与克拉默斯合作研究色散关系，也采用了这个复数形式 (见注①的 p.223). 看来是海森伯采用了玻恩的写法，因为玻恩在论文的结尾，感谢海森伯帮忙做计算，可见海森伯熟悉玻恩的这个写法，而克拉默斯一年前的论文 (见注①的 p.177 和 p.199), 还是写成实数. 不同的是，克拉默斯与海森伯的论文，要求最后的结果取实数，而玻恩则是由体系的哈密顿量为实数这一条件，来保证最后的结果自动成为实数. 这里可以看出二者风格的不同. 前者依靠直观与直觉，后者采用逻辑和推理. 无论是数值代换 $J=nh$, 还是复数取实部, 在方法上都属于手工操作，added by hands, 不是逻辑的推演. 其实，这也就是哥本哈根与哥廷根两个学派风格的不同.

从 (6) 式到 (8) 式, 物理没变, 只是表述的变换和简化. 这就是狄拉克说的，用简单的方式来理解困难的事情. 别小看这简化，其中往往蕴含了历史的大变局. 当年里德伯把氢原子光谱的巴耳末公式简单改写了一下，玻尔就看到了他的氢原子模型的契机. 现在玻恩把海森伯的 (6) 式改写成 (8) 式，则意味着全新

① B. L. van der Waerden, *Sources of Quantum Mechanics*, North-Holland Publishing Company, 1967, p.95 等.

的量子力学的诞生. 容易看出, (8) 式右边就是矩阵乘积对易子 $pq-qp$ 的 (n,n) 对角分量. 所以玻恩猜测, 一定有

$$pq-qp=\frac{h}{2\pi\mathrm{i}}. \tag{9}$$

这个公式简洁而优美! 普朗克说, 物理定律越带普遍性, 就越是简单. 就凭这一点, 也可以相信 (9) 式没错. 当然要有证明, 证明上式左边的非对角元确实为零. 而后来知道, 这个公式意味着坐标与动量不能共同测准, 受到数量级为普朗克常数 h 的限制, 即海森伯测不准原理. 这导致波粒二象性, 成为整个量子力学的物理基础. 从数学能做出物理, 连泡利都误判了.

七月中旬, 德国物理学会下萨克森分会在汉诺威开会, 玻恩在去开会的火车上遇到了泡利. 泡利因为不相容原理, 当时已经出名. 玻恩一直还在想着他的新发现 (9) 式, 就跟泡利谈起了矩阵, 以及在寻找非对角元时遇到的困难, 请他来合作共同研究这个问题. 泡利觉得这是数学而非物理, 冷淡而刻薄地拒绝了, 使玻恩大失所望. 泡利说: "是呀, 我知道你偏爱冗长繁复的形式主义. 你只是在用你繁琐无用的数学去糟蹋海森伯的物理思想", 等等①.

其实泡利完全了解海森伯的事. 在从赫尔戈兰岛回哥廷根的途中, 海森伯在汉堡见过泡利. 他随后于 6 月 21 日, 24 日和 29 日先后三次写信给泡利讨论他的想法, 后来 7 月 9 日又把他的论文预印本寄给泡利②. 那时还没有互联网, 更没有手机, 只能靠手写打印和邮寄. 在拒绝玻恩后, 7 月 27 日泡利写信给克拉默斯说③: "海森伯已经在哥本哈根跟玻尔学了一点哲学, 确实明显地离开了纯形式的路数". 泡利不相信 $pq\neq qp$. 他说的没错, 玻恩确实是偏爱数学与形式. 看过玻恩的论文和著作就知道, 比如他的专著 *The Mechanics of the Atom*. 他后来与黄昆合著的《晶格动力学理论》, 基本是黄昆的风格, 不是他的路数. 玻恩当时年事已高, 只能做点验算之类 (见注①). 但是这次海森伯和玻恩的事, 泡利真是判断错了. 海森伯与玻恩做的, 不是靠直觉就能成的唯象理论, 而是像牛顿麦克斯韦那样纯粹的理论物理, 做的就是数学与形式. 在这个意义上, 海森伯投靠玻恩算是找对人了. 就靠他自己, 真像泡利说的离开了纯形式的路数, 恐怕做不出量子力学.

---

① M. Born, *My Life—Recollections of a Nobel Laureate*, Charles Scribner's Sons, New York, 1978. 其中第 1 部第 19 章的中文译文, 见 M. 玻恩著, 王正行译, 在量子力学诞生的日子里, 《科学史译丛》, 1986 年第 1 期 30 至 37 页.

② B. L. van der Waerden, *Sources of Quantum Mechanics*, North-Holland Publishing Company, 1967, p.27.

③ J. Mehra and H. Rechenberg, *The Historical Development of Quantum Theory*, Vol. 3, Springer-Verlag, 1982, p.12.

玻恩转而请他的学生约当. 约当用哈密顿力学的正则运动方程证明了正则对易式 $pq - qp$ 的时间微商必须为零, 从而其非对角项确应为零. 于是他们合写了一篇论文, 题目是"关于量子力学" (Z. f. Phys. 34 卷)①. 这就是创立量子力学的第二篇论文, 史称"两个人的论文". 此文首次提出的这个著名的正则对易关系 (9), 后来常被称为海森伯对易关系. 玻恩对此感觉很无奈, 最后把这个对易关系刻到了自己的墓碑上. 在这两篇论文的基础上, 玻恩、海森伯、约当进一步合作, 写出了一篇长文, 题目是"关于量子力学 II" (Z. f. Phys. 35 卷, 见注①的 p.321), 逻辑和系统地给出了新理论完整和全面的表述, 包含了今天量子力学课本中的主要论题, 这就是创立量子力学的第三篇论文, 史称"三个人的论文".

泡利拒绝玻恩的邀请, 错失了直接参与创立量子力学的机会. 身处英雄时代却未能开创历史, 这成了他终生的遗憾. 泡利后来解释说, 他不想打乱自己的计划, 没有认真考虑海森伯的想法 (见注①的 p.38). 他当时正在为《物理大全》(*Handbuch der Physik*) 撰写关于玻尔量子论的长篇评述. 他还在跟索末菲念书时, 索师推荐他为《数学百科》(*Mathematical Encyclopaedia*) 写《相对论》, 一举成名. 这篇《相对论》从 1921 年一直流传至今, 成为经典. 而这次评述量子论的时机不对, 不幸与量子力学撞车. 次年发表时, 量子力学已经诞生, 旧量子论沦为历史, 以致泡利自嘲是写圣经《旧约》②. 当然泡利就是不凡, 后来 1933 年他为《物理大全》写的《波动力学一般原理》(见注②), 再次成为经典流传至今.

有一种说法, 认为如果生不逢时, 第一流的物理学家也只能做第二流的工作, 而身在其中, 则第二流的物理学家也可以出第一流的成果. 其实, 即便身处英雄时代, 但不在那风云际会的漩涡中心和源头, 过早地离开了玻恩的山门, 泡利以他敏锐的眼光和过人的才智, 也只是在矩阵力学诞生之后, 凭借他深厚的数学功底, 硬是用矩阵方法解出了氢原子的能级, 藉以支持和证明新理论的正确和成功 (见注①的 p.387). 其实, 虽然海森伯的物理直觉堪比甚至超过玻尔, 而眼光和数学则明显不如泡利, 以至每有想法总要去向泡利请教. 到底是英雄创造历史, 还是历史成就英雄, 这真是永恒的话题.

海森伯把论文交给玻恩后, 告假提前离开哥廷根去剑桥, 引出了狄拉克, 这

---

① B. L. van der Waerden, *Sources of Quantum Mechanics*, North-Holland Publishing Company, 1967, p.277.

② W. Pauli, *General Principles of Quantum Mechanics*, Translated by P. Achuthan and K. Venkatesan, Springer-Verlag, 1980, p.iii.

是下一节的事[①]. 离开剑桥后他没回哥廷根, 而是去了哥本哈根. 所以他与玻恩和约当合作的研究, 基本上是靠通信, 只是在论文快收尾时, 才从哥本哈根回到哥廷根, 那已经是 1925 年的冬天. 那时他是身在曹营心在汉, 一有机会就往哥本哈根跑, 显然, 海森伯看好哥本哈根. 所以, 这量子力学的突破和诞生居然是在哥廷根, 他在剑桥播下的种子都已发芽, 而在哥本哈根却有种无收, 他人在丹麦还要写信回德国进行合作, 肯定是他没有想到的事.

当然, 当时玻尔是研究量子论的领军人物, 海森伯又与玻尔气质相同十分投缘. 但是哥本哈根与哥廷根两派的风格和路数不同. 哥本哈根走的是唯象路线, 这确实合乎海森伯的口味, 他两年后提出测不准原理, 走的也是这个路数. 当时研究的重心, 已经从早期的谱线位置转到了谱线的强度. 克拉默斯在色散公式中唯象地引入爱因斯坦辐射跃迁几率, 使得理论结果可以与实验比较, 这是当时影响很大的一件工作 (见注页①的 p.177). 读者如果对照 (6) 式与海森伯的原文, 会发现在表述上有一点区别. 其原因就在于, 海森伯要与克拉默斯的色散公式对比, 藉以表明自己没错. 1925 年初夏回到哥廷根之前, 他在哥本哈根与克拉默斯合作研究的, 就是色散理论 (见注①的 p.223).

按照杨振宁先生的看法, 物理学大体上可以划分为实验、唯象理论、基本理论和数学四个层次[②]. 中间两部分, 虽然都是理论物理, 但做法不同. 唯象理论立足于实验, 靠的是直观与综合, 比如玻尔的氢原子模型, 具体而形象. 基本理论虽然立足于唯象理论, 但做的是分析和演绎, 靠的是从数学汲取灵气, 抽象而普遍. 这量子力学属于基本理论, 是整个物理的基础, 不是一个具体的唯象理论. 海森伯偏爱直观, 有很强的形象思维; 又天赋哲学气质, 不受成规的约束, 思想能够放开. 玻恩深得希尔伯特的真传, 擅长分析思维, 考虑普遍而严谨. 他们两位的合作, 可谓天设的绝配. 这约当也是做纯理论的人, 在历史上留名的还有 "约当 - 维格纳量子化". 显然, 哥廷根的玻恩团队, 是创立量子力学的最佳组合. 在前面已经看出, 海森伯核心的两步 (1) 和 (6) 式, 在背后的关节处都是玻恩的身影. 生在这开创历史的英雄时代, 置身于哥廷根这希尔伯特与闵可夫斯基的数学之都, 参与玻恩的团队, 无疑, 海森伯是天时、地利、人和三者完美对接的幸运儿. 而海森伯若早一年像泡利一样离开哥廷根, 在哥本哈根继续研究色散关系, 他的运气可就在别的地方, 量子力学的这段历史肯定要改写.

玻恩的思考方式与研究风格, 是从第一性的原理出发, 经过严密的逻辑推

① B. L. van der Waerden, *Sources of Quantum Mechanics*, North-Holland Publishing Company, 1967, p.307, p.417.

② 杨振宁, 《杨振宁文集》下册, 张奠宙编选, 华东师范大学出版社, 1998 年, 841 页.

理和数学演绎，来获得对物理现象的深入和全新理解. 这是理论物理学家思考方式与研究风格的一种类型，属于基本理论. 而海森伯的思考方式与研究风格更接近玻尔，他们先从具体物理实验和现象的分析中发掘新的思想观念和物理原理，然后再在此基础上建立理论体系. 这是理论物理学家思考方式与研究风格的又一种类型，属于唯象理论. 他们熟悉具体的实验现象，强调新的实验现象蕴含着新的物理，而在研究工作中往往更依赖于过去的经验、对现象的综合和物理的直觉. 多数获得了实际成果的理论研究都属于这后一种类型，所以海森伯的思想和哲学在物理学界有很大影响.

§A.2 狄拉克 q 数和薛定谔方程

经典力学用坐标 q 来描述运动状态随时间的变化，这种变化是连续的. 海森伯说要把它换成联系不同状态的观测量二元数组，也就是矩阵 $\big(q(m,n)\big)$, 写成

$$q = q(m,n)\mathrm{e}^{\mathrm{i}\omega(m,n)t}, \tag{10}$$

这样描述的状态变化就不一定连续，而是玻尔凭直觉假设的“跃迁”. 海森伯这样“重新诠释运动学”，就把玻尔生硬的假设自然地纳入了数学描述的形式之中，从手工外加给理论的附加条件变成了推理演绎的出发点. 而从普通的函数换成矩阵，数学的运算就需要改变.

对于当时的这种局面，狄拉克在 1925 年的论文 ① 中把它归纳为：“经典力学的方程没有错，而是用以导出物理结果的数学运算要改变.” 把坐标 q 换成矩阵 $q(m,n)$, 乘法运算就是关键. 海森伯把动量写成 $m\dot{q}$, 就只需要算 q 的平方和立方，避开了乘法交换次序的问题. 但要建立普遍的理论，这就不能回避. 玻恩和约当，以及狄拉克，从不同的角度，分别和独立地解决了这个问题. 他们采用哈密顿正则力学的相空间描述，基本的观测量是坐标 $q(m,n)$ 和动量 $p(m,n)$, 这就需要知道如何交换它们相乘的次序，亦即 $qp - pq = ?$ 玻恩从海森伯的量子化条件猜出

$$qp - pq = \mathrm{i}\hbar, \tag{11}$$

这里采用后来狄拉克才引进的约化普朗克常数 $\hbar = h/2\pi$. 作为理论的基本关系，(11) 式应是一个假设. 当然，提出一个假设，总要有些能够说服人的依据和论证. 玻恩和约当的论证，用了哈密顿正则方程. 他们还对一般的 $H(q,p)$ 计

① B. L. van der Waerden, *Sources of Quantum Mechanics*, North-Holland Publishing Company, 1967, p.307.

算矩阵微商 $\partial H/\partial p$ 和 $\partial H/\partial q$, 给出了正则方程的代数形式

$$\dot{q}=\frac{1}{\mathrm{i}\hbar}(qH-Hq),\qquad \dot{p}=\frac{1}{\mathrm{i}\hbar}(pH-Hp). \tag{12}$$

现在看来，从 (10) 式出发来论证对易关系 (11) 和方程 (12), 在逻辑上不顺. 但从历史上看，一个新原理或假设的提出，往往就是如此. 后来在玻恩、海森伯和约当三个人的论文[①]中，就是把 (11) 式作为一条基本原理了.

狄拉克的论文也是从 (10) 式出发, 并把量子力学观测量称为量子的量 (quantum variables, 见注①的 p.307). 从下一篇论文 (见页注①的 p.417) 起，他就把量子的量简称为 q 数 (q-numbers)，而把经典的量称为 c 数 (c-numbers). 在定义 q 数的代数和微商之后，他就接着讨论这种 q 数 $x(m,n)$ 与 $y(m,n)$ 的对易子 $xy-yx$. 在量子数 m 和 n 很大而其差很小的极限下, 运用表达式 (10), 他算出量子的 $xy-yx$ 对应于经典的 $\mathrm{i}\hbar\left(\frac{\partial x}{\partial w}\frac{\partial y}{\partial J}-\frac{\partial y}{\partial w}\frac{\partial x}{\partial J}\right)=\mathrm{i}\hbar[x,y]$，这里 J 与 $w=\omega t/2\pi$ 是经典正则力学的作用量与角变量，$[x,y]$ 是 x 与 y 的经典泊松括号，为简明起见我们这里只考虑一个自由度. 于是，狄拉克作了一个基本假设：两个 q 数 x 与 y 之积的对易子等于 $\mathrm{i}\hbar$ 乘以其对应的经典泊松括号,

$$xy-yx=\mathrm{i}\hbar[x,y]. \tag{13}$$

把 w 与 J 换成任何一对正则变量, 经典泊松括号亦成立. 所以当 $x=q$ 与 $y=p$ 时 $[q,p]=1$, 玻恩 - 约当对易关系 (11) 是狄拉克上述基本假设的一个特例，二者殊途而同归. 狄拉克这篇论文发表于 1926 年初，稍晚于玻恩与约当两个人的论文. 他在文中只引了海森伯一个人的论文，可见他还没有看到上述两个人的论文，在方法上也是完全独立的. 狄在当时还是剑桥圣约翰学院的在读博士生.

从上面可以看出，狄拉克给出假设 (13) 的思路更清晰、更简明也更直接，这是他的文章和著作一贯的风格. 杨振宁先生说，“他 (狄) 的文章没有一点渣子”，看狄的文章会有“秋水文章不染尘”的感觉[②]. 出于对文字表述的完美之追求，为了与经典的“物理量”对应，他使用“观测量” (observables, 又译“可观测量”), 为了与 classical 对应，他创造了一个新的形容词 quantal. 他对数学家表示内积的符号 (ϕ,ψ)[③] 感到不满意，于是发明了自己的符号 $\langle\phi|\psi\rangle$, 在他的《量

① B. L. van der Waerden, *Sources of Quantum Mechanics*, North-Holland Publishing Company, 1967, p.321.

② 宁平治、唐贤民、张庆华主编，《杨振宁演讲集》，南开大学出版社，1989 年，495 页.

③ Johann v. Neumann, *Mathematische Grundlagen der Quantenmechanik*, Verlag von Julius Springer, Berlin, 1932; John von Neumann, *Mathematical Foundations of Quantum Mechanics*, translated from the German edition by Robert T. Beyer, Princeton University Press, 1955.

子力学原理》① 1947 年第三版正式定型. 而为了表达与他的括号 $\langle\,|\,\rangle$ 相应的矢量 $\langle\,|$ 与 $|\,\rangle$, 他把 bracket 拆开, 创造了两个新的单词 bra 与 ket, 这难坏了中文的翻译. 现译 "左矢" 与 "右矢" 并不理想, 因为它们在数学上完全没有左右的意思. 还有一段他与玻尔的故事. 在完成博士学业后要去欧洲大陆访问, 他会德语, 想去哥廷根, 而他的导师福勒则坚持要他先去哥本哈根. 到哥本哈根后, 他要一边学丹麦话一边跟玻尔工作. 玻尔思考和写作的习惯, 是在跟学生、助手或访客的讨论中逐步修正成形. 他写文章, 是每想到一点, 就让人记录下来, 然后再反复修改. 一次让狄拉克记录, 狄被这种翻来覆去的修改弄得十分烦躁, 实在憋不住而爆发出来: "玻尔教授, 我念中学时老师就教我说, 在把句子想好之前不要开始写." ②

有了乘法交换规则 (11), 数学上就完整和自洽, 可以用正则方程 (12) 进行计算了. 再作出适当的物理诠释, 能够把算出的结果与实验进行比较, 这就是一个可以实际操作和运用的物理理论. 物理诠释有两条: 对角化以后, 哈密顿矩阵的对角元是体系量子态的能级, 坐标矩阵的矩阵元之模方正比于在相应两个量子态之间跃迁的几率 (见玻恩和约当以及狄拉克的上述论文). 事实上, 海森伯, 玻恩和约当, 以及狄拉克, 都在他们的文章里给出了对于谐振子等具体问题的计算, 得到了支持其理论的很好结果. 接着, 泡利和狄拉克分别用矩阵和 q 数算出了氢原子的能级, 与玻尔模型的结果完全一致, 这就宣告量子力学已经站住. 泡利的论文和狄拉克的论文③ 均发表于 1926 年初, 而后者晚了五天. 不过, 与得出对易关系 (11) 的情形不同, 这次是计算, 一位用矩阵, 一位用 q 数, 各算各的, 没有可比性. 那时泡利已经由于不相容原理和长篇述评《相对论》而誉满学界, 狄还没拿到博士学位未出茅庐.

到此, 量子力学还有一些基本问题需要进一步完善和解决. 这主要是指连续谱和非周期运动. 为此, 玻恩 1925 年冬在访美期间, 与麻省理工 (MIT) 的数学家维纳合作, 提出了量子力学的算符形式, 法兰克福的兰佐斯提出了量子力学的积分方程形式. 而无论是哥廷根的矩阵, 或者剑桥的 q 数, 以及这算符和积分方程, 都不是当时理论家们熟悉的数学, 连玻尔也都不以为然 (见后面玻尔与薛定谔的对话). 更加难以忍受的是, 新理论还缺乏一幅可以直观想象的物理

---

① P. A. M. Dirac, *The Principles of Quantum Mechanics*, Oxford, 4th edition, 1958.

② J. Mehra and H. Rechenberg, *The Historical Development of Quantum Theory*, Vol. 6, part 1, Springer-Verlag, 2001, p.75.

③ B. L. van der Waerden, *Sources of Quantum Mechanics*, North-Holland Publishing Company, 1967, p.387, p.417.

图像. 所以在 1926 年开春，就有实验家写信向玻尔抱怨："如果原子物理按照玻恩和约当的路线发展，你将发现很少有人还会留在原子物理这个圈子". 而即便是像索末菲这样的大理论家，虽然能够一般地承认和接受玻恩、约当等人的结果，却也不肯来做这矩阵或 q 数①. 就是在这让许多人焦虑难耐的形势下，突然从圈外杀入一头黑马，出现了薛定谔的波动力学.

与慕尼黑的索末菲、哥廷根的玻恩和哥本哈根的玻尔不同，当时薛定谔虽然已近中年与玻恩和玻尔可算同辈，是比海森伯、狄拉克、约当和泡利年长得多的前辈，但是并没有自己的山头和派别，只是苏黎世大学的一位教授. 之前他涉猎过多个物理领域，在色彩和比热方面已是一位颇有成就的专家，由于与金属电导相关的工作而受邀参加了 1924 年的索尔维会议. 在原子物理方面，他也做过一些工作，但不属于上述三个圈子，而是一位局外的观众. 1924 年底，郎之万把德布罗意博士论文的副本寄给爱因斯坦，爱因斯坦立即在他的论文《单原子理想气体的量子理论 (二)》②中作了引用. 薛定谔从爱因斯坦的这篇文章，知道了德布罗意的工作. 那时他在参加一个由德拜主持的讨论会，德拜请他作一次演讲，介绍德布罗意的理论③. 薛讲完后，德拜评论说，一个波动理论而没有波动方程，太肤浅了. 下一次聚会时，薛说：我找到了一个方程. 这就是打开量子力学另一扇大门的薛定谔方程，是这场历史大变局的又一切入口.

德布罗意 1923 年提出物质波，认为微观粒子与经典粒子的对应，就像是波动光学与几何光学的对应. 他的博士论文 1924 年完成，1925 年正式发表. 薛定谔看了他的论文受到启发，于 1926 年上半年连续发表了六篇论文，相继提出了能量本征值和波函数的方程

$$H\Big(q,-\mathrm{i}\hbar\frac{\partial}{\partial q}\Big)\psi=E\psi,\qquad -\mathrm{i}\hbar\frac{\partial\psi}{\partial t}=H\Big(q,-\mathrm{i}\hbar\frac{\partial}{\partial q}\Big)\psi,\tag{14}$$

这就是现在说的定态薛定谔方程和薛定谔方程，属于量子力学的薛定谔绘景，薛定谔最初用的符号不是 $\hbar$ 而是 $K=h/2\pi$. 在总题目为"作为本征值问题的量子化"的四篇论文④，他尝试用非相对论哈密顿量 H 的上述本征值方程算氢原子能级，得到了与巴耳末公式相符的结果 (第一篇论文). 他于是信心倍增，又进一步仔细论证其方程，并用以计算谐振子和转子能级 (第二篇论文)，用微扰论算斯

① J. Mehra and H. Rechenberg, *The Historical Development of Quantum Theory*, Vol. 5, part 1, Springer-Verlag, 1987, p.5.

② 范岱年、赵中立、许良英编译，《爱因斯坦文集》第二卷，商务印书馆，1977 年，412 页.

③ 关洪，《一代神话 —— 哥本哈根学派》，武汉出版社，2002 年，53 页.

④ 薛定谔著，范岱年、胡新和译，《薛定谔讲演录》，北京大学出版社，2007 年，33 页.

塔克效应 (第三篇论文), 最后给出上述随时间变化的方程 (第四篇论文). 其间, 他得知玻恩、海森伯与约当的矩阵力学, 于是又写出论文, 通过算符表示和用本征函数构造矩阵元, 证明对于本征值的计算, 他的波动力学与矩阵力学在数学上等效. 与薛独立地, 泡利和艾卡特也证明了这种等效性. 于是, 困扰原子物理学家十多年的问题, 一下子出现了两个完全不同的解. 这真是戏剧性的一幕. 薛定谔天性浪漫, 喜欢写诗, 他的论文兼有文学和哲学的语言和风格, 拜读起来又是一种感觉.

无论是哥廷根的矩阵, 还是剑桥的 q 数, 都是卢瑟福和玻尔的粒子图像, 只不过这不是经典的粒子, 具有量子的特征, 所以称为量子力学. 薛定谔不同, 他采用德布罗意的波动图像, 认为微观原子的力学与经典力学的关系, 就像是波动光学与几何光学的关系, 所以称为波动力学 (德语 Wellenmechanik, 英语 Wave Mechanics; 早期还用过 Undulationsmechanik, 英语 Undulatory Mechanics) ①. 薛定谔有很深的经典情结, 排斥量子的不连续与跳跃. 当他发现能级的量子化来自对波动的某种约束条件时, 心中充满了愉悦, 这成为他第一篇论文的基本情调和主旋律. 而他对其方程 (14) 的论证, 则采用了上述力学与光学的类比. 具体说来, 他用了经典力学哈密顿最小作用原理与几何光学费马最小光程原理的类比, 写出了象征性的比例关系 ②

$$\text{经典力学 : 波动力学} = \text{几何光学 : 波动光学}. \tag{15}$$

薛定谔仿照从几何光学到波动光学的推广, 来从经典力学推广到波动力学. 而从几何光学到波动光学, 可不是逻辑的推演, 其中包含了全新的物理. 薛定谔采用上述类比, 也就隐含地假设了这种新的物理. 所以, 与玻恩和约当的对易关系 (11) 一样, 薛定谔方程 (14) 也是一个基本的原理和假设, 而不是逻辑推理的结果. 这类比或比喻, 可是我们华夏文化传统思维最突出的一个特点. 这是典型的文学思维而不是科学的逻辑思维. 德布罗意和薛定谔采用这种类比思维, 让我们感到既熟悉, 又惊奇. 德布罗意当初想学历史与文学, 是受了他哥哥的影响才改攻物理.

从连续的变化变成了跃迁, 这可是玻尔与薛定谔争论的核心. 1926 年十月初, 玻尔邀请薛定谔去哥本哈根, 在丹麦物理学会演讲. 从薛到达火车站开始, 玻尔就不停地争辩, 就连薛感冒卧床, 玻尔也不肯放过. 薛问: "是什么规律支配着电子在跃迁中的运动? 这量子跃迁的整个观念完全是个臆想." 玻尔回答: "你

① J. Mehra and H. Rechenberg, *The Historical Development of Quantum Theory*, Vol. 6, part 1, Springer-Verlag, 2001, p.63.

② 薛定谔著, 范岱年、胡新和译, 《薛定谔讲演录》, 北京大学出版社, 2007 年, 8 页.

……不能证明没有量子跃迁，只是证明我们不能想象它.”薛最后说：“如果确实存在这个该死的量子跃迁，我就真是后悔卷进这量子理论中来.”玻尔则说：“但是我们大家都非常感谢你所做的工作，你的波动力学在数学上简洁清晰，确实是超出量子力学之前那些形式的一大进步.”①

由于玻尔的旧量子论和新的矩阵力学都是强调和处理分立的量子化和突然的量子跃迁，所以薛强烈批评这种不连续的理论抽象和不直观.薛定谔是一个人孤军作战，而哥廷根和哥本哈根可是两个群体.薛提出波动力学，认为从此可以抛弃可恶的量子假设，重新回到连续的经典.为了应对薛定谔的这一挑战，忙坏了哥廷根和哥本哈根的高手.狄拉克那时正在哥本哈根，也加入了他们的应战.他们忙活的结果，就是玻恩的统计诠释、约当与狄拉克的变换理论和海森伯的测不准原理.这三大成果，宣告了量子力学在数学和物理上的最后统一和完成.

1926 年春，玻恩刚从美国访问回来，就要来面对薛定谔的挑战.薛说原子发光是连续变化的时间历程，不是什么不花时间的突然跃迁.这就要处理光子与原子的散射，涉及光子和连续谱.虽然这两点在玻恩与海森伯和约当三人的文章中均有涉及，但终究是矩阵力学的短板.于是玻恩暂且避开光子，先来研究自由粒子 (α 射线或电子) 与原子的碰撞，并且是采用薛定谔的波动方程，写出了论文《碰撞的量子力学》②.为了逐步引向统计性结论，他在论文一开始并没有使用“跃迁概率”这个概念，而是说“与跃迁相关联的振幅”，现在的术语是“跃迁振幅”.对原子处于 $\varPsi_n^0$ 电子沿 z 轴入射的初态，考虑原子与电子之间的短程相互作用，玻恩用微扰论解薛定谔方程，得到的解是原子在 $\varPsi_m^0(\boldsymbol{k})$ 电子在 $\boldsymbol{k}$ 方向出射的波的叠加，叠加系数 $\varPhi_{nm}(\boldsymbol{k})$.他最后才指出，若想把这种波动的叠加翻译成粒子的语言，只可能有一种诠释，即原子跃迁到 $\varPsi_m^0(\boldsymbol{k})$ 而电子散射到 $\boldsymbol{k}$ 方向的概率，正比于叠加系数即散射振幅 $\varPhi_{nm}(\boldsymbol{k})$ 的平方.这真是以薛定谔自己的方程回应了他的挑战.这就是玻恩的统计诠释.玻恩的这个工作，是首次用量子力学处理散射问题，除了统计诠释，还为量子力学贡献了“玻恩近似”，而为他自己赢得了诺贝尔奖.

当时的局面，是如何面对几种形式各异的方案：哥廷根的矩阵，狄拉克的 q 数，玻恩和维纳的算符，兰佐斯的积分方程，和薛定谔的波动.否定任何一种，都既不现实也不可能，它们看似一种更一般的方案的不同表现形式.若果真如

① J. Mehra and H. Rechenberg, *The Historical Development of Quantum Theory*, Vol. 5, part 2, Springer-Verlag, 1987, p.820.

② 关洪主编，《科学名著赏析 物理卷》，山西科学技术出版社，2006 年，248 页.

此，它们之间就应存在内在联系，可以从一种形式变换成另一种形式．约当和狄拉克不约而同地进行了这种尝试，各自独立地建立了量子力学的变换理论，也就是今天说的表象变换．其间，伦敦从经典力学哈密顿 - 雅可比方程的变换出发，也做了同样的探索．

约当作为玻恩的私人助手，当时还在为获得正式教职而拼搏．他刚写了篇论文《量子力学的正则变换》，就被玻恩的同事和好友、实验家弗兰克的事情缠住无暇分身，弗兰克要他协助写一部关于碰撞与量子跃迁的专著．书稿完成后，暑假里约当去维也纳休整，同时治疗口吃．在维也纳他听了薛定谔的演讲，薛希望完全放弃量子力学，说原子辐射不过是两个本征态激发干涉给出拍频．约当再回到哥廷根，已经是 1926 年秋天．他很快就写出论文《量子跃迁的量子力学表示》，到年底又写成长文《量子力学的新基础》送去发表，这就是他的变换理论①．

那时狄拉克正在哥本哈根．他到达哥本哈根时，薛定谔刚刚离开，玻尔和他的弟子们正沉浸于对波动力学的思考与热烈的讨论．狄参加讨论和与人交谈时大都是在静静的倾听，他习惯于在从住所来回的路上和晚上自己单独思考．他一直在考虑，如何让他的 q 数和矩阵的指标不局限于分立的量子数，而是可以连续取值．那期间海森伯在哥本哈根，是玻尔的主要助手．他写信向泡利和约当介绍了狄拉克正在做的研究，狄也写信给约当详细介绍了自己的工作．他的理论与约当的实际上一样，只是风格与表述不同．那个冬天希尔伯特在哥廷根讲授量子力学的数学基础，后来又与冯·诺依曼合作出书②．约当深受希的影响，用的数学中规中矩，满有哥廷根的门风．

狄拉克还是他自己的风格，简洁而且清晰明了，特别是用了现在以他的名字命名的 δ 函数．这个函数其实很早以前基尔霍夫、海维赛和赫兹都曾经用过 (见注②的 p.88)，但是数学家不看好，说它不是正规函数③．狄拉克不管这一套，就是用了．这就是狄拉克变换理论的长篇论文《量子动力学的物理诠释》④，发表于 1927 年 1 月．现在广义函数成为数学的一个分支，没有人再拒绝 δ 函数了．

---

① P. Jordan, *Z. f. Phys.* **40** (1927) 809.

② J. Mehra and H. Rechenberg, *The Historical Development of Quantum Theory*, Vol. 6, part 1, Springer-Verlag, 2001, p.67.

③ Johann v. Neumann, *Mathematische Grundlagen der Quantenmechanik*, Verlag von Julius Springer, Berlin, 1932; John von Neumann, *Mathematical Foundations of Quantum Mechanics*, translated from the German edition by Robert T. Beyer, Princeton University Press, 1955, Preface.

④ P.A.M. Dirac, *Proc. Roy. Soc.* **A 113** (1927) 621.

能够不理会数学家的成见，敢于说实验错了，我行我素走自己的路，评论家说这是狄拉克的贵族风格.

用狄拉克的符号，把在 $|q\rangle$ 表象中的哈密顿量 $H_{qq'} = \langle q|H|q'\rangle$ 对角化成 $H_{mn} = \langle m|H|n\rangle = E_n\delta_{mn}$, 要用能够保持对易关系 (11) 和运动方程 (12) 不变的幺正变换 $S_{qn} = \langle q|n\rangle$, 变换方程 $S^{-1}HS = E$, 即

$$H(q,p)S = SE. \tag{16}$$

坐标 q 可以连续取值，这就要用 δ 函数. 在 $|q\rangle$ 表象中，由于 $q_{qq'} = q'\delta(qq')$, 由 (11) 式可得 $p_{qq'} = -\mathrm{i}\hbar\delta'(qq') = -\mathrm{i}\hbar\frac{\partial}{\partial q}\delta(qq')$, 从而上式成为定态薛定谔方程 $H(q, -\mathrm{i}\hbar\frac{\partial}{\partial q})S_{qn} = S_{qn}E_n$, 变换函数 $S_{qn} = \psi_n(q)$ 就是薛定谔波函数. 在变换 S 含 t 时，还可以写出 (14) 式中的含时薛定谔方程. 所以在量子力学里，薛定谔波函数是从能量表象到坐标表象的变换函数，即体系在能量本征态上测到坐标的概率幅，而薛定谔方程则是确定这个变换函数亦即概率幅的方程.

这样，狄拉克与约当的变换理论，就彻底结束了矩阵力学与波动力学之间的争论. 二者只不过是量子力学在不同表象中的表示，通过表象变换可以互相转换. 狄拉克用他特有的 δ 函数，在理论框架上统一了量子力学的纷争. 他后来回忆说，这是他一生中做过的最好的工作，是他的达琳 (darling)①. 在他的名著《量子力学原理》的最初两版都专门有两章，分别论述分立谱和连续谱的表象变换，到第三版以后才合并成一章表象理论②. 狄拉克初入剑桥时，曾想跟爱丁顿研究广义相对论，可惜事竟没成. 倘若他真的随了爱丁顿，今日之量子力学恐怕就不一定是现在这样.

海森伯再次出手，是他的测不准关系. 薛定谔批评量子力学的矩阵描述抽象不直观. 面对薛定谔直观的波动，海森伯与玻尔都陷入了沉思，两位在哥本哈根争吵得不可开交. 海森伯想的，还是他的可观测量. 他把粒子坐标 q 换成了分立矩阵的跃迁振幅 $q(m,n)$, 可是薛定谔的波函数 $\psi(q)$ 明明还是有连续变化的 q. 再想想实际的实验，威尔孙云室的径迹不就是粒子运动的轨道吗？这粒子的位置到底能不能观测，他一时想不出个头绪，与玻尔都坠入了迷雾之中. 后来玻尔去挪威滑雪度假，他静下心来，一天在深夜里突然想到，在一次讨论中，当他向爱因斯坦表示“一个完善的理论必须以直接可观测量作依据”时，爱因斯坦向他指出：“在原则上，试图单靠可观测量去建立理论那是完全错误的. 实际上正好相反，是理论决定我们能够观测到什么东西.”(见上一节，亦可参见注①的

① J. Mehra and H. Rechenberg, *The Historical Development of Quantum Theory*, Vol. 6, part 1, Springer-Verlag, 2001, p.89.

② P. A. M. Dirac, *The Principles of Quantum Mechanics*, Oxford, 4th edition, 1958.

p.154) 在这一回忆的启发下，仿效爱因斯坦在狭义相对论里对同时性的操作定义，海森伯想到粒子的位置和速度同样也要通过实验测量才能确定，他马上领悟到：云室里的径迹，不可能精确表示经典意义下的电子路径或轨道，原则上，它对电子坐标和动量至多给出近似和模糊的描写.

在这种想法指导下，他设想用显微镜来观测电子的位置，不确定度 Δq 亦即衍射斑大小由照射波长和显微镜孔径角决定．为了提高精度可以减小波长和增大孔径，比如用 γ 光子，这就使得照射光子传递给电子的动量不确定度 Δp 增大．用动量与波长的德布罗意关系 $\lambda = h/p$ 可以估计出 $\Delta q\Delta p \sim h$. 这就是他著名的 γ 光子显微镜，是物理的分析．而从理论上，他用约当的高斯型波函数来研究量子力学对经典图像的限制，立即导出了共同测量粒子坐标和动量所受的限制．高斯波函数的振幅 $|S(q)| \sim \mathrm{e}^{-(q-\bar{q})^2/4(\Delta q)^2}$, 根据统计诠释，测量坐标 q 的不确定度为分布宽度 Δq. 用狄拉克和约当的表象变换函数

$$\langle q|p\rangle = \frac{1}{2\pi\hbar}\,\mathrm{e}^{-\mathrm{i}pq/\hbar} \tag{17}$$

把上述高斯波函数换到动量表象的 $S(p)$, 得到动量表象波函数的振幅 $|S(p)| \sim \mathrm{e}^{-(p-\bar{p})^2/4(\Delta p)^2}$, 也是高斯分布，分布宽度 $\Delta p = \hbar/2\Delta q$, 这就是在这个态上测量动量 p 的不确定度．于是得到 $\Delta q\Delta p = \hbar/2$. 高斯分布是简谐振子的基态波函数，对一般波函数，海森伯进一步证明了这个等式给出的是下限，一般地有

$$\Delta q\Delta p \geqslant \frac{\hbar}{2}, \tag{18}$$

坐标测不准与动量测不准的乘积不小于约化普朗克常数的一半，这就是著名的海森伯测不准关系①②. 海森伯有很深的玻尔情结，他讲量子力学物理原理的著作，书名却不用玻恩的“量子力学”而用玻尔的“量子论”(见注②).

在相对论里，同时是相对的，依赖于参考系的选择．与此类似地，在量子力学里，观测量的精度是相对的，依赖于实验的选择．在一类实验里能测准的量，在另一类实验里测不准．特别是，两个观测量能否共同测准，取决于对它们的测量是否属于同一类实验．量子力学的矩阵描述并非抽象不直观，而是在描述的精度上要受测不准原理的限制，具有依赖于实验的相对性．这就是海森伯给出的对量子力学的物理解释．泡利说：“一个经典概念的应用排斥 *另一个* 经典概念的应用，我们随着玻尔，把这两个概念 (例如粒子的位置与动量的坐标) 称为 (互相) 并协 (complementarity). 我们可以 (与术语‘相对论’(Theory of Relativity) 类似

① W. Heisenberg, *Z. f. Phys.* **43** (1927) 172.

② W. 海森伯著，王正行、李绍光、张虞译，《量子论的物理原理》，高等教育出版社，2017 年， 10 页.

地) 把近代量子理论称为‘并协论’ (Theory of Complementarity). ”① 泡利和玻尔一样更偏爱薛定谔的波动图像，他在这里是想强调波动与粒子的并协互补，他 1933 年为《物理大全》写的这篇长篇述评，题目 *Die Allgemeinen Prinzipien der Wellenmechanik* 用的词是“波动力学”，英译者把它改成了“量子力学”(见注①). 笔者倒是觉得，在这种对比里，就物理基础而言，相对论的核心是时空概念的相对性，否定绝对时空，而量子力学的核心是测量精度的相对性，否定绝对精准，倒是可以把量子力学称之为“测不准论”(Theory of Uncertainty).

这里需要强调，海森伯的上述证明，用到了波函数的统计诠释，包括坐标表象和动量表象两种波函数，还用到了表象变换，和对变换函数 (17) 的统计诠释. 就是对 γ 光子显微镜的上述定性的物理分析，也隐含地用到了统计诠释. 所以，测不准关系的基础是对波函数的统计诠释，其严谨的理论论证只能是在提出统计诠释和建立变换理论之后，不能早于 1926 年底. 实际上，海森伯的上述论文 1927 年三月才寄出，题目是“量子理论运动学与力学的直观内容”，其第二节就是从狄拉克 - 约当变换理论推导测不准关系.

正如爱因斯坦所说，是理论决定我们能够观测到什么东西. 海森伯这里的做法表明，是量子力学的理论告诉我们，粒子的位置和动量都能够观测，但是测量精度要受到限制，而这个限制则是由量子力学的运动学关系 (11) 和对变换函数的统计诠释共同决定的. 到此，海森伯从否定坐标的观测开始，最后却又回到坐标可以观测，只不过要加上测不准的限制，否定之否定完成了一次黑格尔辩证法的循环. 前一次否定位置坐标的实验观测，是开天辟地创立量子力学的思想源泉，后一次否定实验测量的绝对精准，则奠定了量子力学的物理基础. 真是成也萧何，败也萧何.

§A.3 玻尔 - 爱因斯坦索尔维论战

还是在 1926 年初，洛伦兹就开始张罗筹划召开 1927 年的索尔维会议. 在与德国著名物理化学家能斯特商谈后，比利时工业化学家和社会活动家索尔维 (Ernest Solvay, 1838—1922) 邀请洛伦兹、普朗克、爱因斯坦、索末菲、能斯特、卢瑟福、庞加莱、居里夫人等 24 位当时物理学界的顶级泰斗和名流，于 1911 年十月在布鲁塞尔聚会，请洛伦兹主持，讨论辐射理论和光子，这在后来被称为第一届索尔维会议. 受到这次会议成功的鼓舞，索尔维在洛伦兹的建议和协助下，

① W. Pauli, *General Principles of Quantum Mechanics*, Translated by P. Achuthan and K. Venkatesan, Springer-Verlag, 1980, p.7.

于次年设立了一个基金，称为国际物理协会 (Institut International de Physique). 协会由三位比利时人经管，除索尔维本人外，另外二人分别由比利时国王和比利时自由大学指定. 若索尔维不在，则由另外两人邀请索尔维的一位后人参加. 另设由九人组成的国际学术委员会指导学术活动，由洛伦兹主持，直到他 1928 年去世. 会议大体上三年一次，由于一战的影响，第三届到 1921 年才开，1927 年是第五届①.

第一届索尔维会议引领了一种新的科学会议风格，即有选择地邀请在相关领域最有见地的专家与会，讨论前沿问题并寻求其解决之途径. 鉴于量子理论的突破性进展，1927 年的会议主题为"电子与光子"，其背景是电子波动性和光的粒子性之发现. "光子" (photon) 这个名称，是 1926 年十月才由物理化学家路易斯 (Gilbert N. Lewis) 提出的，之前是爱因斯坦的叫法"光量子" (light-quanta). 会上要有几个主题演讲，以引起深入的讨论. 所以 1926 年春天，洛伦兹就写信给爱因斯坦，请他做一个演讲. 爱因斯坦表示，自己可以讲量子统计②.

过了一年多，爱因斯坦改变了想法. 1927 年夏天，他又写信给洛伦兹，说他本来是想对布鲁塞尔会议作点有益贡献的，但是思前想后，他没有资格来做这个演讲，因为他没有全力以赴地参与量子理论的最新发展，并且他也不赞成新理论那纯统计的看法. 他推荐费米或郎之万代替他来讲量子统计. 到最后落实的结果，费米或郎之万都没有来讲量子统计，而是玻尔愿意来讲，但改为讲量子力学的解释问题 (见注②).

其实，爱因斯坦这一年里没少操心. 除了关注柏林的实验家们对辐射的波动性与粒子性的实验并提出建议，他更多的精力是放在电磁场与引力场的统一上，他希望这能解决微观粒子与波动的问题. 当然他还一直紧盯着哥廷根与哥本哈根理论家们的动向，特别是保持与玻恩和海森伯的密切交流. 1927 年四、五月间他写信给玻恩，表示肯定可以"把薛定谔的波动力学联系于 (微观粒子的) 确定的运动而不借助于任何统计诠释"，五月初又向普鲁士科学院宣读了论文"薛定谔波动力学是完全确定了 (微观) 系统的运动，还是仅仅在统计的意义上？" 海森伯得知后立即写信给他，说"亲爱的上帝若能超越量子力学而保持因果性，恐怕我们就都舒心了. 不过，要求比联系实验的物理描述更多，我真看不出美在哪里." (见注②的 p.240) 同样的意思，在玻恩提出统计诠释的那篇论文中已经

① Jagdish Mehra, *The Solvay Conferences on Physics—Aspects of the Development of Physics Since 1911*, D. Reidel Publishing Company, Dordrecht-Holland/Boston-U.S.A., 1975, p.XIII.

② J. Mehra and H. Rechenberg, *The Historical Development of Quantum Theory*, Vol. 6, part 1, Springer-Verlag, 2001, p.234.

说过："或许我们应该相信，在不可能给出因果发展的条件这一点上，理论与实验的一致正是不存在这种条件的一个必然的结果. 我自己倾向于在原子世界里放弃决定论. 但是这是一个哲学问题，只靠物理学的论证是不能决定的."①

对于玻恩和海森伯来说，统计诠释是唯一而且最好的选择. 与玻尔几乎单纯的理论团队不同，哥廷根的物理圈子，是一个理论、实验、数学三者兼有而且紧密结合的集体. 在玻恩办公室的隔壁，就是弗兰克的房间. 弗兰克在做原子分子碰撞的实验，他们每天都目睹着粒子概念的丰硕成果，因而确信，不能简单地把粒子取消，不相信薛定谔对波函数的诠释，必须找到一种把粒子与波统一起来的途径. 在这里，概率幅就成了把粒子与波衔接起来的自然环节. 但是爱因斯坦有他自己的信仰："量子力学给人很深的印象. 但是一个内在的声音告诉我，这还不是事情的真相. 理论做了很多，但它并没有让我们更接近'老爷子'的秘密. 无论如何我都相信 他 不玩骰子."爱因斯坦的这句名言，就是源自他 1926 年 12 月 4 日写给玻恩的回信. 玻恩 11 月 30 日写给他的信上说的是："我把薛定谔的波场看作你的'鬼场'（德语 Gespensterfeld, 英语 ghost field）"②，鬼显然不是一种物理的实在.

玻尔因为 1913 年的氢原子模型，已经功成名就. 由于眼睁睁的看着创立量子力学这一疾风骤雨式的历史机遇从自己面前于瞬间一晃而过，1926 年以来他一直在努力找回自己. 他一向十分重视自己的公众形象，却还没有参加过索尔维会议. 1921 年那次他曾接到邀请，但因病未能与会. 这次受到邀请，正是展示自己的一个绝好机会. 他不赞成海森伯倚重统计诠释，与海发生了争吵. 这统计诠释既不是他的东西，也不符合他的思路. 他的思维方式，是从实验现象归纳提炼出物理概念，再假设一些定量关系和规则，以构建模型理论. 就像氢原子模型一样，根据光谱的实验规律，提炼出定态和跃迁的概念，再假设一条量子化规则，完全是手工操作. 现在他遇到的困难是，粒子和波动都是实验提供的图像，舍去哪个都不行，他一时没了头绪. 那是 1926—1927 年冬天. 这次与往常一贯的经验不同，从与海森伯的争论中他得不到任何启发，找不着出路. 想想算了，先让脑子休息休息吧. 于是决定离开哥本哈根，去度假滑雪.

对海森伯来说，可以没有干扰静下心来，做出自己的测不准关系，把论文写出来. 玻尔在滑雪场上也得到了他一生最重要最得意的收获. 放松下来换个思路，他突然开窍想明白了. 干吗那么一根筋非此即彼啊，既然这波动与粒子都是

① 关洪主编，《科学名著赏析 物理卷》，山西科学技术出版社，2006 年，251 页.

② J. Mehra and H. Rechenberg, *The Historical Development of Quantum Theory*, Vol. 6, part 1, Springer-Verlag, 2001, pp.242-243.

实验现象，那就两者全都保留下来．于是，波动和粒子他都要，让波动和粒子两种图像彼此协调互相补充，他称之为并协或互补，称之为“波粒二象性”．该用波动就用波动该用粒子就用粒子，见机行事．这里说的波动与粒子，都是实在的，是统一的“波粒二象性”．玻尔的思考离不开与他人的讨论，从挪威回来后又接着与海森伯争吵，他的上述想法是在这种争论中逐渐明晰的①．

这粒子与波动，毕竟隔着一条大鸿沟，总得有座桥，才能沟通互补．海森伯走的桥是统计诠释，通过测量概率把波动附着到粒子身上．所以粒子是实的，波动是虚的，像是爱因斯坦的“鬼场”．玻尔走的桥是德布罗意与普朗克 - 爱因斯坦关系

$$\boldsymbol{p}=\hbar\boldsymbol{k},\qquad E=\hbar\omega,\tag{19}$$

方程左边是粒子，右边是波动，两边联系并协互补．当初德布罗意没说波动是概率幅，而是把它理解成与粒子同样的实在．虽然这只是自由粒子与平面波，并不普遍，但对于玻尔的物理思维来说，已经足够了．由于自由粒子和平面波都是近似，只能是定性的分析，玻尔给出的测不准关系还不是严格的 $\Delta q\Delta p\geqslant\hbar/2$, 而只是一个数量级的 $\Delta q\Delta p\sim h$.

使用定性的物理分析，玻尔还有一个意外的收获，即给出了时间与能量的测不准关系 $\Delta t\Delta E\sim h$. 而之前海森伯给出这个测不准关系，其理论依据是经典力学的作用量与角变量是一对正则共轭变量．但是在量子力学里，时间不是正则变量，从对易规则 $qp-pq=\mathrm{i}\hbar$ 出发，推不出这个关系．后来泡利又进一步证明，在量子力学里时间只能是参数，不能成为观测量算符．所以在量子力学里，时间与能量的测不准是个另类，不同于坐标与动量的测不准，不是基本的原理与假设．

刚好意大利有一个纪念伏打百年忌辰的会议， 1927 年九月在科莫召开，玻尔就拿这并协互补和用波粒二象性对测不准关系的直观推导在会上讲了一遍．波粒两象之并协互补和用以直观定性地分析测不准关系，这基本上是一种哲学和认识论．而科莫会议的主题是纪念伏打，邀请的物理学各界名流范围较广，但是爱因斯坦没有参加，所以大家对玻尔的演讲并没有多大的注意与反应．

洛伦兹在写信邀请爱因斯坦做一个演讲的同时，还请他建议另外的演讲题目和人选．爱因斯坦在回信中首先提到了薛定谔，他对薛的量子规则印象很深，说它可能包含了部分的真理，但 n 维 q 空间的波是什么却不清楚．对于海森伯、弗兰克、玻恩和泡利的那个集体，爱因斯坦说很难选择．如果不考虑个人关系而

① J. Mehra and H. Rechenberg, *The Historical Development of Quantum Theory*, Vol. 6, part 1, Springer-Verlag, 2001, p.181.

只关心对会议的贡献, 他建议邀请海森伯和弗兰克, 而如果只限于理论家, 则建议邀请海森伯和玻恩, 他觉得把泡利放在玻恩前面是不公平的. 爱因斯坦说, 做这种选择有些残酷. 大家知道, 他与玻恩私交很好. 看来洛伦兹接受了后一个选项, 没有请实验家弗兰克, 虽然弗兰克与赫兹的电子撞击原子实验对玻尔旧量子论是极大的支持. 泡利还是收到了邀请. 1927 年初洛伦兹写信给他, 邀请他参加 10 月 24—29 日在布鲁塞尔的会议①, 告诉他"会议倾注于新的量子力学及与之相关的问题, 而为了引起讨论, 我们将有玻恩和海森伯, 小布拉格, 德布罗意, 康普顿, 以及薛定谔作演讲."这里洛伦兹还没有提到玻尔的演讲, 虽然玻尔在 1926 年六月就接到了洛伦兹邀请他参加会议的信 (见注①的 p.175).

与会者有 (按姓氏字母顺序): 玻尔 (哥本哈根), 玻恩 (哥廷根), 小布拉格 (W.L. Bragg, 曼彻斯特), 布里渊 (巴黎), 康普顿 (芝加哥), 德布罗意 (巴黎), 德拜 (莱比锡), 狄拉克 (剑桥), 埃伦费斯特 (莱顿), 福勒 (剑桥), 海森伯 (哥本哈根), 克拉默斯 (乌特列支), 朗缪尔 (纽约舍奈泰迪), 泡利 (汉堡), 普朗克 (柏林), 薛定谔 (苏黎世), 威尔孙 (剑桥). 学术委员是洛伦兹 (主席), 老布拉格 (W.H. Bragg, 伦敦), 居里夫人 (巴黎), 爱因斯坦 (柏林), 古耶 (C.E. Guye, 日内瓦), 努森 (M. Knudsen, 哥本哈根, 秘书), 郎之万 (巴黎), 里查森 (伦敦), 范奥贝尔 (E. Van Aubel, 比利时根特), 其中古耶是爱因斯坦在苏黎世求学时的老师. 此外, 学术委员会还邀请布鲁塞尔大学的德敦得尔 (Th. De Donder), 昂里奥 (E. Henriot), 皮卡德 (A. Piccard) 参加会议, 根特的维沙菲尔特 (J.E. Verschaffelt) 是会议的学术秘书, 赫尔岑 (E. Herzen) 是索尔维家族的代表. 其中, 来自美国的只有康普顿和朗缪尔两位②.

值得指出的是, 在与会议主题"电子与光子"有关的老一辈物理学家中, 卢瑟福和索末菲均未与会, 其中卢连续参加过前四届索尔维会议, 索参加过第一、二两届. 另一方面, 在年轻的新秀中, 参与创立量子力学并有极重要贡献的约当没有被邀请, 而后来爱因斯坦可是曾经提名他与玻恩和海森伯一同作为诺奖候选人的③. 若不是因为加入了德国国家社会主义工人党 (德文 Nationalsozialismus, 缩写 Nazi, 音译"纳粹"), 他后来没准还真有可能获得诺奖④. 还有意思的是,

---

① J. Mehra and H. Rechenberg, *The Historical Development of Quantum Theory*, Vol. 6, part 1, Springer-Verlag, 2001, p.232.

② Jagdish Mehra, *The Solvay Conferences on Physics—Aspects of the Development of Physics Since 1911*, D. Reidel Publishing Company, Dordrecht-Holland/Boston-U.S.A., 1975, p.133.

③ Helge Kragh, *Dirac: A Scientific Biography*, Cambridge University Press, New York, 1990, p.336.

④ http://en.wikipedia.org/wiki/Pascual_Jordan.

哥本哈根的重要成员和玻尔的主要助手克拉默斯是来自荷兰乌特列支，而海森伯则是来自哥本哈根. 前面已经提到，爱因斯坦是把海森伯作为哥廷根玻恩集体的一员来推荐的，最后来自哥廷根的却只有玻恩一人. 索末菲是旧量子论的一位核心和关键人物，因为没有邀请他，普朗克感到遗憾，因而曾经于 1927 年 6 月 14 日写信给玻恩，表示犹豫是否接受这次到布鲁塞尔开会的邀请①. 不过，索卢二位后来又分别参加了第六和第七届的会议. 从会议及之后的实际情况来看，泡利和海森伯都加入了哥本哈根玻尔的营垒，玻恩则游离在外最后失去了团队. 一战刚结束的那几年，德国科学家被排除于国际学术会议之外. 1921 年的第三届索尔维会议，对德国只邀请了爱因斯坦一人，还是因为他有瑞士国籍，并且是和平主义者，虽然人在柏林但一直反战. 爱因斯坦最初接受了邀请并答应演讲，但由于要去纽约为创建耶路撒冷大学演讲筹款，时间有冲突，最后未能参与这次会议. 1924 年第四届索尔维会议再次邀请爱因斯坦，但是他拒绝了，因为没有邀请其他德国科学家，索末菲认为这不公平，觉得爱因斯坦不宜参加. 1926 年德国加入了国际联盟，德国科学家才又回到国际学术圈②.

会上两个实验方面的演讲，是小布拉格讲 X 射线的反射强度，和康普顿讲辐射的实验与电磁理论之间的分歧. 演讲之后均有进一步的讨论. 针对小布拉格的演讲克拉默斯介绍了他自己与克勒尼希的色散关系，针对康普顿的演讲玻恩问及光子动量 $h\nu/c$ 之来源，玻尔强调在解释原子现象时光的波动概念之不可或缺，居里夫人说康普顿效应或许在生物上会有重要应用，以及产生 X 射线的高压技术在医学治疗上能找到重要用途，等等 (见注②的 pp.136-146).

有了这两个实验方面的演讲和讨论作为基础垫底，下面就是会议重点的理论问题. 三个理论方面的演讲，分别是德布罗意讲新的量子动力学 (The New Dynamics of Quanta)，玻恩与海森伯讲量子的力学 (The Mechanics of Quanta)，薛定谔讲波动的力学 (The Mechanics of Waves)(见注①). 由于新的理论能够算出氢原子能级以及一些进一步的实际问题，均与实验相符，理论的数学和技术方面已经站稳，不是会议的重点. 大家的关注和兴趣，集中在理论的物理和诠释. 具体说来，就是波函数 Ψ 如何与实际的物理相联系. 玻恩的统计诠释太具颠覆性，确实很难接受. 于是德布罗意设想波动方程有两个解，一个具有奇点，表示具有颗粒性的微观物质粒子，一个是连续的波动，附着在粒子上引导粒子运动.

① J. Mehra and H. Rechenberg, *The Historical Development of Quantum Theory*, Vol. 6, part 1, Springer-Verlag, 2001, p.233.

② Jagdish Mehra, *The Solvay Conferences on Physics—Aspects of the Development of Physics Since 1911*, D. Reidel Publishing Company, Dordrecht-Holland/Boston-U.S.A., 1975, p.XXIII-XXIV.

德布罗意称之为“双解理论”(the theory of the double solution), 而把这个引导粒子运动的波称为“导波”(pilot wave). 他的论文发表之后，1927 年八月，泡利在写给玻尔的信中一方面称赞“这是一个有趣和吸引人的尝试”，另一方面则质疑其数学上的合理性. 由于未能在数学上证明双解的存在与自洽，德布罗意在索尔维会议上的演讲采取了比较缓和与含糊的说法，只是假设存在粒子，并在 Ψ 波的引导下运动，用这种方式来保持粒子与波动的“波粒二象性”(wave-corpuscle dualism), 并称之为“导波理论”(pilot-wave theory). 尽管如此，按照泡利的看法，这整个理论都不妥当不能接受，因为它在原子中又重新引入之前已经放弃的电子轨道，开历史的倒车走回头路，而且看来亦无法描述电子与原子分子碰撞的现象. 薛定谔则认为他的波函数描述物质的连续分布，其平方表示物质的密度. 这连德布罗意都不接受，因为波包的大小布满整个原子，而且还会随着时间而扩散，何以能描述原子之中电子的运动？泡利还是在上述写给玻尔的信中，就说德布罗意的论文“处理波 - 粒问题比薛定谔儿童般幼稚的论文水平要高得多，薛仍然相信他可以避开其函数之统计诠释和抛弃质点”①. “薛定谔儿童般幼稚的论文”(the childish paper of Schrödinger), 泡利说话总是这么直率刻薄和不留情面，他或许就是因此才被玻尔誉为物理学之良心.

玻恩与海森伯的演讲总结和评论了哥廷根与剑桥创立量子力学的工作，先是讲了矩阵力学及其到波动力学的变换，然后讲玻恩对变换函数的统计诠释，最后是海森伯的测不准原理. 薛定谔则讲了他的波动力学与时间无关和相关的方程，及其与矩阵力学的等价性，和相对论性波动方程. 这两个演讲都侧重于理论的数学与技术方面，没有引起太多物理和概念上的讨论. 激起这方面的激烈争论的，是最后玻尔的演讲.

对前面的几个演讲，与会的大多数，特别是理论家们，都参与交流进行了互动，只是爱因斯坦一直保持沉默. 到了玻恩与海森伯的演讲，爱因斯坦才发出声音，建议讨论一下电子通过狭缝投射到屏幕上的衍射. 显然，他的兴趣和关注是在量子力学的物理方面. 他说，对于这个狭缝衍射实验，可以有两种诠释. 可以认为德布罗意 - 薛定谔波并不对应于单个电子，而是对应于在空间弥散的一个电子云，这样理论就没有对无限多的单个过程在整体上提供任何信息. 也可以认为理论是对单个过程的完整描述，用德布罗意 - 薛定谔波的波包来描述每个射向狭缝的电子. 后一种诠释当然更基本，但穿过狭缝衍射的电子可以出现在屏幕上不同的地方，按照这种诠释，“如果把 $|\Psi|^2$ 简单地考虑为粒子在某一时刻

---

① J. Mehra and H. Rechenberg, *The Historical Development of Quantum Theory*, Vol. 6, part 1, Springer-Verlag, 2001, p.245.

出现于某一位置的概率，则同一基本过程将会在屏幕上多个地点引起作用”，这就意味着超距作用，违反相对论原理. 针对这一点，泡利的反驳显得浅薄无力，他说海特勒与伦敦对分子键的工作表明超距作用不是问题. 泡利与爱因斯坦的思考到底还是不在一个层次. 爱因斯坦的这个问题，涉及量子力学统计诠释的非定域性，实际上是他后来与玻多尔斯基和罗森提出 EPR 佯谬的基本观念. 讨论中还有狄拉克与海森伯之间关于波包塌缩的争论. 波函数从叠加态 $\sum c_n\psi_n$ 以概率 $|c_n|^2$ 塌缩到 ψ_n, 狄说这是 “大自然的选择” (choice of Nature), 海说这是我们的 “观测” (observation), 是 “ 观测者自己 ” (*observer himself*) 做出选择. 这就涉及玻尔关于测量的观点和认识论①.

玻尔演讲的题目是 “量子假设与原子学说之新进展”(The Quantum Postulate and the New Development of Atomistics) (见注①的 p.233), 内容就是九月在科莫会议上讲的，即波粒两象之并协互补和用以直观定性地分析测不准关系. 与科莫会议不同，这次只是电子与光子这一小范围的专题聚会，爱因斯坦又有一年多的专注与准备，自然就与玻尔擦出了思想的火花. 除了爱因斯坦之外，洛伦兹、德敦得尔、玻恩、泡利、狄拉克、克拉默斯、德布罗意、海森伯、郎之万、福勒、薛定谔、埃伦费斯特、理查森和康普顿等理论和实验家们，都针对玻尔的演讲，就因果性、决定论、概率性等认识论问题参与了讨论和交流. 讨论十分热烈，甚至几个人同时说话，各讲各的语言. 洛伦兹虽讲法、德、英语都十分流利，既做主持还兼翻译，也顾不过来，埃伦费斯特跑上去在黑板上写② “上帝在此搅乱了地上的全部语言” (这是《圣经》典故). 而事实上，在玻尔演讲之前，爱因斯坦与玻尔之间的交锋就在紧张地进行了. 由于这些交锋主要都是在会外进行，在会后发表的正式文件 *Rapports et Discussions du Cinquième Conseil de Physique* (《第五届物理会议的报告与讨论》) 中并没有反映，只能根据与会和见证者的信函和回忆，这终究难免带上个人的倾向与偏见甚至失真.

在康普顿的演讲进行到第二部分时，埃伦费斯特写了一个纸条传给爱因斯坦：“别笑！在炼狱里有一个为量子论的教授们特设的部门，会逼迫他们每天去听十个小时的经典物理课. ” 爱因斯坦回复：“我只是笑他们天真. 谁知道几年以后是谁在笑？” 在演讲和之后的正式讨论交流中，不可能谈论很多讲题之外的东西，埃伦费斯特与爱因斯坦是很熟的朋友，就这样用传递纸条来交谈了. 埃伦

① J. Mehra and H. Rechenberg, *The Historical Development of Quantum Theory*, Vol. 6, part 1, Springer-Verlag, 2001, pp.247-248.

② Jagdish Mehra, *The Solvay Conferences on Physics—Aspects of the Development of Physics Since 1911*, D. Reidel Publishing Company, Dordrecht-Holland/Boston-U.S.A., 1975, p.152, p.XVIII.

费斯特在 11 月 3 日写回莱顿的信中说："每晚凌晨 1 点，玻尔都到我房中来，直到凌晨 3 点，只对我说 **单独的一个字** (ONE SINGLE WORD)．"玻尔所承受的压力和全身心的投入就可想而知．"我真高兴玻尔与爱因斯坦交谈时我也在场．就像下棋．爱因斯坦总是有新的例子．在一定的意义上就是一种破坏 **测不准关系** 的第二类永动机．…… 爱因斯坦就像一个盒中的杰克 (jack-in-the-box, 一种玩具), 每天早晨都精神抖擞地跳出来．"看来爱因斯坦晚上也没闲着，真够玻尔应付的．"玻尔从哲学的烟雾中不断地找出各种工具，来摧毁这一个一个的例子．"①

三年后在第六届索尔维会议上，这种场面再一次上演．根据参加 1930 年会议的斯特恩回忆，"爱因斯坦下来吃早饭，就说他对新量子理论的怀疑，他每次都想出漂亮的实验来表明理论不行．…… 泡利和海森伯也在场，他们不太上心，'噢，是的，会对的，会对的'．另一方面，玻尔的反应就很在意，晚上我们一起在餐桌上，他就详详细细把事情弄清楚了．"(见注①的 p.251) 第六届索尔维会议的主题可是磁学．

这就来说爱因斯坦关于电子穿过单狭缝的例子．前面说了，爱因斯坦不满意玻恩对波函数的统计诠释，他相信上帝不玩骰子，基本的理论应该是决定论的．从而，他认为海森伯测不准关系只是量子力学理论本身的局限，而不是我们认识自然的能力之极限．他希望从实际的物理上找出能够突破测不准关系限制的实例．狭缝的宽度 a 给出了出射电子坐标的误差 $\Delta q \sim a$, 衍射的角度 θ 则确定了出射电子动量的误差 $\Delta p \sim p\theta$, 由德布罗意关系 $p = h/\lambda$ 就给出测不准关系 $\Delta q\Delta p \sim \frac{a}{\lambda}\theta h \sim h$. 那么，是否可以把电子的时间与能量测准呢？在狭缝前面装一个开关，只让狭缝打开一段时间 Δt, 这就是测量时间的误差，而电子的动能可以事先测准．玻尔说，这样仍然避免不了测不准，因为电子穿过狭缝，要受到狭缝的扰动，与狭缝发生能量的交换．交换的大小 $\Delta E = v\Delta p \sim \frac{\Delta q}{\Delta t}\Delta p \sim h/\Delta t$, 还是有 $\Delta t\Delta E \sim h$, 这里用到了 $\Delta q\Delta p \sim h$. 用这种方式，玻尔把测不准，也就是把波函数对粒子描述的统计性，归结为测量仪器对粒子不可预测的干扰．

单缝的衍射角比较大，所以动量的误差范围 Δp 也比较大．如果改成双缝，衍射角度变小，测量动量的误差就可以减小．而且，可以减小每条缝的宽度，从而进一步减小测量电子坐标的误差 Δq. 但这样还是不能提高测量精度，同样躲不开测不准关系．因为只有知道电子是从哪一条狭缝通过，才能把电子坐标的误差缩小到缝宽的范围，否则误差是双缝之间距离的大小．但是如果关掉一条

① J. Mehra and H. Rechenberg, *The Historical Development of Quantum Theory*, Vol. 6, part 1, Springer-Verlag, 2001, pp.251-254.

狭缝，从而知道电子只从另外一条狭缝通过，这样一来，整个双缝衍射的图案就完全消失，又回到单缝衍射的情形了.

上面电子通过单缝的例子，是通过测动量来测能量，涉及坐标与动量的测不准. 然而，也可以想法直接测能量而不必测动量，从而避开坐标动量测不准关系. 于是爱因斯坦又想出一个办法，三年后在第六届索尔维会议上再次向玻尔发难，这就是他著名的光子箱实验. 三年来，爱因斯坦没闲着！把光子关在一个有窗口的箱子里，打开窗口一段时间 t，用弹簧秤测量开窗前后盒子的质量差，由相对论的质能关系即可得到出射光子的能量 E. 这里时间和质量的测量互相独立，可以同时测准，还有测不准关系吗？这次爱因斯坦不用电子改用光子，这是他的长项. 玻尔擅长波粒并协，爱因斯坦不用波长改用弹簧秤测能量，让你用不成波动性，以己之长攻彼之短. 玻尔不知从何下手，急坏了.

发生在大学俱乐部的这一幕，罗森菲尔德的回忆绘声绘影. “面对这一问题玻尔大受冲击，他没能立即找到答案. 整个晚上他都很沮丧，从这个人到那个人，尝试说服他们这不可能是真的，要是爱因斯坦对的话物理学就完蛋了，但他反驳不了. 我决不会忘记两位对手离开俱乐部的情景：爱因斯坦高大而威严，静静的走着，略带讥讽的微笑；而玻尔快步跟着他，十分激动，无力地辩解说如果爱因斯坦的装置能够运转的话物理学就完了. 第二天一早迎来玻尔的凯旋，物理学得救了.”① 玻尔想了一夜，终于有了办法.

第二天一早，玻尔得意地指出，放出光子后，箱子变轻上升，重力势 gH 减弱，引起时钟变快. 时间测不准 Δt 与高度测不准 Δq 是相关的，由引力红移可以给出 $\Delta t/t = g\Delta q/c^2$. 另一方面，箱子放出光子受到反冲 $\Delta p < tgE/c^2$. 用测不准关系 $\Delta q\Delta p \sim h$ 从上述二式消去 $\Delta q\Delta p$，就得到 $\Delta t\Delta E \sim h$. 原来，还是避不开坐标动量测不准关系. 爱因斯坦用了狭义相对论的质能关系，而玻尔则从广义相对论里找出了引力红移关系来应对，以彼之矛攻彼之盾，太完美了. 这当然是玻尔的得意之作，他后来反复多次详细描绘他的这个装置，甚至做出了实物模型. 据说在他临终前，办公室黑板上还画着光子箱的实验装置.

这是一场艰难而不对称的攻防战. 爱因斯坦怀疑测不准，相信可以进一步在时空中精确地进行描述，只要举出一个反例就行. 玻尔不可能穷尽所有可能的事例，只能疲于奔命地防守和应对. 普遍的证明只能靠理论. 海森伯的理论证明，出发点是玻恩 - 约当对易关系和波函数的统计诠释，爱因斯坦质疑的实质上就是统计诠释. 玻恩看得很透彻，说这是一个哲学问题，只靠物理学的论证是不

① J. Mehra and H. Rechenberg, *The Historical Development of Quantum Theory*, Vol. 6, part 1, Springer-Verlag, 2001, p.269.

能决定的. 所以他不卷入玻尔与爱因斯坦的这场抢眼的论战，尽管他与爱因斯坦之间在有生之年一直在默默的争论.

在这次索尔维会议上以及之后的学界论争中，与爱因斯坦对垒为量子力学辩护的玻尔，并不是量子力学的创始人，没有直接参与量子力学的创立. 作为旧量子论的代表，他在这次量子力学的会上其实并不是主要角色. 玻尔演讲的机会，实际上是爱因斯坦让给他的. 而这历史的因缘，使玻尔从此成为量子力学的盟主，进入索尔维会议学术委员会与爱因斯坦坐在一起①，登上了他荣誉的巅峰. 爱因斯坦主要质疑的，是量子力学的统计诠释和非决定性. 而玻尔所倚重的，则是他自己的波粒并协互补，是他的哲学和认识论. 这种波粒二象性，从此主导了量子力学的话语权，成了量子力学的主流叙述. 而由量子力学的统计诠释所带来的主观介入和非决定性，却从未得到主流的重视. 历史总是这样曲折不合逻辑.

§A.4 希尔伯特空间和冯·诺依曼定理

量子力学属于物理的基本理论，是整个物理的灵魂与核心，抽象而普遍，靠的是分析和演绎，与数学有着天然而紧密的联系. 所以量子力学诞生于哥廷根，因为这里是由大数学家克莱因、希尔伯特和闵可夫斯基主持的数学之都.

哥廷根大师在学界中的影响和地位，可以从希尔伯特的世纪之问看出. 二十世纪开元的 1900 年，在巴黎世界博览会期间，数学家们聚会，举行巴黎第二届国际数学家大会. 在 8 月 10 日的大会上，希尔伯特提出了一系列需要解决的重要问题，后来归纳成 23 问，第八问就是包括黎曼猜想、哥德巴赫猜想和孪生素数在内的素数分布问题. 而这哥廷根的数学大师，在物理学界也耳熟能详的，当首推闵可夫斯基和希尔伯特. 因为相对论是在闵可夫斯基空间的物理，量子力学是在希尔伯特空间的物理. 这一小节，就是关于希尔伯特空间的物理.

希尔伯特和比他小两岁的闵可夫斯基同为哥尼斯堡大学的同学，两人志趣相投，是终生的挚友. 他们都对物理的基本问题感兴趣，共同引领了哥廷根数学物理的研究之风. 闵可夫斯基是爱因斯坦在苏黎世求学时的老师，在爱因斯坦提出相对论的两年之后，闵可夫斯基把他这位天才学生的理论纳入了四维时空的描述，从而奠定了相对论的数学基础. 这个描述相对论物理的四维时空，即闵可夫斯基空间，后来成为爱因斯坦构建广义相对论的基本出发点. 两年后闵可

① Jagdish Mehra, *The Solvay Conferences on Physics—Aspects of the Development of Physics Since 1911*, D. Reidel Publishing Company, Dordrecht-Holland/Boston-U.S.A., 1975, p.183.

夫斯基由于一场意外的阑尾炎英年早逝，希尔伯特在伤痛之余接下了闵在哥廷根主持的数学物理研究.

希尔伯特首先关注的，是当时热门的热辐射和电磁理论，其中涉及大量经典物理的数学方法. 希尔伯特在研究的同时还主持讨论会，并开讲“数学物理方法”，后来由他的学生和助手柯朗整理成书，这就是后来传世成为经典的“柯朗 - 希尔伯特第一卷”①, 这是今天物理学专业基础课“数学物理方法”的源头.

希尔伯特的研究，紧盯着基本物理前沿的最新问题. 他的研究涉及甚至是直接参与创立全新的物理理论. 自从发现电子之后，电子的结构就是一个研究的热点. 电子如果有结构，在其内部就存在稳定的电荷分布. 麦克斯韦方程是线性的，得不到这种平衡的解. 可以仿照流体力学的涡旋，引入非线性项修改麦克斯韦方程. 最早的尝试是米 (Gustav Mie) 的非线性电动力学，后来玻恩和英菲尔德也接着做过②. 米的出发点是所谓的世界函数 H, 它包含时空坐标 q_s 及其一阶微商，以及时空度规 $g_{\mu\nu}$ 及其二阶微商，要求 $\int H\sqrt{g}\mathrm{d}\tau$ 对 q_s 和 $g_{\mu\nu}$ 的变分为零. 在题为“物理学之基础”的演讲中，希尔伯特指出，再要求 H 在时空参量的任意变换下不变，就可以既推出米的电动力学，又推出 $g_{\mu\nu}$ 的方程，而后者正是后来爱因斯坦提出的引力场方程. 他在哥廷根科学院的这个演讲，是 1915 年 11 月 20 日. 米提出他的非线性电动力学，比这个演讲早三年，而爱因斯坦写出他的引力场方程，比这个演讲晚五天. 这五天，引出了史家长篇巨细的研究与考据③④.

玻恩与柯朗是同学，他们与另外两位同学相约一同从布瑞斯劳去哥廷根，拜在希尔伯特与闵可夫斯基门下. 后来柯朗到了纽约，成为美国数学的风云人物. 玻恩做希尔伯特的助手，跟施瓦兹希尔德得了博士，又做过闵可夫斯基的助手，后来成为柏林大学的教授，分担了普朗克的一部分繁重的教学. 一战后，在法兰克福的冯劳厄写信给他的老师普朗克，要求与玻恩对换，回到柏林他老师身边. 两年后，玻恩接替德拜的系主任职位，才又从法兰克福回到哥廷根.

玻恩跟闵可夫斯基做助手时，做过特殊相对论的研究. 他因此与爱因斯坦结识，成为好友. 一战期间德国物资匮乏食物短缺，他们两位经常共同演奏小提

---

① R. Courant und D. Hilbert, *Methoden der Mathematischen Physik*, Verlag von Julius Springer, Berlin, 1931; R. Courant and D. Hilbert, *Methods of Mathematical Physics*, Interscience Publishers, 1953.

② 胡宁，《电动力学》，人民教育出版社，1963 年，291 页.

③ J. Mehra and H. Rechenberg, *The Historical Development of Quantum Theory*, Vol. 6, part 1, Springer-Verlag, 2001, pp.395-398.

④ 卢昌海，*希尔伯特与广义相对论场方程*，《物理》 **49** (2020) 110.

琴或钢琴协奏曲，享受精神的会餐．他觉得爱因斯坦的广义相对论太伟大，才决定放弃相对论的研究．而从 1912 年开始，他就一直在研究固体晶格的问题．那时他在哥廷根与外尔和冯卡门同事，与冯卡门合作用群论研究固体比热．他们的结果优美漂亮，但曲高和寡，不如德拜的简单理论广受欢迎，只在教科书中留下了“玻恩 - 冯卡门条件”．要在优美与实用之间找平衡．冯卡门后来到美国转向实用，成为空气动力学的权威，钱学森和徐璋本都出自他门下．而玻恩 1921 年从法兰克福回到哥廷根后，还继续研究了一段固体晶格，不久才转向原子的量子理论①．

玻恩回到哥廷根，又把他的挚友弗兰克也请来，共同主持原子和量子理论的研究，于是希尔伯特得以近距离地接触和了解量子理论研究的前沿进展．按照他的习惯，希尔伯特每研究一个领域，就开出相关的课程．1922/23 学期的课程，是“量子论的数学基础”．那时还是玻尔 - 索末菲的旧量子论，是经典力学 + 量子化条件，其数学基础也就是经典力学的数学基础．希尔伯特详细讲述了哈密顿 - 雅可比理论，包括哈密顿 - 雅可比方程，正则变换，作用量 - 角变量，哈密顿原理，以及变分法计算和微扰论．这对一年后 1923/24 学期玻恩讲“原子力学”有很大影响，更为两年后玻恩与海森伯和约当建立量子力学提供了基本的理论框架和模式②．

1925 年夏天，海森伯用数组代替函数来描述原子系统的运动，开启了一场影响深远至今尚未完成的百年历史大变局．希尔伯特以他敏感的直觉看出了这在数学上的深刻含义，冬天海森伯从哥本哈根回到哥廷根，希就请他在哥廷根的数学讨论会上演讲．接着玻恩与约当的矩阵形式登场，玻恩与海森伯和约当创立矩阵力学，半年后又出现薛定谔的微分方程，真是瞬息万变．到了 1926/27 的冬季学期，希尔伯特开的课就是“量子理论的数学方法”．哥廷根的数学与物理配合得如此紧密自然，这就是一流的学府．

在玻恩与约当提出正则对易关系 $qp - pq = i\hbar$ 的文章中，就指出 q 与 p 不能是有限矩阵，必须是无限矩阵，否则取对角和的结果方程左边为零右边为常数，对易关系就不成立．他们还进一步在附注中指出，这种矩阵也不属于“有界的” (bounded) 无限矩阵，到当时为止的数学还几乎没有研究过．此外，量子体系的能谱不只是离散的分立谱，还有连续取值的连续谱．所以不能只限于考虑

① M. Born, *My Life—Recollections of a Nobel Laureate*, Charles Scribner's Sons, New York, 1978. 其中第 1 部第 19 章的中文译文，见 M. 玻恩著，王正行译，*在量子力学诞生的日子里*，《科学史译丛》，1986 年第 1 期 30 至 37 页．

② J. Mehra and H. Rechenberg, *The Historical Development of Quantum Theory*, Vol. 6, part 1, Springer-Verlag, 2001, p.398.

离散的矩阵，这是矩阵力学绕不过的坎. 在玻恩与海森伯和约当三个人的文章中专门有一节讨论连续谱，运用了由希尔伯特开创而海林格 (E. Hellinger) 进一步发展的数学理论①. 玻恩是希尔伯特的弟子数学的出身，能把握数学的关键与分寸.

希尔伯特在他的课程中讲了新的量子力学，包括矩阵力学，矩阵方程的一般理论，无限多变量和微分方程理论，薛定谔微分方程，理论进一步的发展，量子力学对统计力学的应用，量子力学的统计诠释②. 其中无限多变量和微分方程的理论，就是希尔伯特空间的理论，经过适当的推广，能把矩阵力学和薛定谔波动方程纳入一个统一的框架之中.

希尔伯特世纪之间的第六个问题是 (原为德文，英译见 Mathematical problems, *Bulletin of the American Mathematical Society* **8** (1902) 437-479. 这里转译自 Mehra-Rechenberg 的专著，见注②的 p.392):

> 物理学公理的数学处理. 对几何学基础的研究提出了这个问题：用同样的方法，即用公理的方法，处理在其中数学扮演着重要作用的物理科学，排在第一位的是概率论和力学.

希尔伯特这里有几层意思. 首先，这个问题是根据他对几何学基础的研究而提出来的. 他重新分析整理了欧几里得的公理化表述，给出了一个系统严谨的理论体系. 鉴于这一研究的成功，他建议对物理学中数学扮演着重要作用的那一部分，也重新分析整理其基本假设，给出一个系统严谨的公理化体系. 他最看重的，是物理中的统计和力学. 过了四分之一世纪，他的这个问题可以具体和完整地提到研究的日程上了.

实际上，约当那篇提出变换理论的论文《量子力学的新基础》③，就是采用公理化的表述. 只是物理的话语体系与数学不同，数学说"公理"(axiom)，物理说"假设"(postulate). 作为"量子力学的统计基础"，他提出了四条基本假设. 约当深受哥廷根学派的影响，追求数学的严格，用的还是传统的数学符号，不如狄拉克的符号简洁明了④. 他的文章对物理的读者并不容易读. 埃伦费斯特曾跟他开玩笑说："你用公理的方法来表述，文章必须倒着从后往前读" (见注②的

① B. L. van der Waerden, *Sources of Quantum Mechanics*, North-Holland Publishing Company, 1967, p.291, pp.358-364.

② J. Mehra and H. Rechenberg, *The Historical Development of Quantum Theory*, Vol. 6, part 1, Springer-Verlag, 2001, p.399.

③ P. Jordan, *Z. f. Phys.* **40** (1927) 809.

④ P.A.M. Dirac, *Proc. Roy. Soc.* **A 113** (1927) 621.

p.69). 这就是物理与数学或者说形象与逻辑思维的差别.

从函数空间的角度看，约当定义了概率幅及其交换变量取复共轭，实际上就是定义了对偶的共轭空间. 接着假设空间有完备性，和用变换函数等价地假设了玻恩 - 约当正则对易关系 $qp - qp = \mathrm{i}\hbar$. 他在文中还假设，概率幅的这些性质与体系的力学性质 (即哈密顿量) 无关，只由观测量的运动学关系决定. 希尔伯特在他的课中，讲到量子理论的统计意义时，所用的四条公理，大体上对应于约当的四条假设，只是稍许作了一些修改.

希尔伯特除了自己看物理文献，还请他的助手帮忙看一些，然后讲给他听. 他那时已是 64 岁的老人，身边一位助手诺德海姆 (Lothar Nordheim) 忙不过来，又请了一位年轻的匈牙利犹太人冯 · 诺依曼. 冯 · 诺依曼自小就有数学天分，在布达佩斯大学注册读数学，同时还到柏林大学师从数学家施米特 (Erhard Schmidt). 但他父亲要他学化工，于是他又进入瑞士苏黎世联邦工业大学学化学. 1926 年他从苏黎世联邦工业大学毕业，获化学硕士学位. 同时，由于每学期末回布达佩斯大学通过全部考试，他还获得了布达佩斯大学的数学博士学位. 哥廷根大学的校方最初认为，冯 · 诺依曼没有发表足够的论文，没资格来给希尔伯特做助手. 希尔伯特让柯朗回应校方，坚持要冯 · 诺依曼，从而让冯 · 诺依曼 1926 年秋天来到哥廷根，成就了他与量子力学一生的因缘①.

事实上，冯 · 诺依曼除了化工以外，在苏黎世还跟随数学家玻利亚 (George Polya) 和外尔，当外尔离开时，他还代外尔上过课. 他的博士论文是关于集合论的公理化，他于 1927 年底以论文《集合论的公理结构》获得了柏林大学讲师的教职. 希尔伯特看出，冯 · 诺依曼能协助自己进行数学公理化的研究. 冯 · 诺依曼到哥廷根后，希尔伯特开始讲授 “量子理论的数学方法”. 那时他得了中毒性贫血，身体大不如前. 诺德海姆给他讲量子力学和波动力学的文献，帮他准备讲稿. 冯 · 诺依曼也帮忙合作，他们三位最后合写了一篇论文《关于量子力学的基础》，发表于 1928 年的《数学年鉴》 (Mathematische Annalen).

这篇 30 页的长文，尝试把约当和狄拉克的上述变换理论在数学上澄清理顺. 狄拉克用了不正规的 δ 函数，希尔伯特在讲课中指出，可以引入一个虚构的函数，把它看作一系列连续函数的极限，用以进行计算. 按照这个想法，诺德海姆把狄拉克的做法翻译成希尔伯特的数学语言，冯 · 诺依曼则在数学上进行了进一步的雕琢. 他们追求的目标，是仿照希尔伯特多年前对几何的做法，把量子力学公理化. 几何的对象是点、线、面及其关系，希尔伯特把它们纳入了一系列

① J. Mehra and H. Rechenberg, *The Historical Development of Quantum Theory*, Vol. 6, part 1, Springer-Verlag, 2001, pp.401-402.

公理之中. 量子力学的对象是量子态、观测量、测量结果及其关系, 他们三位也尝试为之构建一套公理体系. 他们分析约当的四条假设, 把它们推广成六个公理, 以其为基础来建立量子力学的数学表述. 在这里, 他们运用了希尔伯特的积分方程理论.

在 1927 年四月初投给《数学年鉴》的上述论文中, 他们预告冯 · 诺依曼即将有一篇进一步的论文发表. 六周后, 冯 · 诺依曼的这篇论文投给了哥廷根科学院 (Gesellschaft der Wissenschaften zu Göttingen), 题目是 "量子力学的数学基础". 由于是提交给 1927 年五月的一次会, 此文比上述他们三人的论文发表得更早. 而继这篇 57 页的长文之后, 冯 · 诺依曼在短短两年之间, 除了关于希尔伯特证明论、集合论的公理化、线性变换群及其表示的解析特性等纯数学的研究, 他又在量子力学方面, 对量子力学的概率论表述、量子力学系综的热力学、对称算符的本征值问题、厄米算符本征值的一般理论、无限矩阵理论、新力学中各态历经假设和 H 定理的证明等问题, 写出了长短不一的六篇论文[①], 其中关于线性变换群及其表示的解析特性一文, 是对希尔伯特世纪之问中第五问的最重要的贡献. 这时他才 26 岁.

在上述工作的基础之上, 冯 · 诺依曼又进一步系统地归纳总结, 写出了专著《量子力学的数学基础》, 并被翻译成英文广为流传, 成为具有历史意义的量子力学传世经典[②]. 此书德文版属于一套由布莱希克 (W. Blaschke, 汉堡) 、玻恩、荣格 (C. Runge, 哥廷根) 主编的应用数学丛书, 这套丛书还包括柯朗与希尔伯特的《数学物理方法》, 范德瓦尔登的《量子力学中的群论方法》, 以及克莱因讲授而由柯朗和科亨 - 福森 (St. Cohen-Vossen) 整理的《不变性理论的基本概念及其在数学物理中的应用》等名著.

物理学家是从实验和直觉形成概念, 找出观测量之间的定量关系, 即物理定律, 再综合分析, 建立和形成理论. 这也就是从实验到唯象模型再到基本理论, 是从下往上做. 而数学家则正好相反, 是从上往下做. 他们从研究的量及其一般关系出发, 分析判明它们是否完备和自洽, 证明解是否存在和唯一, 再应用到具体实际问题. 所以数学与物理虽然关系密切, 但思路不同不是一路. 跟循数学家的思路, 往往可以跳出具体物理的局限, 高屋建瓴地获得一些普遍和深刻的启迪.

---

① J. Mehra and H. Rechenberg, *The Historical Development of Quantum Theory*, Vol. 6, part 2, Springer-Verlag, 2001, pp.1383-1384.

② Johann v. Neumann, *Mathematische Grundlagen der Quantenmechanik*, Verlag von Julius Springer, Berlin, 1932; John von Neumann, *Mathematical Foundations of Quantum Mechanics*, translated from the German edition by Robert T. Beyer, Princeton University Press, 1955.

冯 · 诺依曼从对比分析矩阵力学与波动力学的数学结构入手，这二者的核心都是求解哈密顿量的本征值问题. 玻恩、海森伯和约当的矩阵形式，是求使哈密顿矩阵 $(H_{\mu\nu})$ 对角化的解，即根据方程 $\sum_\nu H_{\mu\nu}x_\nu = Ex_\mu$，从已知的 $H_{\mu\nu}$ 求本征解 x_μ 和相应的本征值 E. 若矩阵是 n 维的，则 n 个独立的解张成一个 n 维线性空间. 而正则对易关系要求这种矩阵必须是无限维，$n \to \infty$，从而这就是一个其元素 (矢量) 离散可数的希尔伯特空间. 再看薛定谔的波动方程 $H(q, -\mathrm{i}\hbar\partial/\partial q)\psi(q) = E\psi(q)$. 一般说来，这种线性微分方程的平方可积的解 $\psi(q)$，则构成一个其矢量连续不可数的希尔伯特空间.

既然量子力学的上述两种形式在本征值问题上等价，这就表明，其矢量可数和连续的区别并不重要，它们的一些共性才是量子力学的精髓. 冯 · 诺依曼指出，这主要是指：数 a 与空间元素 f 的“数乘” af 仍是空间的元素；元素 f 和 g 的加减 $f \pm g$ 仍是空间的元素；元素 f 和 g 的“内积” (f, g) 是一复数. 换句话说，这是定义了复内积的无限维线性空间，冯 · 诺依曼称之为抽象的希尔伯特空间. 而作为完整的定义，他又补充了完备和可分离两条假设，详见他的《量子力学的数学基础》① 第 II 章第 1 节. 在此基础上，冯 · 诺依曼详细讨论了希尔伯特空间的几何、封闭的线性流形、算符、本征值问题 …… 等等数学性质.

学物理的，对理论表述中的数学问题往往不太在意. 根据维格纳的回忆，在一次交谈中，泡利对冯 · 诺依曼调侃说：“啊，冯 · 诺依曼先生，如果物理学就是由给出的一些证明组成的话，你就是一位伟大的物理学家 !” ② 这就来说冯 · 诺依曼这希尔伯特空间的物理.

为了从更高的视角来审视量子力学，冯 · 诺依曼是站在量子力学之外，从希尔伯特空间开始. 希尔伯特空间包括矢量、内积、算符三大要素，现在用这些要素来做成一个物理. 在几何上，矢量描述空间位置，内积描述矢量之间的相对取向，算符描述矢量之间的转换. 要用它们做成物理，最自然的选择，就是用矢量描述物理的状态，用内积描述状态之间的关系，而用算符描述物理的特征. 于是，冯 · 诺依曼假设矢量的方向描述物理状态，厄米算符描述物理观测量. 对观测量 R, S 的算符 $\hat{R}, \hat{S}$，假设 $f(R)$ 的算符为 $f(\hat{R})$，$R+S$ 的算符为 $\hat{R}+\hat{S}$. 对观测量 R 的期待值 $\langle\langle\hat{R}\rangle\rangle$，假设若 R 是非负的 (例如是 S 的平方)，则 $\langle\langle\hat{R}\rangle\rangle \geqslant 0$，若 a, b 为实数，则 $\langle\langle a\hat{R}+b\hat{S}\rangle\rangle = a\langle\langle\hat{R}\rangle\rangle + b\langle\langle\hat{S}\rangle\rangle$. 以上假设是他下面分析的基础和

---

① Johann v. Neumann, *Mathematische Grundlagen der Quantenmechanik*, Verlag von Julius Springer, Berlin, 1932; John von Neumann, *Mathematical Foundations of Quantum Mechanics*, translated from the German edition by Robert T. Beyer, Princeton University Press, 1955.

② J. Mehra and H. Rechenberg, *The Historical Development of Quantum Theory*, Vol. 6, part 1, Springer-Verlag, 2001, p.462.

出发点. 在实际上, $\langle\langle\ \rangle\rangle$ 一般是对系综平均, 甚至是对量子态平均, 所以多数文献称之为“平均值” (mean value, average value). 冯 · 诺依曼是数学家, 超越物理之上, 用了一个形而上的 (metaphysical) 称呼“期待值” (德文 Erwartungswert, 英文 expectation value, 见他的《量子力学的数学基础》① 德文版 157 页和英文版 295 页), 使用的符号也不是 $\langle\langle\ \rangle\rangle$ 而是 Erw( )(德文) 和 Exp( ) (英文).

运用基矢 $|n\rangle$ 的完备性, 可以把算符 $\hat{R}$ 写成 $\hat{R}=\sum_{m,n}R_{nm}|n\rangle\langle m|$, 其中 $|n\rangle\langle m|$ 是算符, $R_{nm}=\langle n|\hat{R}|m\rangle$ 是数组. 根据上述对期待值的假设, $\langle\langle\hat{R}\rangle\rangle$ 是对算符 $\hat{R}$ 的一种线性运算, 要求其中的算符是厄米的, 系数是实数. 把 $|n\rangle\langle m|$ 组合成一些厄米算符, 把 R_{nm} 分解成实部和虚部, 冯 · 诺依曼就得到算期待值的基本公式

$$\langle\langle\hat{R}\rangle\rangle=\sum_{m,n}U_{mn}R_{nm}=\mathrm{tr}\,(\hat{U}\hat{R}),\tag{20}$$

其中 U_{mn} 由 $\langle\langle|n\rangle\langle n|\rangle\rangle$, $\langle\langle|n\rangle\langle m|+|m\rangle\langle n|\rangle\rangle$ 和 $\langle\langle\mathrm{i}(|n\rangle\langle m|-|m\rangle\langle n|)\rangle\rangle$ 构成, 依赖于体系的性质, 与期待值 $\langle\langle\ \rangle\rangle$ 有关, 而与 R 无关. 基矢 $|n\rangle$ 并未限定是单个系统, 可以描述大量相同的体系, 亦即系综. 所以一般说来, $\hat{U}$ 与测量系综有关, 称为统计算符. 根据前面对期待值 $\langle\langle\ \rangle\rangle$ 的两条假设, 冯 · 诺依曼证明了统计算符 $\hat{U}$ 是厄米和正定的.

观测量的期待值如果不确定, 有一个弥散的分布, 存在原则上的测不准, 理论就具有统计性特征, 不是决定论的. 期待值的弥散, 与统计算符 $\hat{U}$ 有关, 亦即与测量系综有关. 冯 · 诺依曼把所有观测量都无弥散的系综称为无弥散系综, 他的问题是: 是否存在无弥散系综, 亦即能否找到这样一个 $\hat{U}$, 使得所有观测量都无弥散?

期待值 $\langle\langle\hat{R}\rangle\rangle$ 如果有弥散, $(\hat{R}-\langle\langle\hat{R}\rangle\rangle)^2$ 的期待值 $\langle\langle(\hat{R}-\langle\langle\hat{R}\rangle\rangle)^2\rangle\rangle=\langle\langle\hat{R}^2\rangle\rangle-\langle\langle\hat{R}\rangle\rangle^2$ 就不为零. 所以, 如果 $\langle\langle\hat{R}^2\rangle\rangle=\langle\langle\hat{R}\rangle\rangle^2$, 亦即 $\mathrm{tr}\,(\hat{U}\hat{R}^2)=[\mathrm{tr}\,(\hat{U}\hat{R})]^2$, R 的期待值就是无弥散的. 取 $\hat{R}$ 为在 $|\phi\rangle$ 上的投影 $|\phi\rangle\langle\phi|$, 上式就给出 $\langle\phi|\hat{U}|\phi\rangle=\langle\phi|\hat{U}|\phi\rangle^2$, 从而 $\langle\phi|\hat{U}|\phi\rangle=0$ 或 1. 由于 $|\phi\rangle$ 是任意的, 所以无弥散系综的 $\hat{U}=0$ 或 1. $\hat{U}=0$ 可以排除, 因为这时所有 R 的期待值都为 0, 不合物理. $\hat{U}=1$ 也可排除, 因为它给出 $\langle\langle1\rangle\rangle=\mathrm{tr}\,(1)=\infty$, 1 的期待值居然是无限大! 于是冯 · 诺依曼得出结论: 不存在无弥散系综, 希尔伯特空间的物理, 在本质上就是统计性的. 问题的根源在于这个 $\mathrm{tr}\,(1)=\infty$, 即希尔伯特空间是无限维的, 有无限多个独立观测量, 在物理上不可能同时都搞定, 只能是统计性的.

---

① Johann v. Neumann, *Mathematische Grundlagen der Quantenmechanik*, Verlag von Julius Springer, Berlin, 1932; John von Neumann, *Mathematical Foundations of Quantum Mechanics*, translated from the German edition by Robert T. Beyer, Princeton University Press, 1955.

物理上，这个结论在预料之中. 根据玻恩 - 约当对易关系 $qp-pq=\mathrm{i}\hbar$, 观测量 q 和 p 不相容，有海森伯测不准关系，不可能使它们的弥散同时消失，所以量子力学具有统计性. 如果空间是有限维的，则玻恩 - 约当对易关系不成立，坐标与动量是相容的，原则上可以共同测准，都没有弥散，理论就没有统计性而回到决定论. 但这就不是量子力学了.

那么，是否存在均匀系综？即是否存在这样的系综，无论怎么把它分解为子系综，任何观测量在任一子系综上的平均与在原系综上的平均结果都一样？这种系综的统计特征与进行平均的范围无关，属于理论最基本最普遍的特征，这就应该是除无弥散系综外统计性最小即不确定性最少的理论. 在数学上，冯 · 诺依曼从定义开始，对均匀系综的存在唯一性有详细的证明，见他的《量子力学的数学基础》[1] 第 IV 章第 2 节，或本书后面的附录二. 而从物理上看，前面说了，(20) 式中的 U_{mn} 是由一些期待值构成的，每一项 U_{mn} 都是一个统计因素. 如果只含一项，统计性就最少. 这时可以一般地写成 $\hat{U}=|\phi\rangle\langle\phi|$, 这就是均匀系综的统计算符.

把统计算符 $\hat{U}=|\phi\rangle\langle\phi|$ 代入公式 (20), 可得

$$\langle\langle\hat{R}\rangle\rangle=\langle\phi|\hat{R}|\phi\rangle, \tag{21}$$

这正是量子力学. 从物理上看，系综能够分解成的最小的子系综，就是组成系综的单个系统. 对单个系统的测量，就不是系综平均，所以 (21) 式的 $\langle\phi|\hat{R}|\phi\rangle$ 是系统的统计平均. 这正是量子力学的平均值假设，它等效于波函数的统计诠释. 这就证明了，量子力学是希尔伯特空间均匀系综的物理. 这里的 $|\phi\rangle$ 是系统的态，均匀系综的平均其实是纯粹的态平均. 物理学家殚精竭虑才想了出来，再外加 (added by hands) 给理论的假设，冯 · 诺依曼就这么逻辑地推了出来. 而除了冯 · 诺依曼，外尔和朗道 (J. Landau, 数学家，不是苏联那位物理学家) 也分别研究过这均匀系综和更一般的系综.

对于一般的统计算符 $\hat{U}$, 设其本征态为 $|n\rangle$, 则有 $\hat{U}=\sum_n U_n|n\rangle\langle n|$, $U_n=\langle n|\hat{U}|n\rangle$, 即任一系综 $\hat{U}$ 可以分解为一组均匀子系综 $\{|n\rangle\}$ 之和，与子系综 $|n\rangle$ 相应的叠加系数为 U_n. 于是，观测量 $\hat{R}$ 在这个系综上的平均为

$$\langle\langle\hat{R}\rangle\rangle=\mathrm{tr}\,(\hat{U}\hat{R})=\sum_n U_n\langle n|\hat{R}|n\rangle, \tag{22}$$

即先算态平均 $\langle n|\hat{R}|n\rangle$, 再按权重 U_n 平均，就得系综平均 $\langle\langle\hat{R}\rangle\rangle$, 可以把 U_n 诠释

---

[1] Johann v. Neumann, *Mathematische Grundlagen der Quantenmechanik*, Verlag von Julius Springer, Berlin, 1932; John von Neumann, *Mathematical Foundations of Quantum Mechanics*, translated from the German edition by Robert T. Beyer, Princeton University Press, 1955.

为系综处于态 $|n\rangle$ 的概率. (22) 式正是量子力学系综平均的公式. 所以, 冯 · 诺依曼的公式 (20) 不仅包含了量子力学 (21), 还包含了量子统计 (22). 在冯 · 诺依曼书上第 IV 章第 2 节的标题是"统计公式的证明", 也就是 (21) 式的证明. 在这个证明的基础上, 他接着又进一步论证了不可能存在隐参量 (德文 verborgenen Parameter, 英文 hidden parameters, 见他的《量子力学的数学基础》① 德文版 170 页和英文版 323 页), 详见附录二.

除了这隐参量, 以及前面提到的统计力学各态历经假设和 H 定理的证明, 冯 · 诺依曼还在书中讨论了测量过程, 特别是观测者与被测量系统的划分, 亦即主观与客观的划分. 前述泡利对他说的那句话, 就是针对各态历经假设和 H 定理的证明. 这些都是需要具体和深入讨论的话题, 这里就不深入.

物理属于自然科学, 数学则是思维科学. 物理学家离不开思维, 从而也就需要数学家的参与. 但物理与数学的思维毕竟不同, 所以冯 · 诺依曼留下他传世的经典, 为量子力学奠定了数学基础, 却又不断引起争议和误读. 近百年前由量子力学的创立开始的这一历史大变局, 迄今还看不出个眉目.

---

① Johann v. Neumann, *Mathematische Grundlagen der Quantenmechanik*, Verlag von Julius Springer, Berlin, 1932; John von Neumann, *Mathematical Foundations of Quantum Mechanics*, translated from the German edition by Robert T. Beyer, Princeton University Press, 1955.

Simplicio: 对于自然的事，我们就不一定寻求对其必然性的数学论证了.
Sagredo: 当然，如果你不能的话. 但若你能，为什么不呢？

—— Galileo Galilei

《关于两大世界体系的对话》

附录二 von Neumann 定理

1932 年 von Neumann 证明，量子力学是 Hilbert 空间均匀系综的理论，不存在隐参量. 这个证明有助于我们对量子力学物理和数学基础的理解，不过，量子力学能不能有隐参量，则还是有争论的问题. 本附录基于 von Neumann 的论述[①], 并参考了 Albertson 的文章[②].

1. 准备

基本假设 为了从更高的视角来审视量子力学，我们必须站在量子力学之外，从头开始. von Neumann 的基本假设是：*量子力学是 Hilbert 空间的物理.* 这个假设可以具体化为以下两条假设：

1° *Hilbert空间矢量的方向描述物理系统的状态.*

2° *Hilbert空间的厄米算符描述物理系统的观测量.*

把观测量 R 的算符记为 $\hat{R}$, von Neumann 进一步假设：

3° *若观测量* R *的算符为* $\hat{R}$, *则* $f(R)$ *的算符为* $f(\hat{R})$.

4° *若观测量* $R, S, \cdots$ *的算符为* $\hat{R}, \hat{S}, \cdots$ *则* $R+S+\cdots$ *的算符为* $\hat{R}+\hat{S}+\cdots$.

把观测量 R 的测量值记为 $\langle\langle\hat{R}\rangle\rangle$, von Neumann 又假设：

5° *若观测量* R *本身是非负的，例如它是另一观测量* S *的平方，则* $\langle\langle\hat{R}\rangle\rangle \geqslant 0$.

6° *若* $R, S, \cdots$ *为任意观测量，* $a, b, \cdots$ *为实数，则* $\langle\langle a\hat{R}+b\hat{S}+\cdots\rangle\rangle = a\langle\langle\hat{R}\rangle\rangle + b\langle\langle\hat{S}\rangle\rangle + \cdots$.

在实验上，一个观测量的测量值，总是对单个系统在确定态上多次测量的统计平均，或者对确定态上多个同样系统测量的系综平均. 根据统计假设，测量次数趋于无限的统计平均，与系统个数趋于无限的系综平均，结果相等. 所以，可以把 $\langle\langle\hat{R}\rangle\rangle$ 称为观测量 R 的 *统计平均值* 或 *系综平均值*, 简称 *平均值*. 以上假设

---

① J. von Neumann, *Mathematical Foundations of Quantum Mechanics*, translated by Robert T. Beyer, Princeton University Press, 1955, p.305.

② J. Albertson, *Am. J. Phys.* **29** (1961) 478.

1° 和 2° 是关于 Hilbert 空间物理的假设, 3° 和 4° 是关于观测量算符的假设, 而 5° 和 6° 则是关于观测量平均值的假设, 它们是下面分析的基础和出发点.

基本公式 运用基矢 $\{|n\rangle\}$ 的完备性 $\sum_n |n\rangle\langle n| = 1$, 可以把算符 $\hat{R}$ 写成

$$\hat{R} = \sum_{m,n} |n\rangle\langle n|\hat{R}|m\rangle\langle m| = \sum_{m,n} |n\rangle R_{nm}\langle m|, \tag{1}$$

$$R_{nm} = \langle n|\hat{R}|m\rangle,$$

这里 R_{nm} 只是数组, 还没有物理诠释. 根据假设 6°, 算符 $\hat{R}$ 的平均值 $\langle\langle \hat{R}\rangle\rangle$ 是在 Hilbert 空间对算符 $\hat{R}$ 的一种线性运算. 当 $n \neq m$ 时, (1) 式中的 $|n\rangle\langle m|$ 不是厄米算符, R_{nm} 也不是实数. 为了用假设 6° 算平均值 $\langle\langle \hat{R}\rangle\rangle$, 需要把 (1) 式改写成厄米算符的实线性组合.

代入 $R_{nm} = \mathrm{Re}R_{nm} + \mathrm{i}\,\mathrm{Im}R_{nm}$, 可以把 (1) 式写成

$$\begin{aligned}\hat{R} &= \sum_{m,n} \frac{1}{2}\left[(|n\rangle\langle m| + |m\rangle\langle n|) - \mathrm{i}\cdot\mathrm{i}(|n\rangle\langle m| - |m\rangle\langle n|)\right](\mathrm{Re}R_{nm} + \mathrm{i}\,\mathrm{Im}R_{nm}) \\ &= \sum_{m,n} \frac{1}{2}\big(\mathcal{V}^{(nm)}\mathrm{Re}R_{nm} + \mathcal{W}^{(nm)}\mathrm{Im}R_{nm}\big),\end{aligned}$$

其中 $\mathcal{V}^{(nm)}$ 和 $\mathcal{W}^{(nm)}$ 是厄米算符,

$$\mathcal{V}^{(nm)} \equiv |n\rangle\langle m| + |m\rangle\langle n|, \qquad \mathcal{W}^{(nm)} \equiv \mathrm{i}(|n\rangle\langle m| - |m\rangle\langle n|),$$

在上述 $\hat{R}$ 的求和中用下列对称性消去了交换下标变号的项:

$$\mathrm{Re}R_{mn} = \mathrm{Re}R_{nm}, \qquad \mathrm{Im}R_{mn} = -\mathrm{Im}R_{nm},$$
$$\mathcal{V}^{(mn)} = \mathcal{V}^{(nm)}, \qquad \mathcal{W}^{(mn)} = -\mathcal{W}^{(nm)}.$$

根据假设 6°, 并用上述对称性, 就可得到

$$\begin{aligned}\langle\langle \hat{R}\rangle\rangle &= \sum_{m,n} \frac{1}{2}\Big[\langle\langle \mathcal{V}^{(nm)}\rangle\rangle\mathrm{Re}R_{nm} + \langle\langle \mathcal{W}^{(nm)}\rangle\rangle\mathrm{Im}R_{nm}\Big] \\ &= \sum_{m,n} \frac{1}{2}\Big[\langle\langle \mathcal{V}^{(nm)}\rangle\rangle(R_{nm} - \mathrm{i}\,\mathrm{Im}R_{nm}) - \mathrm{i}\,\langle\langle \mathcal{W}^{(nm)}\rangle\rangle(R_{nm} - \mathrm{Re}R_{nm})\Big] \\ &= \sum_{m,n} U_{mn}R_{nm} = \mathrm{tr}\,(\hat{U}\hat{R}),\end{aligned} \tag{2}$$

其中

$$U_{mn} = \frac{1}{2}\Big[\langle\langle \mathcal{V}^{(nm)}\rangle\rangle - \mathrm{i}\langle\langle \mathcal{W}^{(nm)}\rangle\rangle\Big]. \tag{3}$$

(2) 式是就是算平均值的基本公式, 其中的 $\hat{U}$ 称为*统计算符*, 它描述体系和系综的性质.

统计算符 $\hat{U}$ 的性质 可以看出由 (3) 式定义的 $\hat{U}$ 是厄米和正定的. 首先, 由于 $\mathcal{V}^{(nm)}$ 与 $\mathcal{W}^{(nm)}$ 是厄米算符, 物理上要求 $\langle\langle \mathcal{V}^{(nm)}\rangle\rangle$ 与 $\langle\langle \mathcal{W}^{(nm)}\rangle\rangle$ 应是实

数，再根据 $\mathcal{V}^{(nm)}$ 和 $\mathcal{W}^{(nm)}$ 的对称性以及假设 6°, 就有

$$U_{mn}^* = \frac{1}{2}\left[\langle\langle\mathcal{V}^{(nm)}\rangle\rangle + \mathrm{i}\langle\langle\mathcal{W}^{(nm)}\rangle\rangle\right] = \frac{1}{2}\left[\langle\langle\mathcal{V}^{(mn)}\rangle\rangle - \mathrm{i}\langle\langle\mathcal{W}^{(mn)}\rangle\rangle\right] = U_{nm},$$

即 $\hat{U}$ 是厄米的， $\hat{U}^\dagger = \hat{U}$.

此外，对任一归一化矢量 $|\xi\rangle$, 有投影算符

$$\hat{P}[\xi] = |\xi\rangle\langle\xi|.$$

由于 $\hat{P}[\xi] = (\hat{P}[\xi])^2$, $P[\xi]$ 是非负的，根据假设 5°, 其统计平均为非负的数，

$$\langle\langle\hat{P}[\xi]\rangle\rangle \geqslant 0,$$

于是

$$\mathrm{tr}\,(\hat{U}\hat{P}[\xi]) \geqslant 0,$$

从而有

$$\langle\xi|\hat{U}|\xi\rangle \geqslant 0.$$

由于 $|\xi\rangle$ 是任意的归一化矢量，上式表明算符 $\hat{U}$ 是正定的.

上述讨论表明，根据对统计平均的物理要求，即假设 5° 和 6°, 统计算符必须具有厄米性与正定性. 而且，如果再假设 $\langle\langle 1\rangle\rangle = 1$, 就要求 $\hat{U}$ 是可以归一的，即

$$\mathrm{tr}(\hat{U}) = \sum_n U_{nn} = 1.$$

2. 无弥散系综

物理诠释 上面我们看到，由基矢 $\{|n\rangle\}$ 可以构造出一系列厄米算符 $\hat{\mathcal{V}}$ 和 $\hat{\mathcal{W}}$, 只要适当地确定了这些量的观测值，就可以由 (3) 式定义统计算符，从而用 (2) 式来计算任意观测量 $\hat{R}$ 的观测值. 由于 $\hat{R}$ 是厄米算符，存在本征值和本征态，可以不失一般地取其本征态作为 Hilbert 空间表示的基矢,

$$\hat{R} = \sum_n |n\rangle R_n \langle n|,$$

R_n 为其本征值. 于是 (2) 式成为

$$\langle\langle\hat{R}\rangle\rangle = \sum_{m,n} U_{mn}R_{nm} = \sum_n U_{nn}R_n.$$

这个结果可以诠释为： $\hat{R}$ 的观测值等于它在各个本征态 $|n\rangle$ 上测得值的统计平均，在态 $|n\rangle$ 上的测得值为 R_n, 统计权重为 U_{nn}. 这个诠释为上述公式提供了物理的图像，这也正是把 $\hat{U}$ 称为统计算符而把 $\langle\langle\hat{R}\rangle\rangle$ 称为平均值的原因.

定义和问题 既然观测值 $\langle\langle\hat{R}\rangle\rangle$ 是一系列测得值的统计平均，就存在弥散的

问题. 可以定义平均值的弥散 ϵ 为差 $\hat{R}-\langle\langle\hat{R}\rangle\rangle$ 的均方根, 即

$$\epsilon^2 \equiv \langle\langle(\hat{R}-\langle\langle\hat{R}\rangle\rangle)^2\rangle\rangle = \langle\langle\hat{R}^2\rangle\rangle - \langle\langle\hat{R}\rangle\rangle^2.$$

这里假设系综已经归一, $\langle\langle 1\rangle\rangle = 1$. 根据这个定义, 当 $\langle\langle 1\rangle\rangle \neq 0$ 并有限, 从而可取 $\langle\langle 1\rangle\rangle = 1$ 时, 若有 $\langle\langle\hat{R}^2\rangle\rangle = \langle\langle\hat{R}\rangle\rangle^2$, 则 $\hat{R}$ 的函数 $\langle\langle\hat{R}\rangle\rangle$ 就是 *无弥散* 的.

观测量平均值的弥散, 与统计算符 $\hat{U}$ 有关. von Neumann 的问题是: 能否找到这样一个 $\hat{U}$, 使得所有观测量都无弥散? 如果存在这种 $\hat{U}$, 就可以建立一个理论, 使得所有观测量的均方差 ϵ^2 都为 0, 可以精确测定, 不存在原则上的测不准. 显然, 这种理论完全没有统计性特征, 而是决定论性的.

于是, 如果把所有观测量都无弥散的系综称为 *无弥散系综*, von Neumann 的问题就是: 是否存在无弥散系综?

不存在无弥散系综的证明 根据上述无弥散的定义, 若存在无弥散系综, 则对 **所有** 厄米算符 $\hat{R}$ 都有

$$\langle\langle\hat{R}^2\rangle\rangle = \langle\langle\hat{R}\rangle\rangle^2,$$

或者等效的

$$\mathrm{tr}\,(\hat{U}\hat{R}^2) = [\mathrm{tr}\,(\hat{U}\hat{R})]^2,$$

这里 $\hat{U}$ 现在是无弥散系综的统计算符. 取 $\hat{R}=\hat{P}[\phi]$, 并注意 $\hat{P}[\phi]=(\hat{P}[\phi])^2$, 就可由上式给出

$$\langle\phi|\hat{U}|\phi\rangle = \langle\phi|\hat{U}|\phi\rangle^2.$$

这表明, 对所有的 ϕ, 都有 $\langle\phi|\hat{U}|\phi\rangle = 1$ 或 0, 亦即对无弥散系综有 $\hat{U}=1$ 或 $\hat{U}=0$.

$\hat{U}=0$ 的情形可以排除, 因为它表明这个系综对所有 $\hat{R}$ 的平均都为 0, $\langle\langle\hat{R}\rangle\rangle=0$, 这没有物理意义. $\hat{U}=1$ 的情形, 由于 Hilbert 空间是无限维的, 有

$$\langle\langle 1\rangle\rangle = \mathrm{tr}\,(1) = \infty,$$

因而 $\hat{R}$ 的弥散成为

$$\epsilon^2 \equiv \langle\langle(\hat{R}-\langle\langle\hat{R}\rangle\rangle)^2\rangle\rangle = \langle\langle\hat{R}^2\rangle\rangle - 2\langle\langle\hat{R}\rangle\rangle^2 + \langle\langle\hat{R}\rangle\rangle^2\langle\langle 1\rangle\rangle.$$

上式或者是无限大, 或者是无限大之差. 亦即, 它或者不为 0, 从而系综不是无弥散的, 或者不确定. 如果我们用 $\langle\langle 1\rangle\rangle$ 把系综平均归一化为 $\langle\langle\hat{R}\rangle\rangle/\langle\langle 1\rangle\rangle$, 这就成为 $\hat{U}=0$ 的结果.

于是 von Neumann 得到结论: **不存在无弥散系综**. 注意这个结论得自前面给出的基本假设, 与量子力学的平均值假设或统计诠释无关. 所以, *以 Hilbert 空间的性质为基础的量子力学, 在本质上就是统计性的, 与量子力学的统计诠释无关*.

讨论 物理上, 这个结论在预料之中. 只有在观测量的本征态上, 才能无

弥散地测到确定的结果. 而在这个态上再测另一观测量, 由于这不一定正好也是它的本征态, 一般就会测到按一定权重分布在其各个本征值的弥散的结果. 实际的情形, 在物理上我们知道有 Heisenberg 测不准原理, 存在不相容的观测量, 不可能使它们的弥散同时消失. 正像我们在本附录一开始摘录的 Galileo 的话所说, 对于测不准这一自然的事, 我们可以简单地直接接受它, 而不必去寻求对其必然性的数学论证; 当然, 如果能做的话, 为什么不呢? von Neumann 所做的, 就是这样一个数学论证. 我们可以质疑 von Neumann 的论证, 却不可能通过质疑他的论证来质疑他尝试论证的事情本身.

3. 均匀系综

问题和定义 von Neumann 的另一个问题是: 是否存在均匀系综? 即, 是否存在这样的系综, 无论怎么把它分解为子系综, 任何观测量在任一子系综上的平均与在原系综上的平均结果都一样? 如果存在这种均匀系综, 系综平均的统计特征就与进行平均的范围无关, 属于理论最基本最普遍的特征, 这种理论就应该是除无弥散系综外统计性最小即不确定性最少的理论.

为了从数学上来研究和回答这个问题, von Neumann 对均匀系综给出了如下的定义: 若一个系综可以任意地分解为两个子系综, 原系综平均 $\langle\langle\hat{R}\rangle\rangle$ 与子系综平均 $\langle\langle\hat{R}\rangle\rangle'$ 和 $\langle\langle\hat{R}\rangle\rangle''$ 有

$$\langle\langle\hat{R}\rangle\rangle = \langle\langle\hat{R}\rangle\rangle' + \langle\langle\hat{R}\rangle\rangle'',$$
$$\langle\langle\hat{R}\rangle\rangle' = c'\langle\langle\hat{R}\rangle\rangle, \qquad \langle\langle\hat{R}\rangle\rangle'' = c''\langle\langle\hat{R}\rangle\rangle,$$

其中 c' 与 c'' 为满足

$$c' + c'' = 1, \qquad c' > 0, \qquad c'' > 0$$

的常数, 则称这个系综是 *均匀系综* 或 *纯系综*. 由于只考虑系综平均的相对值, 所以 $\langle\langle\hat{R}\rangle\rangle$ 与 $c\langle\langle\hat{R}\rangle\rangle$ 实质上没有区别, $c' + c'' = 1$ 是归一化要求.

均匀系综的存在唯一性证明 一个系综的统计算符 $\hat{U}$ 若能 **任意地** 分成两个正定的厄米算符 $\hat{V}$ 与 $\hat{W}$ 之和,

$$\hat{U} = \hat{V} + \hat{W},$$

并且有 $\hat{V} = c'\hat{U}$, $\hat{W} = c''\hat{U}$, 则此系综即为均匀系综, 其中 c' 与 c'' 为非负常数, 与平均值的归一化有关, 限定为 $c' + c'' = 1$. 可以表明, 当且仅当

$$\hat{U} = \hat{P}[\phi]$$

时, 存在均匀系综, 这里 $\langle\phi|\phi\rangle = 1$.

首先来表明, 若 $\hat{U}$ 描述均匀系综, 则它是投影算符. 为此, 先把 $\hat{U}$ 任意分

成两个正定厄米算符之和．由于 $\hat{U}$ 是正定厄米算符，可以定义两个厄米算符

$$\hat{V}=\frac{\hat{U}|f_0\rangle\langle f_0|\hat{U}}{\langle f_0|\hat{U}|f_0\rangle},\qquad \hat{W}=\hat{U}-\hat{V}=\hat{U}-\frac{\hat{U}|f_0\rangle\langle f_0|\hat{U}}{\langle f_0|\hat{U}|f_0\rangle},\tag{4}$$

其中态矢量 $|f_0\rangle$ 使得 $\hat{U}|f_0\rangle\neq 0$. 由于 $|f_0\rangle$ 是任意的，所以 $\hat{V}$ 是任意的．而且由于 $\hat{U}$ 是正定的，所以 $\hat{V}$ 也是正定的，即对任一归一化的 $|f\rangle$ 都有

$$\langle f|\hat{V}|f\rangle=\frac{|\langle f|\hat{U}|f_0\rangle|^2}{\langle f_0|\hat{U}|f_0\rangle}\geqslant 0.$$

此外， von Neumann 证明了一个定理 (参见练习题 1.3): 对于正定厄米算符 $\hat{R}$, 有关系

$$\langle n|\hat{R}|n\rangle\langle m|\hat{R}|m\rangle\geqslant|\langle n|\hat{R}|m\rangle|^2.$$

运用这个定理，就可看出 $\hat{W}$ 也是正定的，

$$\langle f|\hat{W}|f\rangle=\frac{\langle f|\hat{U}|f\rangle\langle f_0|\hat{U}|f_0\rangle-|\langle f|\hat{U}|f_0\rangle|^2}{\langle f_0|\hat{U}|f_0\rangle}\geqslant 0.$$

于是，这就把 $\hat{U}$ 任意分成了两个正定厄米算符 $\hat{V}$ 与 $\hat{W}$ 之和．

若 $\hat{U}$ 描述一个均匀系综，则 $\hat{V}=c'\hat{U}$. 另一方面，由 $\hat{V}$ 的定义 (4) 可以看出，它正比于在归一化矢量

$$|\phi\rangle=\frac{\hat{U}|f_0\rangle}{||\hat{U}|f_0\rangle||}$$

方向的投影算符，

$$\hat{V}=\frac{||\hat{U}|f_0\rangle||^2}{\langle f_0|\hat{U}|f_0\rangle}|\phi\rangle\langle\phi|=c\hat{P}[\phi],$$

$$c=\frac{||\hat{U}|f_0\rangle||^2}{\langle f_0|\hat{U}|f_0\rangle}.$$

这就是说，若 $\hat{U}$ 描述均匀系综，则它实质上是投影算符，

$$\hat{U}=\frac{1}{c'}\hat{V}=\frac{c}{c'}\hat{P}[\phi].$$

其次来表明，若 $\hat{U}$ 是投影算符，则它描述均匀系综．取

$$\hat{U}=\hat{P}[\phi],$$

其中 $\langle\phi|\phi\rangle=1$, 并取 $|f\rangle$ 为一与 $|\phi\rangle$ 正交的矢量， $\langle\phi|f\rangle=0$. 假设 $\hat{U}=\hat{V}+\hat{W}$, $\hat{V}$ 与 $\hat{W}$ 也是正定厄米算符，则可以写出不等式

$$0\leqslant\langle f|\hat{V}|f\rangle\leqslant\langle f|\hat{V}|f\rangle+\langle f|\hat{W}|f\rangle=\langle f|\hat{U}|f\rangle=0,$$

从而 $\langle f|\hat{V}|f\rangle=0$, 即 $\hat{V}|f\rangle=0$. 因此，对所有的 $|g\rangle$ 都有 $\langle g|\hat{V}|f\rangle=0$. 因为 $|f\rangle$ 是任一与 $|\phi\rangle$ 正交的矢量，可以写成 $|f\rangle=(1-\hat{P}[\phi])|h\rangle$, $|h\rangle$ 是完全任意的矢量．

于是得到

$$\langle g|\hat{V}(1-\hat{P}[\phi])|h\rangle = 0.$$

由于 $|g\rangle$ 与 $|h\rangle$ 完全任意，上式意味着

$$\hat{V} = c\hat{U}.$$

从而，$\hat{U}$ 描述均匀系综.

结论 上述证明的结论是：当且仅当统计算符为投影算符时，$\hat{U}=\hat{P}[\phi]$，系综是均匀的. 这时，从系综平均值公式 (2) 可得

$$\langle\langle\hat{R}\rangle\rangle = \mathrm{tr}\,(\hat{P}[\phi]\hat{R}) = \langle\phi|\hat{R}|\phi\rangle, \tag{5}$$

这正是量子力学的基本定义和假设，它等效于波函数的统计诠释 (参见练习题 1.11). 换句话说，“均匀系综”不过是“量子态”的另一称呼，所以 von Neumann 又称之为 *纯系综*. 这就证明了，在量子力学中作为物理诠释的基本假设，可以等价地换成前述关于观测量算符和观测量平均值的假设，是以 Hilbert 空间性质为基础的物理理论的自然结果. 简单地说，*量子力学是均匀系综的理论*.

物理诠释 一个系综可以分解成的最小的子系综，就是组成系综的各个单元，即单个的物理系统. 对于单个系统的测量，就不是系综平均，而是统计平均. 对均匀系综来说，在单个系统的统计平均等于在全系综的平均，(5) 式右边的量 $\langle\phi|\hat{R}|\phi\rangle$ 就等于在单个系统的统计平均，这正是量子力学的统计诠释.

所以，在 von Neumann 的理论里，波函数的统计诠释是理论自然的结果，而不是另外加进来 (added by hands) 的附加假设. 观测量 $\hat{R}$ 在量子态 $|\phi\rangle$ 上的量子力学平均 $\langle\hat{R}\rangle=\langle\phi|\hat{R}|\phi\rangle$，是在一个均匀系综上的系综平均 $\langle\langle\hat{R}\rangle\rangle$，这个均匀系综的统计算符，是这个态的投影算符 $\hat{P}[\phi]=|\phi\rangle\langle\phi|$.

对于一般的统计算符 $\hat{U}$，设其本征态为 $\{|n\rangle\}$，则

$$\hat{U} = \sum_n |n\rangle\langle n|\hat{U}|n\rangle\langle n| = \sum_n U_n\hat{P}[n], \qquad U_n = \langle n|\hat{U}|n\rangle,$$

即任一系综 $\hat{U}$ 可以分解为一组均匀子系综 $\{\hat{P}[n]\}$ 之和，与子系综 $\hat{P}[n]$ 相应的叠加系数为 $U_n=\langle n|\hat{U}|n\rangle$. 于是，观测量 $\hat{R}$ 在这个系综上的平均为

$$\langle\langle\hat{R}\rangle\rangle = \mathrm{tr}\,(\hat{U}\hat{R}) = \sum_{n,m}\langle n|\hat{U}|m\rangle\langle m|\hat{R}|n\rangle = \sum_n U_n\langle n|\hat{R}|n\rangle. \tag{6}$$

上式表明，先算量子态平均 $\langle n|\hat{R}|n\rangle$，再按权重 U_n 平均，就得系综平均 $\langle\langle\hat{R}\rangle\rangle$. 这里

$$\sum_n U_n = \sum_n\langle n|\hat{U}|n\rangle = \mathrm{tr}\,(\hat{U}) = \langle\langle\hat{U}\rangle\rangle = 1,$$

可以把 $U_n=\langle n|\hat{U}|n\rangle$ 诠释为系综处于态 $|n\rangle$ 的概率. 所以，(6) 式正是量子力

学中系综平均的公式 (见第一章 §1.5), 这就表明我们称 $\langle\langle\hat{R}\rangle\rangle$ 为系综平均是恰当的.

到此为止, von Neumann 从前面给出的基本假设出发, 推出了量子力学的基本结果. 这是 von Neumann 论证的目标和主要结论. 在他书上叙述这个证明的第 IV 章第 2 节, 标题是 "统计公式的证明", 也就是 (5) 式的证明. 在这个证明的基础上, von Neumenn 接着又进一步来论证不可能存在隐参量.

4. 不可能有隐参量的证明

也许可以设想, 体系的观测量本来是确定的, 系综平均表现出来的弥散和测不准, 是由于进行平均的系综范围太大, 是把在各个子系综里确定但互不相同的观测值求平均的结果. 按照这种设想, 体系的观测量在确定划分的子系综里具有确定的值, 我们可以引入一些参量来区分和描写这些不同的子系综. 这种在现有量子力学中没有包含的参量, 就是量子力学的 *隐参量*.

von Neumann **的论证** 前面的分析表明, 量子力学的情形属于均匀系综. 假设量子力学有隐参量, 就是假设均匀系综可以分解为一些子系综, 观测量在这些子系综上具有不同的确定值, 彼此用隐参量的不同数值来区分. 基于如下两点, 这是不可能的. 首先, 假设观测量在这些子系综上具有不同的值, 这不符合均匀系综的性质, 对于任一给定的算符, 均匀系综的所有子系综给出的平均值都相同. 其次, 假设观测量在这些子系综上具有确定值, 无弥散, 这违反了上面证明的不存在无弥散系综的结论.

von Neumann 认为, 上述考虑足以排除用隐参量来消去量子力学统计特征的可能性. 事实上, 所有系综都有弥散, 均匀系综也不例外, 我们所能做的最好选择, 正是量子力学已经做的.

必须强调, von Neumann 的证明, 并不要求引入隐参量的方式必须与现有观测量的一样, 亦即并不要求必须用厄米算符来表示它们. 除了在量子力学中用算符表示的观测量, 如果还存在别的没有发现的物理量, 上述证明仍然成立.

von Neumann 的证明, 是在 Hilbert 空间这一前提下进行的. 这当然并不排除不在 Hilbert 空间仍然有可能构造一个全新的理论, 使之在一定近似下给出量子力学的全部结果. 不过, 不在 Hilbert 空间里构造的理论, 就不是量子力学, 不属于 von Neumann 讨论的范围.

为了表明在量子力学中引入隐参量这条路行不通, 在 von Neumann 之后, 又有一些人给出另外的论证, 证明量子力学不存在隐参量. 现在把这类证明量子力学不存在隐参量的定理称为 "行不通" 定理 ("no go" theorems) [①].

这隐参量, 一直是使物理学回归决定论的希望所在, 所以 von Neumann 的上述证明成了争论的焦点. Bohm 不管你 von Neumann 的证明, 甚至离开 Hilbert 空间和 Schrödinger 方程的线性约束, 就硬是要做出个隐参量的理论来 [②]. 他这种追求的潜在目的, 是要回到四维经典时空的直观思维和物理图像, 和恢复理论的决定论性质. 实际上, 是接受量子力学作为 Hilbert 空间的物理, 同时修改我们的思维方式和物理图像, 并且被迫放弃决定论的理论追求, 还是保持我们已经习惯的传统思维方式和直观图像, 并且继续追求决定论的理论形式, 以至于放弃量子力学作为 Hilbert 空间的物理而另辟蹊径, 这是鱼与熊掌两难的选择. 我们每个人在面对量子力学时, 都绕不开从而不得不做出自己的抉择, 只不过有的清醒有的迷糊.

Bell 的潜在目标与 Bohm 一样, 但做法不同. Bell 是直接对 von Neumann 的证明提出质疑 [③].

Bell 的质疑 Bell 与 von Neumann 的出发点不同. von Neumann 是要从更高的视角来审视量子力学, (5) 式及其所含的物理不是推理的基础, 而是推理的结果. Bell 的目的是探讨把隐变量加入现有量子力学以消除其统计特征的可能性, 于是他把 (5) 式及其所含的物理, 亦即把现有量子力学, 作为讨论的基础和出发点. 他指出, 根据 (5) 式, 只有在 $\hat{R}$ 的本征态上, 对它的测量才会得到确定的值, 没有弥散. 换句话说, 对于无弥散系综, $\hat{R}$ 的系综平均值 $\langle\langle\hat{R}\rangle\rangle$ 必定是它的一个本征值. 然而, $\hat{R}$ 与 $\hat{S}$ 一般并不相容, 它们不可能同时取本征值, 不可能有

$$\langle\langle a\hat{R}+b\hat{S}\rangle\rangle = a\langle\langle\hat{R}\rangle\rangle + b\langle\langle\hat{S}\rangle\rangle,$$

亦即无弥散系综一般并不满足 von Neumann 的前述假设 6°. 换句话说, von Neumann 的证明并没有完全排除无弥散系综, 从而并没有排除所有可能的隐参量, 只是排除了能够满足假设 6° 的那一类隐参量.

几点讨论 首先, von Neumann 对均匀系综的分析与对无弥散系综的证明是互相独立的, 量子力学属于均匀系综这一结论并不取决于有没有无弥散系综这一点. 如果把量子力学界定为均匀系综的物理, 那么隐参量就完全被均匀系综的性质排除了, 与是否存在无弥散系综无关. 所以, 讨论量子力学的的基本原

① W.M. de Muynck, *Foundations of Quantum Mechanics, an Empiricist Approach*, Kluwer Academic Publishers, 2002, p.539.

② David Bohm, *Phys. Rev.* **85** (1952) 166, 180.

③ John Stuart Bell, *Rev. Mod. Phys.* **38** (1966) 447.

理，可以不涉及隐参量问题.

其次，Bell 的兴趣是隐参量问题，也就是无弥散系综问题. 他和其他一些人又相继给出了关于不存在无弥散系综的几种改进的证明. 这已经不属于量子力学问题，而是探索在 Hilbert 空间是否存在优于量子力学的物理. 这种探索即使能够找出某种隐参量，也不是量子力学的隐参量，而是另一种物理的动力学变量.

当然，Bell 对 von Neumann 关于不存在无弥散系综的证明的质疑，引发了一系列深入的研究，使量子力学的基础重又成为关注的热点，从而进一步加深了我们对量子力学基础的理解[①]. 就连得到 D. Bohm 嫡传的 J. Bub 也说，我们不能简单地把量子力学理解成一种不完备的经典描述，还想通过引入附加动力学变量来把它扩充成经典的描述，而是需要找到在理论结构中引入现实性、可能性和概率等概念的途径[②]. 而自从 Bell 对 von Neumann 的证明提出质疑以来，大家就一直以为 von Neumann 的证明确实并没有排除所有的隐参量. 但后来 Bub 却突然发声[③]，说 Bell 误解了 (misconstrues) von Neumann 的论证，不过 Bohm 的隐变量理论仍然是可以的. Bub 可是 Bohm 的嫡传弟子.

注意 von Neumann 的用词是 隐坐标 或 隐参量 (德文 verborgene Parameter, 英文 hidden parameters)[④]，而 Bohm 和 Bell 他们用的词是 隐变量 (hidden variables)[⑤]. 参量与变量这两个词的含义不完全相同，可以引起不同的理解，这里就不深入.

---

① G. Auletta, *Foundations and Interpretation of Quantum Mechanics*, World Scientific, 2001.

② Jeffrey Bub, *Interpreting the Quantum World*, Cambridge University Press, 1999, p.333.

③ Jeffrey Bub, http://arXiv:1006.0499v1 [quant-ph] 2 Jun 2010.

④ Johann v. Neumann, *Mathematische Grundlagen der Quantenmechanik*, Verlag von Julius Springer, Berlin, 1932, S.109; John von Neumann, *Mathematical Foundations of Quantum Mechanics*, translated from the German edition by Robert T. Beyer, Princeton University Press, 1955, p.209.

⑤ David Bohm, *Quantum Theory*, Prentice-Hall, Inc., New York, 1951; David Bohm, *Phys. Rev.* **85** (1952) 166, 180; John Stuart Bell, *Rev. Mod. Phys.* **38** (1966) 447.

……我以前同现在一样，相信物理
定律越带普遍性，就越是简单，……

—— M. Planck

《M. 普朗克物理论文和演讲集》

附录三　量子力学的诠释问题

经典物理有一幅直观清晰的图像，经典物理的概念和物理量，是直接从物理现象和实验中概括抽象出来的，是从物理到数学. 与经典物理不同，微观物理没有直观确定的图像，量子力学是从数学到物理，是先有数学的公式和结构，先有数学的表述，然后才来寻求这些数学表述所包含的物理. 量子力学的态矢量及其投影有什么物理含义？厄米算符及其本征值有什么物理含义？回答这些问题的，就是量子力学的物理诠释. 也就是说，经典物理是用数学诠释物理，量子力学是用物理诠释数学.

Hilbert 和 von Neumann 的工作表明，把无限维 Hilbert 空间的数学表述诠释为一种物理，能够直接和自然地得到量子力学的平均值公式，包含了 Born 对波函数的统计诠释. 量子力学的这种诠释，是哥廷根的大师们耕耘的结果，我们不妨称之为量子力学的 *哥廷根诠释*，简称为 *Born 的统计诠释*，这是本书所采用的诠释，本书已经作了详细的阐述.

在实验上，统计诠释的所有结果和推论，都与迄今为止的实验在很高的精度内完全相符. 这就意味着，量子力学已经完满地回答了所能提出的各种物理问题. 不过，接受量子力学的统计诠释，就意味着放弃决定论，这对传统观念无疑是一个巨大的冲击. 而且，与统计诠释伴随而来的，还有波包的塌缩或缩编、概率的瞬间改变以及主客观的划分等等，这些无不会对传统观念造成进一步的冲击. 所以无论是出于对理论单纯和完美的追求，还是出于某种形而上的目的，量子力学的诠释都是一个探讨与争论的核心，提出了各种各样的诠释.

在 Sudbery 的书中，划分和列出了九种诠释 ①，而在维基百科 (Wikipedia) 上，可以查到十多种诠释. 由于出发点不同，追求的目标不同，以及所采用的数学形式不同，给出的诠释与表述也就不同. 即便是同一种诠释，不同的作者也会有不同的解读. 这显然还是一个众说纷纭莫衷一是的领域，是一潭浑水.

---

① A. Sudbery, *Quantum Mechanics and the Particles of Nature, an Outline for Mathematicians*, Cambridge University Press, 1986, p.212.

无论是哪一种诠释，不管如何表述，其最后都必须给出与统计诠释相同的结果，才能通得过实验的检验. 正如相对态诠释的提出者 Everett 所说，他的目的"不是拒绝或抵制量子理论通常的形式，这已经被证明在整整一大批问题上是完全适用的，而只是想提供一个新的更普遍和完整的形式，藉以*推导出*通常的诠释."“我们的理论最后论证了概率诠释作为用来进行预测实际结果的一种手段，这就形成了一个更大的框架，得以理解哪种诠释是自洽的. 在这方面，可以说是形成了标准理论的一个*上位理论* (metatheory)."[①] 显然，在这个意义上，这种工作不是在做物理，它们解决的不是物理问题，而是物理之上的问题. 所以，这里就不一一详细介绍和讨论，只是简单和有选择地讨论其中的几种，给出一个大略的印象. 先说*哥本哈根诠释*，这是谈论量子力学的诠释必须提到和绕不过的. 最后再说有着相当影响的*系综诠释*.

量子力学的哥本哈根诠释 (Copenhagen interpretation)　量子力学的哥本哈根诠释，是一个含义模糊没有明确界定的说法，大体上说，可以理解为是 Bohr 和哥本哈根那个圈子的诠释，实际上也就是 Bohr 对量子力学的诠释. 这个诠释常常被称为量子力学的正统诠释或主流诠释，其核心内容是如下两点[②]:

- *量子力学只适用于微观物理世界，宏观测量仪器服从经典物理学.*
- *用经典语言描述微观物理现象时存在的互相冲突的图像，对于我们理解和描述微观物理现象是互相补充相互协调的.*

第一点相当于对 Schrödinger 方程适用范围的诠释，它把 Schrödinger 方程严格限定在微观范围，不适用于宏观仪器，宏观测量仪器服从经典物理学. 这就把测量过程的研究排除在量子力学的范围之外，我们也可以把它看成是关于测量的一种形而上的理论.

第二点就是 Bohr 著名的*互补原理*或*并协原理*，它实质上是一种认识论，不属于物理学. 不过，这一原理隐含了对波函数的物理诠释：它认为波动性与粒子性是互补和并协的，都是微观对象实在的物理性质，所以波函数是微观对象本身所具有的物理性质，是一个物理量. 这也就是*波粒二象性*这个说法的来源. 按照这种诠释，量子力学描述单个微观粒子的行为和性质，与 Born 对波函数的统计诠释完全不同. 按照统计诠释，波函数是关于我们对微观对象进行测量所能得到的信息，属于测量仪器与微观对象相互作用的性质，是一个数学的量，量子力学是对微观对象进行多次测量所得结果的统计规律.

① H. Everett, III, *Rev. Mod. Phys.* **29** (1957) 454.

② 参见关洪，《一代神话 —— 哥本哈根学派》，武汉出版社，2002 年，第 16 页.

哥本哈根诠释受到了基于不同立场和观点的批评. 把量子力学限定在微观物理的范围, 这从形而上的角度是不能接受的, 因为在原则上, 一个基本的物理理论应该适用于一切物理现象和过程, 经典物理是量子力学在宏观条件下的近似. 从实用的角度, 也很难在宏观与微观之间为量子力学的适用范围划出一条清晰明确的界限. 现在在宏观与微观之间又划分出一个介观领域, 这是 Bohr 当初没有料到的. 就连在口头上支持 Bohr 诠释的 Pauli, 在实际上也并没有真正完全接受这个诠释. Pauli 说过, 量子力学的建立是以放弃对物理现象的客观处理, 亦即放弃我们唯一地区分观测者与被观测者的能力作为代价的 (见第一章 §1.5 的 **4**). 可见他已经意识到, 不可能把量子力学严格限制在微观领域, 而把观测者和测量过程排除在外.

而且在数学和物理上, 粒子与波动也都不可能并协互补. 粒子的自由度有限, 波动的自由度无限, 在物理上是完全不同的两种系统. 在数学上已经十分清楚和肯定, 量子力学是关于无限自由度的物理. 把描述在空间弥散的无限自由度的波函数, 作为描述单个微观粒子有限自由度的行为和性质, 这种诠释不可能贯彻到底. 由于波包会随着时间的演化而无限扩散开来, 所以只能赋予波函数以统计的含义. 对单个粒子来说, 这种统计性仍然是多次测量的结果. 在这一点上, 哥本哈根诠释是不自洽的. 所以这粒子与波动的并协互补, 不过是一种用来在形式上调和观念冲突的牵强无奈和稀泥的说辞, 至多也只能说是一种就事论事的唯象学.

许多人放弃对波函数的统计诠释, 希望通过对测量仪器和测量过程的诠释, 亦即赋予测量仪器和测量过程某些物理性质, 来表明 $\langle l_n|\psi\rangle$ 的模方正比于测得 $|l_n\rangle$ 的概率, 从而给出原来统计诠释的全部结果. 下面是其中的几个例子①.

量子力学的最少诠释 (minimal interpretation) 量子力学的最少诠释包括以下要点:

- 标定假设 若被测系统处于本征态 $|l_n\rangle$, 则对 $\hat{L}$ 测量的结果测量仪器指针必定处于态 $|\phi_{N(n)}\rangle$.
- 指针假设 若被测系统处于任意态 $|\psi\rangle$, 则对 $\hat{L}$ 测量的结果测量仪器指针必定处于某一态 $|\phi_{N(n)}\rangle$.
- 概率复现条件 对处于态 $|\psi\rangle$ 的大量相同被测系统测量 $\hat{L}$, 从测得仪器指针为 $|\phi_{N(n)}\rangle$ 的个数的统计, 给出概率分布为 $|\langle l_n|\psi\rangle|^2$.

---

① P. Mittelstaedt, *The Interpretation of Quantum Mechanics and the Measurement Process*, Cambridge University Press, 1998, p.8.

注意这都只是对仪器指针读数的诠释，不涉及被测系统本身，包含的假设最少，所以称为最少诠释. Bohr 假设宏观仪器服从经典物理，Heisenberg 假设理论只用可观测量，这类想法都与最少诠释相近. 最少诠释超出哥本哈根诠释的是，与 von Neumann 的想法一样，它认为测量过程适用量子力学.

量子力学的实在诠释 (realistic interpretation) 量子力学的实在诠释包括以下要点：

- 标定假设 若被测系统处于本征态 $|l_n\rangle$, 则对 $\hat{L}$ 测量的结果被测系统仍然处于态 $|l_n\rangle$, 而测量仪器指针处于态 $|\phi_{N(n)}\rangle$.
- 指针假设 若被测系统处于任意态 $|\psi\rangle$, 则对 $\hat{L}$ 测量的结果测量仪器指针必定处于某一态 $|\phi_{N(n)}\rangle$, 并且表明被测系统处于相应态 $|l_n\rangle$.
- 概率复现条件 对处于态 $|\psi\rangle$ 的大量相同被测系统测量 $\hat{L}$, 从测得仪器指针为 $|\phi_{N(n)}\rangle$ 的个数的统计，以及从测量以后被测系统处于态 $|l_n\rangle$ 的个数的统计，给出的概率分布都是 $|\langle l_n|\psi\rangle|^2$.

这不仅是对仪器指针读数的诠释，也是对被测系统本身的诠释，所以称为实在诠释. 就系统本身而言，本书采用的诠释与实在诠释相同.

上述两种诠释都对测量仪器的行为作了同样的假定. 这种假定是外加给量子力学的，added by hands, 就像统计诠释中遇到的波包缩编和投影假设是外加给量子力学的一样. 所以与波包缩编和投影假设的情形类似地，从形而上的角度来看，人们也希望能够从量子力学本身推出测量仪器的这种行为，这是理论自洽的必然要求. 对这个问题已经进行了多年的研究，初步结论是，根据这两种诠释的标度假设，可以从量子力学推出概率复现条件，即统计诠释的内容，但推不出指针假设，虽然这在实际上并不引起太严重的问题.

这两种诠释不能自洽地推出指针假设，可以从量子力学得到解释. 从初态 $|\Psi(0)\rangle$ 出发，经过一个幺正的时间发展算符 $\hat{T}(t,t_0)$ 的作用，得到的是一个态 $|\Psi(t)\rangle$, 仍然属于纯粹情形. 而这两种诠释的指针假设，所要求的却是一个混合情形，即密度算符描述的系综. 这与统计诠释的投影假设所遇到的波包缩编问题完全一样.

量子力学的多世界诠释 (many-worlds interpretation) 量子力学的多世界诠释，是 Everett 于 1957 年首先提出的，见 288 页的注①. 他提出这个诠释的目的，是想把量子力学推广运用于整个宇宙. 这看起来是一个物理的目的. 不过，物理学研究的是具体和有限的物理现象，这整个宇宙是有限还是无限现在并不清楚，所以 Everett 的这个目的也可以说是形而上的．把整个宇宙作为研究的对象，观测者与测量仪器就都成了研究对象本身的一部分．没有外在的测量仪器和观测者，量子力学的统计诠释自然也就不能用，而必须寻求另外的诠释．

与前两种诠释一样，Everett 也用到了标定假设．这个假设实质上只是对测量仪器的定义，并不是外加给量子力学的物理．此外 Everett 没有再引入别的假设．根据叠加原理，他把测量后的纠缠态改写成

$$|\Psi(t)\rangle = \sum_{N,n} C_{Nn}|\phi_N\rangle|l_n\rangle = \sum_n C_n|\phi_n\rangle|l_n\rangle,$$

其中

$$C_n|\phi_n\rangle = \sum_N C_{Nn}|\phi_N\rangle,$$

系数 C_n 的选择要求使 $|\phi_n\rangle$ 是归一的．注意 $C_n|\phi_n\rangle$ 并不是测量理论中要求消干得到的 $C_n|\phi_{N(n)}\rangle$，这里定义的态 $|\phi_n\rangle$ 一般并不属于本征态组 $\{|\phi_N\rangle\}$，而是任意的，Everett 称之为 $|l_n\rangle$ 的 *相对态*，并把他的理论称为 *量子力学的相对态形式* (relative state formulation)．令人惊奇的是，他从 $|\Psi(t)\rangle$ 的这个极其普通的相对态展开式出发，竟然令人意想不到地推出了统计诠释：*当测量次数趋于无限时，得到 $|l_n\rangle$ 的相对频度为 $|C_n|^2$*．

Everett 是美国著名理论物理学家 Wheeler 的学生，这个工作是他博士论文的一部分．Wheeler 在二十世纪三十年代末曾与 Bohr 合作提出重核裂变的液滴模型从而开始出名，他最著名的学生当然是 Feynman．Everett 的论文写成后曾寄给 Bohr 和哥本哈根学派的 Rosenfeld 等人征求意见，均遭拒绝．他毕业后进了五角大楼．Everett 的这个工作被冷落了十多年后，重又被 DeWitt 和 Graham 等人发现和进一步完善，成为当今关于量子力学诸多诠释中独特的一派．DeWitt 等人指出，现在没有波包的缩编，在上述相对态展开式中的每一项，都相当于一个独立和可能实现的世界，所以称为量子力学的多世界诠释①．

多世界诠释完全在量子力学之内，只是根据态的叠加原理，就推出了统计诠释，从而表明统计诠释是量子力学本身的性质，无需作为一个独立假设外加进来，这是多世界诠释最吸引人之处．而得到这一结果的代价，则是引入了无限多个互相独立的世界，我们生活的世界只是其中之一．Wheeler 在支持多年之后，终于还是放弃了这个诠释，他认为引入这么多个世界，代价太大．

量子力学的系综诠释 (ensemble interpretation)　认为量子力学不适用于单

① B.S. DeWitt and N. Graham, eds., *The Many-Worlds Interpretation of Quantum Mechanics*, Princeton University Press, Princeton, N.Y., 1973.

个微观系统，而是适用于由大量相同微观系统所组成的统计系综，是关于这种统计系综的理论，这种诠释称为*系综诠释*. 按照系综诠释，波函数的模方给出的是系综平均值的分布概率，亦即对系综测量所得统计平均值的分布概率. 最早提出系综诠释的是 Einstein, 他 1935 年与 Podolsky 和 Rosen 合写的论文 (EPR 论文) 认为“波函数给出的量子力学对于物理实在的描述是不完备的”①, 接着 1936 年就在《物理学和实在》一文中提出 Schrödinger 方程“决定着体系的统计系综的几率密度在位形空间里是怎样随时间而变化的”②. 不过接受系综诠释，就意味着量子力学不是关于微观系统的基本理论，另有支配微观系统的基本理论，它应该是决定论的. 在二十世纪中期 Блохинчев (布洛欣采夫) 在他的《量子力学原理》③ 一书中采用了系综诠释，后来七十年代 Ballentine 又在在一篇题为“量子力学的统计诠释”的文章中提出④, 并在他后来写的量子力学书籍中采用系综诠释⑤. 注意在文献上也常把系综诠释称之为统计诠释.

除了以上几种诠释，还有一致性历史 (consistent histories)、随机性 (stochastic)、量子逻辑 (quantum logical)、隐变量 (hidden-variable) 等等诠释，可以看出，量子力学的测量理论仍然还是一个没有解决的问题. 放弃统计诠释而另辟蹊径的种种尝试，并没有得到比统计诠释更能适合形而上的考虑的结果. 对于量子力学来说，也许确实存在某种考虑，它并不必须能够被量子力学本身所证明. 如果真是这样，我们就有理由期待发现这种真正适合量子力学的考虑. 毕竟，理论的完美与简洁始终是物理学家的一种永恒的追求.

不过 **从物理和现实的角度看，统计诠释至今还依然是最简单最方便的诠释**, 保持现状是最好的选择. 而且，正像 Planck 所说：“我以前同现在一样，相信物理定律越带普遍性，就越是简单.” 那些为了某种考虑而设计出来的种种越来越复杂的理论框架与诠释，经过冗长的推演计算之后才给出统计诠释的结果，这恐怕不能算是基本的物理. 看来只有新的实验结果和物理经验，而不是形而上的考虑，才是改变现状的恰当理由.

---

① 见 A. Einstein, B. Podolsky and N. Rosen, *Phys. Rev.* **47** (1935) 777-780. 可参考许良英与范岱年编译的《爱因斯坦文集》第一卷，商务印书馆， 1976 年， 328 页.

② 见许良英、范岱年编译的《爱因斯坦文集》第一卷，商务印书馆, 1976 年, 341 页.

③ Д.И.布洛欣采夫，《量子力学原理》，叶蕴理、金星南译，高等教育出版社，北京，1956 年.

④ L.E. Ballentine, *Rev. Mod. Phys.* **42** (1970) 358.

⑤ Leslie E. Ballentine, *Quantum Mechanics*, Prentice Hall, New Jersey, 1990; *Quantum Mechanics: A Modern Development*, World Scientific, 1998.

练 习 题

以下练习题用两个数编号，第一个数是与题目的内容相应的章号.

1.1 设 $\hat{F}$ 与 $\hat{G}$ 分别是由本征态组 $\{|f_n\rangle\}$ 与 $\{|g_m\rangle\}$ 定义的算符，$\hat{F}\equiv\sum_n |f_n\rangle f_n\langle f_n|$, $\hat{G}\equiv\sum_m |g_m\rangle g_m\langle g_m|$, 试证明对于任意态 $|A\rangle$ 与 $|B\rangle$ 有以下性质:

(1) $\hat{F}(|A\rangle+|B\rangle)=\hat{F}|A\rangle+\hat{F}|B\rangle$, $\hat{G}(|A\rangle+|B\rangle)=\hat{G}|A\rangle+\hat{G}|B\rangle$.

(2) $\hat{F}(c|A\rangle)=c\hat{F}|A\rangle$, $\hat{G}(c|A\rangle)=c\hat{G}|A\rangle$, 其中 c 是任一复数.

(3) $(\hat{F}+\hat{G})|A\rangle=\hat{F}|A\rangle+\hat{G}|A\rangle$.

(4) $\hat{F}(\hat{G}|A\rangle)=(\hat{F}\hat{G})|A\rangle$.

1.2 若算符 $\hat{L}$ 是厄米的，$\hat{L}^\dagger=\hat{L}$, 试证明，对于从它的本征值方程解出的本征值谱 $\{l_m\}$ 和本征态组 $\{|l_m\rangle\}$, 有以下性质:

(1) 本征值都是实数，$l_m^*=l_m$.

(2) 属于不同本征值的两个本征态是正交的，本征态组 $\{|l_m\rangle\}$ 有正交归一性.

1.3 对正定厄米算符 $\hat{F}$ 和任意矢量 $|\phi\rangle$ 与 $|\varphi\rangle$, 试证明有下述推广的 Schwarz 不等式:

$$\langle\phi|\hat{F}|\phi\rangle\langle\varphi|\hat{F}|\varphi\rangle\geqslant\frac{1}{4}[(\langle\phi|\hat{F}|\varphi\rangle+\langle\varphi|\hat{F}|\phi\rangle]^2\geqslant|\langle\phi|\hat{F}|\varphi\rangle|^2.$$

正定算符 $\hat{F}$ 的定义是：对任意矢量 $|\Psi\rangle$, 都有 $\langle\Psi|\hat{F}|\Psi\rangle\geqslant 0$.

1.4 设观测量算符 $\hat{F}$ 可以写成坐标算符 $\hat{q}_r$ 和动量算符 $\hat{p}_s$ 的幂级数，试证明

$$\frac{1}{\mathrm{i}\hbar}[\hat{q}_r,\hat{F}]=\frac{\partial\hat{F}}{\partial\hat{p}_r},\qquad \frac{1}{\mathrm{i}\hbar}[\hat{p}_s,\hat{F}]=-\frac{\partial\hat{F}}{\partial\hat{q}_s}.$$

1.5 试证明下列恒等式，其中 $\hat{A}$ 与 $\hat{B}$ 为算符，c 为参数:

$$\mathrm{e}^{c\hat{A}}\hat{B}\mathrm{e}^{-c\hat{A}}=\hat{B}+[\hat{A},\hat{B}]c+\frac{1}{2}[\hat{A},[\hat{A},\hat{B}]]c^2+\frac{1}{6}[\hat{A},[\hat{A},[\hat{A},\hat{B}]]]c^3+\cdots.$$

1.6 若算符 $\hat{A}$ 与 $\hat{B}$ 满足 $[\hat{A},[\hat{A},\hat{B}]]=[\hat{B},[\hat{A},\hat{B}]]=0$, 试证明

$$\mathrm{e}^{\hat{A}+\hat{B}}=\mathrm{e}^{\hat{A}}\mathrm{e}^{\hat{B}}\mathrm{e}^{-\frac{1}{2}[\hat{A},\hat{B}]}.$$

1.7 用坐标算符 $\hat{q}$ 与动量算符 $\hat{p}$ 定义幺正算符 $\hat{D}(q_0,p_0)=\mathrm{e}^{\mathrm{i}(p_0\hat{q}-q_0\hat{p})/\hbar}$, q_0 与 p_0 为任意实数，试证明 $\hat{D}(q_0,p_0)$ 是相空间的平移算符，即有

$$\hat{D}(q_0,p_0)\hat{q}\hat{D}^{-1}(q_0,p_0)=\hat{q}-q_0,\qquad \hat{D}(q_0,p_0)\hat{p}\hat{D}^{-1}(q_0,p_0)=\hat{p}-p_0.$$

1.8 设 $\hat{H}$ 为体系的 Hamilton 算符，$\hat{\rho}=\sum_n|n\rangle P_n\langle n|$ 为在本征态组 $\{|n\rangle\}$ 上定义的密度算符，其中 $P_n\geqslant 0$, $\sum_n P_n=1$. 试证明：密度算符的本征值是非负的实数，在系综上测量到态 $|\psi\rangle$ 的概率为 $\langle\psi|\hat{\rho}|\psi\rangle$, 以及密度算符随时间的变化满足下述量子 Liouville 方程

$$\frac{\mathrm{d}\hat{\rho}}{\mathrm{d}t}=-\frac{1}{\mathrm{i}\hbar}[\hat{\rho},\hat{H}].$$

1.9 试证明：处于态 $|\psi\rangle$ 的体系，可以用密度算符 $\hat{\rho}=|\psi\rangle\langle\psi|$ 来描述，亦即有

$$\langle\hat{A}\rangle=\langle\langle\hat{A}\rangle\rangle=\mathrm{tr}\,(\hat{A}\hat{\rho}).$$

1.10 考虑由 I 与 II 两个体系组成的系统，处于态 $|\Psi\rangle$. 设 $\hat{A}_{\mathrm{I}}$ 是体系 I 的观测量，试

求下述定义的算符 $\hat{\rho}_{\rm I}$, 并讨论其物理含义：

$$\langle\Psi|\hat{A}_{\rm I}|\Psi\rangle \equiv {\rm tr}\,(\hat{A}_{\rm I}\hat{\rho}_{\rm I}).$$

1.11 试证明下述两种诠释等效：

- 两个态矢量内积的模方 $|\langle\varphi|\psi\rangle|^2$ 正比于在 $|\psi\rangle$ 上测到 $|\varphi\rangle$ 或者在 $|\varphi\rangle$ 上测到 $|\psi\rangle$ 的概率；厄米算符 $\hat{L}$ 的本征值 $\{l_n\}$ 是实际的测得值.
- 在量子态 $|\psi\rangle$ 上测量厄米算符 $\hat{L}$ 所表示的观测量, 多次测量得到的平均值为 $\dfrac{\langle\psi|\hat{L}|\psi\rangle}{\langle\psi|\psi\rangle}$.

2.1 根据 $\delta(x)$ 函数的定义，证明它具有下列性质：

$$\int f(x)\delta(x-a){\rm d}x = f(a), \qquad \delta(-x)=\delta(x),$$

$$x\delta(x)=0, \qquad x\delta'(x)=-\delta(x), \qquad \delta(ax) = \frac{1}{a}\delta(x),$$

$$\delta(x^2-a^2)=\frac{1}{2a}[\delta(x+a)+\delta(x-a)], \qquad a>0.$$

2.2 根据 $\delta(x)$ 函数的定义，证明它具有下列性质：

$$\frac{\rm d}{{\rm d}x}\ln x = \frac{1}{x} - {\rm i}\pi\delta(x).$$

2.3 考虑由坐标算符 $\hat{q}_r$ 与动量算符 $\hat{p}_r$ 的线性组合定义的算符 $\hat{a}_r = \frac{1}{\sqrt{2}}(\alpha_r\hat{q}_r+{\rm i}\hat{p}_r/\hbar\alpha_r)$ 与 $\hat{a}_r^\dagger = \frac{1}{\sqrt{2}}(\alpha_r\hat{q}_r-{\rm i}\hat{p}_r/\hbar\alpha_r)$, 以及 $\hat{n}_r=\hat{a}_r^\dagger\hat{a}_r,\quad r=1,2,\cdots,N$. 试根据坐标与动量的对易关系证明下列对易关系：

$$[\hat{a}_r,\hat{a}_s]=0, \qquad [\hat{a}_r^\dagger,\hat{a}_s^\dagger]=0, \qquad [\hat{a}_r,\hat{a}_s^\dagger]=\delta_{rs},$$

$$[\hat{n}_r,\hat{a}_s^\dagger]=\hat{a}_r^\dagger\delta_{rs}, \qquad [\hat{n}_r,\hat{a}_s]=-\hat{a}_r\delta_{rs},$$

$$[\hat{n}_r,(\hat{a}_s^\dagger)^m]=m(\hat{a}_r^\dagger)^m\delta_{rs}, \qquad [\hat{n}_r,(\hat{a}_s)^m]=-m(\hat{a}_r)^m\delta_{rs},$$

$$[\hat{n}_r,(\hat{a}_s^\dagger)^l(\hat{a}_s)^m]=(l-m)(\hat{a}_r^\dagger)^l(\hat{a}_r)^m\delta_{rs}.$$

2.4 试求在居位数表象 $\{|n\rangle\}$ 中升位算符 $\hat{a}^\dagger$ 与降位算符 $\hat{a}$ 的表示矩阵.

2.5 试证明：在居位数表象基态 $|0\rangle$, 坐标 $\hat{q}$ 与动量 $\hat{p}$ 的平均值为 0, $\langle\hat{q}\rangle=\langle\hat{p}\rangle=0$, 而它们具有最小测不准，即

$$\langle\hat{q}^2\rangle\langle\hat{p}^2\rangle=\frac{\hbar^2}{4}.$$

2.6 定义幺正算符 $\hat{D}(z)={\rm e}^{z\hat{a}^\dagger-z^*\hat{a}}$, $\hat{a}^\dagger$ 与 $\hat{a}$ 为居位数表象的升位与降位算符， $z=x+{\rm i}y$ 为任意复数，试表明 $\hat{D}(z)=\hat{D}(q_0,p_0)$ 就是相空间的平移算符 (见习题 1.7),

$$q_0=\frac{\sqrt{2}}{\alpha}x, \qquad p_0=\sqrt{2}\hbar\alpha y,$$

并证明在态 $|z\rangle=\hat{D}(z)|0\rangle$ 上有

$$\langle z|\hat{q}|z\rangle=q_0, \qquad \langle z|\hat{p}|z\rangle=p_0, \qquad \hat{a}|z\rangle=z|z\rangle.$$

2.7 试由 $\hat{D}(z)={\rm e}^{z\hat{a}^\dagger-z^*\hat{a}}={\rm e}^{-|z|^2/2}{\rm e}^{z\hat{a}^\dagger}{\rm e}^{-z^*\hat{a}}$ 证明

$$|z\rangle=\hat{D}(z)|0\rangle={\rm e}^{-|z|^2/2}\sum_{n=0}^{\infty}\frac{z^n}{\sqrt{n!}}|n\rangle.$$

2.8 在球极坐标表象 $\{|r\theta\phi\rangle\}$ 中，求与广义坐标 (r,θ,ϕ) 正则共轭的广义动量算符 $(\hat{p}_r,\hat{p}_\theta,\hat{p}_\phi)$ 的表示.

3.1 试根据对易关系 $[\hat{q},\hat{p}]=\mathrm{i}\hbar$ 证明：坐标 $\hat{q}$ 与动量 $\hat{p}$ 的本征值都具有从 $-\infty$ 到 ∞ 的连续谱.

3.2 试证明下述与轨道角动量算符 $\hat{\boldsymbol{l}}$ 有关的公式：

$$\hat{\boldsymbol{l}}\times\hat{\boldsymbol{A}}+\hat{\boldsymbol{A}}\times\hat{\boldsymbol{l}}=2\mathrm{i}\hbar\hat{\boldsymbol{A}},$$

其中 $\hat{\boldsymbol{A}}$ 可以是坐标算符 $\hat{\boldsymbol{r}}$, 动量算符 $\hat{\boldsymbol{p}}$, 轨道角动量算符 $\hat{\boldsymbol{l}}$, 以及 $\hat{\boldsymbol{r}}\times\hat{\boldsymbol{l}}$, $\hat{\boldsymbol{p}}\times\hat{\boldsymbol{l}}$.

3.3 试证明 Pauli 矩阵 $\boldsymbol{\sigma}$ 的下述公式：

$$(\boldsymbol{\sigma}\cdot\boldsymbol{A})(\boldsymbol{\sigma}\cdot\boldsymbol{B})=\boldsymbol{A}\cdot\boldsymbol{B}+\mathrm{i}\boldsymbol{\sigma}\cdot(\boldsymbol{A}\times\boldsymbol{B}),$$

其中 $\boldsymbol{A}$ 和 $\boldsymbol{B}$ 是与 $\boldsymbol{\sigma}$ 对易的任意两个三维矢量.

3.4 考虑自旋 $s=1/2$ 的情形，试在 $\hat{s}_z$ 对角的表象中求 $\hat{s}_x$ 和 $\hat{s}_y$ 的本征值与本征态.

4.1 定义 $\hat{r}\equiv\sqrt{\hat{x}^2+\hat{y}^2+\hat{z}^2}$, 试证明这样定义的 $\hat{r}$ 与轨道角动量算符 $\hat{\boldsymbol{l}}$ 对易，在空间转动下不变：

$$[\hat{r},\hat{l}_z]=[\hat{r},\hat{l}_y]=[\hat{r},\hat{l}_z]=0.$$

4.2 定义 $\hat{p}_r\equiv\dfrac{1}{2}\Big(\dfrac{1}{\hat{r}}\hat{\boldsymbol{r}}\cdot\hat{\boldsymbol{p}}+\hat{\boldsymbol{p}}\cdot\hat{\boldsymbol{r}}\dfrac{1}{\hat{r}}\Big)$, 试证明这样定义的 $\hat{p}_r$ 是厄米的，并且与 $\hat{\boldsymbol{l}}$ 对易，在空间转动下不变，

$$[\hat{p}_r,\hat{l}_z]=[\hat{p}_r,\hat{l}_y]=[\hat{p}_r,\hat{l}_z]=0.$$

4.3 设系统的 Hamilton 算符为

$$\hat{H}=\frac{\hat{p}^2}{2m}-\frac{\kappa}{\hat{r}},$$

κ 为一参数. 试证明如下定义的矢量算符

$$\hat{\boldsymbol{e}}=\frac{\hat{\boldsymbol{r}}}{\hat{r}}-\frac{\hat{\boldsymbol{p}}\times\hat{\boldsymbol{l}}-\hat{\boldsymbol{l}}\times\hat{\boldsymbol{p}}}{2\kappa m}$$

是守恒的， $[\hat{\boldsymbol{e}},\hat{H}]=0$.

4.4 试证明上题的 $\hat{\boldsymbol{e}}$ 可以用轨道角动量算符 $\hat{\boldsymbol{l}}$ 与 Hamilton 算符 $\hat{H}$ 表示为

$$\hat{\boldsymbol{e}}\cdot\hat{\boldsymbol{e}}=1+\frac{2}{\kappa^2 m}\hat{H}(\hat{l}^2+\hbar^2),$$

$$\hat{\boldsymbol{e}}\times\hat{\boldsymbol{e}}=-\frac{2\mathrm{i}\hbar}{\kappa^2 m}\hat{H}\hat{\boldsymbol{l}}.$$

4.5 上两题中，若定义

$$\hat{\boldsymbol{a}}=\sqrt{-\frac{\kappa^2 m}{2\hat{H}}}\,\hat{\boldsymbol{e}},$$

以及 $\hat{\boldsymbol{I}}=(\hat{\boldsymbol{l}}+\hat{\boldsymbol{a}})/2$, $\hat{\boldsymbol{K}}=(\hat{\boldsymbol{l}}-\hat{\boldsymbol{a}})/2$, 试证明有

$$\hat{I}^2=\hat{K}^2=\frac{1}{4}(\hat{l}^2+\hat{a}^2),\qquad [\hat{I}_i,\hat{K}_j]=0,$$

$$\hat{\boldsymbol{I}}\times\hat{\boldsymbol{I}}=\mathrm{i}\hbar\hat{\boldsymbol{I}},\qquad \hat{\boldsymbol{K}}\times\hat{\boldsymbol{K}}=\mathrm{i}\hbar\hat{\boldsymbol{K}}.$$

4.6 设在由正交归一化态矢量 $|\mathrm{K}^0\rangle$ 和 $|\overline{\mathrm{K}^0}\rangle$ 构成的子空间中，系统的唯象 Hamilton 算

符可以写成

$$\hat{H}=\hat{M}-\mathrm{i}\frac{\hat{\Gamma}}{2}=\begin{pmatrix} A & p^2 \\ q^2 & A \end{pmatrix},$$

其中 A, p^2 和 q^2 可以是复数. 试求解在这个表象中的本征值方程

$$\hat{H}|\mathrm{K}\rangle = E|\mathrm{K}\rangle,$$

给出本征态 $|\mathrm{K}\rangle$ 和相应的本征值 E 的表达式.

5.1 对于自由粒子 Dirac 方程的正能解 u 和负能解 v, 试证明有下列关系:

$$\overline{u}(\boldsymbol{p},\xi)u(\boldsymbol{p},\xi') = \frac{mc^2}{E_p}u^\dagger(\boldsymbol{p},\xi)u(\boldsymbol{p},\xi'),$$

$$\overline{v}(\boldsymbol{p},\xi)v(\boldsymbol{p},\xi') = -\frac{mc^2}{E_p}v^\dagger(\boldsymbol{p},\xi)v(\boldsymbol{p},\xi'),$$

其中共轭旋量 $\overline{w}=w^\dagger\gamma^0$.

5.2 若自由粒子 Dirac 方程的正能解 u 和负能解 v 的归一化条件为

$$u^\dagger(\boldsymbol{p},\xi)u(\boldsymbol{p},\xi')=\delta_{\xi\xi'},\qquad v^\dagger(\boldsymbol{p},\xi)v(\boldsymbol{p},\xi')=\delta_{\xi\xi'},$$

试证明有下述公式:

$$P_+ = \frac{E_p}{mc^2}\sum_\xi u(\boldsymbol{p},\xi)\overline{u}(\boldsymbol{p},\xi)=\frac{1}{2mc}(\ \gamma_\mu p^\mu+mc),$$

$$P_- = -\frac{E_p}{mc^2}\sum_\xi v(\boldsymbol{p},\xi)\overline{v}(\boldsymbol{p},\xi)=\frac{1}{2mc}(-\gamma_\mu p^\mu+mc).$$

5.3 对于自由粒子 Dirac 方程的正能解 u 和负能解 v, 若取其归一化条件为

$$\overline{u}(\boldsymbol{p},\xi)u(\boldsymbol{p},\xi')=\delta_{\xi\xi'},\qquad \overline{v}(\boldsymbol{p},\xi)v(\boldsymbol{p},\xi')=-\delta_{\xi\xi'},$$

试证明有下述完备性公式:

$$\sum_\xi[u(\boldsymbol{p},\xi)\overline{u}(\boldsymbol{p},\xi)-v(\boldsymbol{p},\xi)\overline{v}(\boldsymbol{p},\xi)]=1,$$

上式右边是 4×4 的单位矩阵.

5.4 在通常的 σ_z 为对角的自旋表象中, 试求 $(p_x\sigma_y-p_y\sigma_x)$ 的本征值和相应的本征态, 其中 p_x 与 p_y 分别是动量 $\boldsymbol{p}$ 在 x 和 y 轴的投影.

5.5 试证明在 $(p_x\sigma_y-p_y\sigma_x)$ 为对角的自旋表象中, 矢量 $(p_x,p_y,0)$, $\boldsymbol{\sigma}$ 和 z 轴方向的单位矢量 $\boldsymbol{e}_z$ 构成一个右手坐标系, $(p_x\sigma_y-p_y\sigma_x)$ 的本征态是在与 $(p_x,p_y,0)$ 和 $\boldsymbol{e}_z$ 垂直的方向上自旋具有本征值的自旋态.

5.6 用程函近似求解含光学势的 Dirac 方程, 算出程函相移、散射振幅和总吸收截面, 并与非相对论 Schrödinger 方程的结果进行比较.

6.1 试证明

$$\langle\boldsymbol{r}|\frac{1}{E_p-\hat{H}_0+\mathrm{i}\epsilon}|\boldsymbol{r}'\rangle \xrightarrow{\epsilon\to0^+} -\frac{E_p}{2\pi\hbar^2c^2}\frac{\mathrm{e}^{\mathrm{i}p|\boldsymbol{r}-\boldsymbol{r}'|/\hbar}}{|\boldsymbol{r}-\boldsymbol{r}'|},$$

其中 $\hat{H}_0$ 是入射粒子与靶粒子系统无相互作用时的 Hamilton 算符, $E_p=E(p)$ 是此系统的

动量大小为 p 时的能量, $\hat{H}_0|E\boldsymbol{p}\rangle = E(p)|E\boldsymbol{p}\rangle$, $\hat{\boldsymbol{p}}|E\boldsymbol{p}\rangle = \boldsymbol{p}|E\boldsymbol{p}\rangle$.

6.2 试证明坐标表象中的 Lippmann-Schwinger 方程可以写成

$$\psi^+_{\boldsymbol{p}_0}(\epsilon, \boldsymbol{r}) = \varphi_{\boldsymbol{p}_0}(\boldsymbol{r}) + \int \mathrm{d}^3\boldsymbol{r}' \langle \boldsymbol{r}| \frac{1}{E_{p_0} - \hat{H} + \mathrm{i}\epsilon} |\boldsymbol{r}'\rangle V(\boldsymbol{r}')\varphi_{\boldsymbol{p}_0}(\boldsymbol{r}').$$

6.3 光学定理表明：散射总截面与向前弹性散射振幅的虚部成正比，与入射动量成反比. 试问，在物理上，根据波动的观点，我们可以如何来理解这两点？

7.1 设 $\hat{\psi}^\dagger(\boldsymbol{r})$ 与 $\hat{\psi}(\boldsymbol{r})$ 分别为粒子在 $|\boldsymbol{r}\rangle$ 态的产生算符与湮灭算符, $\hat{a}_n^\dagger$ 与 $\hat{a}_n$ 分别为粒子在 $|\phi_n\rangle$ 态的产生算符与湮灭算符，它们之间有变换关系

$$\hat{\psi}^\dagger(\boldsymbol{r}) = \sum_n \hat{a}_n^\dagger \langle \varphi_n|\boldsymbol{r}\rangle = \sum_n \hat{a}_n^\dagger \varphi_n^*(\boldsymbol{r}),$$

$$\hat{\psi}(\boldsymbol{r}) = \sum_n \hat{a}_n \langle \boldsymbol{r}|\varphi_n\rangle = \sum_n \hat{a}_n \varphi_n(\boldsymbol{r}).$$

若 $\hat{\psi}^\dagger(\boldsymbol{r})$ 与 $\hat{\psi}(\boldsymbol{r})$ 满足下列对易关系

$$[\hat{\psi}(\boldsymbol{r}), \hat{\psi}(\boldsymbol{r}')] = 0, \qquad [\hat{\psi}^\dagger(\boldsymbol{r}), \hat{\psi}^\dagger(\boldsymbol{r}')] = 0, \qquad [\hat{\psi}(\boldsymbol{r}), \hat{\psi}^\dagger(\boldsymbol{r}')] = \delta(\boldsymbol{r} - \boldsymbol{r}'),$$

试求 $\hat{a}_n^\dagger$ 与 $\hat{a}_n$ 满足的对易关系.

7.2 设 $\hat{\psi}^\dagger(\boldsymbol{r})$ 与 $\hat{\psi}(\boldsymbol{r})$ 分别为粒子在 $|\boldsymbol{r}\rangle$ 态的产生算符与湮灭算符, $\hat{a}_n^\dagger$ 与 $\hat{a}_n$ 分别为粒子在 $|\phi_n\rangle$ 态的产生算符与湮灭算符，它们之间有变换关系

$$\hat{\psi}^\dagger(\boldsymbol{r}) = \sum_n \hat{a}_n^\dagger \langle \varphi_n|\boldsymbol{r}\rangle = \sum_n \hat{a}_n^\dagger \varphi_n^*(\boldsymbol{r}),$$

$$\hat{\psi}(\boldsymbol{r}) = \sum_n \hat{a}_n \langle \boldsymbol{r}|\varphi_n\rangle = \sum_n \hat{a}_n \varphi_n(\boldsymbol{r}).$$

若 $\hat{\psi}^\dagger(\boldsymbol{r})$ 与 $\hat{\psi}(\boldsymbol{r})$ 满足下列 Jordan-Wigner 反对易关系

$$\{\hat{\psi}(\boldsymbol{r}), \hat{\psi}(\boldsymbol{r}')\} = 0, \qquad \{\hat{\psi}^\dagger(\boldsymbol{r}), \hat{\psi}^\dagger(\boldsymbol{r}')\} = 0, \qquad \{\hat{\psi}(\boldsymbol{r}), \hat{\psi}^\dagger(\boldsymbol{r}')\} = \delta(\boldsymbol{r} - \boldsymbol{r}'),$$

试求 $\hat{a}_n^\dagger$ 与 $\hat{a}_n$ 满足的反对易关系.

7.3 试证明，无论是 Bose 子还是 Fermi 子，对于任何单体算符 $\hat{F} = \sum_{m,n} f_{mn}\hat{a}_m^\dagger \hat{a}_n$ 与两体算符 $\hat{G} = \sum_{k,l,m,n} g_{mkln}\hat{a}_m^\dagger \hat{a}_k^\dagger \hat{a}_l \hat{a}_n$, 都有 $[\hat{N}, \hat{F}] = [\hat{N}, \hat{G}] = 0$, 其中 $\hat{N} = \sum_n \hat{a}_n^\dagger \hat{a}_n$ 是总粒子数算符.

7.4 超导电性 BCS 理论基态为

$$|\mathrm{BCS}\rangle = \prod_\alpha (u_\alpha + v_\alpha \hat{a}_\alpha^\dagger \hat{a}_{-\alpha}^\dagger)|0\rangle,$$

其中量子数 $\alpha = (\boldsymbol{p}, s_z)$ 为电子动量 $\boldsymbol{p}$ 与自旋 s_z 的缩写, $-\alpha = (-\boldsymbol{p}, -s_z)$ 为 α 的时间反演态，实系数 $u_\alpha^2 + v_\alpha^2 = 1$.

(1) 试证明此态矢量是归一化的, $\langle \mathrm{BCS}|\mathrm{BCS}\rangle = 1$.

(2) 取 $u_\alpha = u_{-\alpha}$, $v_\alpha = -v_{-\alpha}$, 对 Bogoliubov-Valatin 准粒子变换

$$\hat{b}_\alpha = u_\alpha \hat{a}_\alpha - v_\alpha \hat{a}_{-\alpha}^\dagger, \qquad \hat{b}_\alpha^\dagger = u_\alpha \hat{a}_\alpha^\dagger - v_\alpha \hat{a}_{-\alpha},$$

试证明有

$$\{\hat{b}_\alpha, \hat{b}_\beta^\dagger\} = \delta_{\alpha\beta}, \qquad \{\hat{b}_\alpha, \hat{b}_\beta\} = 0.$$

(3) 试证明 BCS 基态是上述准粒子的真空态, 即 $\hat{b}_\alpha|\mathrm{BCS}\rangle = 0$.

(4) 试证明准粒子激发态 $\hat{b}_\alpha^\dagger|\mathrm{BCS}\rangle = \hat{a}_\alpha^\dagger \prod_{\alpha'\neq\alpha}(u_{\alpha'} + v_{\alpha'}\hat{a}_{\alpha'}^\dagger \hat{a}_{-\alpha'}^\dagger)|0\rangle$, 并讨论其物理含意.

8.1 按照正则量子化规则, 我们可以写出实标量场的正则坐标算符 $\hat{\phi}(\boldsymbol{r},t)$ 及与其共轭的正则动量算符 $\hat{\pi}(\boldsymbol{r},t)$ 的正则对易关系

$$[\hat{\phi}(\boldsymbol{r},t),\hat{\phi}(\boldsymbol{r}',t)] = 0, \qquad [\hat{\pi}(\boldsymbol{r},t),\hat{\pi}(\boldsymbol{r}',t)] = 0, \qquad [\hat{\phi}(\boldsymbol{r},t),\hat{\pi}(\boldsymbol{r}',t)] = \mathrm{i}\hbar\delta(\boldsymbol{r}-\boldsymbol{r}'),$$

试根据它们的下述展开式

$$\hat{\phi}(\boldsymbol{r},t) = \int \frac{\mathrm{d}^3\boldsymbol{p}}{(2\pi\hbar)^{3/2}}\frac{\hbar}{\sqrt{2E_p}}[\hat{a}_{\boldsymbol{p}}\mathrm{e}^{-\mathrm{i}(E_pt-\boldsymbol{p}\cdot\boldsymbol{r})/\hbar} + \hat{a}_{\boldsymbol{p}}^\dagger\mathrm{e}^{\mathrm{i}(E_pt-\boldsymbol{p}\cdot\boldsymbol{r})/\hbar}],$$

$$\hat{\pi}(\boldsymbol{r},t) = -\mathrm{i}\int \frac{\mathrm{d}^3\boldsymbol{p}}{(2\pi\hbar)^{3/2}}\sqrt{\frac{E_p}{2}}[\hat{a}_{\boldsymbol{p}}\mathrm{e}^{-\mathrm{i}(E_pt-\boldsymbol{p}\cdot\boldsymbol{r})/\hbar} - \hat{a}_{\boldsymbol{p}}^\dagger\mathrm{e}^{\mathrm{i}(E_pt-\boldsymbol{p}\cdot\boldsymbol{r})/\hbar}],$$

算出其中的算符 $\hat{a}_{\boldsymbol{p}}$ 与 $\hat{a}_{\boldsymbol{p}}^\dagger$ 的下列对易关系

$$[\hat{a}_{\boldsymbol{p}},\hat{a}_{\boldsymbol{p}'}] = 0, \qquad [\hat{a}_{\boldsymbol{p}}^\dagger,\hat{a}_{\boldsymbol{p}'}^\dagger] = 0, \qquad [\hat{a}_{\boldsymbol{p}},\hat{a}_{\boldsymbol{p}'}^\dagger] = \delta(\boldsymbol{p}-\boldsymbol{p}').$$

8.2 试证明复标量场的电荷为

$$\hat{Q} = \int \mathrm{d}^3\boldsymbol{r}\hat{\rho} = \int \mathrm{d}^3\boldsymbol{p}\, q(\hat{a}_{\boldsymbol{p}}^\dagger\hat{a}_{\boldsymbol{p}} - \hat{b}_{\boldsymbol{p}}^\dagger\hat{b}_{\boldsymbol{p}}),$$

已知其中场的电荷密度算符为

$$\hat{\rho} = \frac{q}{\mathrm{i}\hbar}(\hat{\phi}\hat{\pi} - \hat{\phi}^\dagger\hat{\pi}^\dagger),$$

场量 $\hat{\phi}$ 与 $\hat{\pi}$ 在动量空间的展开为

$$\hat{\phi}(\boldsymbol{r},t) = \int \frac{\mathrm{d}^3\boldsymbol{p}}{(2\pi\hbar)^{3/2}}\frac{\hbar}{\sqrt{2E_p}}[\hat{a}_{\boldsymbol{p}}\mathrm{e}^{-\mathrm{i}(E_pt-\boldsymbol{p}\cdot\boldsymbol{r})/\hbar} + \hat{b}_{\boldsymbol{p}}^\dagger\mathrm{e}^{\mathrm{i}(E_pt-\boldsymbol{p}\cdot\boldsymbol{r})/\hbar}],$$

$$\hat{\pi}(\boldsymbol{r},t) = -\mathrm{i}\int \frac{\mathrm{d}^3\boldsymbol{p}}{(2\pi\hbar)^{3/2}}\sqrt{\frac{E_p}{2}}[\hat{b}_{\boldsymbol{p}}\mathrm{e}^{-\mathrm{i}(E_pt-\boldsymbol{p}\cdot\boldsymbol{r})/\hbar} - \hat{a}_{\boldsymbol{p}}^\dagger\mathrm{e}^{\mathrm{i}(E_pt-\boldsymbol{p}\cdot\boldsymbol{r})/\hbar}],$$

算符 $(\hat{a}_{\boldsymbol{p}}^\dagger,\hat{a}_{\boldsymbol{p}})$ 与 $(\hat{b}_{\boldsymbol{p}}^\dagger,\hat{b}_{\boldsymbol{p}})$ 分别为两种 Bose 子的产生和湮灭算符.

8.3 已知在辐射规范中自由电磁场的 Hamilton 密度 $\mathcal{H}$ 为

$$\mathcal{H} = \frac{1}{2\mu_0}\left[\frac{1}{c^2}(\dot{\boldsymbol{A}})^2 + (\nabla\times\boldsymbol{A})^2\right],$$

矢量势算符为

$$\hat{\boldsymbol{A}}(\boldsymbol{r},t) = \int \frac{\mathrm{d}^3\boldsymbol{p}}{(2\pi\hbar)^{3/2}}\frac{\hbar}{\sqrt{2\varepsilon_0E_p}}\boldsymbol{e}_{\boldsymbol{p}}^i[\hat{a}_{\boldsymbol{p}i}\mathrm{e}^{-\mathrm{i}(E_pt-\boldsymbol{p}\cdot\boldsymbol{r})/\hbar} + \hat{a}_{\boldsymbol{p}i}^\dagger\mathrm{e}^{\mathrm{i}(E_pt-\boldsymbol{p}\cdot\boldsymbol{r})/\hbar}],$$

其中 $\boldsymbol{e}_{\boldsymbol{p}}^i$ 是第 3 轴沿 $\boldsymbol{p}$ 方向的坐标架的单位矢量, $\hat{a}_{\boldsymbol{p}i}^\dagger$ 与 $\hat{a}_{\boldsymbol{p}i}$ 分别为光子的产生和湮灭算符, 试证明场的 Hamilton 算符 $\hat{H}$ 为

$$\hat{H} = \int \mathrm{d}^3\boldsymbol{r}\hat{\mathcal{H}} = \int \mathrm{d}^3\boldsymbol{p}\sum_{i=1}^{2}E_p\{\hat{a}_{\boldsymbol{p}i}^\dagger\hat{a}_{\boldsymbol{p}i} + \frac{1}{2}\delta(0)\}.$$

8.4 考虑电磁场的双平面波模, 这是在光的干涉现象中最简单最常见的情形. 设电场的正频与负频部分分别为

$$\hat{e}^{(+)}(\boldsymbol{r},t) = C(\hat{a}_1\mathrm{e}^{\mathrm{i}\boldsymbol{k}_1\cdot\boldsymbol{r}} + \hat{a}_2\mathrm{e}^{\mathrm{i}\boldsymbol{k}_2\cdot\boldsymbol{r}})\mathrm{e}^{-\mathrm{i}\omega t},$$

$$\hat{e}^{(-)}(\boldsymbol{r},t) = C(\hat{a}_1^\dagger \mathrm{e}^{-\mathrm{i}\boldsymbol{k}_1\cdot\boldsymbol{r}} + \hat{a}_2^\dagger \mathrm{e}^{-\mathrm{i}\boldsymbol{k}_2\cdot\boldsymbol{r}})\mathrm{e}^{\mathrm{i}\omega t},$$

其中两波矢大小相等，$k_1 = k_2 = \omega/c$，c 为光速，C 为常数，不考虑光子偏振．试证明

$$\langle \hat{e}^{(-)}(\boldsymbol{r},t)\hat{e}^{(+)}(\boldsymbol{r},t)\rangle = C^2\{\langle \hat{a}_1^\dagger\hat{a}_1\rangle + \langle \hat{a}_2^\dagger\hat{a}_2\rangle + 2|\langle \hat{a}_1^\dagger\hat{a}_2\rangle|\cos[(\boldsymbol{k}_1-\boldsymbol{k}_2)\cdot\boldsymbol{r}-\phi]\},$$

其中 ϕ 是 $\langle \hat{a}_1^\dagger\hat{a}_2\rangle$ 的幅角，$\langle \hat{a}_1^\dagger\hat{a}_2\rangle = |\langle \hat{a}_1^\dagger\hat{a}_2\rangle|\mathrm{e}^{\mathrm{i}\phi}$.

8.5 上题计算的 $\langle \hat{e}^{(-)}(\boldsymbol{r},t)\,\hat{e}^{(+)}(\boldsymbol{r},t)\rangle = G(\boldsymbol{r},t)$ 称为场的一阶关联函数，近似正比于在 $(\boldsymbol{r},t)$ 测到光子的概率．试在下列情况下完成上题的计算，并讨论结果的物理含义．

(1) 场处于单光子态 $|\Psi_1\rangle = \alpha|1,0\rangle + \beta|0,1\rangle$, $|\alpha|^2+|\beta|^2=1$, 其中 $|1,0\rangle = \hat{a}_1^\dagger|0\rangle$, $|0,1\rangle = \hat{a}_2^\dagger|0\rangle$.

(2) 场处于双光子态 $|\Psi_2\rangle = \alpha|2,0\rangle + \beta|1,1\rangle + \gamma|0,2\rangle$, $|\alpha|^2+|\beta|^2+|\gamma|^2=1$, 其中 $|2,0\rangle = \frac{1}{\sqrt{2}}(\hat{a}_1^\dagger)^2|0\rangle$, $|1,1\rangle = \hat{a}_1^\dagger\hat{a}_2^\dagger|0\rangle$, $|0,2\rangle = \frac{1}{\sqrt{2}}(\hat{a}_2^\dagger)^2|0\rangle$.

(3) 两个独立的同频率单模激光束相干，它们分别处于相干态 $|z_1\rangle$ 与 $|z_2\rangle$, 总的场处于 $|\Psi\rangle = |z_1\rangle|z_2\rangle$.

8.6 假设旋量场算符有对易关系

$$[\hat{\psi}_\alpha(\boldsymbol{r},t),\hat{\psi}_\beta(\boldsymbol{r}',t)] = 0,\quad [\hat{\psi}_\alpha^\dagger(\boldsymbol{r},t),\hat{\psi}_\beta^\dagger(\boldsymbol{r}',t)] = 0,\quad [\hat{\psi}_\alpha(\boldsymbol{r},t),\hat{\psi}_\beta^\dagger(\boldsymbol{r}',t)] = \delta_{\alpha\beta}\delta(\boldsymbol{r}-\boldsymbol{r}'),$$

试计算场在动量表象的总动量算符 $\hat{P}$ 和总守恒荷算符 $\hat{Q}$,

$$\hat{P} = \int \mathrm{d}^3\boldsymbol{r}\,\hat{\mathcal{P}} = \int \mathrm{d}^3\boldsymbol{r}\,\hat{\psi}^\dagger(\boldsymbol{r},t)(-\mathrm{i}\hbar\nabla)\hat{\psi}(\boldsymbol{r},t),$$

$$\hat{Q} = \int \mathrm{d}^3\boldsymbol{r}\,\hat{\mathcal{Q}} = \int \mathrm{d}^3\boldsymbol{r}\,\hat{\psi}^\dagger(\boldsymbol{r},t)\hat{\psi}(\boldsymbol{r},t),$$

并讨论结果的物理含义．

8.7 试证明旋量场的协变反对易关系

$$\{\hat{\psi}_\alpha(x),\overline{\hat{\psi}}_\beta(x')\} = \mathrm{i}\frac{c}{\hbar}S_{\alpha\beta}(x-x'),$$

其中 c 为光速，

$$S_{\alpha\beta}(x-x') = (\mathrm{i}\hbar\gamma^\mu\partial_\mu + mc)_{\alpha\beta}\Delta(x-x'),$$

$$\Delta(x-x') = -\mathrm{i}\hbar\int \frac{\mathrm{d}^3\boldsymbol{p}}{(2\pi\hbar)^3}\frac{\mathrm{d}p^0}{c}\overline{\epsilon}(p^0)\delta(p_\mu p^\mu - m^2c^2)\mathrm{e}^{-\mathrm{i}p_\mu(x^\mu-x^{\mu\prime})/\hbar},$$

$$\overline{\epsilon}(\xi) = \begin{cases} 1, & \xi>0,\\ -1, & \xi<0. \end{cases}$$

索　引

O

P

Q

R

S

T

V

W

X

Y

Z